普通高等学校模具设计与制造专业系列教材

冷冲压模具课程设计与毕业设计指导

汤酞则　徐　立　汤礼莎　编著

机 械 工 业 出 版 社

本书以培养学生冷冲压模具课程设计与毕业设计的能力为核心，按照冷冲压模具设计的整个工作过程为主线，将冲压成形加工原理、冲压成形工艺制订、冲压设备选定、模具制造要求等内容与冲模设计有机融合，以冲裁、弯曲、拉深及其他典型模具为载体，通过设计过程的顺序分析和全程训练，让学生掌握完成冷冲压工艺及模具设计所必备的核心知识点和实际操作技能，培养学生模具设计的综合应用能力。

本书内容包括两大部分。第一部分为冷冲压模具课程设计与毕业设计指导。内容有：冷冲压模具设计概述；冷冲压基础知识；冲裁工艺与冲裁模的设计；弯曲工艺与弯曲模的设计；拉深工艺与拉深模的设计；多工位级进模及其他成形模的设计。第二部分为冷冲压模具设计题选与常用标准零部件及技术资料。内容有：冷冲压模具课程设计与毕业设计参考题目及结构图；冷冲压模具设计常用标准零部件；冷冲压模具设计常用技术资料。

本书知识内容新、实用性强、应用性广泛，可作为高等院校模具设计与制造专业及机电类各相关专业学生的教学用书，也可作为高等职业院校相关专业学生进行模具设计时使用，还可作为冷冲压模具设计指南，同时满足模具领域工程技术人员进行模具设计时的使用和参考。

图书在版编目（CIP）数据

冷冲压模具课程设计与毕业设计指导/汤酞则，徐立，汤礼莎编著.
—北京：机械工业出版社，2015.2（2026.1 重印）
普通高等教育模具设计与制造专业系列教材
ISBN 978-7-111-49088-3

Ⅰ.①冷… Ⅱ.①汤…②徐…③汤… Ⅲ.①冷冲压-模具-课程设计-高等学校-教学参考资料②冷冲压-模具-毕业实践-高等学校-教学参考资料 Ⅳ.①TG385.2

中国版本图书馆 CIP 数据核字（2014）第 312439 号

机械工业出版社（北京市百万庄大街 22 号 邮政编码 100037）
策划编辑：丁昕祯 责任编辑：丁昕祯 王丹凤 版式设计：霍永明
责任校对：张玉琴 封面设计：张 静 责任印制：邓 博
北京中科印刷有限公司印刷
2026 年 1 月第 1 版第 9 次印刷
184mm×260mm · 19 印张 · 517 千字
标准书号：ISBN 978-7-111-49088-3
定价：55.00 元

电话服务 网络服务
客服电话：010-88361066 机 工 官 网：www.cmpbook.com
010-88379833 机 工 官 博：weibo.com/cmp1952
010-68326294 金 书 网：www.golden-book.com
封底无防伪标均为盗版 机工教育服务网：www.cmpedu.com

前　　言

本书是根据国家教育部颁布的专业目录和高等教育教学改革与教材建设的需要，为适应近年来冷冲压模具加工成形技术日益广泛应用的形势，培养急需的模具应用型人才，满足教师和学生在冷冲压模具课程设计和毕业设计过程中的需要，引导相关专业课程建设而编写的。

本书是作者总结多年来从事高校模具设计与制造专业的教学教改实践经验，吸收了近年来新发展的一些冷冲压模具新技术内容，并结合多年的教学经验、设计指导经验和企业模具设计经验而进行编写的。

本书将模具理论知识与实践相结合，突出专业知识的实用性、综合性和先进性，以培养学生从事冷冲压模具设计的工作能力为核心，将冲压成形加工原理、冲压工艺、冲压设备、冲模设计知识内容有机融合，并以简洁的文字和大量的图表，系统地叙述了冷冲压模具设计的课程设计和毕业设计的方法及步骤，并采用经典的模具设计范例来指导学生进行各类冷冲压模具的设计。

本书还精选和设计了部分典型的冷冲压模具课程设计和毕业设计参考题目与结构图，以提供给学生在学完相关理论课程和参加了模具制造实习实训后，作为课程设计和毕业设计的参考。还挑选了冷冲压模具设计中常用的技术资料、特定资料、主要冷冲模标准等，以方便学生在设计时查阅和参考。

本书编写过程中，突出了以下特点：

1）科学定位。以培养学生掌握模具设计实际技能要求为主旨，知识内容简明扼要，突出重点，适用于应用型人才培养。

2）突出特色。本书符合培养实用型人才的实际教学要求。注重实用性、技能性，内容覆盖模具设计的各个环节。选用资料详实简明，归纳与对比多采用图表来代替文字描述，列举有大量典型实例，引导学生借鉴参考，帮助学生主动学习。

3）强调适用。充分体现“浅、宽、精、新、用”。所谓“浅”，就是知识内容深浅适度；所谓“宽”，就是知识面广泛；所谓“精”，就是少而精，不烦琐；所谓“新”，就是书中不但采用了最新的国家标准，而且将模具新理论、新技术、新工艺、新材料和新案例引入本书中；所谓“用”，就是理论联系实际，学以致用。

4）以学生为本。本书体现以学生为本，以学生为中心的教育思想。利于培养学生的知识扩展能力和创新能力，利于促使学生获得相应的职业技能资格证书，利于增强学生的自学能力和就业竞争能力。

本书由汤酥则、徐立和汤礼莎编著。本书在编写过程中得到了相关科研院所、兄弟院校领导和有关专家、教授的大力支持与帮助，湖南省模具设计与制造学会理事长叶久新教授对本书提出了许多宝贵意见和建议，在此表示诚挚的感谢。

由于模具设计与制造专业技术正处于重要的发展阶段，模具设计与制造的理论和方法还需要在工程实践中不断丰富、发展和完善，加之作者水平所限，书中不当之处，敬请读者、同行提出宝贵意见，以便再版时加以修正完善。

编著者

目　录

第1篇　冷冲压模具课程设计与毕业设计指导

第1章　冷冲压模具设计概述

1.1　冷冲压模具课程设计与毕业设计的目的

1.1.1　冷冲压模具课程设计目的

“冷冲压工艺与模具设计”是模具设计与制造专业的一门主干核心专业技术课。通过该课程的学习，可培养学生具备一定的模具设计能力。

冷冲压模具课程设计是模具设计与制造专业必修的教学实践环节，一般安排在冷冲压模具理论教学课程结束之后进行。课程设计的目的：巩固所学知识，熟悉相关资料，理清设计思路，初步掌握设计方法，为以后的毕业设计打下基础。通过工艺方案论证、工艺分析、工艺计算、模具结构设计、模具零件结构设计、编写设计说明书和查阅资料，使学生一方面巩固所学的理论知识，另一方面使学生受到一次较为全面的专业实践训练。

1.1.2　冷冲压模具毕业设计目的

高等工科院校的毕业设计教学过程是实现大学培养目标要求的重要培养阶段。

冷冲压模具毕业设计是学生在学完基础理论课、专业基础课和专业课，在参加生产实习之后所设置的一个重要的实践性教学环节，是运用所学基础知识和专业知识的一次全面性、综合性的设计练习。其目的有如下几点：

1）树立正确的设计思想。在设计中理论联系实际，从实际出发解决设计问题。力求设计合理、实用、经济。

2）进行一次冷冲压模具设计工作的实际训练。通过设计训练，让学生巩固和综合运用所学“冷冲压工艺与模具设计”、“模具制造工艺”等有关课程的基础理论知识和专业知识，培养学生从事冷冲压模具设计与制造的初步能力，为后续学习和以后的实际工作打下良好的基础。

3）培养学生分析问题和解决问题的能力。经过实训环节，培养学生全面理解和掌握冲压工艺、模具设计、模具制造等知识内容；掌握冲压工艺与模具设计的基本方法和步骤、模具零件的常用加工方法及工艺规程编制、模具装配工艺制订；独立解决在制订冲压工艺规程、设计冲压模具结构、编制模具零件加工工艺规程中出现的问题；完成在模具设计与制造方面所必须具备的基本能力的训练。

4）训练学生学会查阅相关手册、图册、技术文献和技术资料。

5）培养学生认真负责、踏实细致的工作作风和严谨的科学态度。通过冷冲压模具毕业设计，培养学生严谨的科学态度，强化质量意识、成本概念和时间观念，初步养成良好的职业习惯。

1.2 冷冲压模具课程设计与毕业设计的内容

1.2.1 设计题目

冷冲压模具（冷冲压模具可简称冷冲压模具、冲压模或冲模，下同）设计训练分为课程设计和毕业设计两种形式。

1. 冷冲压模具课程设计

冷冲压模具课程设计通常是在学完“冷冲压工艺与模具设计”课程后进行，时间一般为2～3周。冷冲压模具课程设计一般以设计较为简单的、具有典型结构的中小型模具为主，要求学生独立完成模具装配图一张，工作零件图2～3张，编制简单设计计算说明书一份。

2. 冷冲压模具毕业设计

冷冲压模具毕业设计题目的选择与确定应考虑下列原则：

1）课题必须符合本专业的培养目标及教学基本要求，体现本专业基本训练内容，使学生受到比较全面的锻炼。

2）课题应尽可能结合生产、科研和实验室的建设任务。

3）课题的类型可以多种多样，应贯彻因材施教的原则，使学生的创造性得以充分发挥。

4）课题应力求有益于学生综合运用多学科的理论知识与技能，利于培养学生的独立工作能力。

5）课题要考虑可完成性。课题的可完成性是指在保证教学基本要求的前提下，学生的毕业设计计划任务在规定的时间内，在指导老师的指导下经过努力能够完成。

冷冲压模具毕业设计是在学生学完包括“冷冲压工艺与模具设计”“模具制造工艺”等全部相关专业课程后进行。冷冲压模具毕业设计以设计中等复杂程度以上的大、中型模具为主，要求每个学生独立完成冲压制件工艺设计、冲压模具结构设计与计算、典型零件结构设计与制造工艺规程制订、模具装配工艺制订等多项工作，并完成1～2套不同类型的模具总装配图、部件装配图，设计配套非标零件图和编制设计计算说明书一份。

冷冲压模具毕业设计完成后要进行毕业答辩。

1.2.2 设计内容

冲压件的生产过程一般都是从原材料剪切下料开始，经过多种冲压工序和其他必要的辅助工序，加工出图样所要求的零件，对于某些组合冲压或精度要求较高的冲压件，还需要经过整平、切削、焊接或铆接等工序才能完成。

进行冲压模具设计就是根据已有的生产条件，综合考虑多方面因素，合理安排零件的生产工序，优化确定各工艺参数的数值和变化范围，合理设计模具结构，正确选择模具加工方法，恰当选用冲压设备等，使冷冲压零件的整体生产顺利，达到优质、高效、低耗和安全的目的。

冷冲压模具课程设计与毕业设计内容大致相当，但广度和深度不同。相对而言，毕业设计内容更广泛，设计要求更高。

1. 接受设计任务书

冷冲压成形制件的任务书一般由制件设计者提出，其内容如下：

1）经过审签的正规制件图样。注明要采用的板料牌号、技术要求等。

2）制件说明书。

3）生产产量。

4）制件样品。

通常，模具设计任务书由工艺员根据冷冲压成形制件的任务书提出，模具设计员以冷冲压成形制件任务书、模具设计任务书为依据进行设计模具。在学校，模具设计任务书可由指导老师提供。

2. 分析冲压零件的工艺性

根据设计任务书题目的要求，分析冲压零件成形的结构工艺性，分析冲压件的形状特点、尺寸大小、精度要求及所用材料是否符合冲压工艺要求。如果发现冲压零件工艺性差，则需要对冲压零件产品提出修改意见，但要经产品设计员同意。

3. 制订冲压零件的工艺方案

在分析冲压零件的工艺性后，通常应列出几种不同的冲压工艺方案，从产品质量、生产率、设备占用情况、模具制造的难易程度和模具寿命长短、工艺成本、操作方便和安全程度等方面，进行综合分析、比较，然后确定适合于具体生产条件的最经济合理的工艺方案。

4. 确定毛坯形状、尺寸和下料方式

在最经济的原则下，确定毛坯的形状、尺寸和下料方式，并确定材料的消耗量。

5. 确定冲压模类型及结构形式

根据确定的工艺方案和冲压零件的形状特点、精度要求、生产批量、模具制造条件、操作方便及安全要求等选定冲模类型及结构形式，绘制模具结构草图。

6. 进行必要的工艺计算

1）计算毛坯尺寸，以便在最经济的原则下合理使用材料。

2）进行排样设计计算并画出排样图。

3）计算冲压力（包括冲裁力、弯曲力、拉深力、卸料力、推件力、顶件力和压边力等），以便选择压力机。

4）计算模具压力中心，防止模具因受偏心载荷作用而影响模具精度和寿命。

5）确定凸、凹模的间隙，计算凸、凹模刃口尺寸和各工作部分尺寸。

6）计算或估算模具各主要零件（凹模固定板、凸模固定板、垫板、模架等）的外形尺寸，以及卸料橡胶或弹簧的自由高度等。

7）对于拉深模，需要计算是否采用压边圈，计算拉深次数、半成品的尺寸和各中间工序模具的尺寸分配等。

8）其他零件的结构尺寸计算。

7. 选择压力机

压力机的选择是冲模设计的一项重要内容，设计冲模时，学生可根据“冲压与塑压成形设备”中的知识内容把所选压力机的类型、型号、规格确定下来。

压力机型号的确定主要取决于冲压工艺的要求和冲模结构情况。选用曲柄压力机时，必须满足以下要求。

1）压力机的公称压力 F_g 必须大于冲压计算的总压力 F_z，即 $F_g > F_z$。

2）压力机的装模高度必须符合模具闭合高度的要求，即

$$H_{max} - 5mm \geqslant H \geqslant H_{min} + 10mm$$

式中，H_{max}、H_{min} 分别为压力机的最大、最小装模高度（mm）；H 为模具闭合高度（mm）。

当多副模具联合安装到一台压力机上时，多副模具应具有同一个闭合高度。

3）压力机的滑块行程必须满足冲压件的成形要求。

4）为了便于安装模具，压力机的工作台面尺寸应大于模具尺寸，一般每边大 50 ~ 70mm。

工作台面上的孔应保证冲压零件或废料能漏下。

8. 设计绘制模具总装配图和模具零件图

根据上述分析、计算及方案确定后，再设计绘制模具总装配图及模具零件图。

9. 编写设计计算说明书

计算说明书页数应根据实际设计要求需要确定。内容与要求参看 1.8.1 节。

10. 设计总结及答辩

按照院、系要求进行设计总结及设计答辩。

1.2.3 设计工作量与设计时间安排

1. 设计工作量

冷冲压模具设计的工作量应根据学校制订的教学大纲进行。课程设计与毕业设计所需的时间不同，工作量也不同，一般设计工作量见表 1-1。

表 1-1 冷冲压模具课程设计与毕业设计工作量

设计内容	课程设计	毕业设计
文献综述	—	1 份(2~4 页)
外文翻译	—	1 份(2~4 页)
冲压制件图	1 张	1 张
模具装配图	1 张	一份(总装、部装)
模具零件图	2~4 张	所有非标准件
零件加工工艺过程卡片	2 张	主要工作零件
设计计算说明书	1 份	1 册

2. 设计时间安排

(1) 课程设计　课程设计的时间一般为 10~15 天，其设计内容和时间安排大致见表 1-2。

表 1-2 冷冲压模具课程设计内容和时间安排表

设计内容	时间安排
接受任务书，查阅资料，做好准备工作	1 天
进行工艺方案论证，确定工艺方案	1.5~2.5 天
工艺设计与计算	1 天
画装配草图	1.5~3 天
画装配图	2~2.5 天
画零件图	1~2 天
编写设计说明书	1.5~2 天
总结	0.5~1 天
合计	10~15 天

(2) 毕业设计　根据教学计划，毕业设计时间一般安排为 14~16 周，见表 1-3，可根据此时间段的长短选择难易程度适合的毕业设计题目。

表 1-3 冷冲压模具毕业设计内容和时间安排表

设计内容	时间安排
接受任务书，工厂调研，查阅资料，设计准备工作	2~3 周
工艺方案论证，确定工艺方案	1 周
工艺设计，分析计算	2 周

（续）

设计内容	时间安排
画装配草图	2 周
画装配图	2～3 周
画零件图	2 周
编写设计说明书	3～4 周
答辩	1 天
总结	1 天
合计	14～16 周

1.3　冷冲压模具课程设计与毕业设计步骤

1.3.1　设计前应准备的资料

资料收集是模具设计的第一步。冷冲压模具设计需收集的资料如下。

1. 冲压件的产品零件图及生产纲领

设计前应有冲压制件产品图。冲压制件的产品图（又称冲件图或制件图）上标有零件的尺寸及其公差、形状及其公差、精度、材料牌号及技术要求等。

生产纲领即指产品零件的生产批量（即每年生产多少万件）。产品图和生产纲领是冲模设计最主要的依据，设计出来的模具最终必须保证生产出合格的产品零件，并能满足批量生产要求，模具设计尽量满足模具使用寿命最大化。

2. 产品工艺文件

主要文件是草拟的冲压工艺卡。冲压零件通常是由若干道冲压工序按一定的顺序逐次冲压成形的。因此，冲模设计前，首先要进行冲压工艺分析与草拟，确定工序次数、工序的组合、工序的顺序及工序简图等，并把这些内容编写成冲压工艺规程卡（草拟）。冲压工序数和工序的组合确定了冲压这一冲压制件的模具数量和模具类型。因此，草拟的冲压工艺规程卡也是冲模设计的重要依据，冲模设计员必须按照草拟工艺规程的工艺方案、模具数量、模具类别和相应的工序简图来设计冲压模具。

3. 冲压设备资料

冲压设备资料主要是指冲压设备说明书或冲压设备的技术数据。其内容主要有：技术规格、结构原理、调试方法、顶出和打料机构以及安装模具的各种参数（如闭合高度、模柄孔尺寸、工作台及台孔尺寸等）。设计冲模时，应全面了解设备的结构特点和尺寸参数，并使模具的有关结构和尺寸与设备相适应。当没有上述技术资料可查时，工厂最常用的方法是对冲压设备主要的各种参数进行逐个实际测量，从而得出冲压设备的技术数据，并记录下来，今后这些资料就是该工厂设计模具的依据。

4. 模具设计手册

模具设计手册内可以提供有关的数据和图表，为模具设计提供有关的帮助，可节省模具设计时间。

5. 有关冲模标准化的资料

设计冲模时，应优先采用冲模国家标准件，尽量做到模具零部件标准化，以提高模具设计效率和设计品质，缩短冲模的设计与制造周期。

1.3.2 设计的一般步骤

一般模具图样设计程序可按图 1-1 所示步骤进行。

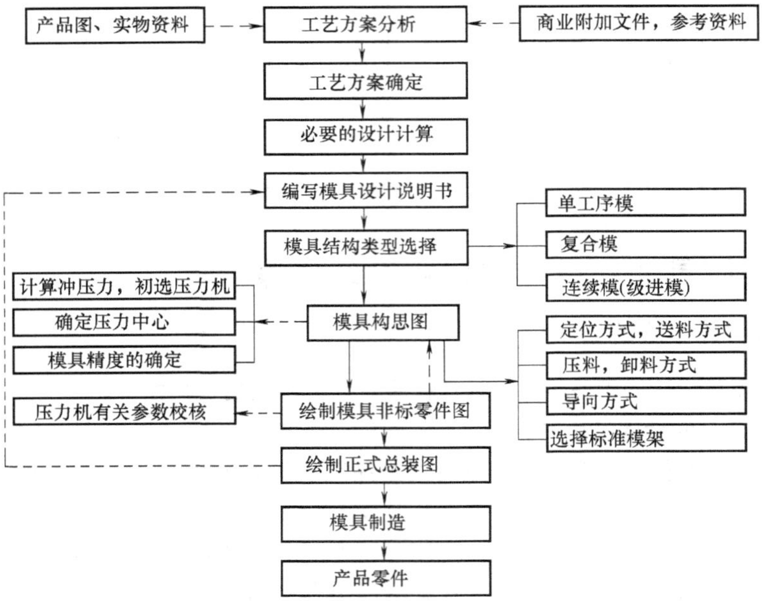

图 1-1 模具图样设计程序图

具体步骤如下：

1. 接受设计任务书

通常设计冲模时，要取得公司或客户提供的冷冲压制件产品图或实物资料。模具设计任务书由工艺员根据冷冲压成形制件的任务书提出，模具设计员以冷冲压成形制件任务书、模具设计任务书为依据进行设计模具。在学校，冷冲压制件产品图及模具设计任务书可由指导老师提供。

学生在接到设计任务书后，首先应仔细阅读和研究本课题的设计任务书，明确本设计任务要达到的目标，并进行调查研究和现场考察。

2. 绘制产品图

如果客户提供的是产品图，则可根据其产品图重新在 CAXA 或 CAD 里绘制产品图并画出展开图、排样图等。

如果客户提供的是产品实物，则需对它进行测量并绘成符合我国标准视图的产品图，并画出展开图、排样图等。

3. 产品工艺性分析

根据产品图、展开图、排样图初步决定工序次数、工序组合、工序顺序等，并画出工序简图和编写冲压工艺卡。

4. 选择压力机

压力机型号的确定主要取决于冲压工艺的要求和冲模的结构情况。应选用适合的压力机的类型及型号。

5. 绘制模具总装配图

根据上述分析、计算及确定方案，再设计绘制冲压模具总装配图。

绘制冲压模具总装配图时，宜采用 1∶1 的比例，这样比较直观，容易看出模具结构是否合理。模具总装配图包括主视图、俯视图、侧视图、局部视图、剖视图及断面图等，此外还有制件图、排样图和零件明细栏等。

6. 绘制模具零件图

模具总装配图中的非标准零件，需要分别画出其零件图。由模具总装图拆画零件图的顺序为：先内后外；先复杂后简单；先成形零件，后结构零件。

7. 编写设计计算说明书

整理和编写设计计算说明书。

8. 试模及修模

一般情况是在选定成形材料、成形设备，在预想的工艺条件下来进行模具设计的，但人们的认识往往是不完善的，因此，必须在模具加工完成以后，再进行试模试验。参看成形的冲压件质量如何，然后采用排除错误的方法进行修模。

制件出现不良现象的种类很多，原因也较复杂，既有模具方面的原因，也有工艺条件方面的原因，二者往往交织在一起。在修模前，应当根据制件出现的不良现象的实际情况，进行细致的分析，找出造成制件缺陷的原因，然后提出补救办法。因为成形条件容易改变，所以一般是先变更成形条件，当变更成形条件不能解决问题时，再考虑修理模具。

修理模具应该慎重，没有十分把握不可轻举妄动。其原因是一旦变更了模具条件，就不能再作大的改造和恢复原状。

9. 设计总结及答辩

按照院、系要求进行设计总结及设计答辩。

具体设计内容与要求参见 1.2.2 节及其他相关内容。

1.4　冷冲压模具设计的注意事项

冷冲压模具的设计过程是指从分析总体方案开始到完成全部技术设计的整个过程，这期间要经过分析、方案确定、计算、绘图、CAD 应用、修改、编写计算说明书等步骤。设计时应注意下述问题。

1.4.1　合理选择模具结构

根据零件图及技术要求，结合生产实际情况，选择模具结构方案，经过分析、比较后，选择确定最佳模具结构。

1.4.2　采用标准零部件和通用零件

尽量选用国家标准件、行业通用零件或者公司及工厂冲模通用零件，使冲模设计典型化及制造简单化，缩短模具设计与制造周期，降低模具成本。

1.4.3　设计和绘图交替进行

冲压模具在设计进程的各个阶段是相互联系的。设计时，零部件的结构不是完全由计算确定的，其中还要考虑结构、工艺性、经济性以及标准化等要求。随着设计的深入，考虑的问题会更多、更全面和更合理，故后阶段设计要对前阶段设计中的不合理结构尺寸等进行必要的修改。所以设计时要边计算边绘图，多次修改，计算、设计和绘图交替进行。

1.4.4 其他应注意的问题

1. 设计前用品准备

模具设计前必须预先准备好设计资料、手册、图册、绘图仪器、图板、三角板、丁字尺、圆规、铅笔、橡皮擦、绘图纸、设计说明书报告纸、计算机等。

2. 设计原始资料准备

应对模具设计与制造的原始资料进行详细分析，明确课程设计或毕业设计要求与任务后再进行工作。原始资料包括：冲压零件图、冲压生产批量、制件材料牌号与规格、现有冲压设备的型号与规格、模具零件加工设备条件等。

3. 定位销的用法

冲模中的定位销常选用圆柱销，其直径与螺钉直径相近，不能太细，每副模具上需要成对使用销钉，其长度不能太长，其进入模体的长度是直径的2~2.5倍。

4. 螺钉用法

固定螺钉拧入模体的深度不能太深。如拧入铸铁件，拧入深度是螺钉直径的2~2.5倍；如拧入钢件，拧入深度一般是螺钉直径的1.5~2倍。

5. 打标记

铸件模板上要设计出有加工、定位及打印编号的凸台。

6. 取放制件方便

设计拉深模时，为了便于放料和取料，所选设备的行程应是拉深件高度的2~2.5倍。

1.5 冷冲压模具装配图的设计要求

1.5.1 图纸幅面

图纸幅面尺寸按相关国家标准机械制图规定要求选用，并按规定要求画出图框。要用模具设计中的习惯和特殊规定作图。基本图幅有A0、A1、A2、A3和A4，最小图幅为A4。手工绘图比例最好采用1:1，这样直观性强。计算机绘图的尺寸必须按机械制图的要求缩放。

1.5.2 模具装配总图

模具装配总图主要用于表达模具的主要结构形状、工作原理及零件间的装配关系，它也是用于指导装配、检验、安装及维修工作的技术文件。

模具装配总图的视图数量一般为主视图和俯视图两个视图，必要时也可以绘制侧视图或加绘辅助视图。视图的表达方法以半剖或局部剖视为主，用以清楚表达模具的内部组成和装配关系。主视图应画成模具闭合时的工作状态，而不能将上模与下模分开来画，主视图的布置一般情况下应与模具的工作状态一致。俯视图一般只画下模。

图样右下角是标题栏，标题栏上方绘出明细栏。图样右上角部位画出用该套模具生产出来的冲制件形状尺寸图和冲制件排样图。

1. 标题栏

装配图的标题栏和明细栏的格式按有关标准绘制。可采用图1-2所示的格式。其中图1-2a所示为装配图的标题栏，图1-2b所示为设计作业时零件图的标题栏。

2. 明细栏

明细栏中的件号自下往上编写，从零件1开始，按冲压标准件、非标准件的顺序编写序号。

同类零件应排在一起。在备注栏中，标出材料热处理要求及其他要求。

3. 冲压制件图及排样图

1）制件图应严格按比例画出，其方向应与冲压方向一致，复杂制件图不能按冲压方向画出时须用箭头注明。

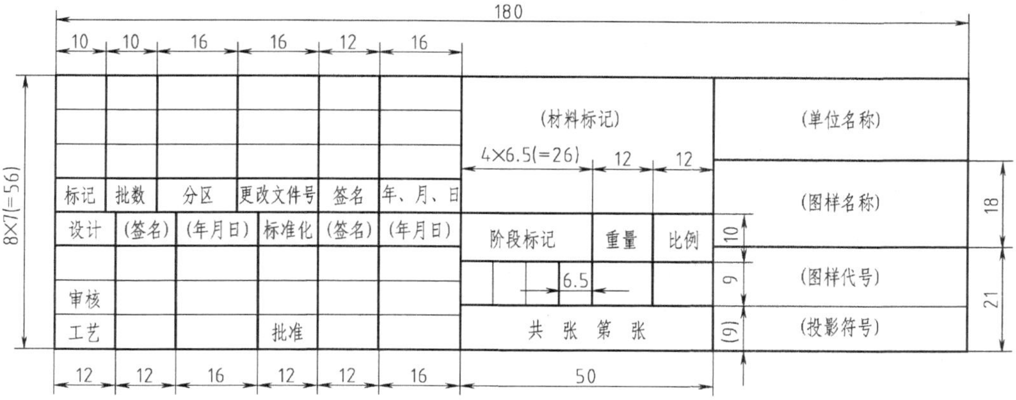

a)

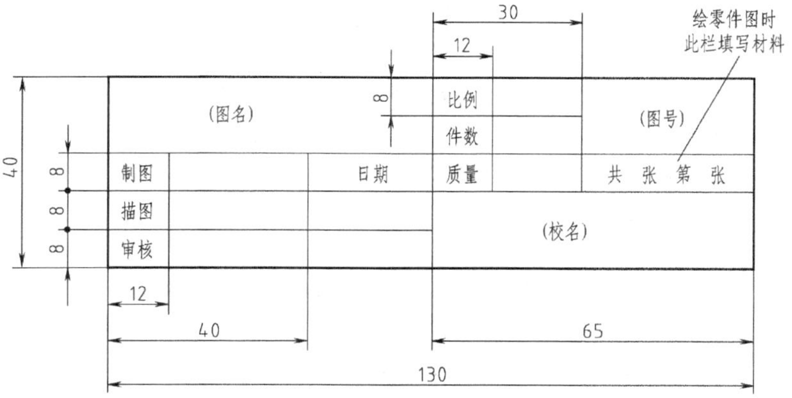

b)

图 1-2　标题栏的格式、分栏及尺寸

2）在制件图右下方注明制件名称、材料型号及料厚；若制件图比例与总图比例不一致时，应标出比例。

3）排样图的布置应与送料方向一致，否则要用箭头注明。排样图中应标明料宽、搭边值和步距，如果是简单冲裁工序可以省略排样图。

4. 尺寸标注

（1）装配图主视图上标注的尺寸

1）注明轮廓尺寸、安装尺寸及配合尺寸。

2）注明封闭高度尺寸。

3）带导柱的模具最好剖画出导柱、固定螺钉、销钉等同类型零件至少每种画出一个剖视图。

4）带斜楔的模具应标出滑块行程尺寸。

（2）装配图俯视图上应标注的尺寸

1）在图上用双点画线画出条料宽度及用箭头表示送料方向。

2）与本模具相配的附件（如打料杆、推件器等）应标出装配位置尺寸。

3）俯视图应与主视图的中心线重合，标注前后、左右平面轮廓尺寸。

装配图侧视图、局部视图和仰视图等除标注必要的尺寸外，其余尺寸一般省略。

5. 计算机绘图要求

1）绘图前要对该图设置线型和各自的图层（包括各种线型的颜色和线宽），绘图时每一条线都要归到各自的图层，便于以后对线型的修改。颜色设置建议如下：

① 粗实线（模具轮廓线）颜色为黑或白色（Black/White）；

② 粗实线（工件轮廓线）颜色为蓝色（Blue）；

③ 中心线颜色为红色（Red）；

④ 尺寸及标注线为蓝色（Blue）；

⑤ 剖面线及细双点画线为洋红色（Magenta）；

⑥ 细虚线为黄色或绿色（Yellow/ Green）；

⑦ 波浪线颜色为绿色（Green）；

⑧ 注写文字采用绿色（Green）。

2）若图形简单，粗实线线宽可采用0.7mm，细实线线宽可采用0.35mm。图形复杂，粗实线线宽可采用0.5mm，细实线线宽可采用0.25mm。

3）图层不能设置在定义层Defpoints，否则无法打印。

4）图样字体原则上按制图标准采用仿宋体（正体），宽:高=0.7:1，字体3.5号以上，可视图幅大小而定。汉字以外的其他文字采用Isocp字体，并采用斜体，A4图的尺寸数字可用3.5号或2.5号。如国内某些软件不是仿宋体，则可按软件默认字体，这样标注方便快捷。

5）图样打印前，图面上不能有任何彩色文字和线条，应全部选黑。

1.5.3 技术要求及说明

技术要求中要注明对本模具的装配、使用等要求和注意事项。内容包括：凸、凹模间隙，冲压力大小，模具闭合高度（当主视图为非闭合高度时），所选模架型号，模具标记，所选压力机型号及相关工具等。说明部分包括模具结构特点及工作时的特殊要求等。

绘制模具总装图时，一般先按比例勾画出总装草图，经仔细检查确认无误后，再画成正规总装图。应当知道，模具总装图中的内容并非是一成不变的。在实际设计中可根据具体情况，允许作出相应的增减。

1.6 冷冲压模具零件图的设计要求

除了绘制模具总装图外，模具总装图中的非标准零件，均需分别画出零件图，一般用1:1的比例绘制。

1.6.1 冷冲压模具零件图的设计要求

模具零件图是模具加工的重要依据，应符合如下要求：

1）视图要完整，以能将零件结构表达清楚为宜。一般用1:1的比例绘制。

2）尺寸标注要正确、完整、清晰，符合国家制图标准要求。设计基准选择应尽可能考虑制造的要求。

3）制造公差、几何公差、表面粗糙度要求选用要适当，既要满足模具加工质量要求，又要考虑尽量降低制造成本。

4）注明所用材料牌号、热处理要求以及其他技术要求。

绘图顺序一般也是先画工作零件图，再依次画其他各部分的零件图。

1.6.2　设计注意事项

设计冲模零件考虑其加工精度时，通常应考虑以下原则和方法：

1）冲模的公差等级至少比冲压件要求的高两个级别。对中小型冲模而言，一般按 IT7 ~ IT6 级设计；若为中间半成品零件或自由尺寸要求的零件，冲模公差等级可取为 IT10 ~ IT9 级。这主要是指冲模零件的工作面、配合面及影响精度的某些重要部位而言的。

2）为确保模具的导向精度，上下模座的导套、导柱孔须分别对应设计并同时加工，必须配钻、配镗。

3）对于凸、凹模的配作加工，如果用快速走丝线切割加工，其尺寸可不标公差，但公称尺寸必须精确到丝的单位。如果是用慢速走丝线切割加工，其尺寸可不标公差，但公称尺寸必须精确到 μ 的单位。与它们相配作加工凸、凹模，仅在公称尺寸右上角标“*”即可，同时在技术要求中说明“*”按凸、凹模的配作加工并保证间隙即可。

4）当然，模架和国标标准件是不需要绘制零件图的，只要在明细栏中写明标准件的型号和数量。有些标准零件需要补充加工（如上、下标准模座上的螺孔、销孔等）时，也需要画出零件图，但在此情况下，通常仅画出加工部位，而非加工部位的形状和尺寸可省去不画，只需在图中注明标准件代号与规格。

1.7　冷冲压模具设计后的审核

1.7.1　主要技术参数的审核

冷冲压模具设计后，要对冲模零件、影响冲件质量的因素、压力机压力等技术参数整体进行审核。

1）冲模各零件的材质、硬度、精度、结构是否能符合用户的要求；模具的压力中心是否与压力机的压力中心重合；卸料结构能否正确工作，冲件能否顺利卸出。

2）是否对影响冲件质量的各因素进行了分析；是否注意在不妨碍使用和考虑冲压工艺等前提下尽量简化加工；冲压工艺参数的选择是否正确，冲件是否会产生变形（翘曲、回弹、起皱等）。

3）冲压力（包括冲裁力、卸料力、推件力、顶件力、弯曲力、压料力、拉深力等）是否超过压力机的负载能力；冲模的安装方式是否正确。

1.7.2　基本结构的审核

1）冲压工艺的分析和设计、排样图是否合理。

2）定位、导正机构（系统）的设计。

3）卸料机构的设计。

4）凸、凹模等工作零件的设计。

5）压料、卸料和出料的方式。

6）送料系统的设计。

7）安全防护措施的设计。

1.7.3 设计图的审核

1）装配图上各零件的排列是否适当；装配位置是否明确；零件是否已全部标出；必要的说明是否明确。

2）零件的编号、名称、数量是否确切标注；是本厂制造还是外购；是否遗漏配合精度、配合符号；冲件的高精度部位能否进行修整；有无超精要求；是否采用适于零件性能的材料；是否标注了材料的热处理、表面处理、表面加工的要求。

3）是否符合制图标准和有关规定，加工者是否容易理解。

4）加工者是否可以不进行计算，相关数字是否在适当的位置上明确无误地标注。

5）设计内容是否符合有关的基础标准。

1.7.4 加工工艺的审核

对加工方式是否进行了分析；零件加工工艺是否与加工设备相适应，现有设备能否满足要求；与其他零件配合的部位是否明确作了标注；是否考虑了调整余量；有无便于装配、分解的撬杆槽、装卸机、牵引螺钉等标注，是否标注了在装配时应注意的事项；是否把热处理或其他原因所造成的变形控制在最小限度范围内等。

1.8 编写设计计算说明书及总结答辩

设计计算说明书是整个设计计算过程的整理和总结，也是图样设计的理论依据，同时还是审核设计能否满足生产和使用要求的技术文件之一。因此，设计计算说明书应能反映出所设计模具的可靠性和经济合理性。

1.8.1 设计计算说明书的编写内容与要求

1. 设计计算说明书的编写内容

设计员除了用工艺文件和图样表达自己的设计结果外，还须编写设计说明书，用以阐明自己的设计观点、方案的优势、设计依据和过程等。

设计计算说明书应在全部计算及全部图样完成后整理编写，主要内容有冲压件的工艺性分析，毛坯的展开尺寸计算，排样方式及经济性分析，工艺过程的确定，半成品过渡形状的尺寸计算，工艺方案的技术和经济分析比较，模具结构形式的合理性分析，模具主要零件结构形式、材料选择、公差配合和技术要求的说明，凸、凹模工作部分尺寸与公差的计算，冲压力的计算，模具主要零件的强度计算，压力中心的确定，弹性元件的选用与校核等。具体内容包括如下。

（1）标题（封面）　设计课题名称，要求简洁、确切、鲜明。

（2）摘要　扼要叙述本设计的主要内容、特点，文字要精练。中文摘要约300字；外文摘要不宜超过250个实词。

（3）目录　目录由两部分组成，一部分是编写说明书里内容的题目，另一部分是题目内容所占页次，页次要按顺序排列下来。

（4）序言

（5）设计任务书及产品图

（6）正文

1）制件的工艺性分析。

2）冲压工艺方案的制订。

3）模具结构形式的论证及确定。

4）排样图的设计及材料利用率的计算。

5）模具工作零件刃口尺寸及公差的计算。

6）工序压力的计算及压力中心的确定。

7）冲压设备的选择及校核。

8）模具零件的选用、设计及必要的计算。

9）其他需要说明的问题和发展方向等。

（7）结论

（8）致谢

（9）参考文献与附录

2. 编写设计计算说明书的要求

1）设计计算说明书应以计算内容为主，要求写明整个设计的主要计算方法及简要说明。要求写出公式并注明来源，同时代入相关数据，得出运算结果。

2）在设计计算说明中，还应附有与计算相关的必要简图，如压力中心计算时应绘制零件的排样图。确定工艺方案时，需画出多种工艺方案的结构图，以便进行分析比较。

3）说明书中所选参数及所用公式应注明出处，写出公式中符号所代表的意义及单位。

4）说明书后面应附有主要参考文献目录，包括书刊名称、作者、出版社、出版年份。在说明书中引用所列参考资料时，只需在方括号里注明其序号及页数即可。

5）设计计算说明书用 16K 纸或 A4 纸编写，手写时必须用钢笔、中性笔（不得用铅笔或彩色笔）书写，也可以用计算机打印出来，应标出编号目录及页次，并装订成册。

1.8.2 设计总结与答辩的注意事项

设计总结与答辩是冷冲压模具设计的最后一个环节，是对整个设计过程的系统总结、检查和评价。

学生在完成全部图样及编写设计计算说明书之后，应全面分析此次设计中存在的优、缺点，找出设计中应注意的问题，掌握通用模具设计的一般方法和步骤。通过总结，提高分析与解决实际工程设计问题的能力。

设计答辩工作是老师了解学生综合设计能力的重要环节。在进行答辩的前一天，由院、系拟定答辩顺序并公布答辩学生名单。答辩应针对每个学生单独进行，具体形式和时间安排由院、系、专业或指导老师安排。

答辩小组的成员组成，应以设计指导教师为主，同时聘请与专业课有关的各门课程专业课教师，必要时要聘请 1 ~2 名工程技术人员。

答辩中所提问题，一般以设计方法、方案以及设计计算说明书和设计图样中所涉及的内容为限。可就计算过程、结构设计、查取数据、视图表达、尺寸与公差配合、材料及热处理、装配及要求等方面广泛提出质疑让学生回答，也可要求学生当场查取数据及进行必要的计算等。

通过学生本人系统地回顾总结和对教师的质疑进行答辩，使学生能更进一步发现自己在设计过程中存在的问题，搞清尚未弄懂的、不甚理解或未曾考虑的问题，从而取得更大的收获，达到比较圆满地完成整个设计的目的及要求。

1.8.3 考核方式及成绩评定

设计成绩的评定，应以学生在设计图样、编写设计计算说明书和在答辩中回答问题的情况为根据，并参考学生在设计过程中平时的表现进行综合评定。

冷冲压模具设计（可包括制造）课程设计与毕业设计成绩的评定包括冲压工艺与模具设计、模具制造、设计计算说明书及答辩等内容，分别所占权值见表1-4。

表1-4　模具设计评分标准

项　　目		权值	指　　标
冷冲压工艺与模具设计	冷冲压工艺编制	10%	工艺是否可行，合理
	装配图	20%	结构合理，图样绘制与技术要求符合国家标准，图面质量好
	零件图	20%	结构合理，图样绘制与技术要求符合国家标准，图面质量好，绘制的零件图数量齐全
模具制造	零件加工工艺	20%	符合图样技术要求，保证零件质量
实训或实习报告	设计计算说明书撰写质量	20%	文理通顺，条理清楚，用语符合技术规范要求；字迹工整，图表清楚；书写格式规范化
答辩	阐述设计内容，回答问题	10%	论述思路清晰、表达清楚；回答问题正确、深入、有逻辑性

冷冲压模具设计（可包括制造）的成绩一般采用五级计分（优秀、良好、中等、及格和不及格）。可采用“结构分”形式进行成绩的综合评定。结构分由指导老师的评分、评阅人的评分和答辩委员会的评分组成。这三部分的比例一般为3:3:4。

（1）优秀

1）冷冲压工艺与模具结构设计合理，内容正确，有独立见解或创造性。

2）设计中能正确运用专业基础知识，设计计算方法正确，计算结果准确。

3）全面完成规定的设计任务，图样齐全，内容正确，图面整洁，且符合国家制图标准。

4）编制的模具零件加工工艺规程符合生产实际，工艺性好。

5）计算说明书内容正确、完整，条理清楚，书写工整清晰。

6）在答辩中论述思路清晰，论点正确，回答问题全面、准确、深入。

7）依据设计所加工出的模具完全符合图样要求，试模成功，能加工出合格的冲压零件。

8）设计中有个别的缺点，但不影响整体设计质量。

（2）良好

1）冷冲压工艺与模具结构设计合理，内容正确，有一定见解。

2）设计中能正确运用所学专业基础知识，设计计算方法正确。

3）能完成规定的全部设计任务，图样齐全，内容正确，图面整洁，符合国家制图标准。

4）编制的模具零件的加工工艺规程符合生产实际。

5）计算说明书内容较完整、正确，书写整洁。

6）在答辩中论述思路清晰，能正确回答教师提出的大部分问题。

7）依据设计所加工出来的模具符合图样要求，试模成功，能加工出合格的冲压零件。

8）设计中有个别非原则性的缺点和小错误，但基本不影响设计的正确性。

（3）中等

1）冷冲压工艺与模具结构设计基本合理，分析问题基本正确，无原则性错误。

2）设计中能基本运用本专业的基础知识进行模拟设计。

3）能完成规定的设计任务，附有主要图样，内容基本正确，图面清楚，符合国家制图标准。

4）编制的模具零件的加工工艺规程基本符合生产实际。

5）计算说明书中能进行基本分析，计算基本正确。

6）在答辩中论述思路较清晰，回答主要问题基本正确。

7）依据设计所加工出来的模具基本符合图样要求，经调整试模成功，能加工出合格的冲压零件。

8）设计中有个别小的原则性错误。

（4）及格

1）冷冲压工艺与模具结构设计基本合理，分析问题能力较差，但无原则性错误。

2）设计中基本上能运用本专业所学的基础知识进行设计，考虑问题不够全面。

3）基本上能完成规定的设计任务，附有主要图样，内容基本正确，基本符合标准。

4）编制的模具零件的加工工艺规程基本可行，但工艺性不好。

5）计算说明书的内容基本正确完整，书写工整。

6）在答辩中能回答教师提出的部分问题，或经启发后可答出。

7）依据设计所加工出来的模具经过修改才能够加工出冲压零件。

8）设计中有一些原则性小错误。

（5）不及格

1）设计中不能运用所学知识解决工程问题，在整个设计中独立工作能力较差。

2）冷冲压工艺与模具结构设计不合理，有严重的原则性错误。

3）设计内容没有达到规定的基本要求，图样不齐全或不符合标准。

4）没有在规定的时间内完成设计。

5）计算说明书文理不通，书写潦草，质量较差。

6）在答辩中自述不清楚，回答问题时错误较多。

7）依据设计所加工出来的模具不符合图样的要求，不能够使用。

第 2 章　冷冲压基础知识

2.1　冷冲压的基础知识

2.1.1　冷冲压特点及应用

1. 冷冲压的概念

冲压是利用安装在冲压设备（主要是压力机）上的模具对被冲材料施加压力，使其分离或塑性变形，从而获得所需要形状和尺寸的零件（俗称冲压件或制件）的一种压力加工方法。冲压一般是在室温下进行的，且主要采用板料来加工，所以也称为冷冲压或板料冲压。

冷冲压加工的三要素：

（1）冲压设备　冲压设备是指进行冲压加工所必需的成套机器、装置、生产线或加工中心。压力机是主要的冲压设备，冲压设备为板料变形提供动力。现在生产中采用的多为传统的冲压设备，主要包括各种机械压力机、液压机等。

（2）冲压模具　模具是冲压加工中安装在压力机上的专用模型、工具，冲压模具对板料塑性变形加以约束，并直接使板料变成所需的零件。

（3）冲压材料　原材料是冲压加工的对象，是直接制造出冲压件的原料。冲压所用的原材料多为金属或非金属的板料。

冲压加工三要素是决定冲压质量、精度和生产率的关键因素，是不可分割的。先进的模具只有配备先进的压力机和优质的材料，才能充分发挥效能，作出一流产品，取得高的经济效益。

冷冲压技术工作包括冷冲压工艺设计、模具设计及冷冲模制造三方面的内容，尽管三者的工作内容不同，但三者之间存在着相互渗透、相互补充、相互依存的关系。

2. 冷冲压的特点

冷冲压加工与机械加工及其他塑性加工方法相比，无论在技术方面还是经济方面都具有许多独有的特点，主要体现如下：

1）生产率高。冲压加工的生产率高，且操作方便，易于实现机械化与自动化。

2）产品质量好。冲压件的质量稳定，互换性好，具有“一模一样”的特征。冲压时模具能够保证冲压件的尺寸与形状精度，一般也不会破坏冲压材料的表面质量，模具寿命也较长，可以获得合理的金属流线分布。

3）能加工出其他加工方法难以加工或无法加工、形状复杂的零件。

4）产品成本低。冲压加工材料的利用率较高，冲压一般没有切削碎料，材料的消耗较少，且不需要其他加热设备，因而成本较低，是一种省料、节能的加工方法。

但是，冷冲压加工所使用的模具一般具有专用性，因此，只有在生产批量较大的情况下，冲压加工的优点才能充分体现出来，获得较好的经济效益。

3. 冷冲压的应用

由于冷冲压有许多优点，尤其在大批量生产中的优点突出，因此，在机械制造、汽车、拖拉机、电子、电器、仪表、国防、航空航天及日用品各行各业中，都得到了广泛的应用。大到汽车覆盖件，小到钟表及仪器、仪表元件，大多是由冷冲压加工方法制成的。

目前，采用冷冲压工艺所获得的冲压制品，在现代汽车、拖拉机、电动机、电器、仪器、仪表、各种电子产品和人们日常生活中，都占有十分重要的地位。据粗略统计，在汽车制造业中有60% ~70%的零件是采用冲压工艺制成的。如一辆新型轿车投产需配套2000副以上各类专用模具，而冷冲压生产所占的劳动量为整个汽车工业劳动量的25% ~30%。在机电及仪器、仪表生产中有60% ~70%的零件是采用冷冲压工艺来完成的。一台电冰箱投产需配套350副以上的各类专用模具。在电子产品中，冲压件的数量约占零件总数的85%以上。在飞机、导弹、各种枪弹与炮弹的生产中，冲压件所占的比例也相当大。人们日常生活中用的金属制品，冲压件所占的比例更大，如铝锅、不锈钢餐具、搪瓷盆都是冷冲压制品。占世界钢产量60% ~70%以上的板料、管材及其他型材，其中大部分是经过冲压制成成品的。在许多先进的工业国家里，冲压生产和模具工业得到快速发展。例如美国和日本，模具工业的产值已超过机床工业，模具工业成为重要的产业部门，而冲压生产则成为生产优质先进机电产品的重要手段。

4. 冷冲压行业发展趋势

随着工业产品质量的不断提高，冲压产品生产正呈现多品种、小批量、复杂、大型、精密、更新换代速度快的变化特点，冲压模具正向高效、精密、长寿命、大型化方向发展。为适应市场变化，随着计算机技术和制造技术的迅速发展，冲压模具设计与制造技术正由手工设计、依靠人工经验和常规机械加工技术向以计算机辅助技术、数控切削加工、数控电加工为核心的计算机辅助设计与制造（CAD/CAM）技术转变。发展趋势体现如下。

（1）模具CAD/CAE/CAM正向集成化、三维化、智能化和网络化方向发展

1）模具软件功能集成化。

2）模具设计、分析及制造三维化。

3）模具软件应用的网络化趋势。

（2）模具检测、加工设备向精密、高效和多功能方向发展

1）模具检测设备在日益精密、高效。

2）数控电火花加工机床得到更广泛使用。

3）采用高速铣削加工（HSM）和五轴机床加工。

（3）快速经济制模技术广泛使用　为了适用工业生产中多品种、小批量生产的需要，加快模具的制造速度，降低模具生产成本，开发和应用快速经济制模技术越来越受到人们的重视。具体主要有以下一些技术：

1）快速原型制造技术（RPM）。

2）表面成形制模技术。

3）浇注成形制模技术。

4）冷挤压及超塑成形制模技术。

5）无模多点成形技术。

6）KEVRON钢带冲裁落料制模技术。

7）模具毛坯快速制造技术。

8）其他方面技术。如采用氮气弹簧压边、卸料、快速换模技术、冲压单元组合技术、刃口堆焊技术、实型铸造技术及冲模刃口镶块技术等。

（4）模具材料及表面处理技术发展迅速　随着产品质量的提高，对模具质量和寿命要求越来越高，而提高模具质量和寿命最有效的办法就是开发和应用模具新材料及应用热处理、表面处理新工艺，不断提高使用性能，改善加工性能。

（5）模具工业创新理念和先进生产管理模式　随着需求的个性化和制造的全球化、信息化，

企业内部和外部环境的变化，以及制造技术的先进化，冲压模具行业的传统生产观念和生产组织方式发生了改变，出现了一些新的设计、生产、管理理念与模式。

具体为：以技术为中心向以人为中心转变，强调协同能力，以适应模具单件生产特点的柔性制造技术；创造最佳管理和效益的团队精神，精益生产；由传统的顺序工作方式向并行工作方式的转变，提高快速应变能力的并行工程、虚拟制造及全球敏捷制造、网络制造、虚拟技术等新的生产哲理；广泛采用标准件、通用件的分工协作生产模式；适用可持续发展和环保要求的绿色设计与制造等。

2.1.2　冷冲压模具的分类

在冲压加工中，安装在设备上的专用模型、工具，将材料加工成冲压零件（或半成品）的一种特殊工艺装备，称为冲压模具。冲压模具在实现冲压加工中必不可少，没有符合要求的冲压模具，冲压加工就无法进行；没有先进的冲压模具，先进的冲压工艺就无法实现。冲模设计是实现冷冲压加工的关键工艺，一个冲压零件往往要用几副模具才能加工成形。在冲压零件的生产中，合理的冲压成形工艺、先进的模具、高效的冲压设备是必不可少的。

冲压零件品种繁多，要求冷冲压模具的结构类型也多种多样。冷冲压模具一般有下列几种分类方式。

（1）按工序性质分类　可分为冲裁模、弯曲模、拉深模、翻孔模等。

（2）按完成冲压工序的数量及组合程度分类　可分为单工序模、复合模和级进模（连续模）等。

（3）按模具导向方式分类　可分为无导向开式模、有导向导板模、导柱模、导筒模等。

（4）按进出料的操作方式分类　可分为手动模、半自动模、自动模。

（5）按模具有无卸料和卸料方法分类　可分为无卸料模、刚性卸料模和弹性卸料模。

（6）按专业化程度分类　可分为通用模、专用模、自动模、组合模、简易模等。

（7）按模具工作零件的材料分类　可分为钢模、硬质合金模、钢结硬质合金模、聚氨酯模、低熔点合金模。

（8）按模具外形及结构尺寸大小分类　可分为大型、中型和小型冲模。

除此以外，还有按其他形式进行分类的。按不同的分类模具有不同的称谓。

2.1.3　冷冲压材料与冷冲压模具材料

1. 冷冲压材料

冷冲压材料最常见的是金属板料，金属板料分黑色金属板料和有色金属板料两种。一些非金属板料也可采用冷冲压方法进行加工。

常用金属材料的力学性能见表9-1和表9-2。

（1）黑色金属板料　黑色金属是指铁和碳的合金，如钢、生铁、铁合金、铸铁等。钢和生铁都是以铁为基础，以碳为主要添加元素的合金，统称为铁碳合金。

1）普通碳素钢钢板。常用的如Q195、Q235、Q275等。

2）优质碳素结构钢钢板。这类钢板的化学成分和力学性能都有保证。其中碳钢以低碳钢使用较多，常用牌号有：08、08F、10、20、70等，冲压性能和焊接性能都好，目前用得最多的是冲压件板材。

3）低合金结构钢板。常用的如16Mn、10Mn2。用以制造有强度、弹性要求的重要冲压件。

4）电工硅钢板。常用的如DT1、DT2。

5）不锈钢板。常用的如国产的12Cr13等，美国产的304，日本产的SUS304等。拉深件用的不锈钢材料就是不锈钢板，主要用以制造有防腐蚀防锈要求、外观漂亮的产品。

（2）有色金属板料　有色金属又称非铁金属，指除黑色金属以外的金属和合金，如铜、锡、铅、锌、铝以及黄铜、青铜、铝合金和轴承合金等。另外在工业上还采用铬、镍、锰、钼、钴、钒、钨、钛等，这些金属主要用作合金附加物，以改善金属的性能，其中钨、钛、钼等多用于生产刀具用的硬质合金中。此外还有贵重金属如铂、金、银等和稀有金属，包括放射性的铀、镭等。

1）纯铜及铜合金（如电解铜、黄铜）等。常用的牌号有T1、T2、H62、H68等，其塑性、导电性和导热性均很好。

2）纯铝及铝合金。常用的牌号有1060、1050A、3A21、2A12等，有较好塑性，变形抗力小且轻。

（3）非金属材料板料　胶木板、橡胶板、塑料板、纸板、云母板等。

（4）冲压用材料的形状　现代企业最常用的是块片、捆片与卷料，或者是企业自己对购进的板料（通常是2m×1m）用剪板机按需求进行剪板。有时也采用边角废料，边角废料因为来源有限，只适用于小批量生产和价值昂贵的有色金属产品的生产。板料按厚度公差可分为A、B、C三种；按表面质量可分为Ⅰ、Ⅱ、Ⅲ三种，钢板表面不得有裂纹、气泡、夹杂、结疤、折叠和明显的划痕。钢板不得有分层。其他缺陷允许存在，但其深度或高度不得超过钢板厚度允许公差的一半。

用于拉深复杂零件的铝镇静钢板，其拉深性能可分为ZF、HF、F三种。一般深拉深低碳薄钢板可分为Z、S、P三种（Z是最深拉深，S是深拉深，P是普通深拉深料）。板料供应状态可为：退火状态M，淬火状态C，外企和国内部分地区也分为特硬T、硬料Y、半硬料（1/2硬）Y2和软料M等。

另外，同一种牌号或同一厚度的板材，还有冷轧和热轧之分。我国国产板材中，厚板（$t>4$mm）为热轧板，薄板（$t<4$mm）为冷轧板（也有热轧板）。与热轧板相比，冷轧板尺寸精确，偏差小，表面缺陷少，表面光亮，内部组织致密，冲压性能更优。根据轧制方法不同冷轧和热轧又分为连轧和往复轧。一般来说，连轧钢板的纵向和横向性能差别较大，纤维的方向性比较明显，各向异性大；单张往复轧制时，钢板各向均有相近程度的变形，故钢板的纵向和横向性能差别较小，冲压性能更好。

部分冲压常用金属材料的轧制薄钢板的产品分类及代号、尺寸规格及厚度、宽度公差等内容可参看本书表9-4~表9-8。

常用冲压用材料有以下几类（交货时分捆片和块片）。

1）钢板类

国标：Q235（旧标准A3）（美国：Gr. D，日本：SM400A）。

国标：20~50（如45钢）（美国：1020~1050，日本：S20C~S50C）。

另外如标有Spcd或Spcc或Spcen，是指日本冷轧钢板，有单光片（如Spcc-SD）、双光片（如Spcc-SB）等。日本钢材（JIS系列）的牌号第一部分表示材质，如S（Steel）表示钢，F（Ferrum）表示铁；第二部分表示不同的形状、种类、用途，如P（Plate）表示板，T（Tube）表示管；第三部分表示特征数字，一般为最低抗拉强度。

① Spcc。相当于普通冷板（1/2硬）。表示一般用冷轧碳素钢薄板及钢带，相当于国产的Q195~Q215A牌号。其中第三个字母C为英文Cold（冷）的缩写。需保证拉伸试验时，在牌号末尾加T为Spcct。

② Spcd。相当于国产08L冷板（深拉深板1/4硬）。表示冲压用冷轧碳素钢薄板及钢带，相当于国产的08AL（13237）优质碳素结构钢。

③ Spcen。冷板（最深拉深软板）。表示深冲用冷轧碳素钢薄板及钢带，相当于国产的08AL（5213）深冲钢板。需保证非时效性时，在牌号末尾加N为Spcen。冷轧碳素钢薄板及钢带调质

代号：退火状态为 A，标准调质为 S，1/8 硬为 8，1/4 硬为 4，1/2 硬为 2，1 硬为 1。表面加工代号：无光泽精轧为 D，光亮精轧为 B。如 Spcc-SD 表示标准调质、无光泽精轧的一般用冷轧碳素薄板；再如 Spcct-SB 表示标准调质、光亮加工，要求保证力学性能的冷轧碳素薄板。

④ SEcc。矽钢片。

⑤ Sphc（热轧板）。首位 S 为英文 Steel（钢）的缩写，P 为 Plate（板）的缩写，H 为 Heat（热）的缩写，C 为 Commercial（商业）的缩写，整体表示一般用热轧钢板及钢带。

⑥ SGcc。镀锌板。

⑦ C5102、C5191。日本磷铜片。

⑧ C1720。日本铍青铜片。

2）铜板类（国内 GB）。

纯铜：T1、T2、T3、T4，含铜的质量分数为 99.95% ~99.97%，其余为银。

黄铜：H90，含铜的质量分数为 88% ~91%，其余为锌。

黄铜：HNi65-5，含铜的质量分数为 64% ~67%，含镍的质量分数为 5% ~6.5%。

黄铜：HSn90-1，含铜的质量分数为 88% ~91%，含锡的质量分数为 0.25% ~0.75%。

白铜：B5，含铜的质量分数为 4.4% ~5%，其余为镍 + 银。

锡青铜：QSn4-3。

铍青铜：QBe2。

3）不锈钢板类。

国产 12Cr18Ni9，日本 SUS302，美国 302，奥氏体，有高的强度，用于建筑装饰部件。

国产 06Cr19Ni10，日本 SUS304，美国 304，奥氏体，拉深用的不锈钢材料。

国产 12Cr17Ni7，日本 SUS301，美国 301，奥氏体，作端子连续模用的条料（有弹性的弹片）。

国产 10Cr17，日本 SUS430，美国 430（俗称不锈铁），用于燃烧器部件、家用电器。

国产 12Cr13，日本 SUS410，美国 410，马氏体，耐蚀性，一般用于切削刃零件、餐具等。

（5）冲压材料的合理选用　冲压材料的选用需要考虑冲压件的使用要求、冲压工艺要求及经济性要求等。

1）考虑冲压件的使用要求。所选材料应能使冲压件在机器或部件中正常工作，并具有一定的使用寿命。因此，应根据冲压件的使用条件，让所选材料满足相应强度、刚度、韧性及耐蚀性和耐热性等方面的要求。

2）考虑冲压工艺的要求。对于任何一种冲压件，所选的材料应能按照其冲压工艺的要求，稳定地冲压出不致于开裂或起皱的合格产品，这是基本的也是最重要的选材要求。为此可采用以下方法合理选材：

① 试冲法。根据以往的生产经验及可能条件，选用几种基本能满足冲压件使用要求的板料进行试冲，最后选择没有开裂或皱折的、废品率低的一种。这种选择结果比较直观，但带有较大的盲目性。

② 分析对比法。在分析冲压变形性质的基础上，把冲压成形时的最大变形程度与板料冲压成形性能所允许采用的极限变形程度进行对比，并以此作为依据，选取适合于该种零件冲压工艺要求的板材。

3）考虑经济性要求。所选材料应在满足使用性能及冲压工艺要求的前提下，尽量使材料的价格低廉，来源方便，经济性好，以降低冲压件的成本。

（6）冲压加工常用材料在图样上的标注　根据相应的国家标准，可以在冲压工艺文件和图样上用如下方式标注钢板的牌号：

$$钢板\ \frac{1.0 \times 1000 \times 1500 - GB/T\ 708—2006A}{08\text{-}Ⅱ\text{-}S\text{-}GB/T\ 13237—1991}$$

上式的含义为：08 号钢，料厚 1.0mm × 料宽 1000mm × 料长 1500mm 的钢板，轧制精度 A 级，表面精度Ⅱ级，拉深精度为 S 级（深拉深钢）。

2. 冷冲压模具材料

目前制造冷冲压模具的材料绝大部分以钢材为主，其种类较多，一般常用的冷冲压模具钢材有以下几种。

（1）碳素工具钢　应用较多的碳素工具钢为 T8A、T10A 等，这是冲模中应用最广、价格最便宜的材料，适宜形状简单的冲模。T8A 钢的特点是无析出网状碳化物倾向，塑性、韧性好；T10A 钢的特点是含碳量较高，有过剩的二次渗碳体，经淬火、回火后硬度较高。这类钢的整体优点是加工性能好，有一定的硬度；缺点是淬火变形大，耐磨性能较差。

碳素工具钢的淬透性低，常规淬火后硬化层通常为 1.5 ~ 3mm。淬火变形量与含碳量有关，含碳量高，*M*s 点低，淬火后残留奥氏体增多，模具型腔变形程度大。

提高淬火温度，碳素工具钢的强度下降。实践证明，适当提高淬火温度，可增加硬化层厚度，从而提高模具的承载能力。一般，对于小型模具可采用较低的淬火温度（760 ~ 780℃），大中型零件采用较高的淬火温度（800 ~ 850℃）。

（2）低合金工具钢　用于制造模具的低合金工具钢有 CrWMn、9CrSi、9Mn2V、7CrSiMnMoV（代号 CH-1）、6CrNiSiMnMoV（代号 GD）等。

低合金钢的特点是淬透性好、淬火变形小、耐磨性较好、机械加工容易，常用于制造形状复杂、要求变形小的中小型模具，表面可进行渗硼等化学热处理，热处理后的硬度为 58 ~ 68HRC。

CrWMn 钢是一种低变形钢，具有较高的淬透性、硬度和耐磨性，在我国应用较广。但因热加工时易形成网状碳化物，故应用范围受到一定的限制。为了防止碳化物网的产生，终锻温度不宜过高，锻后冷却速度不可太慢。这类钢主要用作凹模，为了充分发挥其强韧性的潜力，常采用等温淬火方法处理。这种材料还适用于制造截面较大、刃口不剧烈受热、淬火变形小、要求耐磨性高的冲压模具。

9CrSi 钢属于低合金过共析钢，特点是碳化物分布均匀，淬透性、淬硬性较好，回火时硬度变化平缓，承载能力较好，适用于等温淬火。当钢在淬火状态下布氏硬度 < 229HBW、珠光体组织为 2 ~ 4 级时，具有较好的冷热加工性能，淬火后韧性高。用 9CrSi 钢制作轻载模具，硬度要求为 58 ~ 61HRC 时，可在 200 ~ 250℃ 回火。中等载荷模具，硬度要求 56 ~ 58HRC 时，可在 280 ~ 320℃ 回火。高韧性模具，硬度要求为 54 ~ 56HRC 时，可在 350 ~ 400℃ 回火。

（3）高碳高铬模具钢　常用的高碳高铬模具钢有 Cr12、Cr12MoV 和 Cr12Mo1V1（代号 D2）。这类模具钢具有高强度、耐磨、易淬透、稳定性高、抗压强度高及微变形等优点，常用于冲击力大、寿命高、形状复杂的模具，热处理后的硬度为 60 ~ 64HRC。

Cr12、Cr12MoV 钢由于含碳量高，高硬度的碳化物数量增多，因而具有高的耐磨性；钢中含有较多的残留奥氏体，可通过调整热处理工艺控制残留奥氏体量，以控制模具的热处理变形尺寸，减小变形量；油淬时，Cr12MoV 钢的淬火临界尺寸可达 200 ~ 250mm，空冷时为 150mm，淬透性高。但缺点是：碳化物分布不均匀，尺寸敏感性和各向异性大，韧性低；变形抗力大，锻造困难；熔点低，易过热、过烧；热处理时有脱碳倾向。在使用性能上，二者各具特点，Cr12MoV 的碳化物不均匀性和强韧综合性能均优于 Cr12 钢，而耐磨性 Cr12 优于 Cr12MoV 钢，但在工艺性能方面，Cr12MoV 又优于 Cr12 钢。

（4）高碳中铬工具钢　常用的高碳中铬工具钢有 Cr6WV、Cr4W2MoV 和 Cr5MoV 等。这类钢由于铬含量较少，耐磨性、淬透性能稍差，但由于加入了 W、Mo、V 等元素，提高了钢的稳定性、力学性能和耐磨性。适用于弯曲模，热处理后硬度为 50 ~ 60HRC。

Cr4W2MoV 钢是我国研制的钢号，其含铬的质量分数为 4%，并加有一定量的 W、Mo、V，具有较高的淬透性，可作高耐磨、微变形冷作模具。钢的冶金质量也较好，钢中共晶碳化物细小。缺点是碳化退火困难，锻造温度范围窄，易于过热、过烧。钢的淬火变形趋势与 Cr12 钢相似，有较好的尺寸胀缩，可以调节。

（5）高速工具钢　高速工具钢主要有 W18Cr4V、6W6Mo5Cr4V。这类钢具有高强度、高硬度、高耐磨性、高韧性和耐回火性等特点。

6W6Mo5Cr4V 钢是一种低碳高速工具钢，其优点是淬透性好，并具有类似高速工具钢的高硬度、高耐磨性、高强度等综合性能，且又有较高速工具钢好的韧性，有较长的使用寿命。它的缺点是钢中含钼量较高，热加工温度范围稍窄，变形抗力较大，容易脱碳。

（6）基体钢　模具中常用的基体钢有 6Cr4W3Mo2VN6（代号 65Nb）、7G7Mo2V2Si（代号 LD）、5Cr4Mo3SiMnVAL（代号 012AL）等。

基体钢是指在高速工具钢淬火组织基体的化学成分基础上，添加少量的其他元素，适当增减碳含量，使钢的成分与高速工具钢基体成分相同或相近的一类模具钢。这类钢由于去除了大量的过剩碳化物，与高速工具钢相比，其韧性和疲劳强度得到了大幅度的改善，但又保持了高速工具钢的高强度、高硬度、热硬性和良好的耐磨性。

（7）硬质合金和钢结硬质合金　YG 类硬质合金是一种多相结合材料，其耐磨性、硬度、机械强度都较高，可用于大批量、寿命高的小型模具。其缺点是不能进行切削加工，价格较贵。YE 类钢结硬质合金既具有合金钢的可锻造、切削加工、焊接及热处理性能，又具有硬质合金的高硬度、高耐磨性的特点，是一种很好的模具材料，但价格很贵。

常用冷冲压模具材料型号及硬度要求等内容可参看本书表 9-9、表 9-10。

2.1.4　冷冲压的基本工序

冷冲压加工的零件由于其形状、尺寸、精度要求、生产批量、原材料性能等各不相同，因此生产中所采用的冷冲压工艺方法也多种多样。概括起来分为两大类：分离工序和成形工序。分离工序是使冲压件与板料沿一定的轮廓线相互分离的工序，同时，冲压件分离断面的质量，也要满足一定的要求。成形工序是指材料在不破坏的条件下产生塑性变形的工序，从而获得一定形状、尺寸和精度要求的零件。在实际生产中，一个零件的最终成形，往往可能有几种不同工序的组合。

常见的冷冲压基本工序见表 2-1。

表 2-1　常用的冷冲压基本工序

冲压类别	序号	工序名称	工序简图	定　义
分离工序	1	切断	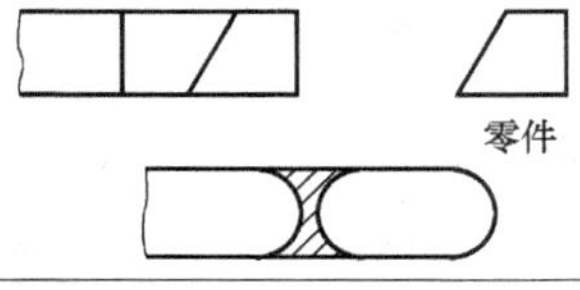	将材料沿敞开的轮廓线分离，被分离的材料为零件或工序件
	2	落料	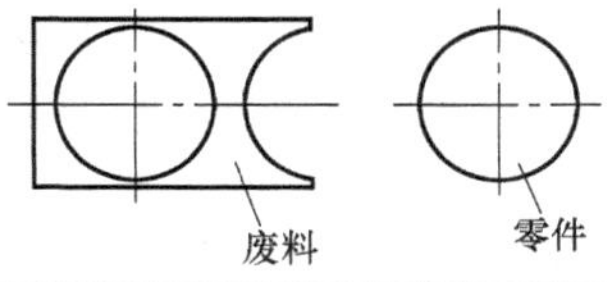	将材料沿封闭的轮廓线分离，封闭轮廓线以内的材料成为零件或工序件

（续）

冲压类别	序号	工序名称	工序简图	定　义
分离工序	3	冲孔	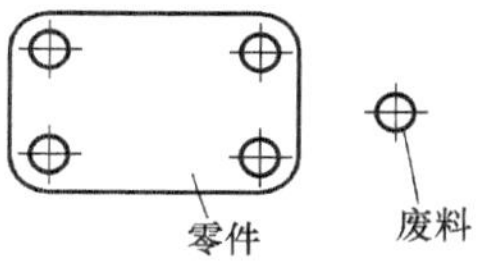	将材料沿封闭的轮廓线分离，封闭轮廓线以外的材料成为零件或工序件
	4	切边	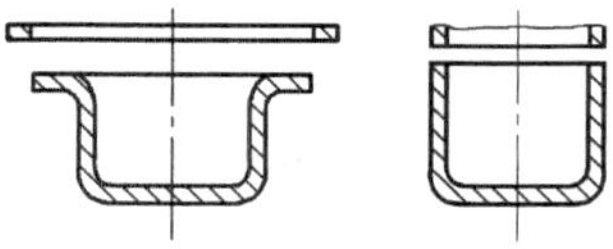	切去成形制件不整齐的边缘材料的工序
	5	切舌	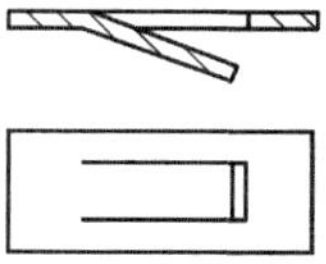	将材料沿敞开轮廓局部而不是完全分离的一种冲压工序
	6	剖切	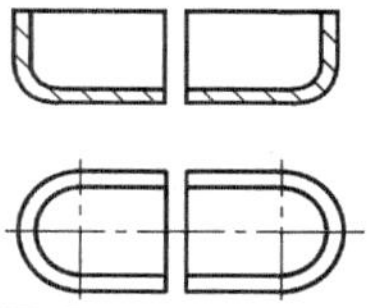	将成形工序件一分为几的工序
	7	整修	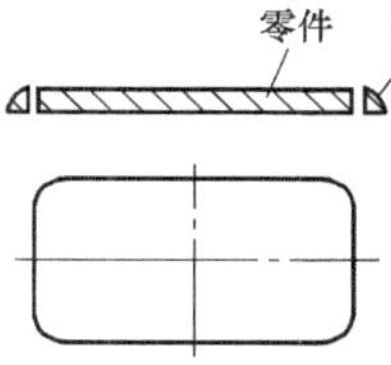	沿外形或内形轮廓切去少量材料，从而降低边缘表面粗糙度值和垂直度的一种冲压工序，一般也能同时提高尺寸精度
	8	精冲	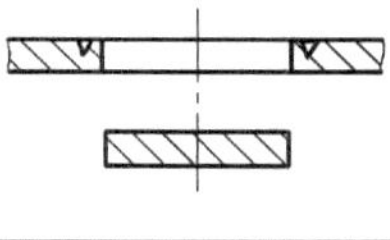	利用有带齿压料板的精冲模使冲件整个断面全部或基本全部达到光洁和尺寸精度高的冲压工序
成形工序	9	弯曲	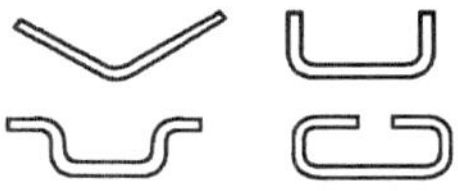	利用压力使材料产生塑性变形，从而获得一定曲率、一定角度形状的制件
	10	卷边	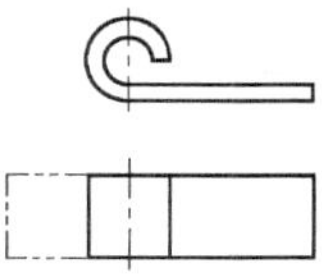	将工序件边缘卷成接近封闭圆形的工序
	11	拉弯		在拉力与弯矩共同作用下实现弯曲变形，使整个横断面全部受拉伸应力的一种冲压工序

（续）

冲压类别	序号	工序名称	工序简图	定　　义
	12	扭弯	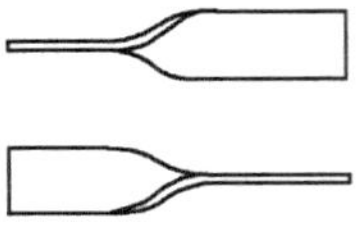	将平直或局部平直工序件的一部分相对另一部分扭转一定角度的冲压工序
	13	拉深	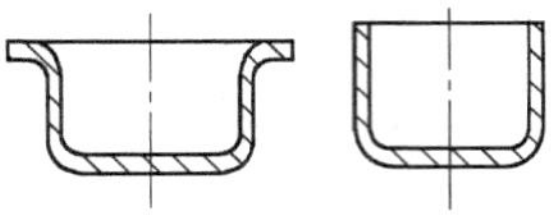	将平板毛坯或工序件变为空心件，或者把空心件进一步改变形状和尺寸的一种冲压工序
	14	变薄拉深	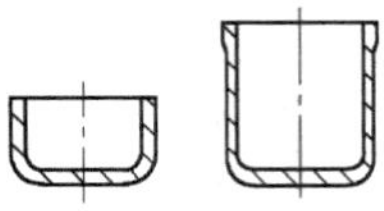	将空心件进一步拉伸，使壁部变薄高度增加的冲压工序
	15	翻孔	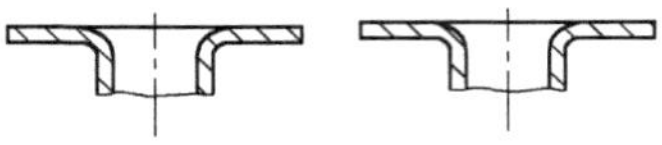	沿内孔周围将材料翻成侧立凸缘的冲压工序
成形工序	16	翻边	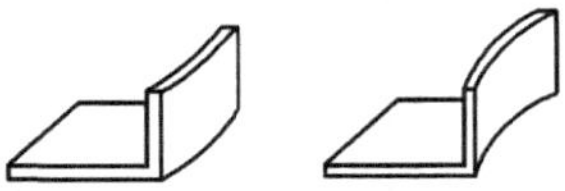	沿曲线将材料翻成侧立短边的工序
	17	卷缘	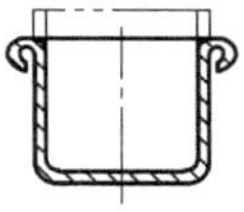	将空心件的口部边缘卷成接近封闭圆形的一种冲压工序
	18	胀形	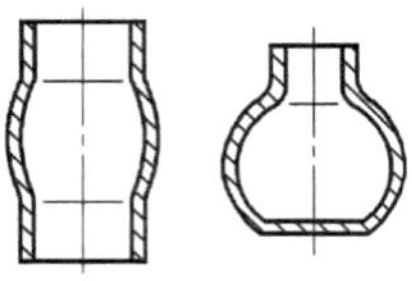	将空心件或管状件沿径向往外扩张，形成局部直径较大的零件的冲压成形工序
	19	起伏	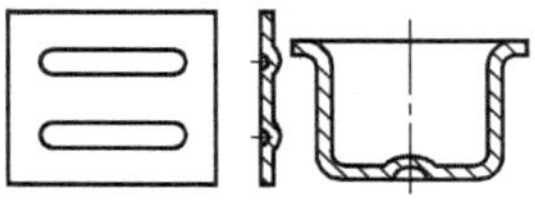	依靠材料的延伸变形使工件形成局部凹陷或凸起的冲压工序
	20	扩口	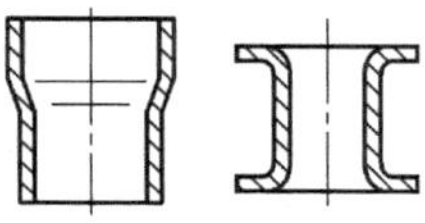	将空心件或管状件的口部扩大，形成口部直径较大的零件的冲压成形工序

（续）

冲压类别	序号	工序名称	工序简图	定　义
成形工序	21	缩口、缩径	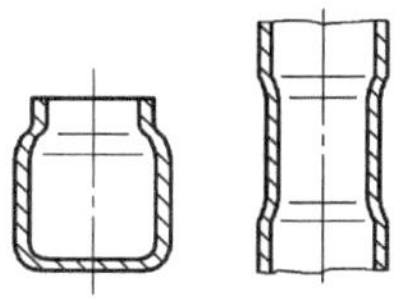	将空心件或管状件口部或中部加压，使其直径缩小，形成口部或中部直径较小的零件的冲压成形方法
	22	整形（立体）	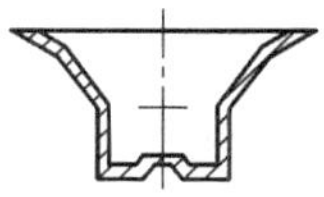	用整形模将弯曲件或拉深件形状不准确的地方校正拉压成准确形状的工序
	23	整形（校平）	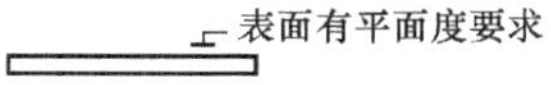	将零件不平的表面压平
	24	旋压	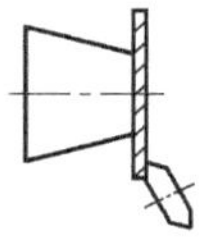	用滚动旋轮使旋转状态下的坯料逐步成形为各种旋转体空心体的工序
	25	压印	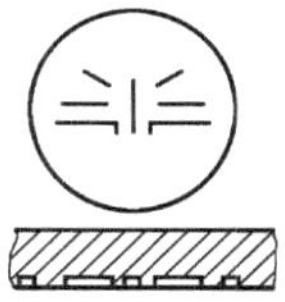	用压印模使材料局部挤压转移，以得到凸凹不平的浮雕花纹、文字或标记的工序
	26	冷挤压	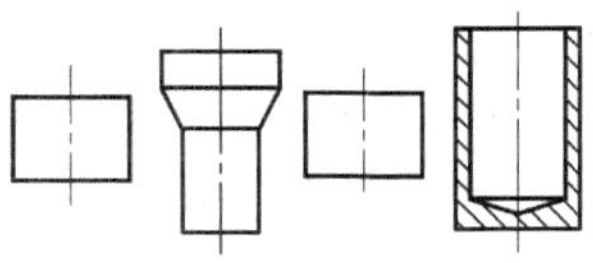	用冷挤压模对模腔内的材料施加强大压力，使厚金属材料从凹模孔内或凸、凹模间隙间挤出而形成制件的工序

2.2　冷冲压模具零部件的名称与定义

2.2.1　冷冲压模具的技术标准

冷冲压模具设计的标准化、典型化是缩短模具制造周期、简化模具设计的有效方法，是应用模具 CAD/CAM 的前提，是模具工业化和现代化的基础。国家标准总局对冷冲压模具先后制订了冲模基础标准、冲模产品（零件）标准和冲模工艺质量标准等标准，见表 2-2。

表 2-2　冷冲压模具技术标准

标准类型	标准名称	标准号	简 要 内 容
冲模基础标准	冲模术语	GB/T 8845—2006	对常用冲模类型、组成零件及零件的结构要素、功能等进行了定义性的阐述。每个术语都有中英文对照
	冲压件尺寸公差	GB/T 13914—2013	给出了技术经济性较合理的冲压件尺寸公差、几何公差
	冲压件角度公差	GB/T 13915—2013	
	冲裁间隙	GB/T 16743—2010	给出了合理冲裁间隙范围
冲模产品（零件）标准	冲模零件	GB/T 2855. 1 ~ 2—2008	冲模滑动导向对角、中间、后侧、四导柱上模座及其下模座
		GB/T 2856. 1 ~ 2—2008	冲模滚动导向对角、中间、后侧、四导柱上模座及其下模座
		GB/T 2861. 1 ~ 11—2008	各种导柱、导套等
		JB/T 7646. 1 ~ 6—2008 JB/T 5825 ~ 5830—2008	模柄，圆凸、凹模，快换圆凸模等
		JB/T 7643 ~ 7652—2008	通用固定板、垫板，小导柱，各式模柄，导正销，侧刃，导料板，始用挡料装置；钢板滑动与滚动导向对角、中间、后侧、四导柱上模座及其下模座和导柱、导套等
	冲模模架	GB/T 2851—2008	滑动导向对角、中间、后侧、四导柱模架
		GB/T 2852—2008	滚动导向对角、中间、后侧、四导柱模架
冲模工艺质量标准	冲模技术条件	GB/T 14662—2006	各种模具零件制造和装配技术要求，以及模具验收的技术要求等
	冲模模架技术条件	JB/T 8050—2008 JB/T 8070—2008 JB/T 8071—2008	模架零件制造和装配技术要求，以及模架验收的技术要求等

2.2.2　冷冲压模具的零件分类

按冷冲压模具零件的功能分，可将组成冲模零件的结构分为两大类——工艺结构零件与辅助结构零件。

（1）工艺结构零件　这类零件直接参与完成冲压工艺过程并和坯料直接发生作用。包括：工作零件，定位零件，压料、卸料及送料零件。

（2）辅助结构零件　这类零件不直接参与完成工艺过程，也不和坯料直接发生作用，只对模具完成工艺过程起保证作用或对模具的功能起完善作用。包括：固定零件，导向零件，标准紧固件及其他零件。

冷冲压模具零件分类见表 2-3。

表 2-3　冷冲压模具零件分类

		分类	名称	作　用
冲模零件	工艺结构零件	工作零件	凸模	直接决定制件的形状及尺寸
			定距侧刃	
			凹模	
			凸凹模	
			镶件、镶块	
			软模	

（续）

		分类	名称	作　用
冲模零件	工艺结构零件	定位零件	定位销	确定毛坯、工序件或条料在模具中的位置
			定位板	确定板件或制件在模具中的位置
			挡料销	控制条料的送进距离
			导正销	控制制件的内、外形位置精度
			导料板	控制条料在模具中的送进方向
			侧压板	消除板料与导料板侧面之间的间隙
			限位块、柱	限制冲压行程
		压料、卸料、送料零件	卸料板	从工件零件上卸下制件或废料
			推件块	从上凹模中推出制件或废料
			顶件块	从下凹模中推出制件或废料
			顶杆	直接或间接向上顶出制件或废料
			推板	在打杆与连接推杆间传递推力
			推杆	向下推出制件或废料
			打杆	穿过模柄孔，把压力机滑块上打杆横梁的力传给推板
			压料板	压住毛坯或条料以控制材料流动
			压边圈	拉深模或成形模中，用以压紧板料边缘
	辅助结构零件	固定零件	上模座	用于装配与支承上模所有零部件并安装到滑块上
			下模座	用于装配与支承下模所有零部件
			固定板	用于安装和固定工作零件
			垫板	承受和分散冲压载荷
			模柄	将上模部分安装到压力机上
			斜楔	变换运动方向并固定零件
		导向零件	导柱	与导套配合对上下模合模导向
			导套	与导柱配合对上下模合模导向
			导板	导正上下模零件相对位置
			凸模保护套	加强细长凸模强度
		标准紧固件及其他零件	螺钉	紧固
			键、销	定位连接
			起重钉（柄）	便于起重
			滑块	改变工作运动方向
			凸轮	
			铰链接头	

2.2.3　冷冲压模具的零件名称

冷冲压模具组成零件名称见表 2-4。

表 2-4　冷冲压模具组成零件名称

标准条目	术语（英文）	定　义
1	上模（Upper die）	安装在压力机滑块上的模具部分
2	下模（Lower die）	安装在压力机工作台面上的模具部分
3	模架（Die set）	上、下模座与导向件的组合件
3.1	通用模架（Universal die）	通常指应用量大面广、已形成标准化的模架
3.2	快换模架（Quick change die set）	通过快速更换凸、凹模和定位零件，以完成不同冲压工序和冲制多种制件，并对需求做出快速响应的模架
3.3	后侧导柱模架（Back-pillar die set）	导向件安装于上、下模座后侧的模架
3.4	对角导柱模架（Diagonal-pillar die set）	导向件安装于上、下模座对焦点上的模架
3.5	中间导柱模架（Center-pillar die set）	导向件安装于上、下模座左右对角点上的模架
3.6	精冲模架（Fine blanking die set）	适用于精冲、刚性好、导向精度高的模架

（续）

标准条目	术语（英文）	定　　义
3.7	滑动导向模架（Sliding guide die set）	上、下模采用滑动导向件导向的模架
3.8	滚动导向模架（Ball-bearing die set）	上、下模采用滚动导向件导向的模架
3.9	弹压导板模架（Die set with spring guide plate）	上、下模采用带有弹压装置导板导向的模架
4	工作零件（Working component）	直接对板料进行冲压加工的零件
4.1	凸模（Punch）	一般冲压加工制件内孔或内表面的工作零件
4.2	定距侧刃（Pitch punch）	级进模中，为确定板料的送进步距，在其侧边冲切出一定形状缺口的工作零件
4.3	凹模（Die）	一般冲压加工制件外形或外表面的工作零件
4.4	凸凹模（Main punch）	同时具有凸模和凹模作用的工作零件
4.5	镶件（Insert）	分离制造并镶嵌在主体上的局部工作零件
4.6	拼块（Section）	分离制造并镶嵌成凹模或凸模的工作零件
4.7	软模（Soft die）	有液体、气体、橡胶等柔性物质构成的凸模或凹模
5	定位零件（locating component）	确定板料、制件或模具零件在冲模中正确位置的零件
5.1	定位销（locating pin）	确定板料或制件正确位置的圆柱形零件
5.2	定位板（locating plate）	确定板料或制件正确位置的板状零件
5.3	挡料销（Stop pin）	确定板料送进距离的圆柱形零件
5.4	始用挡料销（Finger stop pin）	确定板料进给起始位置的圆柱形零件
5.5	导正销（Pilot pin）	与导正孔配合，确定制件正确位置和消除送料误差的圆柱形零件
5.6	抬料销（Lifter pin）	具有抬料作用，有时兼具板料送进导向作用的圆柱形零件
5.7	导料板（Stock guide rail）	确定板料送进方向的板料零件
5.8	侧刃挡板（Stop block for pitch punch）	承受板料对定距侧刃的侧压力，并起挡料作用的板块状零件
5.9	止退键（Stop key）	支承受侧向力的凸凹模的块状零件
5.10	侧压板（Side-push plate）	消除板料与导料板侧面间隙的板状零件
5.11	限位块（Limit block）	限制冲压行程的块状零件
5.12	限位柱（Limit post）	限制冲压行程的柱状零件
6	压料、卸料、送料零件（Components for clamping, stripping and feeding）	压住板料和卸下或推出制件与废料的零件
6.1	卸料板（Stripper plate）	从凸模或凸凹模上卸下制件与废料的板状零件
6.1.1	固定卸料板（Fixed stripper plate）	固定在冲模上位置不动，有时兼具凸模导向作用的卸料板
6.1.2	弹性卸料板（Spring stripper plate）	借助弹性零件起卸料、压料作用，有时兼具保护凸模并对凸模起导向作用的卸料板
6.2	推件块（Ejector block）	从上凹模中推出制件或废料的块状零件
6.3	顶尖块（Kicker block）	从下凹模中顶出制件或废料的块状零件
6.4	顶杆（Kicker pin）	直接或间接向上顶出制件或废料的杆状零件
6.5	推板（Ejector plate）	在打杆与连接推杆间传递推力的板状零件
6.6	推杆（Ejector pin）	向下推出制件或废料的杆状零件
6.7	连接推杆（Ejector tie rod）	连接推板与推件块并传递推力的杆状零件
6.8	打杆（Knock-out pin）	穿过模柄孔，把压力机滑块上打杆横梁的力传给推板的杆状零件
6.9	卸料螺钉（Stripper bolt）	连接卸料板并调节卸料板卸料行程的杆状零件
6.10	拉杆（Tie rod）	固定于上模座并向托板传递卸料行程的杆状零件
6.11	托杆（Cushion pin）	连接托板并向托板传递卸料力的杆状零件

（续）

标准条目	术语（英文）	定　义
6.12	托板（Support plate）	装于下模座并将弹顶器或拉杆的力传递给顶杆和托杆的板状零件
6.13	废料切断刀（Scrap cutter）	冲压过程中切断废料的零件
6.14	弹顶器（Cushion）	向压边圈或顶件块传递顶出力的装置
6.15	承料板（Stoc-supporting plate）	对装入模具之前的板料起支承作用的板状零件
6.16	压料板（Pressureplate）	把板料压贴在凸模或凹模上的板状零件
6.17	压边圈（Blanker holder）	拉深模或成形模中，为调节材料流动阻力，防止起皱而压紧板料边缘的零件
6.18	齿圈压板（Vee-ring plate）	精冲模中，为形成很强的三向压应力状态，防止板料在冲切层上滑动和冲裁表面出现撕裂现象而采用的齿形强力压圈零件
6.19	推料板（Slide feed plate）	将制件推入下一工位的板状零件
6.20	自动送料装置（Automatic feeder）	将板料连续定距送进的装置
7	导向零件（Guide component）	保证运动导向和确定上、下模相对位置的零件
7.1	导柱（Guide pillar）	与导套配合，保证运动导向和确定上、下模相对位置的圆柱形零件
7.2	导套（Guide bush）	遇导柱配合，保证运动导向和确定上、下模相对位置的圆套形零件
7.3	滚珠导柱（Ball-bearing guide pillar）	通过钢珠保护圈与滚珠导套配合，保证运动导向和确定上、下模相对位置的圆柱形零件
7.4	滚珠导套（Ball-bearing guide bush）	与滚珠导柱配合，保证运动导向和确定上、下模相对位置的圆套形零件
7.5	钢珠保护圈（Cage）	保持钢珠均匀排列，实现滚珠导柱与导套滚动配合的圆套型零件
7.6	止动件（Retainer）	将钢球保持圈限制在导柱上或导套内的限位零件
7.7	导板（Guide plate）	为导正上、下模各零件相对位置而采用的淬硬或嵌有润滑材料的板状零件
7.8	滑块（Slide block）	在斜楔的作用下沿变换后的运动方向做往复滑动的零件
7.9	耐磨板（Wear plate）	镶嵌在某些运动零件导滑面上的淬硬或嵌有润滑材料的板状零件
7.10	凸模保护套（Punch-protecting bushing）	小孔冲裁时，用于保护细长凸模的衬套零件
8	固定零件（Retaining component）	将凸凹模固定于上、下模，以及将上、下模固定在压力机上的零件
8.1	上模座（Punch holder）	用于装配与支承上模所有零部件的模架零件
8.2	下模座（Die holder）	用于装配与支承下模所有零部件的模架零件
8.3	凸模固定板（Punch plate）	用于安装和固定凸模的板状零件
8.4	凹模固定板（Die punch）	用于安装和固定凹模的板状零件
8.5	预应力圈（Shrinking ring）	为提高凹模强度，在其外部与之过盈配合的圆套形零件
8.6	垫板（Bolster plate）	设在凸、凹模与模座之间，承受和分散冲压载荷的板状零件
8.7	模柄（Die shank）	使模具与压力机的中心线重合，并把上模固定在压力机滑块上的连接零件
8.8	浮动模柄（Self-centering shank）	可自动定心的模柄
8.9	斜楔（Cam driver）	通过斜面变换运动方向的零件

2.3　冷冲压模具的装配与调试

模具的装配就是根据模具的结构特点和技术条件，按照一定的装配顺序和方法，将符合图样技术要求的零件，经协调安装，组装成满足使用要求的模具。在装配过程中，既要保证配合零件的配合精度，又要保证零件之间的位置精度，对于具有相对运动的零（部）件，还必须保证它们之间的运动精度。因此，模具装配是最后实现冲模设计和冲压工艺的过程，是模具制造过程中的关键工序。模具装配质量直接影响制件的冲压质量、模具的使用和模具的寿命。

2.3.1 冷冲压模具装配工艺要点

模具一般属于单件生产。有些组成模具实体的零件在制造过程中是按照图样标注的尺寸和公差独立进行加工的（如落料凹模、冲孔凸模、导柱和导套、模柄等），这类零件一般都是直接进入装配；有些零件在制造过程中只有部分尺寸可以按照图样标注尺寸进行加工，需协调相关尺寸；有的在进入装配前需采用配制或合体加工，有的需在装配过程中通过配制取得协调，图样上标注的这部分尺寸只作为参考（如模座的导套或导柱固装孔，多凸模固定板上的凸模固装孔，以及需连接固定在一起的板件螺栓孔、销钉孔等）。

因此，模具装配适合于采用集中装配，在装配工艺上多采用修配法和调整装配法来保证装配精度。从而实现能用精度不高的组成零件，达到较高的装配精度，降低零件的加工要求。

冷冲压模具装配工艺要点是：

（1）选择装配基准件　在装配时，先要选择基准件。选择基准件的原则是按照模具主要零件加工时的依赖关系来确定。可作为装配基准件的主要有凸模、凹模、凸凹模、导向板及固定板等。

（2）组件装配　组件装配是指模具在总装前，将两个以上的零件按照规定的技术要求连接成一个组件的装配工作。组件是按照各零件所具有的功能进行组装的，如模架的组装，凸模、凹模与固定板的组装等。

（3）总体装配　总体装配是将零件和组件结合成一副完整的模具的过程。在总装前，应选好装配的基准件和安排好上、下模的装配顺序。

（4）调整凸凹模间隙　在装配模具时，必须严格控制及调整凸、凹模间隙的均匀性。间隙调整好后，才能紧固螺钉及销钉。

（5）检验、调试　模具装配完毕后，必须保证装配精度，满足规定的各项技术要求。并要按照模具验收技术条件，检测模具各部分的功能。最后在实际生产条件下进行试模，并按试模生产制件情况进行调整、修正模具。当试模合格后，模具加工、装配才算完成。

2.3.2 冷冲压模具装配顺序的确定

为了便于校对模具，总装前应合理确定上、下模的装配顺序，以防出现不便调整的情况。上、下模的装配顺序与模具的结构有关。一般先装基准件，然后再装其他件，装配时要将间隙调整均匀。不同结构的模具装配顺序如下。

1. 无导向装置的冲模

这类模具上、下模的相对位置是在压力机上安装时调整的，工作过程中由压力机的导轨精度来保证，因此装配时上、下模可以独立进行，装配后作相应调整。

2. 有导柱的单工序模

这类模具装配相对较简单。如果模具结构是凹模安装在下模座上，则一般先将凹模安装在下模上，再将凸模与凸模固定板装在一起，然后依据下模部分配装上模部分。其装配路线采用：导套装配→模柄装配→模架→装配下模部分→装配上模部分→试模；或者采用：导柱装配→模架→装配下模部分→装配上模部分→试模。

3. 有导柱的级进模

通常导柱导向的级进模都以凹模作装配基准件（如果凹模是镶拼式结构，应先组装镶拼式凹模），先将凹模装配在下模座上，凸模与凸模固定板装在一起，再以凹模为基准，调整好间隙，将凸模固定板安装在上模座上，经试冲合格后，再钻、铰定位销孔。

4. 有导柱的复合模

复合模结构紧凑，模具零件加工精度较高，模具装配难度较大，特别是装配对内、外有同轴度要求的模具更是如此。复合模属于单工位模具，其装配程序和装配方法相当于在同一工位上先装配冲孔模，然后以冲孔模为基准，再装配落料模。基于此原理，装配复合模应遵循如下原则：

1）复合模装配应以凸凹模作为装配基准件。先将装有凸凹模的固定板用螺栓和销钉安装、固定在指定模座的相应位置上；再按凸凹模的内形装配、调整冲孔凸模固定板的相对位置，使冲孔凸、凹模间的间隙趋于均匀，用螺栓固定；然后再以凸凹模的外形为基准，装配、调整落料凹模相对于凸凹模之间的位置，调整好间隙后再用螺栓固定好。

2）试冲无误后，分别将冲孔凸模固定板与模座、落料凹模与模座配钻、配铰销孔，然后将定位销打入孔内定位。

2.3.3 冷冲压模具的调试

1. 模具调试的目的

模具试冲、调整简称调试。调试的目的如下：

1）鉴定模具的质量。通过调试验证由该模具生产的产品质量是否符合要求，确定该模具能否交付生产使用。

2）帮助确定产品的成形条件和工艺规程。模具通过试冲与调整，才能生产出合格的产品。设计员可以在试冲过程中，掌握和了解模具使用性能、产品成形条件、方法和规律，从而对产品批量生产时制订合理的工艺规程提供帮助。

3）帮助确定成形零件毛坯形状、尺寸及用料标准。在冲模设计中，有些形状复杂或精度要求较高的冲压成形零件，很难在设计时精确地计算出变形前毛坯的尺寸和形状，为了要得到较准确的毛坯形状、尺寸及用料标准，只有通过反复试冲才能确定。

4）帮助确定工艺和模具设计中的某些尺寸。对于形状复杂或精度要求较高的冲压成形零件，在工艺和模具设计中，有个别难以用计算方法确定的尺寸，如拉深模的凸、凹模圆角半径等，必须经过试冲，才能准确确定。

5）通过调试，发现问题、解决问题、积累经验，有助于进一步提高模具设计和制造水平。

2. 冲模调试要点

1）模具闭合高度调试。模具应与冲压设备配合安装，保证模具应有的闭合高度和开起高度。

2）导向机构的调试。导柱、导套要有好的配合精度，保证模具运动平稳、可靠。

3）凸、凹模刃口及间隙调试。刃口锋利，间隙要均匀。

4）定位装置的调试。定位要准确、可靠。

5）卸料及出件装置的调试。卸料及出件要通畅，不能出现卡滞现象。

模具装配是一项技术性很强的工作。传统的装配作业主要靠手工操作，机械化程度低。在装配过程中常要反复多次将上、下模搬运、翻转、装卸、起合、调整、试模，劳动强度大。对于那些结构复杂、精度要求高或大型模具，则越显突出。为了减轻劳动强度，提高模具装配的机械化程度和装配质量，缩短装配周期，国外进行模具装配时较广泛地采用模具装配机，国内也已经开发使用。

2.3.4 冷冲压模具装配的技术要求

1）模架精度应符合国家标准（JB/T 8050—2008《冲模模架技术条件》、JB/T 8071—2008《冲模模架精度检查》）规定。模具的闭合高度符合图样的规定要求。

2）装配好的冲模，上模沿导柱上、下滑动应平稳、可靠。

3）凸模、凸凹模等与固定板的配合一般按 GB/T 1800.4—1999 中的 H7/n6 或 H7/m6 选取。

4）凸、凹模间的间隙应符合图样要求，分布均匀。凸模或凹模的工作行程应符合技术条件的规定。

5）定位和挡料装置的相对位置应符合图样要求。冲模导料板之间距离需与图样规定一致；导料面应与凹模进料方向的中心线平行；带侧压装置的导料板，其侧压板应滑动灵活，工作可靠。

6）卸料和顶件装置的相对位置应符合设计要求，工作面不允许有倾斜或单边偏摆，以保证制件或废料能及时卸下和顺利顶出。

7）紧固件装配应牢固可靠，螺栓螺纹旋入长度在钢件连接时应不小于螺栓的直径，铸件连接时应不小于 1.5 倍螺栓直径；销钉与每个零件的配合长度应大于 1.5 倍销钉直径；销钉的端面不应露出上、下模座等零件的表面。

8）落料孔或出料槽应畅通无阻，保证制件或废料能自由排出。

9）标准件应能互换。紧固螺钉和定位销钉与相应孔的配合应正常、良好。

10）模具在压力机上的安装尺寸须符合选用设备的要求。

11）质量超过 20kg 的模具应设吊环螺钉或起吊孔。起吊零件应牢固可靠，确保安全吊装。

12）模具应在生产条件下进行试验，冲出的制件应符合设计要求。

2.4 冷冲压模具的寿命与制造成本

2.4.1 冷冲压模具的寿命

冷冲压模具的寿命是指模具在保证产品质量的情况下，所能加工的制件的总数量，它包括工作面的多次修磨和易损件更换后的寿命，即

模具寿命 = 工作面的一次寿命 × 修磨次数 × 易损件的更换次数

一般在模具设计阶段就应明确该模具所适应的生产批量类型或者模具生产制件的总次数，即模具的设计寿命。不同类型的模具正常损坏的形式也不一样，但总的来说工作表面损坏形式有摩擦损坏、塑性变形、开裂、疲劳损坏和啃伤等。

1. 影响模具寿命的主要因素

（1）模具结构　合理的模具结构有助于提高模具的承载能力，减轻模具承受的热-机械载荷水平。例如，模具可靠的导向机构，对于避免凸模和凹模间的互相啃伤是有帮助的。又如，承受高强度载荷的冷镦和冷挤压模具，对应力集中十分敏感，当承力件截面尺寸变化时，最容易由于应力集中而开裂。因此，对截面尺寸变化处理是否合理，对模具寿命影响较大。

（2）模具材料　应根据零件生产批量的大小来选择模具材料。生产批量越大，对模具的寿命要求也越高，因此应选择承载能力强，服役寿命长的高性能模具材料。另外应注意模具材料的冶金质量可能造成的工艺缺陷及工作时的承载能力的影响，采取必要的措施来弥补冶金质量的不足，以提高模具寿命。

(3) 模具加工质量　模具零件在机械加工，电火花加工，以及锻造、预处理、淬火硬化，在表面处理时的缺陷都会对模具的耐磨性、抗咬合能力、抗断裂能力产生显著的影响。例如，模具表面粗糙度、残存的刀痕、电火花加工的显微裂纹、热处理时的表层增碳和脱碳等缺陷都对模具的承载能力和寿命带来影响。

(4) 模具工作状态　模具工作时，使用设备的精度与刚度，润滑条件，被加工材料的预处理状态，模具的预热和冷却条件等都对模具寿命产生影响。例如，薄料的精密冲裁对压力机的精度、刚度尤为敏感，必须选择高精度、高刚度的压力机，才能获得良好的效果。

(5) 产品制件状态　被加工零件材料的表面质量状态、材料硬度、断后伸长率等力学性能，被加工零件的尺寸精度都对模具寿命有直接的关系。如镍的质量分数为 80% 的特殊合金在成形时，极易和模具工作表面发生强烈的咬合现象，使工作表面咬合拉毛，直接影响模具能否正常工作。

2. 提高冲压模具寿命的措施

(1) 优选模具材料　在满足模具零件使用性、工艺性和经济性的条件下，结合模具的使用特点，考虑冲压零件的生产批量，根据各种材料的硬度、强度、韧性、耐磨性及疲劳强度等性能特点，优选出合适的模具材料，可大大提高模具寿命。

(2) 改善模具结构

1) 合理选择模具间隙。模具间隙对模具寿命影响较大，因此设计时应综合考虑具体要求合理选择模具间隙。

2) 保证结构刚度。模具必须具有足够的刚度和可靠的导向，否则模具在工作中，不能保证凸、凹模间的动态间隙和工作精度，会出现凸、凹模相互卡死和啃伤，影响模具寿命。

3) 采用组合式凸、凹模。采用组合式凸、凹模，可有效减少应力集中，延缓疲劳裂纹的产生，提高模具的寿命。

4) 减轻工作载荷。通过制订合理的冲压加工工艺，设计出经济合理的模具结构，减轻模具的工作载荷。

(3) 制订合理的冲压工艺　合理安排冲压工序，选用冲压成形性能好、厚度均匀、表面质量较高的冲压材料，安排必要的润滑和热处理等辅助工序，可以大大简化模具设计与制造过程，提高模具寿命。

(4) 制订合理的热加工工艺　对模具冷热加工工序作适当的调整；根据热处理变形规律调整淬火前的预留加工余量；合理制订热处理的加热速度、加热温度、保温时间、冷却方法、冷却介质、回火温度、回火时间等，可以实现对变形的有效控制，提高模具寿命。

2.4.2　冷冲压模具的制造成本

模具制造成本是指企业为生产和销售模具支付费用的总和。模具制造成本包括原材料费、外购件费、加工费、外协件费、设备折旧费、经营开支等。从性质上分为制造成本、非制造成本和制造外成本，通常讲的模具制造成本是指与模具制造过程有直接关系的制造成本。

1. 影响模具制造成本的主要因素

(1) 模具结构的复杂程度和模具功能的高低　现代科学技术的发展使得模具向高精度和多功能自动化方向发展，相应使模具制造成本提高。

(2) 模具精度的高低　模具的精度和刚度越高，模具制造成本也越高。模具精度和刚度应该与客观需要的产品要求、生产批量要求相适应。

(3) 模具材料的选择　模具制造成本中，模具材料费在模具制造成本中占 25% ~30%，特别是因模具工作零件材料类别的不同，相差较大。所以应该正确地选择模具材料，使模具工作零件的材料类别首先应该和要求的模具寿命相协调，同时应采取各种措施充分发挥材料的效能。

（4）模具加工设备　模具加工设备向高效、高精度、高自动化、多功能发展，这使模具成本相应提高。但是，这些是维持和发展模具生产所必需的，应该充分发挥这些设备的效能，提高设备的使用效率。

（5）模具的标准化程度和企业生产的专门化程度　这些都是制约模具制造成本和生产周期的重要因素，应通过模具工业体系的改革有计划、有步骤地解决。

2. 降低模具制造成本的措施

模具设计与制造一定要考虑制造成本，即经济性问题。就是以最小的耗费取得最大的经济效果。既要保证产品质量，又要完成所需的产品数量，还要降低模具的制造费用，这样才能使整个冲压的成本得到降低。

产品的成本不仅与材料费（包括原材料费、外购件费）、加工费（包括工人工资、能源消耗、设备折旧费、车间经费等）有关，而且与模具费有关。一副模具少则成千上万，多则上百万。所以必须采取有效措施降低模具设计与制造成本。

（1）采用工序分散的工艺方案　试制和小批量冲压生产中，降低模具费是降低成本的有效措施。除制件质量要求严格，必须采用价高的正规模具外，一般采用工序分散的工艺方案。选择结构简单、制造快且价格低廉的单工序模，用焊接、机械加工及钣金等方法制成，这样可降低成本。

（2）采用合理化工艺　冲压生产中，工艺合理是降低成本的有力手段。节约加工工时，降低材料费用，就必然会降低模具总成本。

在制订工艺时，工序的分散与集中是比较复杂的问题。它取决于零件的批量、结构（形状）、质量要求、工艺特点等。单工序模的模具结构简单，制造方便，但是生产率低，对于复杂零件不适合。级进模是多工位、高效率的一种加工方法。级进模一般轮廓尺寸较大，制造复杂，成本较高，适合于大批量、小型冲压件。大批量生产时应尽量把工序集中起来，采用复合模，既能提高生产率，又能安全生产。集中到一副模具上的工序数量不宜太多，对于复合模，一般为2～3道工序，最多4道工序，对于级进模，集中的工序可以多一些。

（3）采用一次冲压多个工件　产量较大时，采用多件同时冲压，可使模具费、材料费和加工费降低，同时可使成形表面所受拉力均匀化。

（4）采用冲压过程的自动化及高速化　从安全和降低成本两方面来看，自动化生产将成为冲压加工的发展方向，将来不仅在大批量生产中采用自动化，在小批量生产中也可采用自动化。

（5）提高材料利用率　在冲压生产中，工件的原材料费约占制造成本的一半，所以节约原材料，合理利用废料具有非常重要的意义。提高材料利用率，降低模具制造分摊费用也是降低制造成本的重要措施之一，特别是材料单价高的工件，此点尤为重要。降低制件材料费用的方法如下：

1）在满足零件强度和使用要求的情况下，减少材料厚度。

2）改进毛坯形状以便合理排样。

3）减少搭边，采用少废料或无废料排样。

4）由单列排样改为多列排样。

5）多件同时成形，成形后再切开。

6）组合排样。

7）利用废料。

(6) 节约模具费　模具费在零件制造成本中占有一定比例。对于小批量生产，采用单工序模可降低零件制造成本。在大批量生产中，应尽量采用高效率、长寿命的级进模及采用硬质合金冲模。硬质合金冲模的刃磨寿命和总寿命比钢制模具长得多，其总寿命为钢制模具的 20 ~ 40 倍，而模具制造成本仅为钢制模具的 2 ~ 4 倍。对中批量生产，首先应尽量使冲模标准化，尽量使用冲模标准件和冲模典型结构，最大限度地缩短冲模设计与制造周期。

模具的技术经济指标，包括精度和刚度、生产周期、模具制造成本以及模具寿命等，它们之间是互相影响和互相制约的，而且影响因素也是多方面的。在实际生产过程中要根据产品零件和客观需要综合平衡，抓住主要矛盾，求得最佳的经济效益，满足生产的需要。

第 3 章　冲裁工艺与冲裁模的设计

冲裁是利用模具使冲压件与板料沿一定轮廓线分离的冲压工序。冲裁在冲压生产中所占的比例非常大，有着非常重要的地位。冲裁时所使用的模具称为冲裁模。

根据变形机理的不同，冲裁可分为普通冲裁和精密冲裁两大类。普通冲裁是由凸、凹模刃口之间产生剪裂缝的形式实现板料分离，而精密冲裁则是以变形的形式实现板料的分离。通常所说的冲裁是指普通冲裁。

冲裁工艺的种类很多，常用的有切断、落料、冲孔、切边、切舌、剖切、整形和精冲等，所以冲裁是分离工序的总称，其中以落料和冲孔应用最多。落料是沿工件的外形封闭轮廓线冲切，冲下部分为工件。冲孔是沿工件的内形封闭轮廓线冲切，冲下部分为废料，封闭轮廓线以外的材料为工件或工序件。

3.1　冲裁件工艺分析

冲裁件工艺分析的目的是判断模具要生产的冲制产品的技术信息是否适合模具生产，是否与模具生产的特征相适应。工艺分析通常包含三个方面内容：一是产品材料分析；二是产品结构分析；三是产品精度分析。

3.1.1　产品材料分析

适合冲压加工的材料很多，尽管具体的冲压方法不同，对产品材料的要求也不一样，但都必须有良好的冲压成形性能。

1. 材料的冲压成形性能

材料对各种冲压成形方法的适应能力称为材料的冲压成形性能。材料的冲压性能好，就是指其便于冲压加工，一次冲压工序的极限变形程度和总的极限变形程度大，生产率高，成本低，容易得到高质量的冲压件，并使模具寿命长等。由此可见，冲压成形性能是一个综合性的概念，它涉及的因素很多，但就其主要内容来看，有两方面，一是成形极限，二是成形质量。

（1）成形极限　在冲压成形过程中，材料能达到的最大变形程度称为成形极限。对于不同的成形工艺，成形极限是采用不同的极限变形系数来表示的。由于大多数冲压成形都是在板厚方向上的应力数值近似为零的平面应力状态下进行的，因此，不难分析：在变形坯料内部，凡是受到过大拉应力作用的区域，就会使坯料局部严重变薄，甚至拉裂而使冲件报废；凡是受到过大压应力作用的区域，若超过了临界应力就会使坯料丧失稳定而起皱。因此，从材料方面来看，为了提高成形极限，就必须提高材料的塑性指标和增强抗拉、抗压能力。

（2）成形质量　冲压件的质量指标主要是尺寸精度、厚度变化、表面质量以及成形后材料的物理、力学性能等。影响工件质量的因素很多，不同的冲压工序情况又各不相同。

材料在塑性变形的同时总伴随着弹性变形，当载荷卸除后，由于材料的弹性回复，造成制件的尺寸和形状偏离模具，影响制件的尺寸和形状精度。因此，掌握回弹规律，控制回弹量是非常重要的。

冲压成形后，一般板厚都要发生变化，有的是变厚，有的是变薄。变薄直接影响冲压件的强度和使用，对强度有要求时，往往要限制其最大变薄量。

材料经过塑性变形后，除产生加工硬化现象外，还由于变形不均，造成残余应力，从而引起工件尺寸及形状的变化，严重时还会引起工件的自行开裂。所有这些情况，在制订冲压工艺时都应予以考虑。

2. 板材冲压成形性能的试验方法

板料的冲压成形性能具体包括抗破裂性、贴模性和定形性。抗破裂性是指板料在各种冲压成形工艺中在达到最大变形程度（成形极限）前抵抗破裂的能力。贴模性是指板料在冲压过程中取得与模具形状相同的能力。定形性是指零件脱模后保持其在模内既得形状的能力。

板料的冲压成形性能是通过试验来测定的。板料的冲压性能试验方法很多，大致可分为间接试验和直接试验两类。

间接试验方法有拉伸试验、剪切试验、硬度试验、金相试验等，由于试验时试件的受力情况与变形特点都与实际冲压时有一定的差别，因此这些试验所得结果只能间接反映出板料的冲压成形性能。但由于这些试验通过试验设备即可进行，故常常采用。

直接试验方法有反复弯曲试验、胀形性能试验和拉深试验等。这类试验方法试样所处的应力状态和变形特点基本上与实际冲压过程相同，所以能直接可靠地鉴定板料某类冲压成形的性能，但需要专用试验设备或工装。

（1）间接试验　在万能材料试验机上安装板料拉伸标准试样（图 3-1）进行拉伸试验，根据实验结果或利用自动记录装置，可得到如图 3-2 所示应力与应变之间的关系曲线和拉伸曲线。可测得屈服强度、强度极限等力学指标。材料力学性能与冲压性能有密切关系。一般来说，板料的强度指标越高，产生相同变形量所需的力就越大；塑性指标越高，成形时所能承受的极限变形量就越大；刚性指标越高，成形时抗失稳、抗起皱的能力就越大。

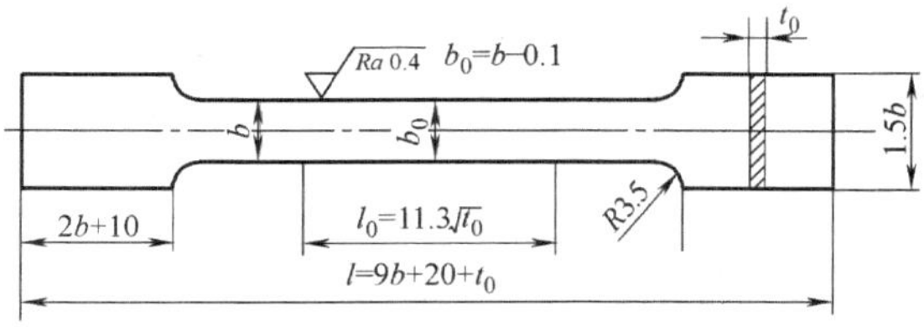

图 3-1　拉伸试验用的标准试样

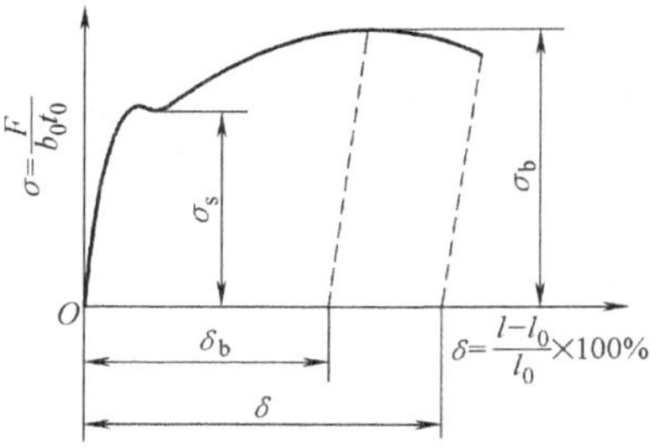

图 3-2　拉伸曲线

1）屈服强度 σ_s。屈服强度 σ_s 小，材料容易屈服，则变形抗力小，产生相同变形所需变形力就小，并且当压缩变形时，屈服强度小的材料因易于变形而不易起皱，对弯曲变形则回弹小。

2）屈服比 σ_s/σ_b。屈服比小，说明 σ_s 值小而 σ_b 值大，即容易产生塑性变形而不易拉裂。即从产生屈服至拉裂有较大的塑性变形区间。尤其是对压缩类变形中的拉伸变形，具有重大影响，当变形抗力小而强度高时，变形区的材料易于变形不易起皱，传力区的材料又有较高强度而不易拉裂，有利于提高拉深变形的变形程度。

3）伸长率。拉伸试验中，试样拉断时的伸长率称总伸长率或简称伸长率 δ。而试样开始产生局部集中变形（缩颈时）的伸长率称均匀伸长率 δ_u。δ_u 表示板料产生均匀或稳定的塑性变形的能力，它直接决定板料在伸长类变形中的冲压成形性能。从实验中得到验证，大多数材料的翻孔变形程度都与均匀伸长率成正比。可以得出结论：伸长率或均匀伸长率是影响翻孔或扩孔成形性能的最主要参数。

4）硬化指数 n。单向拉伸硬化曲线可写成 $s = Ke^n$，其中指数 n 即为硬化指数，表示在塑性变形中材料的硬化程度。n 大时，说明在变形中材料加工硬化严重，真实应力增大。板料拉伸时，整个变形过程是不均匀的，先是产生均匀变形，然后出现集中变形，形成缩颈，最后被拉断。在拉伸过程中，一方面材料断面尺寸不断减小使承载能力降低，另一方面由于加工硬化使变形抗力提高，又提高了材料的承载能力。在变形的初始阶段，硬化的作用是主要的。因此材料上某处的承载能力，在变形中得到加强。变形总是遵循阻力最小定律，即“弱区先变形”的原则，变形总是在最弱面处进行，这样变形区就不断转移。因而，变形不是集中在某一个局部断面上进行，在宏观上就表现为均匀变形，承载能力不断提高。但是根据材料的特性，板料的硬化是随变形程度的增加而逐渐减弱的，当变形进行到一定时刻，硬化与断面减小对承载能力的影响恰好相等时，此时最弱断面的承载能力不再得到提高，于是变形开始集中在这一局部地区进行，不能转移出去，发展成为缩颈，直至拉断。可以看出，当 n 值大时，材料加工硬化严重，硬化使材料强度的提高得到加强，于是增大了均匀变形的范围。对伸长类变形如胀形，n 值大的材料变形均匀，变薄减小，厚度分布均匀，表面质量好，增大了极限变形程度，使零件不易产生裂纹。

5）厚向异性指数 g。由于板料轧制时出现的纤维组织等因素，板料的塑性会因方向不同而出现差异，这种现象称塑性各向异性。厚向异性系数是指单向拉伸试样宽度应变和厚度应变之比，即

$$g = \varepsilon_b / \varepsilon_t \tag{3-1}$$

式中，ε_b、ε_t 分别为宽度方向、厚度方向的应变。

厚向异性指数表示板料在厚度方向上的变形能力，g 值越大，表示板料越不容易在厚度方向上产生变形，即不易出现变薄或增厚，g 值对压缩类变形的拉深影响较大，当 g 值增大时，板料易于在宽度方向变形，可减小起皱的可能性，而板料受拉处厚度不易变薄，又使拉深不易出现裂纹，因此 g 值大时，有助于提高拉深变形程度。

6）板平面各向异性指数 Δg。板料在不同方位上的厚向异性指数不同，造成板平面内各向异性，用 Δg 表示，即

$$\Delta g = (g_0 + g_{90} + 2g_{45})/4 \tag{3-2}$$

式中，g_0、g_{90}、g_{45} 分别为纵向试样、横向试样和与轧制方向呈 45°角试样厚向异性指数。该指数是材料的各向异性造成的，它既浪费材料又要增加一道修边工序。

（2）直接试验　直接试验又称模拟试验，是直接模拟某一种冲压成形方式进行的，故试验所得的结果能较为可靠地反映板料的冲压成形性能。直接试验的方法很多，下面简要介绍几种较为重要的试验方法。

1）弯曲试验。弯曲试验的目的是鉴定板料的弯曲性能。常用的弯曲试验是往复弯曲试验，将试样夹持在专用试验设备的钳口内，反复折弯直至出现裂纹，如图 3-3 所示。弯曲半径 r 越小，往复弯曲的次数越多，材料的成形性能就越好。这种试验主要用于鉴定厚度在 2mm 以下的板料。

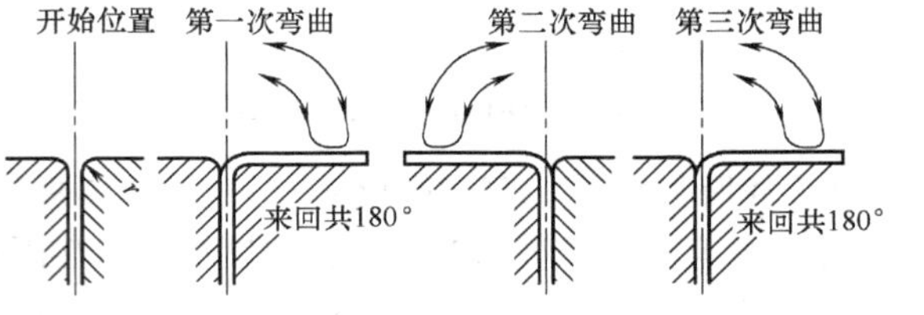

图 3-3　往复弯曲试验

2）胀形试验。鉴定板料胀形成形性能的常用试验方法是胀形试验（杯突试验），试验原理如图 3-4 所示。试验时将符合试验尺寸的板料试样 2 放在压料圈 3 与凹模 1 之间压紧，使凹模孔口外受压部分的板料无法流动。然后用试验规定的球形凸模 4 将试样压入凹模内，直至试样出现裂缝为止，测量此时试样上的凸包深度 IE 作为胀形性能指标。IE 值越大，表示板料的胀形性能越好。

3）拉深试验。鉴定板料拉深成形性能的试验方法主要有筒形件拉深试验。图 3-5 所示为筒形件拉深试验（又称冲杯试验）的原理，依次用不同直径的圆形试样（直径级差为 1mm）放在带压边装置的试验用拉深模中进行拉深，在试样不破裂的条件下，取可能拉深成功的最大试样直径 D_{max} 与凸模直径 d_T 的比值 K_{max} 作为拉深性能指标，即

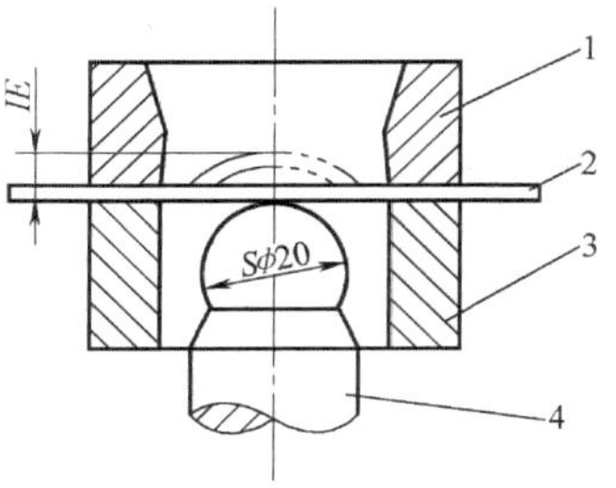

图 3-4 胀形试验（杯突试验）

1—凹模 2—板料试样 3—压料圈 4—球形凸模

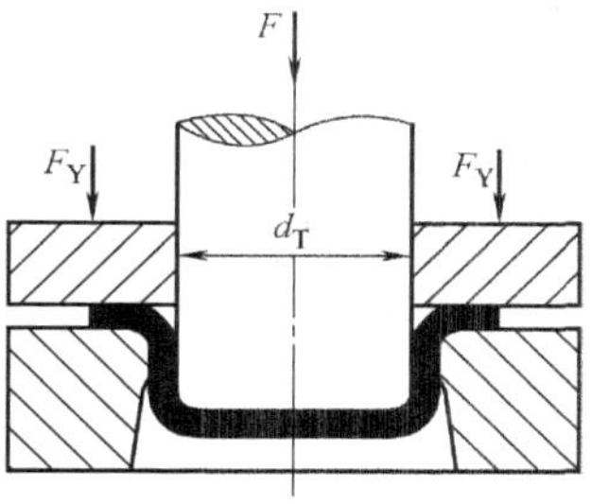

图 3-5 筒形件拉深试验（冲杯试验）的原理

$$K_{max} = D_{max}/d_T \tag{3-3}$$

K_{max}称为最大拉深程度值（也称为极限拉深比）。K_{max}越大，则板料的拉深成形性能越好。

3. 冷冲压常用材料

冷冲压最常用的材料是金属板料，金属板料分为黑色金属板料和有色金属板料两种。有时也用非金属板料。部分常用的冲压材料的力学性能见本书中表 9-1 和表 9-2。

冷冲压用材料的形状最常用的是板料。板料有热轧和冷轧两种轧制状态。一般板料的尺寸较大，用于大型零件的冲压。常见尺寸规格有 500mm × 1500mm、710mm × 1420mm、900mm × 1800mm、1000mm × 2000mm 等。

冷冲压用材料也用条料、带料及块料等。条料是根据冲压件的需要，由板料剪裁而成，用于中、小型零件的冲压；带料（又称卷料）主要是薄料，有各种不同的宽度和长度，为卷状供应，适用于大批量生产中的自动送料中使用；特殊情况下可采用块料，块料适用于单件小批生产和价值昂贵的有色金属的冲压生产。

冷冲压常用材料分类及牌号等详见“2. 1. 3 冷冲压材料与冷冲压模具材料”中的有关内容。

3.1.2 产品结构分析

产品就是指冲裁件。冲压加工对产品结构有一定的要求，不同的冲压成形方法的具体要求不一样，主要针对产品的形状、孔洞、沟槽、外凸部位等。

冲裁件的工艺性是指冲裁件对冲裁工艺的适应性。对冲裁件工艺性影响最大的是制件的结构形状、精度要求、几何公差及技术要求等。冲裁件合理的工艺性应能满足材料较省、工序较少、模具加工较易、寿命较长、操作方便及产品质量稳定等要求。冲裁件的工艺性应考虑以下几点。

1）冲裁件的形状应尽可能简单、对称，避免形状复杂的曲线。

2）冲裁件各直线或曲线的连接处应尽可能避免锐角，严禁尖角，一般应有 $R > 0.5t$（t 为材料厚度）以上的圆角。具体冲裁件的最小圆角半径允许值见表 3-1，如果是少、无废料排样冲裁，或者采用镶拼模具时，则可不要求冲裁件有圆角。

表 3-1 冲裁件的最小圆角半径 （单位：mm）

工序	连接角度	黄铜、纯铜、铝	软钢	合金钢
落料	≥90°	0.18t	0.25t	0.35t
	<90°	0.35t	0.50t	0.70t
冲孔	≥90°	0.20t	0.30t	0.45t
	<90°	0.40t	0.60t	0.90t

注：t 为材料厚度，当 $t < 1$mm 时，均以 $t = 1$mm 计算。

3）冲裁件的孔与孔之间、孔与边缘之间的距离 a 不能过小（图 3-6），一般当孔边缘与制件外形边缘不平行时，$a \geqslant t$；平行时，$a \geqslant 1.5t$。

4）冲孔尺寸也不宜太小，否则凸模强度不够。常见材料冲孔的最小尺寸见表 3-2。

5）冲裁件凸出悬臂和凹槽宽度 b 不宜过小，伸出的悬臂不宜过长（图 3-7）。一般硬钢 b 不小于（1.5 ~2.0）t，黄铜、软钢 b 不小于（1.0 ~1.2）t，纯铜、铝的 b 不小于（0.8 ~0.9）t。$L_{max} \leqslant 5b$。

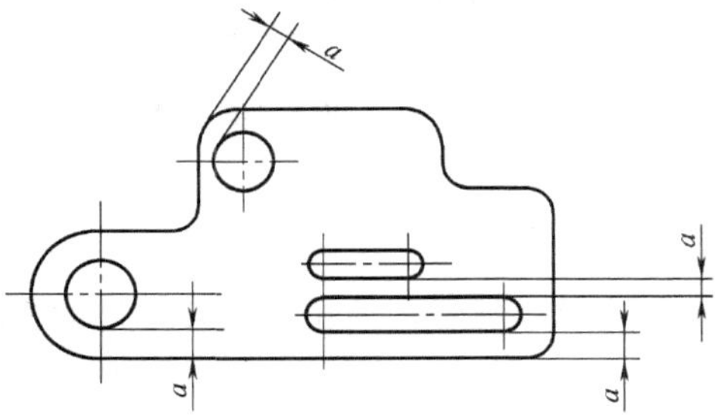

图 3-6 冲裁件的孔距及孔边距图

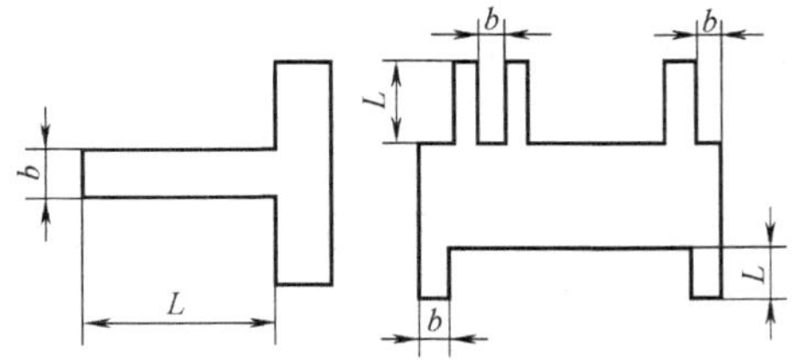

图 3-7 冲裁件的凸出悬臂和凹槽部分尺寸

6）在弯曲件或拉深件上冲孔时，孔边与制件直边之间的距离 L 不能小于制件圆角半径 r 与一半料厚 t 之和，即 $L \geqslant r + 0.5t$。

7）用条料少废料冲裁两端带圆弧的制件时，其圆弧半径 R 应大于条料宽度 B 的一半，即 $R \geqslant 0.5B$。

8）冲裁件的经济公差等级不高于 IT11，一般要求落料件公差等级最好低于 IT10，冲孔件公差等级最好低于 IT9。冲裁件的尺寸公差、孔中心距的公差见表 3-3 和表 3-4。

表 3-2 常见材料冲孔的最小尺寸 （单位：mm）

材料	自由凸模冲孔		精密导向凸模冲孔	
	圆形	矩形	圆形	矩形
硬钢	1.3t	1.0t	0.5t	0.4t
软钢及黄铜	1.0t	0.7t	0.35t	0.3t
铝	0.8t	0.5t	0.3t	0.28t
酚醛层压布(纸)板	0.4t	0.35t	0.3t	0.25t

注：t 为材料厚度（mm）。

表 3-3 冲裁件内形与外形尺寸公差 （单位：mm）

材料厚度	普通冲裁模				高级冲裁模			
	零件尺寸							
	<10	10 ~50	50 ~150	50 ~300	<10	10 ~50	50 ~150	50 ~300
0.2 ~0.5	$\frac{0.08}{0.05}$	$\frac{0.10}{0.08}$	$\frac{0.14}{0.12}$	0.20	$\frac{0.025}{0.02}$	$\frac{0.03}{0.04}$	$\frac{0.05}{0.08}$	0.08
0.5 ~1	$\frac{0.12}{0.05}$	$\frac{0.16}{0.08}$	$\frac{0.22}{0.12}$	0.30	$\frac{0.03}{0.02}$	$\frac{0.04}{0.04}$	$\frac{0.06}{0.08}$	0.10
1 ~2	$\frac{0.18}{0.06}$	$\frac{0.22}{0.10}$	$\frac{0.30}{0.16}$	0.50	$\frac{0.04}{0.03}$	$\frac{0.06}{0.06}$	$\frac{0.08}{0.10}$	0.12
2 ~4	$\frac{0.24}{0.08}$	$\frac{0.28}{0.12}$	$\frac{0.40}{0.20}$	0.70	$\frac{0.06}{0.04}$	$\frac{0.08}{0.08}$	$\frac{0.10}{0.12}$	0.15
4 ~6	$\frac{0.30}{0.10}$	$\frac{0.35}{0.15}$	$\frac{0.50}{0.25}$	1.00	$\frac{0.10}{0.06}$	$\frac{0.12}{0.10}$	$\frac{0.15}{0.15}$	0.20

注：1. 表中分子为外形的公差值，分母为内孔的公差值。

2. 普通冲裁模是指模具工作部分、导向部分零件按 IT7、IT8 级制造，高级冲裁模按 IT5、IT6 级制造。

3.1.3　产品精度分析

尽管模具是高精度产品，但模具生产的产品精度不一定很高，这是因为受到产品材料性能、成形方法、模具加工精度等多方面因素的影响。一般冲压产品的公差等级应低于 IT10，否则要改变模具结构和大幅提高模具制造成本。在产品精度分析时应结合具体的产品应用情况分析。

表 3-4　冲裁件孔中心距公差　（单位：mm）

材料厚度	普通冲裁模			高级冲裁模		
	孔中心距基本尺寸					
	<50	50～150	150～300	<50	50～150	150～300
<1	±0.10	±0.15	±0.20	±0.03	±0.05	±0.08
1～2	±0.12	±0.20	±0.30	±0.04	±0.06	±0.10
2～4	±0.15	±0.25	±0.35	±0.06	±0.08	±0.12
4～6	±0.20	±0.30	±0.40	±0.08	±0.10	±0.15

具体情况参看 9.2.2 冲压件公差等级及极限偏差内容。

3.2　确定工艺方案

确定工艺方案首先要确定冲裁的工序数、冲裁工序的组合以及冲裁工序的顺序安排。冲裁的工序数一般易确定，关键是确定冲裁工序的组合及冲裁工序的顺序安排。

1. 冲裁工序的组合

冲裁工序的组合方式可分为单工序冲裁、复合冲裁和级进冲裁。对应的模具是单工序模、复合模、级进模（也称连续模或跳步模）。

单工序模、复合模和级进模的比较见表 3-5。

表 3-5　单工序模、复合模和级进模的比较

模具种类 / 比较项目	单工序模		复合模	级进模
	无导向	有导向		
零件公差等级	低	一般	可达 IT10～IT8 级	可达 IT13～IT10 级
零件平面度	差	一般	压料较好，冲件平整	不平整，要求质量较高时需平整
冲裁件最大尺寸和材料厚度	尺寸和厚度不受限制	中小型尺寸，厚度较大	尺寸在 300mm 以下，厚度在 0.05～3mm 之间	尺寸在 250mm 以下，厚度在 0.1～6mm 之间
使用高速自动压力机的可能性	不能使用	可以使用	操作时出件困难，不作推荐	可在行程次数 400 次/min 左右高速压力机上工作
生产率	低	较低	冲件或废料落到或被顶到模具工作台面上，必须用手工或机械清理，生产率稍低	工序间可自动送料，冲件和废料一般从下模漏下，生产率高
多排冲压法的应用	不采用	很少采用	很少采用	冲件尺寸小时应用较多
安全性	不安全，需采取安全措施	不安全，需采取安全措施	不安全，需采取安全措施	比较安全
适用冲裁件批量	小批量	中小批量	大批量	大批量
模具制造工作量和成本	低	比无导向的稍高	冲裁复杂形状制件时比级进模低	冲裁简单形状制件时比复合模低

冲裁工序的组合方式一般可根据下列因素确定：

1）按生产批量。一般小批量和试制生产采用单工序模，中、大批量生产采用复合模或级进模。

2）按冲裁件尺寸和公差等级。复合冲裁得到的冲裁件尺寸精度等级高，而且是先压料后冲裁，冲裁件较平整。级进冲裁比复合冲裁的精度等级低。

3）按冲裁件尺寸形状的适应性。冲裁件的尺寸较小，单工序冲裁送料不方便、生产率低，常采用复合冲裁或级进冲裁。尺寸中等的冲裁件，因制造多副单工序模的费用比复合模昂贵，则采用复合冲裁；当冲裁件上的孔与孔或孔与边缘间的距离过小时，不宜采用复合冲裁或单工序冲裁，宜采用级进冲裁，见表3-5。

4）按模具制造安装调整的难易和成本的高低。复杂形状的冲裁件采用复合冲裁比采用级进冲裁较为适宜，因模具制造安装调整比较容易，且成本较低。

5）按操作是否方便与安全。复合冲裁出件或清除废料较困难，工作安全性较差，级进冲裁较安全。

2. 冲裁工序的顺序

冲裁工序顺序的确定一般可按下列原则进行：

1）各工序的先后顺序应保证每道工序的变形区为相对弱区，同时非变形区应为相对强区不参与变形。当冲压过程中坯料上的强区与弱区对比不明显时，对零件有公差要求的部位应在成形后冲出。

2）采用侧刃定距时，定距侧刃切边工序与首次冲孔同时进行以便控制送料步距。采用两个定距侧刃时，可安排成一前一后，也可并列安排。

3）前工序成形后得到的符合零件图样要求的部分，在以后各道工序中不得再发生变形。

4）工件上所有的孔，只要其形状和尺寸不受后续工序的影响，都应在平面坯料上先冲出。先冲出的孔可以作为后续工序的定位使用，而且可使模具结构简单，生产率高。

5）对于带孔的或有缺口的冲裁件，如果选用单工序冲裁，一般先落料、再冲孔或切口；使用级进冲裁时，则应先冲孔或切口，后落料。

6）对于带孔的弯曲件，孔边与弯曲变形区的间距较大时，可以先冲孔，后弯曲。如果孔边在弯曲变形区附近或以内，则必须在弯曲后再冲孔。孔之间间距受弯曲回弹影响时，也应先弯曲后冲孔。

7）对于带孔的拉深件，一般来说，都是先拉深，后冲孔，但当孔的位置在零件的底部，且孔径尺寸相对筒体直径较小并要求不高时，也可先在坯料上冲孔，再拉深。

8）工件需整形或校平等工序时，均应安排在工件基本成形以后进行。

3.2.1 单工序模

单工序模是指压力机在一次行程中只完成一道工序的冲裁模，如落料、冲孔、切边、剖切等。单工序模可同时有多个凸模，但其完成的工序类型相同。设计单工序模需考虑下列问题：

1）模具结构与模具材料是否与冲裁件批量相适应。

2）模架或模具零件应尽量选用标准件。

3）模架的平面尺寸应与模块平面尺寸和压力机台面尺寸（或垫板开孔大小）相适应。

4）落料模的送料方向（横送、直送）要与选用的压力机相适应。

5）模具上应安装闭合高度限位块，便于校模和存放，模具工作时限位块不应受压。

6）对称工件的冲模架应保证上、下模的正确装配，如采用直径不同的导柱。

7）弯曲件的落料模，排样时应考虑材料的纤维方向。

8）刃口尖角处宜用拼块，这样既便于加工，也可防止应力集中导致开裂。

9）单面冲裁的模具，应在结构上采取措施使凸模和凹模的侧向力相互平衡，避免让模架的导柱、导套受侧向力。

10）拼块不能依靠定位销承受侧向力，要采用方键或将拼块嵌入模座沉孔内。

11）卸料螺钉装配时，必须确保卸料板与有关模板保持平行。

12）安装于模具内的弹簧，在结构上应能保证弹簧断裂时不致蹦出伤人。

13）两侧无搭边的无废料、少废料冲裁工艺，只能推料进给而不能拉料进给，有较长一段料尾不能利用，如条料长度有限，则须仔细核算。

14）冲孔模应考虑放入和取出冲制零件方便安全。

15）多凸模冲孔时，邻近大凸模的细小凸模，应比大凸模在长度尺寸上短一冲制件料厚，若作成相同长度则容易折断。

3.2.2　复合模

1. 复合模的特点

1）冲制零件精度较高，不受送料误差影响，内外形相对位置一致性好。

2）冲制零件表面较为平整。

3）适宜冲薄料，也适宜冲脆性或软质材料。

4）可充分利用短料和边角余料。

5）冲模面积较小。

2. 复合模的设计要点

1）复合模中必定有一个（或几个）凸凹模，凸凹模是复合模的核心零件。冲制零件精度比单工序模冲出的精度高，一般冲裁件公差等级可达到 IT10、IT11。

2）复合模冲出的制件均由模具型口中推出，制件比较平整。

3）复合模的冲制零件比较复杂，各种机构都围绕模具工作部位设置，所以其闭合高度往往偏高，在设计时尤其要注意。

4）复合模的成本偏高，制造周期长，一般适合生产较大批量的冲压件。

5）设计复合模时要确保凸凹模的自身强度，尤其要注意凸凹模的最小壁厚。

为了增加凸凹模的强度和减少孔内废料的胀力，可以采用对凸凹模有效刃口以下增加壁厚和将废料反向顶出的办法，如图 3-8 所示。

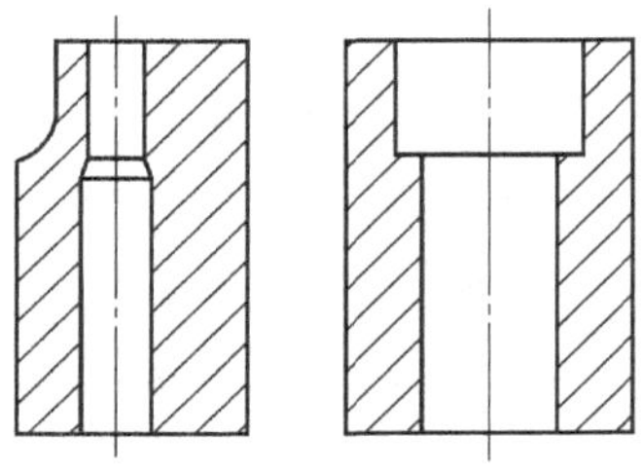

a)　　b)

图 3-8　增加凸凹模强度的方法
a）增加壁厚　b）反向顶出

6）复合模的推件装置形式多样，在设计时应注意打板及推块活动量要足够，而且二者的活动量应当一致，模具在开起状态下推块应露出凹模 0.2～0.5mm。

7）复合模中适用的模柄有多种形式，即压入式、旋入式、凸缘式、浮动式等均可选用，应保证模柄装入模座后配合良好，有足够的稳定性，不能因为设置退料机构而降低模柄强度，或过度增大模具闭合高度。

3. 复合模正装和倒装的比较

常见的复合模结构有正装和倒装两种。图 3-9 所示为正装式复合模，图 3-10 所示为倒装式复合模。复合模正装和倒装的比较见表 3-6。

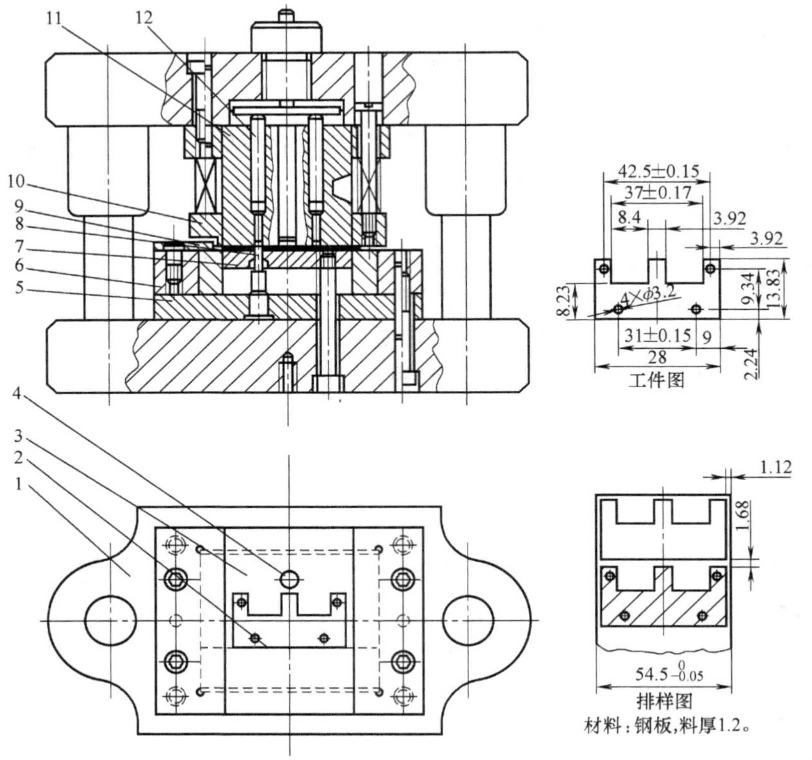

图 3-9　正装式复合模

1—下模座　2、3—凹模拼块　4—挡料销　5—凸模固定板　6—凹模框　7—顶件板　8—凸模　9—导料板　10—弹压卸料板　11—凸凹模　12—推杆

表 3-6　复合模正装和倒装的比较

序号	正　　装	倒　　装
1	凸凹模安装在上模	凸凹模安装在下模
2	出料、出件装置三套,顶件装置顶出冲件,冲孔废料由推件装置的打杆打出,操作不方便,不安全	出料、出件装置两套,推件装置推出冲件,冲孔废料直接由凸凹模的孔漏下,操作方便,能装自动拨料装置,既能提高生产率又能保证安全生产
3	凸凹模孔内不积存废料,孔内废料的胀力小,有利于减小凸凹模最小壁厚	废料在凸凹模孔内积聚,凸凹模要求有较大的壁厚以增加强度
4	先压紧后冲裁,对于材质软、薄冲件能达到平整要求	板料不是处在被压紧的状态下冲裁,不能达到平整要求
5	可冲工件的孔边距离较小	不宜冲制孔边距离较小的冲裁件
6	装凹模的面积较大,有利于复杂冲件用拼块结构	如凸凹模较大,可直接将凸凹模固定在底座上省去固定板
7	结构复杂	结构相对简单

3.2.3　级进模

1. 级进模的特点

级进模是指压力机在一次行程中，依次在几个不同的位置上同时完成多道工序的模具，它具有操作安全的显著特点，模具强度较高，寿命较长。使用级进模便于冲压生产自动化，可以采用

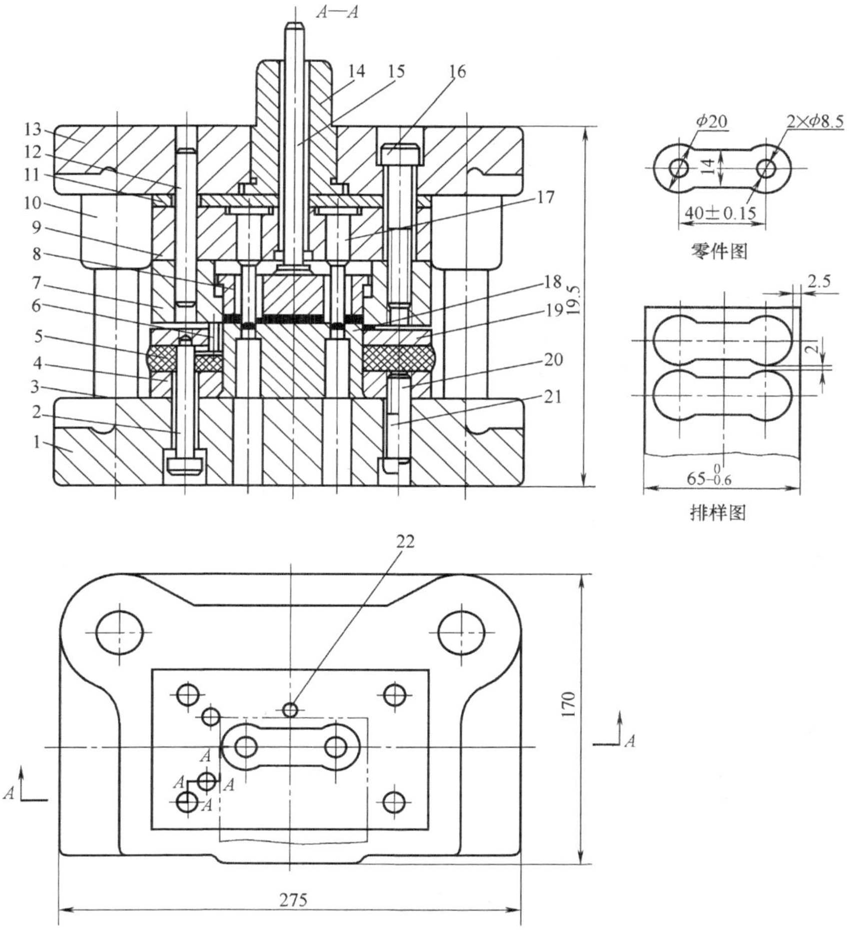

图 3-10　倒装式复合模

1—下模板　2—卸料螺钉　3—导柱　4—固定板　5—橡胶　6—导料销　7—落料凹模　8—推件块
9—固定板　10—导套　11—垫板　12、20—销钉　13—上模板　14—模柄　15—打杆
16、21—螺钉　17—冲孔凸模　18—凸凹模　19—卸料板　22—定位销

高速压力机生产。级进模较难保证制件内、外形相对位置的一致性。

2. 级进模设计要点

（1）排样设计　排样设计是级进模设计的关键之一，排样图的优化与否，不仅关系到材料的利用率、工件的精度、模具制造的难易程度和使用寿命等，而且关系到模具各工位的协调与稳定。具体参看 6.1 多工位级进模设计。

（2）步距结构设计　级进模任何相邻两工位的距离必须相等，步距的精度直接影响冲制零件的尺寸精度。影响步距精度的因素主要有冲压件的精度等级、形状复杂程度、冲压件材质和厚度、工位数、冲制时条料的送进方式和定距形式等。

级进模的定距方式有导正销定距挡料销定距、侧刃定距及自动送料机构定距四种类型。导正销定距（图 3-11）是级进模中应用最为普遍的定距方式，但此方式需要与其他辅助定距方式配合使用。

挡料销定距多适用于产品精度要求低、尺寸较大、板料厚度较大（大于1.2mm）、产量低的手工送料的普通级进模。

侧刃定距（图3-12）是在条料的一侧或两侧冲切定距槽，定距槽的长度等于步距长度。其定距精度比挡料销定距高。

自动送料机构间距是使用专用的送料机构，配合压力机冲程运动，使条料作定时定量地送料。

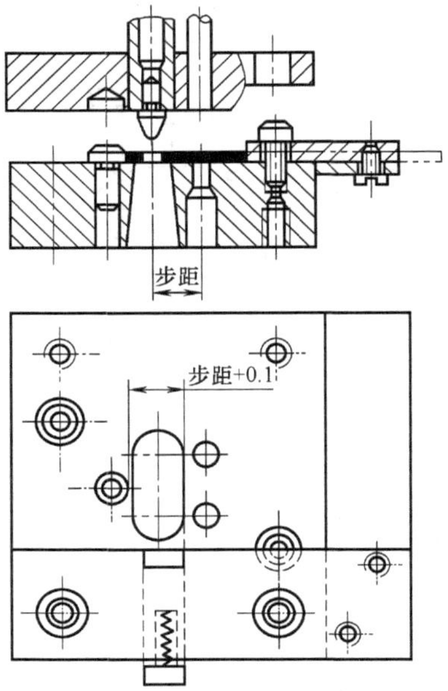

图3-11　导正销定距

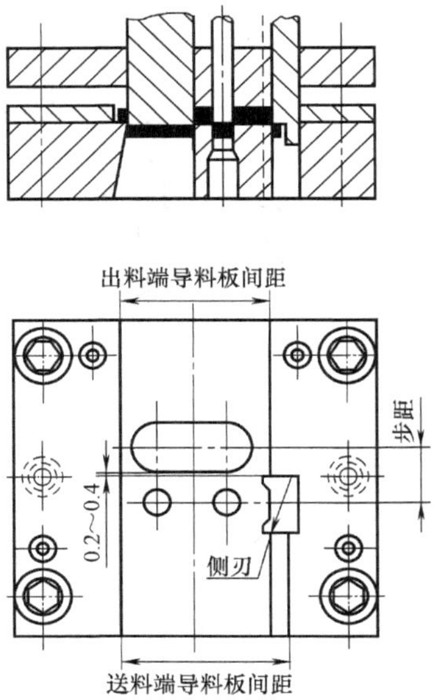

图3-12　侧刃定距

（3）导料结构设计　为了使条料通畅、准确地送进，在级进模中必须使用导料系统。导料系统一般包括左右导料板、承料板、条料侧压机构等。导料系统直接影响模具冲压的效率与精度。选用导料系统应考虑冲压件的特点、排样图上各工位的安排、压力机的速度、送料形式、模具结构特点等因素，并结合卸料装置进行考虑。

导料板一般沿条料送进方向安装在凹模型孔的两侧，对条料进行导向。

（4）卸料结构设计　卸料装置除起卸料作用外，对于不同冲压工序还有不同的作用。在冲裁工序中，可起到压料作用；在弯曲工序中，可起到局部成形作用；在拉深工序中同时起到压边圈作用。卸料装置对于凸模还可起到导向和保护作用。

卸料装置可分为固定卸料和弹性卸料两种，在级进模中使用弹性卸料装置时，一般要在卸料板与固定板之间安装小导柱、导套进行导向。在设计多工位级进模卸料装置时，应注意以下原则：

1）在多工位级进模中，卸料板极少采用整体结构，而是采用镶拼结构。这有利于保证型孔精度、孔距精度、配合间隙、热处理等要求，它的镶拼原则基本上与凹模相同，在卸料板基体上加工一个通槽，各拼块对此通槽按基孔制配合加工，所以基准性好。

2）卸料板各工作型孔同心，卸料板各型孔与对应凸模的配合间隙只有凸凹模冲裁间隙的1/4~1/3。高速冲压时，卸料板与凸模间隙要求取较小值。

3）卸料板各工作型孔应较光洁，其表面粗糙度 Ra 值一般应取0.1~0.4μm。冲压速度越高，表面粗糙度值越小。

4）多工位级进模卸料板应具有良好的耐磨性能。卸料板采用高强度钢或合金工具钢制造，淬火硬度为 56 ~ 58HRC。当以一般速度冲压时，卸料板可选用中碳钢或碳素工具钢制造，淬火硬度为 40 ~ 45HRC。

5）卸料板应具有必要的强度和刚度。卸料板凸台高度 h = 导料板厚度 − 板料厚度 + (0.3 ~ 0.5) mm。

3.3 冲裁工艺设计计算

3.3.1 凸、凹模间隙值的确定

凸、凹模之间的间隙对冲裁件断面质量、尺寸精度、模具寿命以及冲裁力、卸料力等有较大影响，所以必须选择合理的间隙，如图 3-13 所示。合理间隙值确定的方法如下。

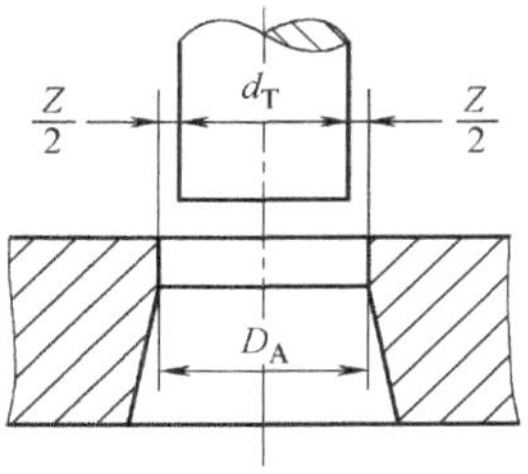

图 3-13 冲裁模间隙

（1）理论确定法 根据上、下裂纹重合原则，用几何方法推导，实际使用意义不大。

（2）经验确定法 一般采用查表的方法确定。查表 3-7 ~ 表 3-9，查表时注意以下几点：

1）对冲裁件质量要求高时选用较小间隙值，查表 3-7。

2）对冲裁件质量要求一般时采用较大间隙值，查表 3-8。

3）对于公差等级小于 IT14，断面无特殊要求的冲件采用较大间隙值，查表 3-9。

表 3-7 冲裁模初始双边间隙 Z（电器、仪表行业用） （单位：mm）

材料厚度	软铝		纯铜、黄铜、软钢 (w_C = 0.08% ~ 0.2%)		杜拉铝、中等硬钢 (w_C = 0.3% ~ 0.4%)		硬钢 (w_C = 0.5% ~ 0.6%)	
	Z_{min}	Z_{max}	Z_{min}	Z_{max}	Z_{min}	Z_{max}	Z_{min}	Z_{max}
0.2	0.008	0.012	0.010	0.014	0.012	0.016	0.014	0.018
0.3	0.012	0.018	0.015	0.021	0.018	0.024	0.021	0.027
0.4	0.016	0.024	0.020	0.028	0.024	0.032	0.028	0.036
0.5	0.020	0.030	0.025	0.035	0.030	0.040	0.035	0.045
0.6	0.024	0.036	0.030	0.042	0.036	0.048	0.042	0.054
0.7	0.028	0.042	0.035	0.049	0.042	0.056	0.049	0.063
0.8	0.032	0.048	0.040	0.056	0.048	0.064	0.056	0.072
0.9	0.036	0.054	0.045	0.063	0.054	0.072	0.063	0.081
1.0	0.040	0.060	0.050	0.070	0.060	0.080	0.070	0.090
1.2	0.050	0.084	0.072	0.096	0.084	0.108	0.096	0.120
1.5	0.075	0.105	0.090	0.120	0.105	0.135	0.120	0.150
1.8	0.090	0.126	0.108	0.144	0.126	0.162	0.144	0.180
2.0	0.100	0.140	0.120	0.160	0.140	0.180	0.160	0.200
2.2	0.132	0.176	0.154	0.198	0.176	0.220	0.198	0.242
2.5	0.150	0.200	0.175	0.225	0.200	0.250	0.225	0.275
2.8	0.168	0.224	0.196	0.252	0.224	0.280	0.252	0.308
3.0	0.180	0.240	0.210	0.270	0.240	0.300	0.270	0.330
3.5	0.245	0.315	0.280	0.350	0.315	0.385	0.350	0.420
4.0	0.280	0.360	0.320	0.400	0.360	0.440	0.400	0.480
4.5	0.315	0.405	0.360	0.450	0.405	0.490	0.450	0.540
5.0	0.350	0.450	0.400	0.500	0.450	0.550	0.500	0.600
6.0	0.480	0.600	0.540	0.660	0.600	0.720	0.660	0.780
7.0	0.560	0.700	0.630	0.770	0.700	0.840	0.770	0.910
8.0	0.720	0.880	0.800	0.960	0.880	1.040	0.960	1.120
9.0	0.870	0.990	0.900	1.080	0.990	1.170	1.080	1.260
10.0	0.900	1.100	1.000	1.200	1.100	1.300	1.200	1.400

表 3-8　冲裁模初始双边间隙 Z（汽车、拖拉机行业用）　　（单位：mm）

材料厚度	08、10、35、09Mn、Q235		16Mn		40、50		65Mn	
	Z_{min}	Z_{max}	Z_{min}	Z_{max}	Z_{min}	Z_{max}	Z_{min}	Z_{max}
<0.5	极小间隙（或无间隙）							
0.5	0.040	0.060	0.040	0.060	0.040	0.060	0.040	0.060
0.6	0.048	0.072	0.048	0.072	0.048	0.072	0.048	0.072
0.7	0.064	0.092	0.064	0.092	0.064	0.092	0.064	0.092
0.8	0.072	0.104	0.072	0.104	0.072	0.104	0.064	0.092
0.9	0.090	0.126	0.090	0.126	0.090	0.126	0.090	0.126
1.0	0.100	0.140	0.100	0.140	0.100	0.140	0.090	0.126
1.2	0.126	0.180	0.132	0.180	0.132	0.180		
1.5	0.132	0.240	0.170	0.240	0.170	0.230		
1.75	0.220	0.320	0.220	0.320	0.220	0.320		
2.0	0.246	0.360	0.260	0.380	0.260	0.380		
2.1	0.260	0.380	0.280	0.400	0.280	0.400		
2.5	0.360	0.500	0.380	0.540	0.380	0.540		
2.75	0.400	0.560	0.420	0.600	0.420	0.600		
3.0	0.460	0.640	0.480	0.660	0.480	0.660		
3.5	0.540	0.740	0.580	0.780	0.580	0.780		
4.0	0.640	0.880	0.680	0.920	0.680	0.920		
4.5	0.720	1.000	0.680	0.960	0.780	1.040		
5.5	0.940	1.280	0.780	1.100	0.980	1.320		
6.0	1.080	1.440	0.840	1.200	1.140	1.150		
6.5			0.940	1.300				
8.0			1.200	1.680				

注：冲裁皮革、石棉和纸板时，间隙取 08 钢的 25%。

表 3-9　冲裁件公差等级低于 IT14 时推荐用的冲裁大间隙

料厚 t/mm	软料（08、10、20、Q235）	中硬料（45、2A12、12Cr18Ni9 40Cr13）	硬料（T8A、T10A、65Mn）
0.2～1	(0.12～0.18)t	(0.15～0.20)t	(0.18～0.24)t
>1～3	(0.15～0.20)t	(0.18～0.24)t	(0.22～0.28)t
>3～6	(0.18～0.24)t	(0.20～0.26)t	(0.24～0.30)t
>6～10	(0.20～0.26)t	(0.24～0.30)t	(0.26～0.32)t

3.3.2　凸、凹模刃口尺寸的确定

1. 确定凸、凹模刃口尺寸的原则

1）设计落料模时先确定凹模刃口尺寸，以凹模为基准，间隙取在凸模上，即冲裁间隙通过减小凸模刃口尺寸来取得。设计冲孔模时先确定凸模刃口尺寸，以凸模为基准，间隙取在凹模上，即冲裁间隙通过增大凹模刃口尺寸来取得。

2）考虑刃口磨损对冲裁件尺寸的影响；刃口磨损后尺寸变大，其刃口的公称尺寸应接近或等于冲裁件的下极限尺寸；刃口磨损后尺寸减小，应取接近或等于冲裁件的上极限尺寸。

3）不管落料还是冲孔，冲裁间隙一般选用最小合理间隙值 Z_{min}。

4）考虑冲裁件公差等级与模具公差等级间的关系，在选择模具制造公差时，既要保证冲裁件的公差等级要求，又要保证有合理的间隙值。一般冲模公差等级比冲裁件公差等级高 2～3 级。

5）工件尺寸公差与冲模刃口尺寸的制造偏差原则上都应按“入体”原则标注为单向公差，所谓“入体”原则，是指标注工件尺寸公差时应向材料实体方向单向标注。但对磨损后无变化的尺寸，一般标注双向偏差。

2. 凸、凹模分别加工时的工作部分尺寸的计算

落料时凹、凸模刃口尺寸公式为

$$D_A = (D_{max} - x\Delta)^{+\delta_A}_{0} \tag{3-4}$$

$$D_T = (D_A - Z_{min})^{0}_{-\delta_T} = (D_{max} - x\Delta - Z_{min})^{0}_{-\delta_T} \tag{3-5}$$

冲孔时凸、凹模刃口尺寸公式为

$$d_T = (d_{min} + x\Delta)^{0}_{-\delta_T} \tag{3-6}$$

$$d_A = (d_T + Z_{min})^{+\delta_A}_{0} = (d_{min} + x\Delta + Z_{min})^{+\delta_A}_{0} \tag{3-7}$$

式中，D_A、D_T 为落料凹、凸模刃口尺寸（mm）；D_T、d_A 为冲孔凸、凹模刃口尺寸（mm）；D_{max} 为落料件的上极限尺寸（mm）；d_{min} 为冲孔件的下极限尺寸（mm）；Δ 为冲裁件的公差（mm）；Z_{min} 为最小初始双面间隙；δ_T、δ_A 为凸、凹模的制造公差，可查表 3-10；或取 $\delta_T \leqslant 0.4(Z_{max} - Z_{min})$、$\delta_A \leqslant 0.6(Z_{max} - Z_{min})$；$x$ 为磨损系数，为 0.5～1，与工件精度有关，可查表 3-11 或按下列值选取：工件公差等级 IT10 以上，$x=1$；工件公差等级 IT13～IT11，$x=0.75$；工件公差等级 IT14，$x=0.5$。

采用分别加工法时，因为要分别标注凸、凹模刃口尺寸与公差，所以无论冲孔或落料，为了保证间隙值，必须验算下列条件，即

$$|\delta_T| + |\delta_A| \leqslant (Z_{max} - Z_{min}) \tag{3-8}$$

如果不满足上式，稍不满足时，可适当调整 δ_T、δ_A 值以满足上述条件，这时，可取 $\delta_T \leqslant 0.4(Z_{max} - Z_{min})$、$\delta_A \leqslant 0.6(Z_{max} - Z_{min})$，如果相差很大，则应采用配合加工法。

凸、凹模分别加工法的优点是凸、凹模具有互换性，制造周期短，便于成批制造。其缺点是模具的制造公差小，模具制造困难，成本较高。特别是单件生产时，采用这种方法更不经济。

表 3-10　规则形状（圆形、方形件）冲裁时凸、凹模的制造偏差　（单位：mm）

公称尺寸	凸模偏差 δ_T	凹模偏差 δ_A	公称尺寸	凸模偏差 δ_T	凹模偏差 δ_A
≤18	-0.020	+0.020	>180～260	-0.030	+0.045
>18～30	-0.020	+0.025	>260～360	-0.035	+0.050
>30～80	-0.020	+0.030	>360～500	-0.040	+0.060
>80～120	-0.025	+0.035	>500	-0.050	+0.070
>120～180	-0.030	+0.040			

表 3-11　x 系数值

材料厚度 t /mm	非圆形			圆形	
	1	0.75	0.5	0.75	0.5
	工件公差 Δ/mm				
≤1	<0.16	0.17～0.35	≥0.36	<0.16	≥0.16
>1～2	<0.20	0.21～0.41	≥0.42	<0.20	≥0.20
>3～4	<0.24	0.25～0.49	≥0.50	<0.24	≥0.24
>4	<0.30	0.31～0.54	≥0.60	<0.30	≥0.30

3. 凸、凹模配合加工时工作部分尺寸的计算公式

配合加工时凸模与凹模的间隙依靠配作加工来保证。其方法是先按设计尺寸制造一个基准件（凸模或凹模），然后根据基准件的实际刃口尺寸按所需的间隙配作另外一件。这样就只需计算基准件的刃口尺寸及公差，而另一件只需在图样上注明按基准件配作加工，并给出间隙值即可。这种方法不仅容易保证间隙，而且制造加工也比较容易，因此在工厂的实际制作中得到了广泛运用。它特别适合于计算各种复杂几何形状的凸、凹模刃口尺寸。

落料件按凹模为基准件，冲孔件按凸模为基准件。因为凸模、凹模刃口磨损后尺寸有增大、减小和不变的三种情况，所以具体计算公式也分三种情况来进行计算。

（1）凸模或凹模磨损后尺寸会增大的尺寸　按式（3-4）一般落料凹模计算公式计算为

$$A_j=(A_{max}-x\Delta)^{+\delta_A}_{0} \tag{3-9}$$

（2）凸模或凹模磨损后尺寸会变小的尺寸　按（3-6）一般冲孔凸模计算公式计算为

$$B_j=(B_{min}+x\Delta)^{0}_{-\delta_A} \tag{3-10}$$

（3）凸模或凹模磨损后尺寸基本不变的尺寸　按简单形状的孔心距尺寸计算为

$$C_j=(C_z+0.5\Delta)\pm0.5\delta_A \tag{3-11}$$

式中　A_j、B_j、C_j 为相应的基准体公称尺寸（mm）；A_{max} 为工件的上极限尺寸（mm）；B_{min} 为工件的下极限尺寸（mm）；Cz 为工件的中间尺寸（mm）；Δ 为工件的公差（mm）；δ_A 为凹模的制造公差，通常取 $\delta_A=\Delta/4$；x 为磨损系数。

曲线形状的冲裁凸、凹模的制造公差见表 3-12。

制件为非圆形时，冲裁凸、凹模的制造公差见表 3-13。

如果是落料，计算出的落料凹模尺寸及公差标注在凹模图样上，而落料凸模尺寸无需计算，只要在凸模图样上标上公称尺寸并注明“凸模刃口尺寸按凹模实际刃口尺寸配作，保证双面最小间隙 Z_{min}”即可。

如果是冲孔，则冲孔时应以凸模为基准来配作凹模。

表 3-12　曲线形状的冲裁凸、凹模的制造公差　（单位：mm）

工作要求	工作部分最大尺寸		
	≤150	>150～500	>500
普通精度	0.2	0.35	0.5
高精度	0.1	0.2	0.3

注：1. 本表所列公差，只在凸模或凹模一个零件上标注，而另一件则注明配作间隙。

2. 本表适用于汽车、拖拉机行业。

表 3-13　制件为非圆形时冲裁凸、凹模的制造公差　（单位：mm）

工件公称尺寸及公差等级		Δ	xΔ	制造公差		工件公称尺寸及公差等级		Δ	xΔ	制造公差	
IT10	IT11			凸模	凹模	IT13	IT14			凸模	凹模
1～3		0.040	0.040	0.010		1～3		0.140	0.105	0.030	
3～6		0.048	0.048	0.012		3～6		0.180	0.135	0.040	
6～10		0.058	0.058	0.014		6～10		0.220	0.160	0.050	
	1～3	0.060	0.045	0.015		10～18		0.270	0.200	0.060	
10～18		0.070	0.070	0.018			1～3	0.250	0.130	0.060	
	3～6	0.075	0.050	0.020		18～30		0.330	0.250	0.070	
18～30		0.084	0.080	0.021			3～6	0.300	0.150	0.075	
30～50		0.100	0.100	0.023		30～50		0.390	0.290	0.085	
	6～10	0.090	0.060	0.025			6～10	0.360	0.180	0.090	
50～80		0.120	0.120	0.030		50～80		0.460	0.340	0.100	
	10～18	0.110	0.080	0.035			10～18	0.430	0.220	0.110	
80～120		0.140	0.140	0.040		80～120		0.540	0.400	0.115	
	18～30	0.130	0.090	0.042			18～30	0.520	0.260	0.130	
120～180		0.160	0.160	0.046		120～180		0.630	0.470	0.130	
	30～50	0.160	0.120	0.050		180～250		0.720	0.540	0.150	
180～250		0.185	0.185	0.054			30～50	0.620	0.310	0.150	
	50～80	0.190	0.140	0.057		250～315		0.810	0.600	0.170	
250～315		0.210	0.210	0.062			50～80	0.740	0.370	0.185	
	80～120	0.220	0.170	0.065		315～400		0.890	0.660	0.190	
315～400		0.230	0.230	0.075			80～120	0.870	0.440	0.210	
	120～180	0.250	0.180	0.085			120～180	1.000	0.500	0.250	
	180～250	0.290	0.210	0.095			180～250	1.150	0.570	0.290	
	250～315	0.320	0.240				250～315	1.300	0.650	0.340	
	315～400	0.360	0.270				315～400	1.400	0.700	0.350	

注：本表适用于电器仪表行业。

3.3.3　排样设计

1. 冲裁件的排样

冲裁件在条料、带料或板料上的布置方法称为排样。合理的排样是提高材料利用率、降低成本、保证冲裁件质量及延长模具寿命的有效措施。根据材料的合理利用情况，条料排样方法可分为有废料排样（图 3-14a）、少废料排样（图 3-14b）、无废料排样（图 3-14c）三种。另外，如图3-14d 所示，当送进步距为两倍零件宽度时，一次切断便能获得两个冲件，有利于提高生产效率。有废料排样和少、无废料排样主要形式的分类见表 3-14。

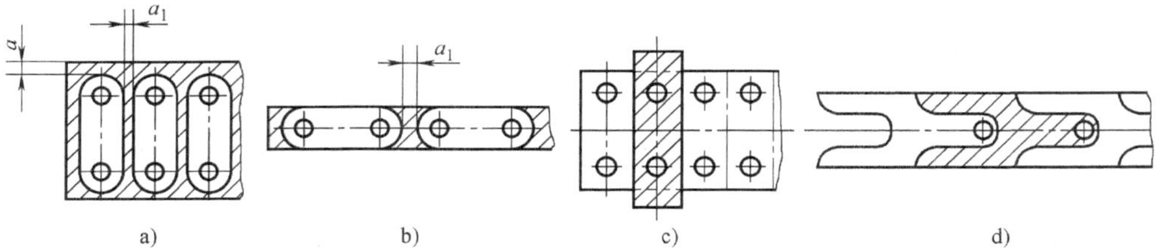

图 3-14　条料排样

表 3-14　有废料排样和少、无废料排样主要形式的分类

排样形式	有废料排样		少、无废料排样	
	简图	应用	简图	应用
直排	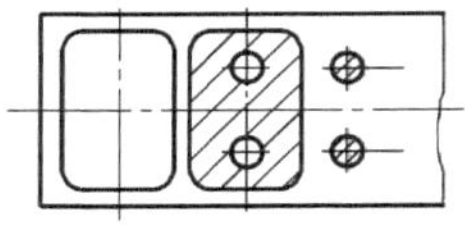	用于简单几何形状（方形、圆形、矩形）的冲件	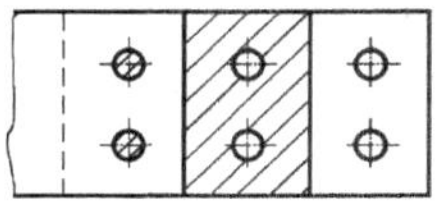	用于矩形或方形冲件
斜排	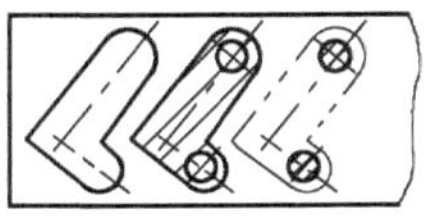	用于 T 形、L 形、S 形、十字形、椭圆形冲件	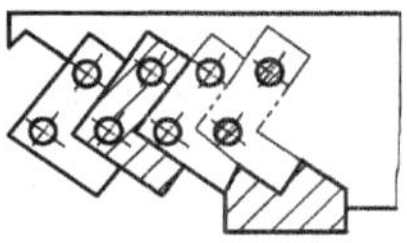	用于 L 形或其他形状的冲件，在外形上允许有不大的缺陷
直对排	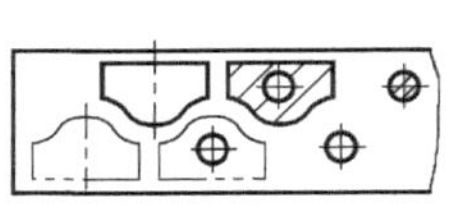	用于 T 形、Ⅱ 形、山形、梯形、三角形、半圆形的冲件	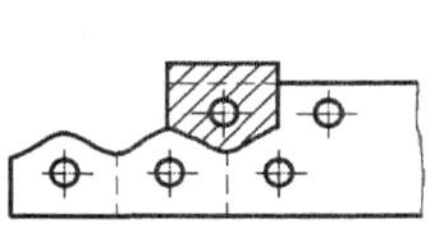	用于 T 形、Ⅱ 形、山形、梯形、三角形冲件，在外形上允许有少量的缺陷
斜对排	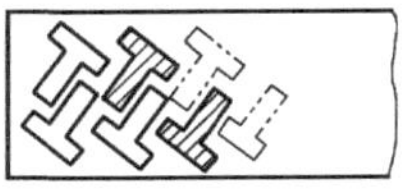	用于材料利用率比直对排高时的情况	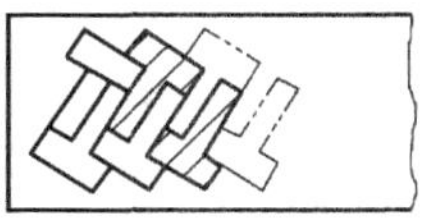	多用于 T 形冲件
混合排	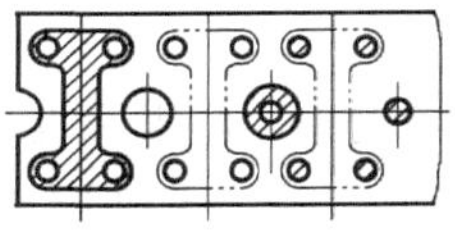	用于材料和厚度都相同的两种以上的冲件	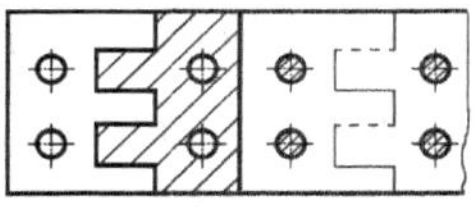	用于两个外形互相嵌入的不同冲件（铰链等）

（续）

排样形式	有废料排样		少、无废料排样	
	简图	应用	简图	应用
多排	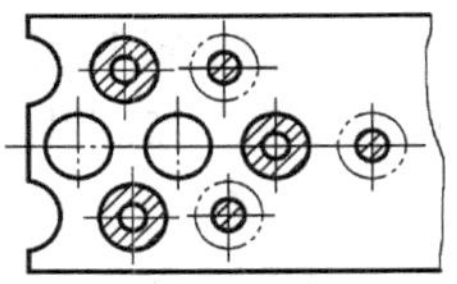	用于大批生产中尺寸不大的圆形、六角形、方形、矩形冲件	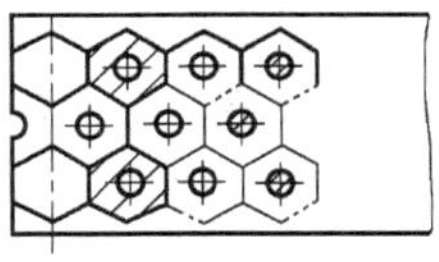	用于大批量生产中尺寸不大的方形、矩形及六角形冲件
冲裁搭边		大批生产中用于小的窄冲件（表针及类似的冲件）或带料的连续拉深	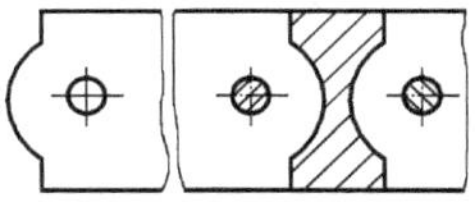	用于以宽度均匀的条料或带料冲裁长形件

对于形状复杂的冲件，通常用纸片剪成 3 ~ 5 个样件，然后摆出各种不同的排样方法，经过分析和计算，选出合理的排样方案。

2. 材料利用率

衡量材料经济利用的指标是材料利用率。材料利用率 η 通常是以一个步距内零件的实际面积与所用毛坯面积的百分率来表示

$$\eta = \frac{nA}{Bh} \times 100\% \tag{3-12}$$

式中，A 为冲裁件面积（包括冲出小孔在内）（mm^2）；n 为一个步距内的冲裁件数目；B 为条料宽度（mm）；h 为步距（mm）。

一张板料上总的材料利用率 η_Z 为

$$\eta_Z = \frac{NA}{B_1 L} \times 100\% \tag{3-13}$$

式中，N 为一张板料上的冲裁件总数目；L 为板料长度（mm）；B_1 为板料宽度（mm）。

3. 决定排样方案时应遵循的原则

1）公差要求较严的零件，排样时工步不宜太多，以减小累积误差保证零件精度。

2）零件孔距公差要求较严时，应尽量在同一工步冲出或在相邻工步冲出。

3）对孔壁较小的冲裁件，其孔可以分步冲出，以保证凹模孔壁的强度。

4）适当设置空工位，以保证模具有足够的强度，并避免凸模安装时相互干涉，同时也便于试模、调整工序。

5）尽量避免复杂型孔，对复杂外形零件的冲裁，可分步冲出，以降低模具制造难度。

6）零件较大或零件虽小但工位较多时，应尽量减少工位数，可采用连续-复合成形的排样法，以减小模具轮廓尺寸。

7）当材料塑性较差时，在有弯曲工步的连续成形排样中，必须使弯曲线与材料纤维方向线成一定夹角。

4. 搭边

排样时，冲裁件之间以及冲裁件与条料侧边之间留下的工艺余料称为搭边。它的作用是补偿定位误差，保证冲出合格的冲件，以及保证条料有一定刚度，便于送料。

搭边数值取决于冲件的尺寸和形状、材料的种类、材料的硬度和厚度、排样的形式、送料及挡料方式、卸料方式等因素。搭边过大，材料利用率低；搭边过小时，搭边的强度和刚度不够，甚至造成冲裁力不均，损坏模具刃口。搭边值通常是由经验确定的，目前常用的有数种，低碳钢

搭边值可参见表 3-15。

表 3-15　低碳钢搭边 a 和 a_1 的数值

材料厚度 t	圆形及 $r>2t$ 的圆角		矩形件边长 $l\leqslant 50$		矩形件边长 $l>50$ 或圆角 $r<2t$	
	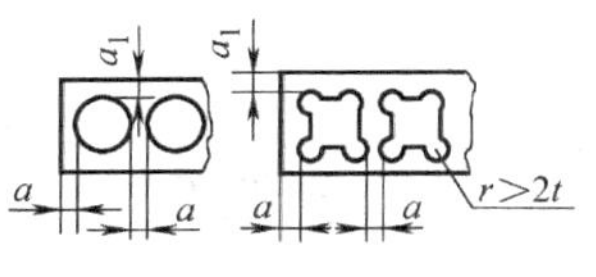		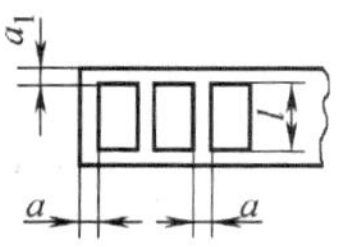		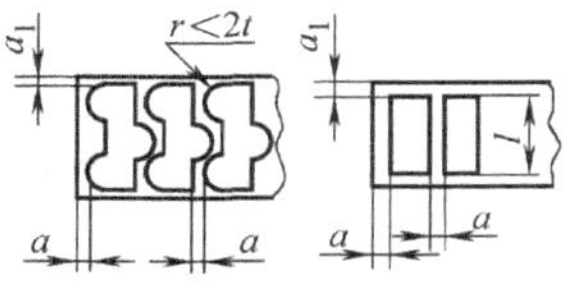	
	工件间 a	侧面 a_1	工件间 a	侧面 a_1	工件间 a	侧面 a_1
0.25 以下	1.8	2.0	2.2	2.5	2.8	3.0
0.25 ~ 0.5	1.2	1.5	1.8	2.0	2.2	2.5
0.5 ~ 0.8	1.0	1.2	1.5	1.8	1.8	2.0
0.8 ~ 1.2	0.8	1.0	1.2	1.5	1.5	1.8
1.2 ~ 1.5	1.0	1.2	1.5	1.8	1.8	2.0
1.6 ~ 2.0	1.2	1.5	1.8	2.0	2.0	2.2
2.0 ~ 2.5	1.5	1.8	2.0	2.2	2.2	2.5
2.5 ~ 3.0	1.8	2.2	2.2	2.5	2.5	2.8
3.0 ~ 3.6	2.2	2.5	2.5	2.8	2.8	3.2
3.5 ~ 4.0	2.5	2.8	2.8	3.2	3.2	3.5
4.5 ~ 5.0	3.0	3.5	3.5	4.0	4.0	4.5
5.0 ~ 12	$0.6t$	$0.7t$	$0.7t$	$0.8t$	$0.8t$	$0.9t$

3.3.4　冲裁工艺力的计算

1. 冲裁力

设计冲裁模时，为了合理地设计模具及选用压力机设备，须计算冲裁力。压力机的吨位须大于计算所需的冲裁力。通常说的冲裁力是指冲裁力的最大值，它是选用压力机和设计模具的重要依据之一。

用普通平刃口模具冲裁时，其冲裁力 F 一般按下式计算

$$F = KLt\tau_b \tag{3-14}$$

式中，F 为冲裁力（N）；L 为冲裁件周边长度（mm）；t 为板料厚度（mm）；τ_b 为材料抗剪强度（MPa）；K 为系数。

系数 K 是考虑实际生产中，模具间隙值的波动和不均匀、刃口的磨损、材料力学性能和厚度波动等因素的影响而给出的安全系数。一般取 $K=1.3$。

为计算简便，也可按下式估算冲裁力，即

$$F \approx Lt\sigma_b \tag{3-15}$$

式中，σ_b 为材料的抗拉强度。

2. 降低冲裁力的方法

当板料较厚或冲裁件较大，产生的冲裁力过大或压力机吨位不够时，可用下述方法降低冲裁力。

（1）加热冲裁　加热冲裁易破坏工件表面质量，同时会产生热变形，精度低，因此应用比较少。此法只适于材料厚度大、表面质量及精度要求不高的零件。

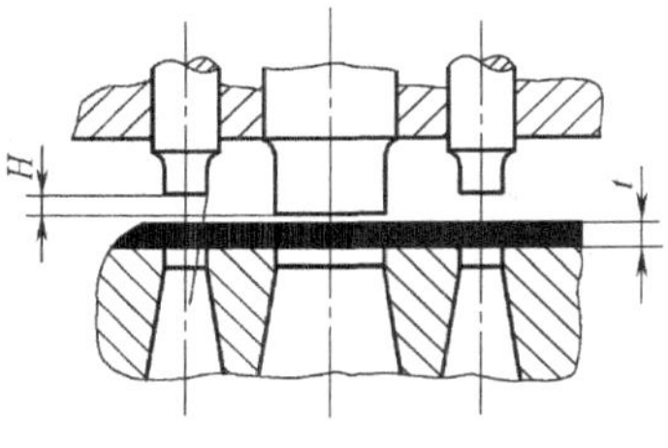

图 3-15　凸模的阶梯布置法

（2）阶梯凸模冲裁　在多凸模冲裁中，将凸模作成不同高度，采用阶梯布置使各凸模冲裁力的最大峰值不同，结构如

图 3-15 所示。对于薄材料（$t \leqslant 3$mm），H 一般取材料厚度 t；对于厚材料（$t > 3$mm）则取材料厚度的一半。阶梯凸模冲裁的冲裁力，一般只按产生最大冲裁力的阶梯进行计算。

（3）斜刃冲裁　为了得到平整的零件，落料时凹模作成一定斜度，凸模为平刃口，而冲孔时，凸模作成一定斜度，凹模为平刃口，结构如图 3-16 所示，一般采用的斜刃数值列于表 3-16。

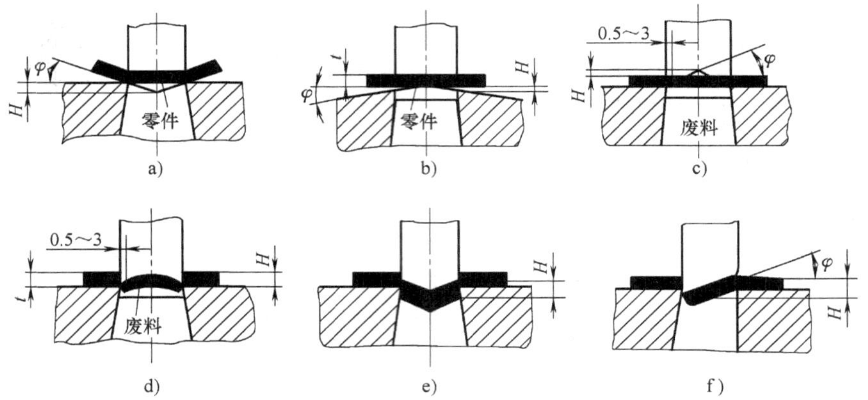

图 3-16　各种斜刃的形式

a)、b）落料用　c)、d）冲孔用　e)、f）切舌用

表 3-16　一般采用的斜刃数值

材料厚度 t/mm	斜刃高度 H/mm	斜刃角 ϕ(°)
≤3	$2t$	<5
>3～10	$(1～2)t$	<8

斜刃冲模虽降低了冲裁力，但模具制造复杂、修磨困难，刃口也易磨损，故一般情况下尽量不用，只在大型冲件及厚板冲裁中采用。

3. 卸料力、推件力和顶件力

卸料力、推件力和顶件力一般采用经验公式进行计算。

卸料力　$$F_X = K_X F \tag{3-16}$$

推件力　$$F_T = nK_T F \tag{3-17}$$

顶件力　$$F_D = K_D F \tag{3-18}$$

$$n = h/t$$

式中，F 为冲裁力（N）；K_X、K_T、K_D 为卸料力、推件力及顶件力系数，见表 3-17；n 为同时梗塞在凹模内的冲裁件（或废料）的个数；h 为凹模刃壁垂直部分高度（mm）；t 为板料厚度（mm）。

表 3-17　卸料力、推件力及顶件力系数

材料厚度 t/mm		K_X	K_T	K_D
钢	≤0.1	0.065～0.075	0.1	0.14
	>0.1～0.5	0.045～0.055	0.063	0.08
	>0.5～2.5	0.04～0.05	0.055	0.06
	>2.5～6.5	0.03～0.04	0.045	0.05
	>6.5	0.02～0.03	0.025	0.03
铝、铝合金		0.025～0.08	0.03～0.07	
纯铜、黄铜		0.02～0.06	0.03～0.09	

注：卸料力系数 K_X 在冲多孔、大搭边和轮廓复杂制件时取上限值。

4. 冲压设备的选择

1）压力机的公称压力必须大于或等于各种冲压工艺力的总和 F_Z。F_Z 应根据不同的模具结构分别计算取值。

采用弹性卸料装置和下出料方式的冲裁模时

$$F_Z = F + F_X + F_T \tag{3-19}$$

采用弹性卸料装置和上出料方式的冲裁模时

$$F_Z = F + F_X + F_D \tag{3-20}$$

采用刚性卸料装置和下出料方式的冲裁模时

$$F_Z = F + F_T \tag{3-21}$$

由于 F_X、F_T、F_D 并不与 F 同时出现，所以计算总力时只加与 F 同一瞬间出现的力即可。

2）根据冲压工序的性质、生产批量的大小、模具结构选择压力机的类型和规格。例如，复合模工件需从模具中间出件，最好选用可倾式压力机。

3）根据模具尺寸大小、安装和进出料等情况选择压力机台面尺寸。例如，当制件或废料需下落时工作台面孔尺寸应大于下落件的尺寸，有弹顶装置的模具，工作台面孔尺寸应大于下弹顶装置的外形尺寸。

4）选择的压力机闭合高度应与模具的闭合高度相匹配。

5）压力机滑块模柄孔的直径与模柄直径相符，模柄孔深度应大于模柄的长度。

6）压力机滑块行程长度应保证毛坯能顺利放入，冲件能顺利取出，成形拉深件和弯曲件时应大于制件高度的 2.5 ~3 倍。

7）压力机的行程次数应保证有最高的生产率。

8）压力机应该使用方便和安全。

3.3.5　模具压力中心的确定

模具的压力中心就是冲压力合力的作用点。它应尽可能地和模柄轴线以及压力机滑块中心线重合，以便平稳冲裁，减少导向件的磨损，提高模具及压力机的寿命。实际生产中，可能会出现因冲裁件的形状或排样特殊，从模具结构设计与制造考虑不宜使压力中心与模柄中心线重合的情况，这种情况下压力中心的偏离不能超出所选压力机允许的范围。

1. 简单形状制件的压力中心

1）直线段的压力中心位于线段的中点。

2）对称件的压力中心位于冲裁件轮廓图形的几何中心处，即重心处，如图 3-17 所示。

3）圆弧线段的压力中心按式 3-22 求出

$$y = R\frac{180° \times \sin\alpha}{\pi\alpha} 或 y = R\frac{s}{b} \tag{3-22}$$

式中，b 为弧长。

其他符号意义如图 3-18 所示。

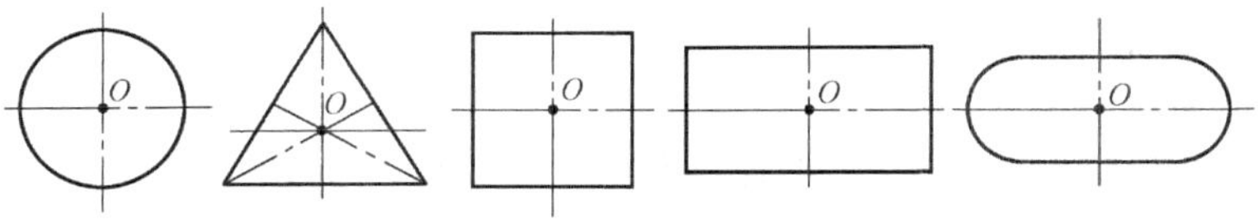

图 3-17　对称工件的压力中心

2. 复杂形状的冲裁件和多凸模的模具压力中心

（1）解析法　采用“理论力学”中确定物体重心的方法。原理：各分力对某轴的力矩的代数和等于各分力的合力对该轴的力矩，即合力矩定理。

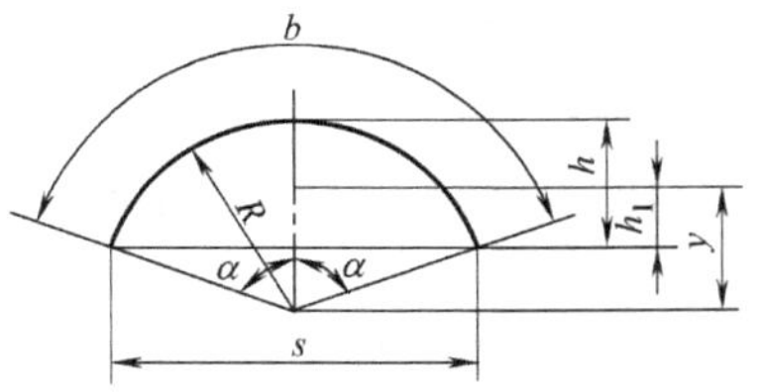

图 3-18　圆弧线段的压力中心

以图 3-19 所示冲裁件为例，计算步骤如下：

1）按比例画出冲裁轮廓线（或每个凸模刃口轮廓的位置），选定坐标轴 x、y。

2）把图形的轮廓线分成几部分，计算各部分长度 L_1、L_2、…、L_n（或分别计算每一个凸模刃口轮廓的周长 L_1、L_2、…、L_n）。

3）求出各部分重心位置的坐标值（x_1，y_1）、（x_2，y_2）、…、（x_n，y_n）。

4）按下列公式求冲模压力中心坐标值（x_0，y_0）（图 3-19）。

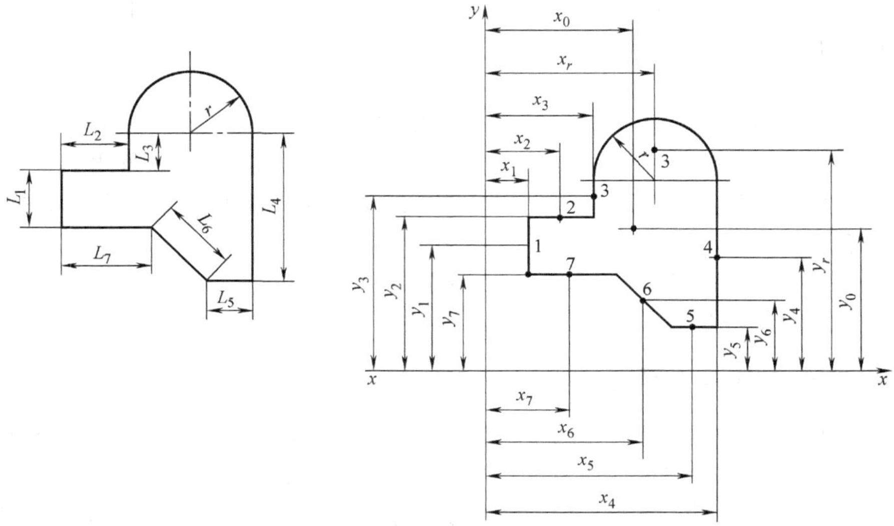
图 3-19　复杂冲裁件的压力中心

$$x_0 = \frac{L_1x_1 + L_2x_2 + L_3x_3 + \cdots + L_nx_n}{L_1 + L_2 + L_3 + \cdots + L_n} = \frac{\sum_{i=1}^{n} L_ix_i}{\sum_{i=1}^{n} L_i} \tag{3-23}$$

$$y_0 = \frac{L_1y_1 + L_2y_2 + L_3y_3 + \cdots + L_ny_n}{L_1 + L_2 + L_3 + \cdots + L_n} = \frac{\sum_{i=1}^{n} L_iy_i}{\sum_{i=1}^{n} L_i} \tag{3-24}$$

多凸模冲裁时压力中心的计算原理与单凸模冲裁时的计算原理基本相同，以图 3-20 所示为例，其具体计算步骤如下：

1）选定坐标轴 x、y。

2）按前述单凸模冲裁时压力中心的计算方法计算出各单一图形的压力中心到坐标轴的距离 x_1、x_2、x_3、…、x_n 和 y_1、y_2、y_3、…、y_n。

3）计算各单一图形轮廓的周长 L_1、L_2、L_3、…、L_n。

4）将计算数据分别代入式（3-23）和式（3-24），即可求得压力中心坐标（x_0，y_0）。

（2）悬挂法　用匀质金属丝代替均布于冲裁件轮廓的冲裁力，该模拟件的重心就是冲裁件的压力中心。悬挂法多用于确定复杂零件的模具压力中心。

（3）CAD 确定冲模压力中心　AutoCAD 是一种通用绘图软件，不是专门的模具设计软件，因此不能直接用于确定冲模的压力中心，但是这种软件具有查询封闭区域质心的功能，可通过分析和图形转换，扩展计算机的这一功能，就可间接确定冲模压力中心。

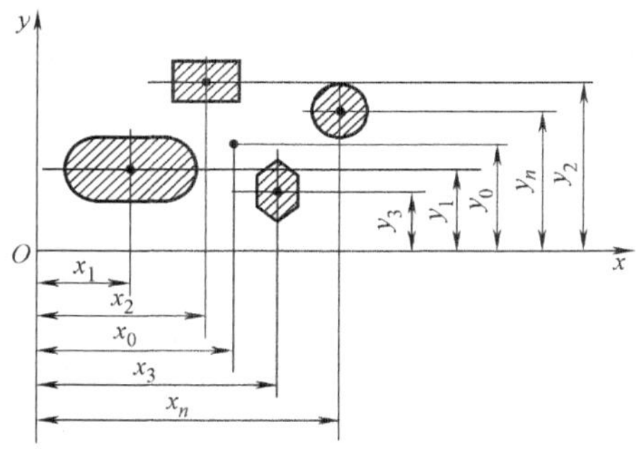

图 3-20　多凸模冲裁时的压力中心

下面以图 3-21a 所示凸模刃口轮廓图形为例，说明采用 AutoCAD 确定图形压力中心的方法。

1）在 CAD 中按尺寸比例绘制凸模刃口轮廓图形。

2）用 Pedit 命令将该刃口轮廓编辑成多义线，再以该多义线，向两边偏移微小距离，形成如图 3-21b 的凸模封闭环，两条封闭环线间距可定为 0.2mm（计算机绘图时设 mm 为绘图单位），间距越小，冲模压力中心越精确。

3）运用一定的编辑方法围绕冲裁边形成一个狭窄封闭区域，用 Region 命令编辑成面域。

4）用 Massprop 命令求出面域质心，此质心接近压力中心。

a)　　　　b)

图 3-21　冲模压力中心

a）凸模刃口轮廓　b）凸模封闭环

利用计算机确定多凸模压力中心的原理与单凸模相同，计算机查询方法也类似，读者可自行尝试。

用计算机确定冲模压力中心的方法准确、高效，大大提高了模具设计速度与质量。计算机确定压力中心的方法已在实际工作中得到了应用，并在模具设计中发挥着重要作用。

3.3.6　冲模的闭合高度

冲模的闭合高度是指模具在最低工作位置时，上模座上平面与下模座下平面之间的距离 H。冲模的闭合高度必须与压力机的装模高度相适应。压力机的装模高度是指滑块在下极限位置时，滑块底面至工作台垫板上平面间的距离，其值可通过调节连杆长度在一定范围内变化。当连杆调至最短时为压力机的最大装模高度 H_{max}；连杆调至最长时为最小装模高度 H_{min}。冲模的闭合高度 H 应介于压力机的最大装模高度 H_{max} 和最小装模高度 H_{min} 之间，如图 3-22 所示，其关系为

$$H_{max} - 5mm \geqslant H \geqslant H_{min} + 10mm \tag{3-25}$$

如果冲模的闭合高度大于压力机最大装模高度，则冲模不能在该压力机上使用，反之，小于压力机最小装模高度时，可垫加经过磨平的垫板后使用。

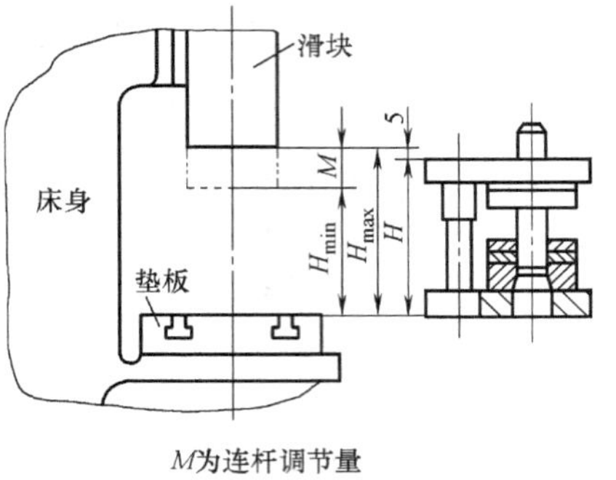

图 3-22　压力机闭合高度与装模高度的关系

3.4　冲裁模主要零部件的结构设计

冲裁模主要零部件及模架已有国家标准或部颁标准，其中模架、模座、导向装置产品标准 GB/T 2851—2008、GB/T 2852—2008、GB/T 2855.（1～.2）—2008、GB/T 2856.（1～.2）—2008、GB/T 2861.（1～.11）—2008 共 17 个。设计模具时应尽量采用标准零件及其组合，参看第 9 章有关内容。

3.4.1　凸模的结构设计

凸模的结构形式很多，其截面形状有圆形和非圆形。刃口形状有平刃和斜刃，结构有整体式、镶拼式、阶梯式、直通式和带护套式等。

（1）圆形凸模的结构形式　圆形凸模的结构如图 3-23 所示。其中图 3-23a 所示的凸模用于冲制直径为 1～8mm 的工件，图 3-23b 所示的凸模用于冲制直径为 8～30mm 的工件，图 3-23c 所示的凸模用于直径较大的工件。国家标准的圆形凸模形式如图 3-23d～f 所示。根据国家标准（JB/T 5825～5829—1995）规定，凸模用 T10A、Cr6WV、9Mn2V、Cr12、Cr12MoV 材料制作。刃口部分热处理硬度前两种材料为 58～60HRC，后三种材料为 58～62HRC，尾部回火至 40～50HRC。最新的圆形凸模国家标准为 JB/T 5825～5829—2008。

（2）非圆形凸模的结构形式　冲裁非圆形孔及非圆形落料工件时，其凸模结构形式如图 3-24所示。图 3-24a 所示为整体式，图 3-24b 所示为组合式，图 3-24c 所示为镶拼式。为节约优质材料，降低模具成本，组合式及镶拼式凸模的基本部分可采用普通钢（如 45 钢），仅在工作刃口部分采用模具钢（如 Cr12、T10A、Cr6WV、Cr12MoV、CrWMn）制造。一般采用线切割或成形铣切削加工和成形磨削加工。

（3）凸模的固定　凸模的固定方法有台肩固定、铆接、螺钉和销钉固定，以及黏结剂浇注法固定等。图 3-25a 所示为台阶式凸模，凸模与固定板之间采用 H7/m6 配合，台肩固定。图 3-25b所示为直通式凸模，用 N7/h6、P7/h6 铆接固定。对于小凸模可采用粘接固定，如图 3-25c 所示为用低熔点合金浇注法固定。图 3-25d 所示为用环氧树脂浇注法固定。对于大型冲模中冲小孔的易损凸模采用快换式凸模，以便修理与更换，如图 3-25e、f 所示。对于大尺寸的凸模，可直接用螺钉、销钉固定到模座上，而不用固定板，如图 3-25h、i 所示。冲小孔的凸模，为防止凸模折断，采用带护套的凸模，如图 3-25g 所示。

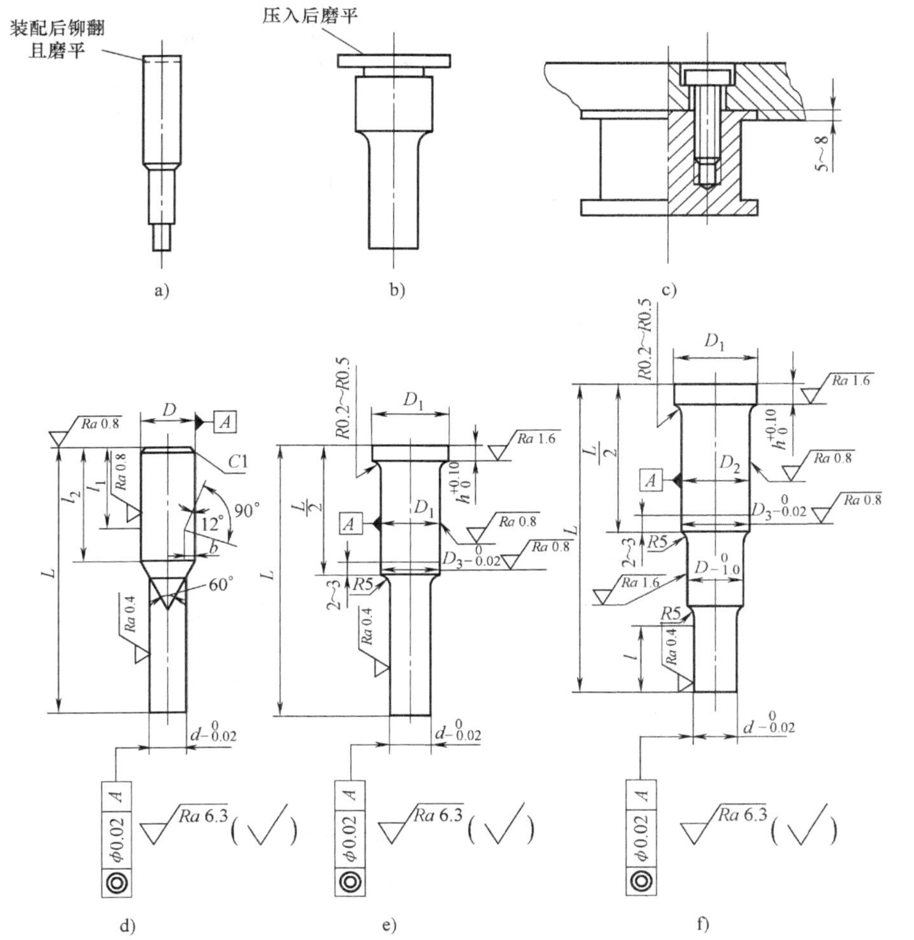

图 3-23　圆形凸模结构

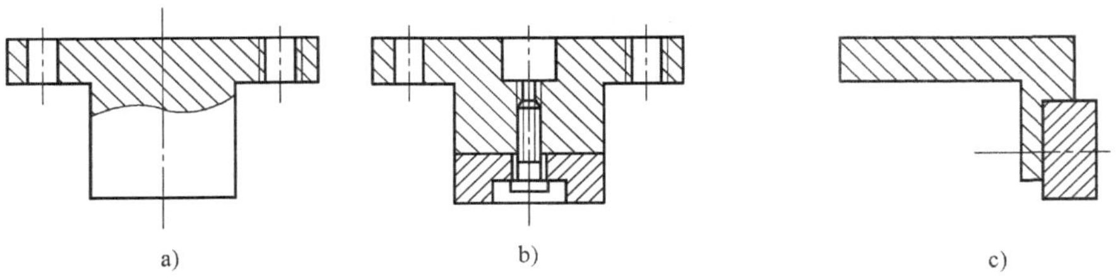

图 3-24　非圆形凸模结构

（4）凸模长度的计算　凸模的长度应根据冲模具体结构，并考虑修磨、固定板与卸料板之间的安全距离、装配等方面的需要来确定。

当采用固定卸料板和导料板时，如图 3-26a 所示，其凸模长度按下式计算

$$L = h_1 + h_2 + h_3 + h \tag{3-26}$$

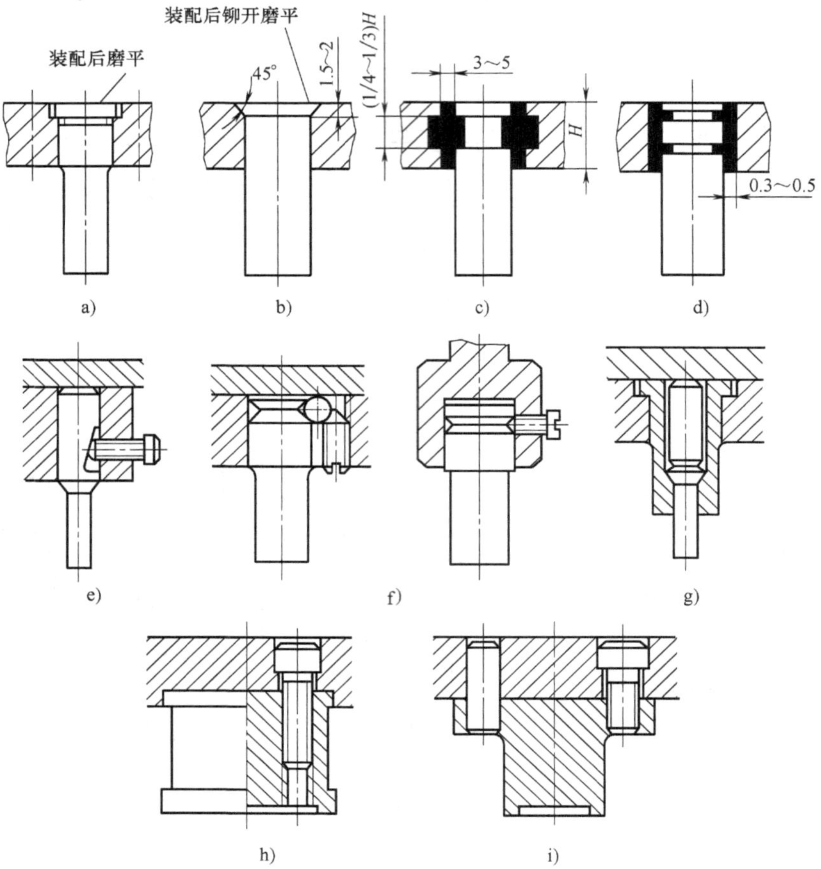

a)　b)　c)　d)

e)　f)　g)

h)　i)

图 3-25　凸模及其固定方法

当采用弹压卸料板时，如图 3-26b 所示，其凸模长度按下式计算

$$L = h_1 + h_2 + t + h \tag{3-27}$$

式中，L 为凸模长度（mm）；h_1 为凸模固定板厚度（mm）；h_2 为卸料板厚度（mm）；h_3 为导料板厚度（mm）；t 为材料厚度（mm）；h 为增加长度，它包括凸模的修磨量、凸模进入凹模的深度（0.5 ~ 1mm）、凸模固定板与卸料板之间的安全距离等，一般取 10 ~ 20mm。

按照上述方法计算出凸模长度后，对照标准得出凸模实际长度。

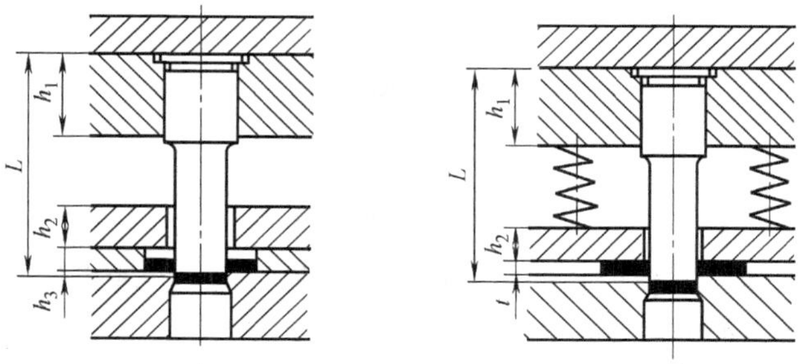

a)　b)

图 3-26　凸模长度尺寸

凸模一般不必进行强度校验，但对于特别细长的凸模、凸模断面尺寸小而板料厚度尺寸大时，则必须进行承压能力和抗弯曲能力的校核。其目的是检查凸模的危险断面尺寸和自由长度尺寸是否满足要求，以防止凸模纵向失稳和折断。

冲裁凸模的强度校核计算公式见表 3-18。

表 3-18　冲裁凸模强度校核计算公式

校核内容		计算公式		式中符号意义
弯曲应力	简图	无导向 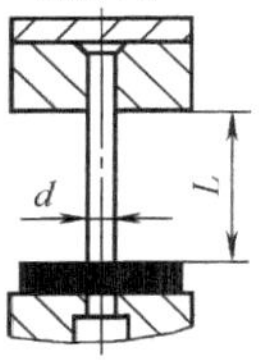	有导向 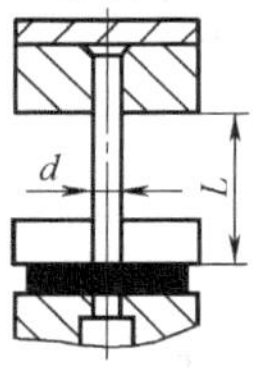	L 为凸模允许的最大自由长度(mm) d 为凸模最小直径(mm) A 为凸模最小断面(mm^2) J 为凸模最小断面的惯性矩(mm^4) F 为冲裁力(N) t 为冲压材料厚度(mm) r 为冲压材料抗剪强度(MPa) $[\sigma_{压}]$ 为凸模材料的许用压应力(MPa)，碳素工具钢淬火后的许用压应力一般为淬火前的 1.5～3 倍
	圆形	$L \leqslant 90\dfrac{d^2}{\sqrt{F}}$	$L \leqslant 270\dfrac{d^2}{\sqrt{F}}$	
	非圆形	$L \leqslant 416\sqrt{\dfrac{J}{F}}$	$L \leqslant 1180\sqrt{\dfrac{J}{F}}$	
压应力	圆形	$d \geqslant \dfrac{4tr}{[\sigma_{压}]}$		
	非圆形	$A \geqslant \dfrac{F}{[\sigma_{压}]}$		

凸模的许用应力决定于凸模材料的热处理和凸模的导向性。一般工具钢，凸模淬火至 58～62HRC，$[\sigma_{压}]=1000\sim1600$MPa 时，可能达到的最小相对直径 $(d/t)_{min}$ 的值列入表 3-19。

表 3-19　凸模允许的最小相对直径 $(d/t)_{min}$

冲压材料	抗剪强度 τ/MPa	$(d/t)_{min}$	冲压材料	抗剪强度 τ/MPa	$(d/t)_{min}$
低碳钢	300	0.75～1.20	不锈钢	500	1.25～2.00
中碳钢	450	1.13～1.80	硅钢片	190	0.48～0.76
黄铜	260	0.65～1.04	中等硬钢	450	1.13～1.80

注：表值为按理论冲裁力的计算结果，若考虑实际冲裁力应增加 30%，则用 1.3 乘表值。

3.4.2　凹模的结构设计

（1）凹模的结构形式　凹模类型很多，按凹模的外形分有圆形和矩形，按结构分有整体式和镶拼式，按刃口分有平刃和斜刃。

图 3-27 所示为冲裁模常用凹模的主要结构形式。图 3-27a 所示为整体式凹模，模具结构简单，强度好，适用于冲压中小型冲压件及尺寸精度要求比较高的模具。在使用中，凹模刃口局部磨损、损坏就必须整体更换，同时由于凹模的非工作部分也采用模具钢材，制造成本较高。图 3-27b 所示为组合式凹模，其工作部分和非工作部分是分别制造的。工作部分采用模具钢制造，非工作部分则由普通钢制造，模具制造成本低，维修方便，适合于冲压大中型且精度要求不太高的冲压件时使用。图 3-27c 所示为镶拼式凹模，其优点是加工方便，易损部分更换容易，降低了复杂模具的加工难度，适于冲压窄长、形状复杂的冲压件。

（2）凹模刃口形式确定　图 3-28 所示为冲裁模凹模直筒式刃口的主要形式。该种形式的模具刃口强度高，加工方便，冲压时刃口的尺寸和间隙不会因修磨而变化，冲压件的质量稳定。其缺点是冲裁件或冲裁废料不易排除。主要应用在冲裁形状复杂或精度较高、直径小于 5mm 的工

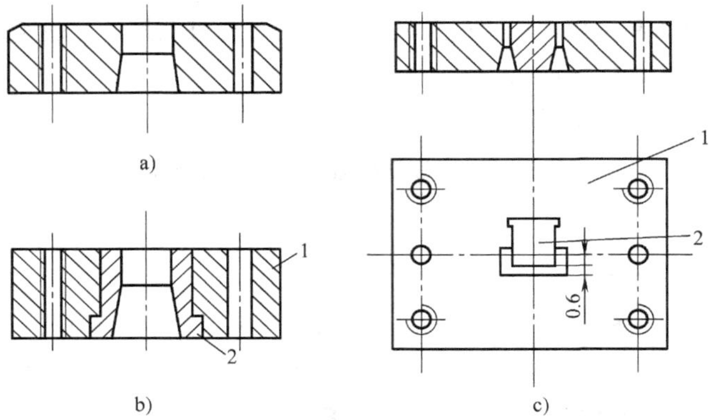

图 3-27　冲裁模常用凹模的主要结构形式

1—固定板　2—凹模

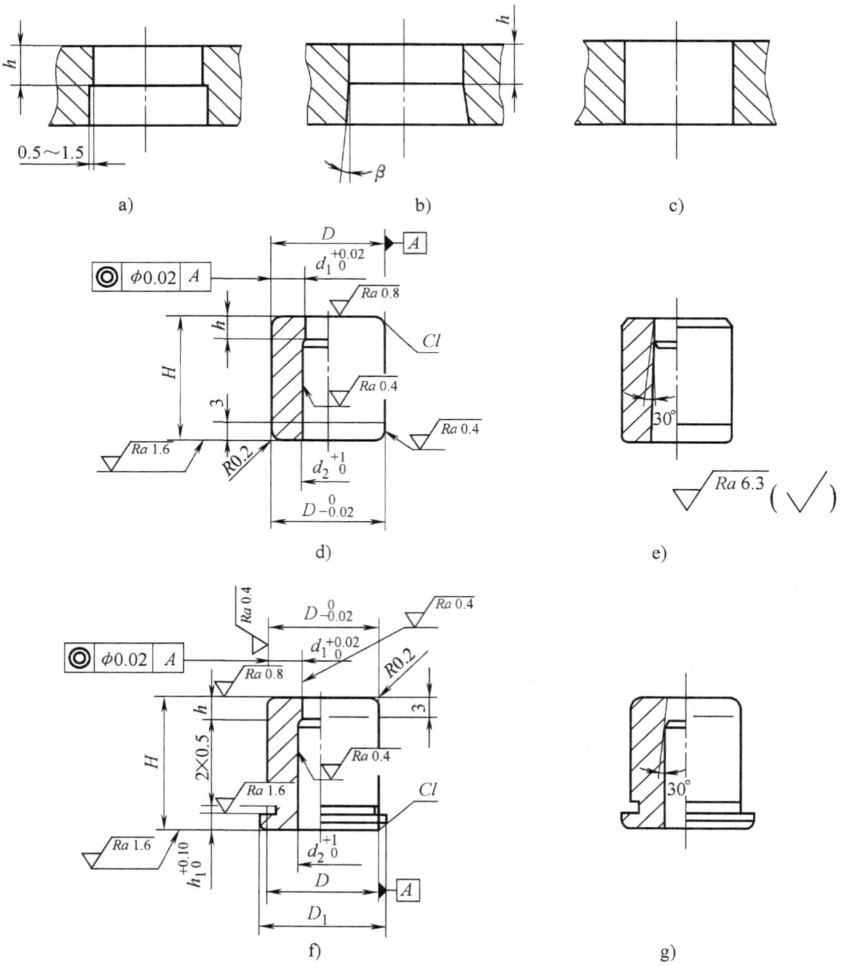

图 3-28　冲裁模凹模直筒式刃口的主要形式

件。图 3-28a、c 所示的凹模刃口常用于带有顶出装置的复合模。图 3-28b 所示的凹模刃口常用于单工序冲模及连续模中，凹模下部锥度主要是便于卸件，在设计时，一般可取 $\beta=2°\sim3°$。图 3-28d ~ g 所示为冲裁模凹模直筒式刃口的主要形式。凹模推荐材料为 T10A、Cr6WV、9Mn2V、Cr12，热处理硬度为 58 ~ 62HRC。

图 3-29 所示为冲裁模凹模的锥形刃口形式。这种凹模强度较差，使用中由于刃口磨损会使间隙增大，但由于刃口为锥形，故工件或废料易于排出，并且凸模对孔壁的摩擦及压力也较小，从而可以使凹模寿命增加。这种凹模刃口多用于冲裁形状简单、精度要求不高的零件，刃口斜度与材料厚度有关。

图 3-30 所示为冲裁模凹模的凸台式刃口，适用于冲裁 0.3mm 以下的工件。凹模的淬火硬度一般为 35 ~ 40HRC，装配时可以锤打凸台斜面来调整间隙，直到冲出合格的工件为止。

最新的圆形凹模国家标准为 JB/T 5830—2008。

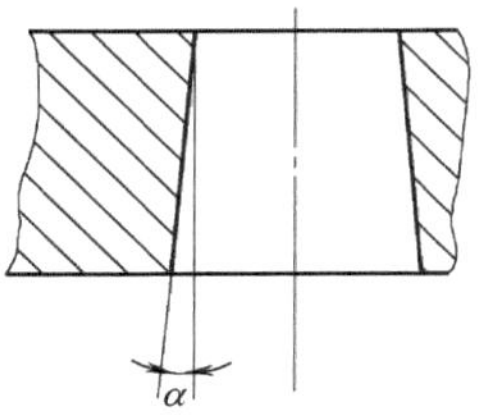

图 3-29　冲裁模凹模的锥形刃口

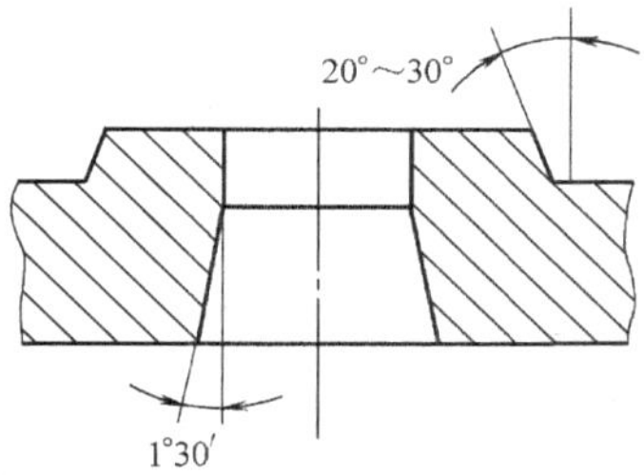

图 3-30　冲裁模凹模的凸台式刃口

整体式凹模的刃口形式有直筒形和锥形两种。选用刃口形式时，应根据冲裁件的形状、厚度、尺寸精度以及模具的具体结构来决定，其刃口形式及主要参数见表 3-20。

表 3-20　冲裁凹模刃口形式及主要参数

刃口形式	序号	简　图	特点及适用范围
直筒形刃口	1	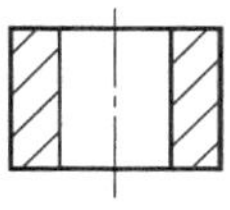	刃口为直通式，强度高，修磨后刃口尺寸不变 用于冲裁大型或精度要求较高的零件，模具装有顶出装置，不适用于下漏料的模具
	2	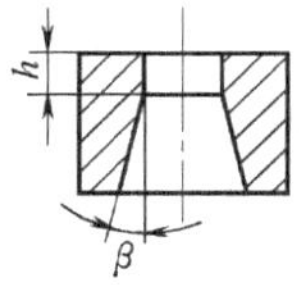	刃口强度较高，修磨后刃口尺寸不变 凹模内易积存废料或冲裁件，尤其间隙较小时，刃口直壁部分磨损较快 用于冲裁形状复杂或精度要求较高的零件
	3	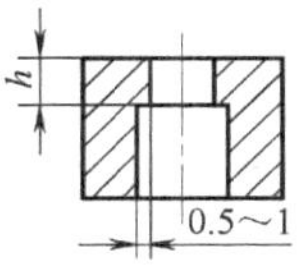	特点同序号 2，且刃口直壁下面的扩大部分可使凹模加工简单，但采用下漏料方式时，刃口强度不如序号 2 的刃口强度高 用于冲裁形式复杂或精度要求较高的中小型件，也可用于装有顶出装置的模具
	4	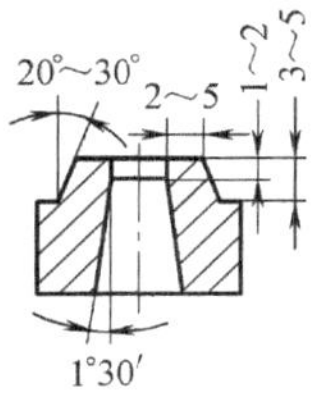	凹模硬度较低（有时可不淬火），一般为 40HRC，可用锤子敲击刃口外侧斜面以调整冲裁间隙 用于冲裁薄而软的金属或非金属零件

（续）

刃口形式	序号	简　图	特点及适用范围
锥形刃口	5		刃口强度较差，修磨后刃口尺寸略有增大 凹模内不易积存废料或冲裁件，刃口内壁磨损较慢 用于冲裁形状简单、精度要求不高的零件
	6	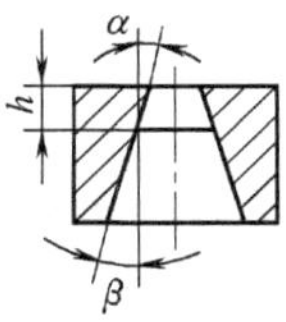	特点同序号 5 可用于冲裁形状较复杂的零件

主要参数	材料厚度 t/mm	α/(′)	β/(°)	刃口高度 h/mm	备注
	≤0.5 >0.5～1 >1～2.5	15	2	≥4 ≥5 ≥6	α、β 值仅适用于钳工加工。采用线切割加工时，可取 $\alpha=5'\sim20'$，$\beta=20'\sim50'$ 带斜度装置的线切割时，$\beta=1°\sim1.5°$
	>2.5～6 >6	30	3	≥8 ≥10	

（3）凹模的固定　凹模的固定方法如图 3-31 所示，凹模采用螺钉和销钉定位固定时，要保证螺钉（或沉孔）间、螺孔与销孔间及螺孔、销孔与凹模刃壁间的距离不能太近，否则会影响模具寿命。孔距的最小值可参考表 3-21，也可根据结构需要做适当调整。

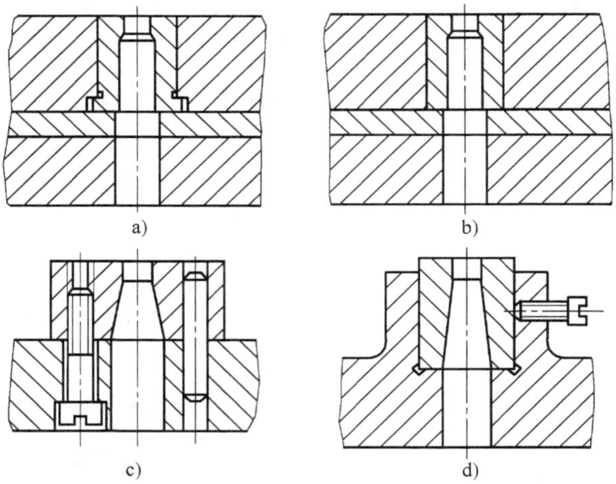

图 3-31　凹模的固定方法

表 3-21　螺孔（或沉孔）、销钉之间及至刃壁的最小距离　　（单位：mm）

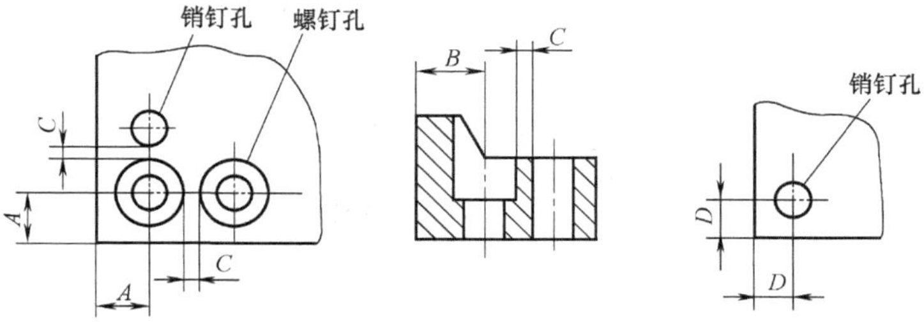

（续）

螺钉孔		M4	M6	M8	M10	M12	M16	M20	M24
A	淬火	8	10	12	14	16	20	25	30
	不淬火	6.5	8	10	11	13	16	20	25
B	淬火	7	12	14	17	19	24	28	35
C	淬火	5							
	不淬火	3							

销钉孔		ϕ2	ϕ3	ϕ4	ϕ5	ϕ6	ϕ8	ϕ10	ϕ12	ϕ16	ϕ20	ϕ25
D	淬火	5	6	7	8	9	11	12	15	16	20	25
	不淬火	3	3.5	4	5	6	7	8	10	13	16	20

（4）凹模外形尺寸的设计　冲裁时凹模承受冲裁力和侧向挤压力的作用。由于凹模结构及固定方法不同，受力情况又比较复杂，目前还不能用理论的方法确定整体式凹模轮廓尺寸。生产中通常根据冲裁的板料厚度和冲裁件的轮廓尺寸，或凹模孔口刃壁间距离，按经验公式来确定，如图 3-32 所示。

凹模厚（高）度　　$H = kb$　（≥15mm）　　　（3-28）

凹模壁厚　$C = (1.5 \sim 2)H$　（≥30 ~ 40mm）　（3-29）

式中，b 为凹模刃口的最大尺寸（mm）；k 为系数，考虑板料厚度的影响，见表 3-22。

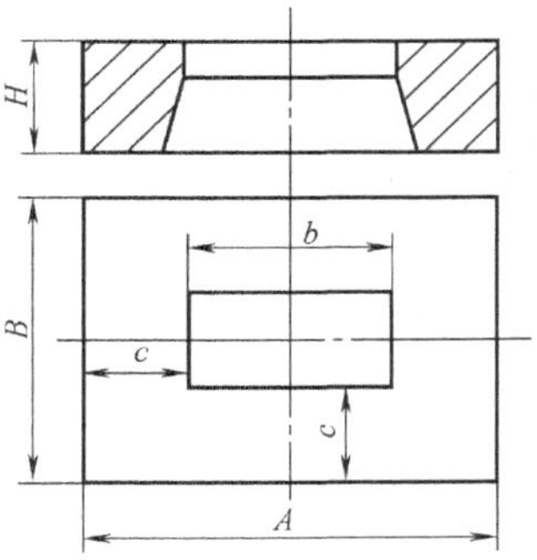

图 3-32　凹模外形尺寸

表 3-22　系数 k 值

b/mm	料厚 t/mm				
	0.5	1	2	3	>3
≤50	0.3	0.35	0.42	0.5	0.6
>50 ~ 100	0.2	0.22	0.28	0.35	0.42
>100 ~ 200	0.15	0.18	0.2	0.24	0.3
>200	0.1	0.12	0.15	0.18	0.22

对于多孔凹模，刃口与刃口之间的距离，应满足强度要求，可按复合模的凸、凹模最小壁厚进行设计。

不同凹模厚度的紧固螺钉尺寸选用及许用承载能力见表 3-23。

表 3-23　不同凹模厚度的紧固螺钉尺寸选用及许用承载能力

凹模厚度/mm	≤13	>13 ~ 19	>19 ~ 25	>25 ~ 32	>32
螺钉直径/mm	M4、M5	M5、M6	M6、M8	M8、M10	M10、M12

螺钉的许用承载能力			
螺钉直径 d/mm	许用负载/N		
	45	Q275	Q235
M6	3100	2900	2300
M8	5800	5200	4300
M10	9200	8300	6900
M12	13200	11900	9900
M16	25000	22500	18700

凸模和凹模镶拼结构设计的依据是凸、凹模形状、尺寸及其受力情况、板料厚度等。镶拼结构设计的一般原则如下。

1）力求改善加工工艺性，减少钳工工作量，提高模具加工精度。如把内形加工变成外形加工，如图 3-33a ~ e、g 所示；保证分割后拼块的形状、尺寸相同，如图 3-33d、f、g 所示；沿转角、尖角分割使拼块角度大于或等于 90°，如图 3-33j 所示；圆弧单独分块，拼接线在离切点 4 ~ 7mm 的直线处，如图 3-34 所示；拼接线与刃口垂直且不宜过长，一般为 12 ~ 15mm，如图 3-34 所示。

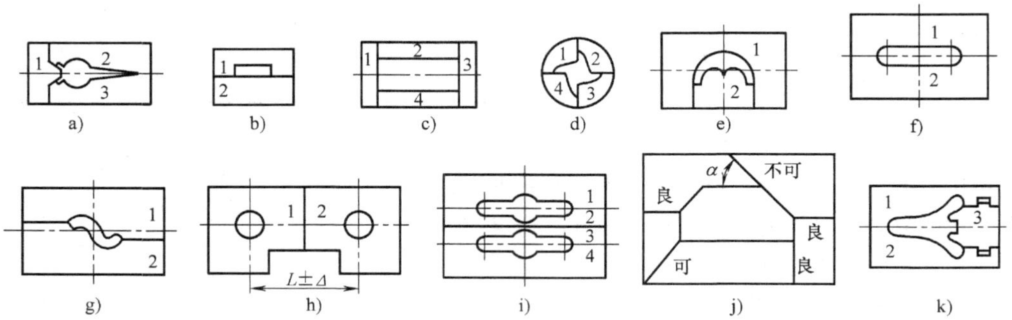

图 3-33　镶拼结构实例

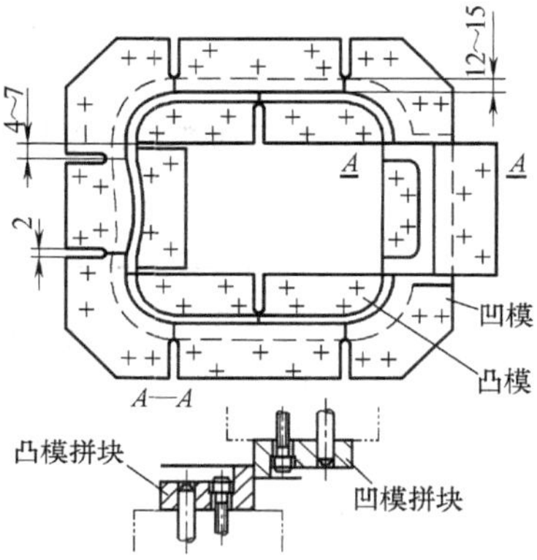

图 3-34　拼接结构

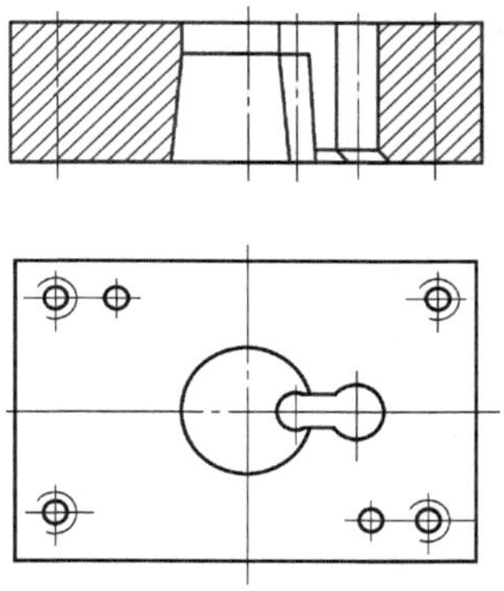

图 3-35　镶接凹模

2）便于装配调整和维修。如较薄弱或易磨损的局部凸出或凹进部分单独分块，如图 3-33a 和图 3-35 所示；拼块间的间隙可调，以保证中心距公差，如图 3-33h、i 所示；凸、凹槽形相嵌便于拼块定位，如图 3-33k 所示。

3）满足冲压工艺要求，提高冲压件质量。凸模与凹模的拼接线应至少错开 4 ~ 7mm，以免冲压件产生毛刺（图 3-34）；拉深模拼接线应避开材料有增厚的部位，以免零件表面出现拉痕。

镶拼结构的固定方法有以下几种：①平面式固定，如图 3-34 所示，此固定方法主要用于大型的镶拼凸、凹模。②嵌入式固定，如图 3-36a 所示。③压入式固定，如图 3-36b 所示。④斜楔式固定，如图 3-36c 所示。

此外，还有用黏结剂粘结或低熔点合金浇注等固定方法。

3.4.3　凸凹模的结构设计

凸凹模是复合模中同时具有落料凸模和冲孔凹模作用的工作零件。复合模中，至少有一个凸凹模。凸凹模的内外缘均为刃口，内外缘之间的壁厚决定于冲压件的尺寸。从强度考虑，壁厚受最小值限制，凸凹模的最小壁厚受冲模结构影响。对于正装复合模，由于凸凹模装于上模，内孔

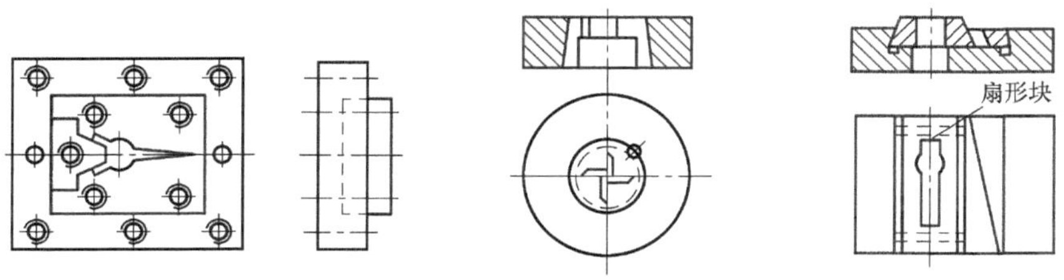

a)　　b)　　c)

图 3-36　镶拼结构的固定方法

不会积存废料，胀力较小，最小壁厚可小些；对于倒装复合模，因内孔积存废料，所以最小壁厚厚度要大些。

凸凹模的最小壁厚值，一般由经验数据决定。倒装复合模的凸凹模最小壁厚：对于黑色金属和硬材料约为工件料厚的 1.5 倍，但不小于 0.7mm；对于有色金属及软材料约等于工件料厚，但不小于 0.5mm。积聚废料的复合模凸凹模的最小壁厚可参考表 3-24 内尺寸。

表 3-24　凸凹模最小壁厚 a　　（单位：mm）

料厚 t	0.4	0.5	0.6	0.7	0.8	0.9	1.0	1.2	1.5	1.75
最小壁厚 a	1.4	1.6	1.8	2.0	2.3	2.5	2.7	3.2	3.8	4.0
最小直径 D	15					18			21	
料厚 t	2.0	2.1	2.5	2.75	3.0	3.5	4.0	4.5	5.0	5.5
最小壁厚 a	4.9	5.0	5.8	6.3	6.7	7.8	8.5	9.3	10.0	12.0
最小直径 D	21	25		28		32		35	40	45

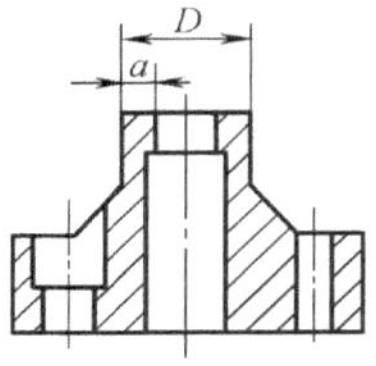

3.4.4　定位零件的设计

冲模的定位零件用于保证材料的正确送进以及单个毛坯的正确位置。选择定位方式及定位零件时应根据坯料形式、模具结构、冲件精度和生产率的要求等。

1. 导料销（板）

导料销（板）的作用是导正材料的送进方向。

导料销一般设两个，并位于条料的同侧，从右向左送料时，导料销装在后侧；从前向后送料时，导料销装在左侧面。导料销可设在凹模面上（固定式），也可设在弹压卸料板上（活动式），还可设在固定板或下模座平面上（导料螺钉），导料销多用于单工序模和复合模。

导料板的结构有与卸料板分离和与卸料板连成整体两种。为使条料顺利通过，导料板间的距离应等于条料的最大宽度加上一间隙值（一般大于 0.5mm）。导料板的高度 H 视料厚 t 与挡料销高度 h 而定，见表 3-25。标准导料板如图 3-37 所示。为保证条料紧靠导料板一侧正确送进，常采用侧压装置。弹簧侧压装置的形式如图 3-38 所示。弹簧式的侧压力较大，适用于冲裁厚料；簧片式用于料厚小于 1mm，侧压力要求不大的情况；弹簧压块式用于侧压力较大的场合；弹簧压板式的侧压力均匀，它安装在进料口，常用于侧刃定距的级进模。使用簧片式和弹簧压块式时，一般设置 2～3 个。

材料厚度小于 0.3mm 时，不能采用侧压装置，另外，备有辊轴自动送料装置的模具也不宜设置侧压装置。

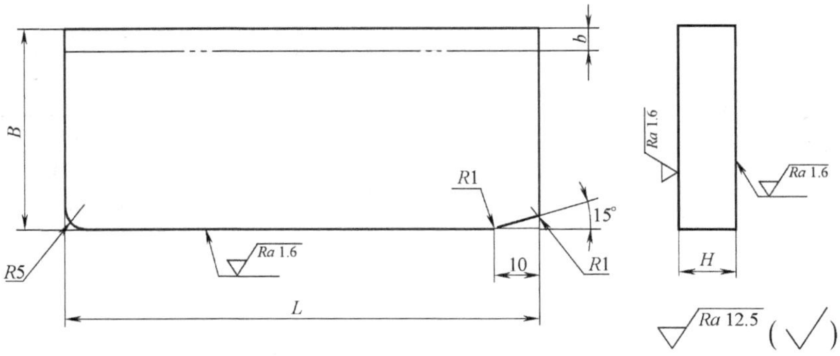

图 3-37　标准导料板

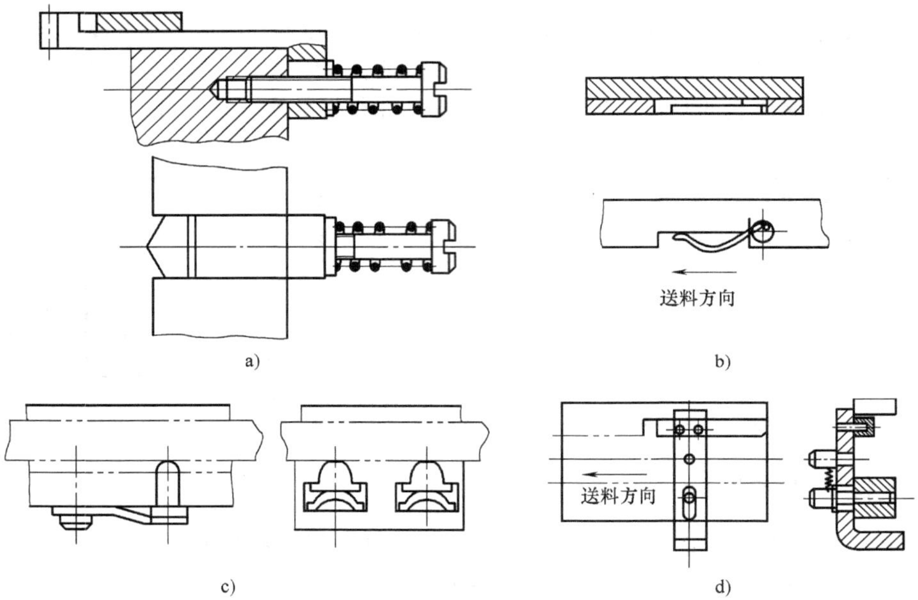

图 3-38　弹簧侧压装置

a）弹簧式　b）簧片式　c）弹簧压块式　d）弹簧压板式

表 3-25　导料板的高度　　（单位：mm）

	料厚 t	挡料销高度 h	导料板高度 H 固定挡料销	导料板高度 H 自动挡料销或侧刃
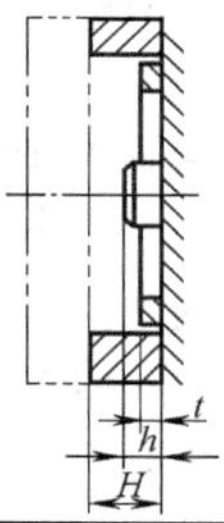	≤0.3～2.0	3	6～8	4～8
	>2.0～3.0	4	8～10	6～8
	>3.0～4.0	4	10～12	6～10
	>4.0～6.0	5	12～15	8～10
	>6.0～10.0	8	15～25	10～15

2. 挡料销

挡料销用于限定条料送进距离、抵住条料的搭边或工件轮廓，起定位作用。挡料销有固定挡料销、活动挡料销和始用挡料装置。

（1）固定挡料销　固定挡料销分圆形（图 3-39a）与钩形（图 3-39b）两种，一般装在凹模上。圆形挡料销结构简单，制造容易，但销孔离凹模刃壁较近，削弱了凹模强度。钩形挡料销销孔远离凹模刃壁，不削弱凹模强度。为防止形状不对称的钩头转动，须加定向销，定向销增加了制造的工作量。固定挡料销的标准结构如图 3-39 所示。

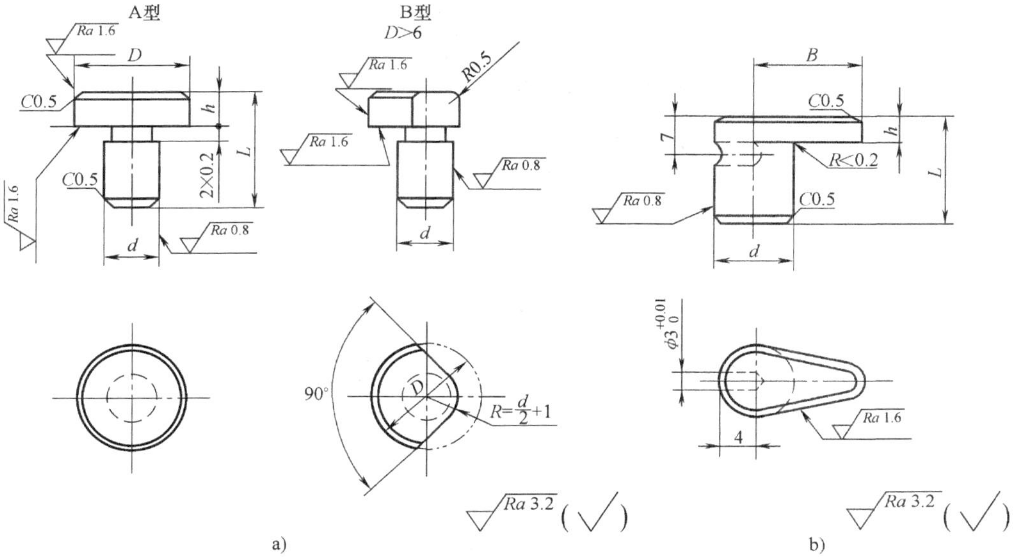

图 3-39　固定挡料销的标准结构

（2）活动挡料销　活动挡料销的标准结构如图 3-40 所示。它装于卸料板上并可以伸缩。销子需倒角或作成斜面，便于条料通过。图 3-40d 所示的回带式挡料装置，每次送料都要先推后拉，作方向相反的两个动作，操作比较麻烦。采用哪一种结构形式的挡料销，需根据卸料方式、卸料装置的具体结构及操作等因素决定。

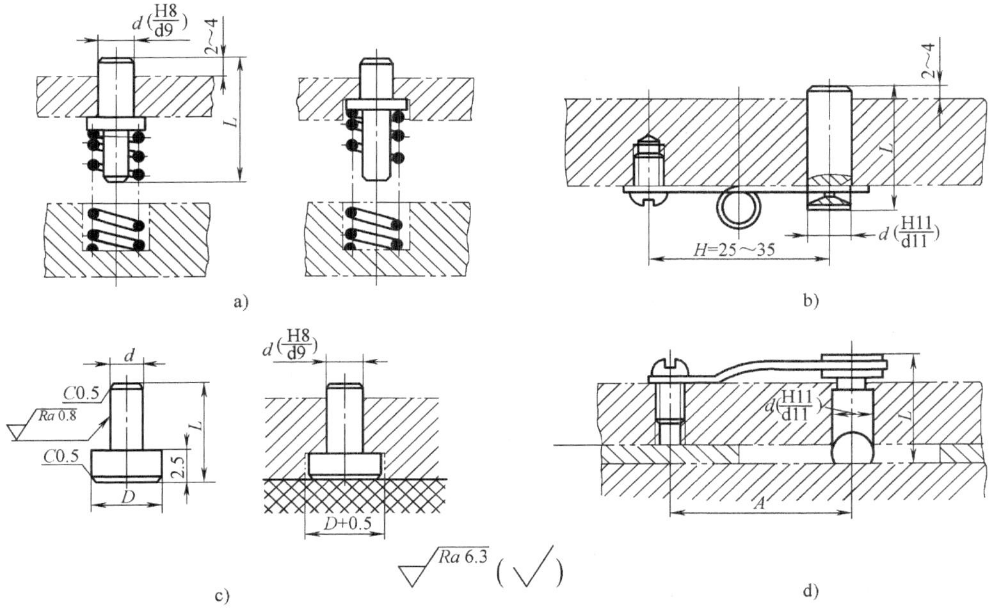

图 3-40　活动挡料销的标准结构

（3）始用挡料装置　图 3-41 所示为始用挡料装置的标准结构。始用挡料装置一般用于以导料板送料导向的级进模和单工序模中。一副模具使用几个始用挡料装置，取决于冲裁排样方法及工位数。采用始用挡料装置，可提高材料利用率。

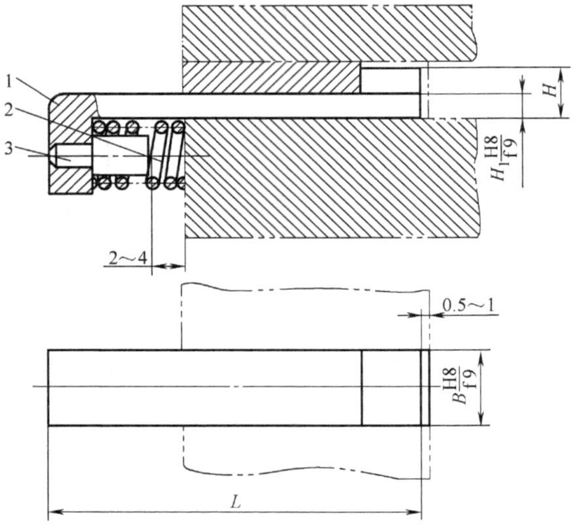

图 3-41　始用挡料装置的标准结构

1—始用挡料块　2—弹簧　3—弹簧芯柱

3. 侧刃

侧刃用于级进模中限定条料的送进步距。它的优点是定位准确可靠，保证有较高的送料精度和生产率，缺点是增加了材料消耗和冲裁力。所以，一般用于下述情况：①不能采用上述挡料形式时；②冲裁薄料（$t<0.5$mm）、采用导正销会压弯孔边而达不到精确定位的目的时；③工件侧边需冲出一定形状，由侧刃定距同时完成时。侧刃的标准结构如图 3-42 所示。

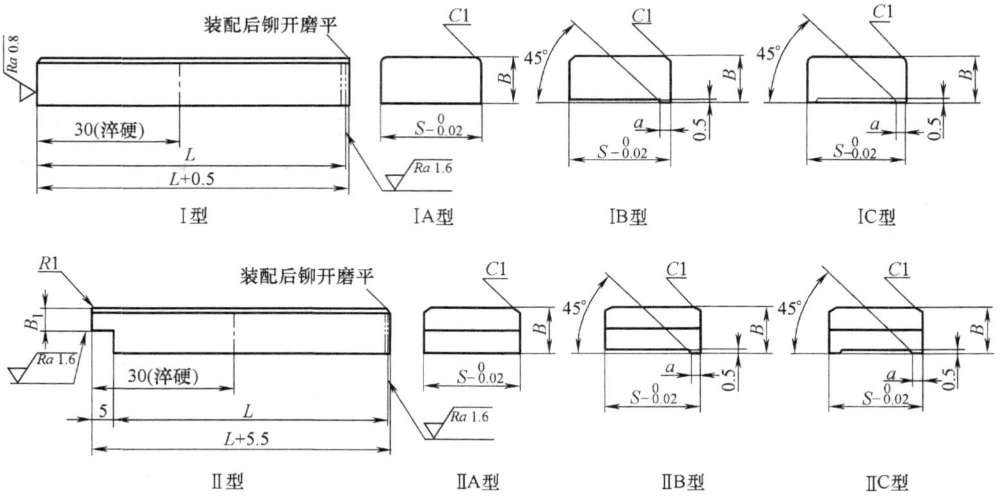

图 3-42　侧刃的标准结构

A 型长方形侧刃的结构和制造都较简单，但当刃口尖角磨损后，在条料被冲去的一边会产生毛刺，影响正常送进。B 型、C 型成形侧刃产生的毛刺位于条料侧边凹进处，克服了上述缺点，但制造难度加大，冲裁废料也增多。

长方形侧刃一般用于板料厚度小于 1.5mm，冲裁件精度要求不高的送料定距。成形侧刃用于板料厚度小于 0.5mm，冲裁件精度要求较高的送料定距。

侧刃的工作端面分Ⅰ型和Ⅱ型两种。Ⅱ型多用于冲裁 1mm 以上较厚的材料，冲裁前凸出部分先进入凹模导向，可避免侧压力对侧刃的损坏。

侧刃的数量可以是一个，或者两个。两个侧刃可以在两侧对称或两侧对角布置，后者可以保证料尾的充分利用。

侧刃凸模及凹模可根据冲孔模的设计原则，孔按侧刃凸模配制，取单面间隙。侧刃宽度为

$$S = 步距公称尺寸 + (0.05 \sim 0.1)\,\mathrm{mm} \tag{3-30}$$

侧刃厚度 B 为 6 ~ 10mm。侧刃制造公差取负值，一般为 0.02mm。两对角侧刃距离一般为步距的整数倍。

4. 导正销

导正销主要用于级进模，以获得内孔与外缘相对位置准确的冲裁件或保证坯料的准确定位。它装在落料凸模上，在落料前先插入已冲好的孔中，使孔与外缘相对位置对准，然后落料，消除了送料和导向造成的误差，起精确定位作用。也可以装在凸模固定板上，与工艺孔配合，起精确定位作用。

导正销的标准结构如图 3-43 所示。导正销的端部由圆弧形或圆锥形的导入部分和圆柱形的导正部分组成。考虑到冲孔后孔径的缩小，为使导正销顺利地进入孔中，圆柱直径取间隙配合 h6 或 h9。

A 型导正销用于导正 $\phi2 \sim \phi12$mm 的孔，材料用 9Mn2V，热处理硬度为 52 ~ 56HRC，圆柱面高度 h 在设计时确定，一般可取$(0.8 \sim 1.2)t$。

B 型导正销用于导正不大于 $\phi10$mm 的孔，材料用 9Mn2V 或 Cr12，热处理硬度为 52 ~ 56HRC，可用于级进模上对条料的工艺孔或工件孔的导正。采用弹簧压紧结构，对送料或坯件定位不正确时，可避免损坏导正销和模具。

C 型导正销用于 $\phi4 \sim \phi12$mm 孔的导正，使用材料同 B 型。采用带台肩螺母固定结构，装拆方便，模具刃磨后导正销长度可相应调节。

D 型导正销用于 $\phi12 \sim \phi50$mm 孔的导正，使用材料同 B 型。

级进模常用挡料销与导正销配合定位，挡料销只起粗定位，导正销能进行精确定位。所以，挡料销的位置应保证导正销在导正过程中条料有被少许活动的可能。它们的位置关系如下。

图 3-44a 中，挡料销与导正销的中心距为

$$s_1 = s - \frac{D_T}{2} + \frac{D}{2} + 0.1\,\mathrm{mm} \tag{3-31}$$

图 3-44b 中，挡料销与导正销的中心距为

$$s_1' = s + \frac{D_T}{2} - \frac{D}{2} - 0.1\,\mathrm{mm} \tag{3-32}$$

式中，s 为送料步距（mm）；D_T 为落料凸模直径（mm）；D 为挡料销头部直径（mm）；s_1、s_1'为挡料销与落料凸模的中心距（mm）；0.1 为条料导正的余地。

5. 定位板和定位销

定位板和定位销用于单个坯料或工序件的定位。其定位方式有两种：外形定位和内形定位，如图 3-45 所示。定位方式根据坯料或工序件的形状复杂性、尺寸大小和冲压工序性质等具体情况决定。外形比较简单的冲裁件一般采用外形定位，如图 3-45a 所示；外形较复杂的一般采用内形（孔）定位，如图 3-45b 所示。定位板厚度或定位销头部高度可按表 3-26 选用。

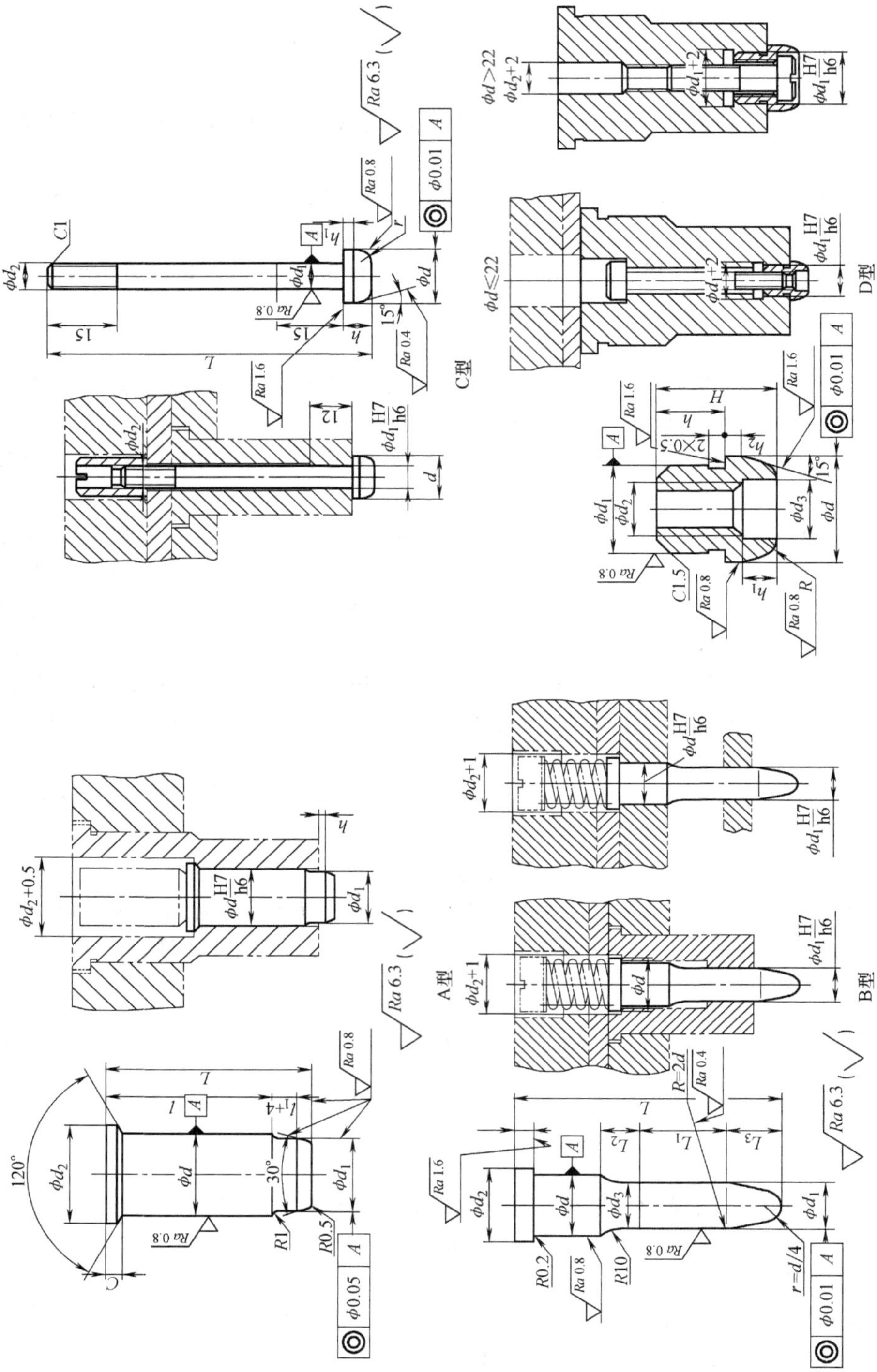

图 3-43　导正销

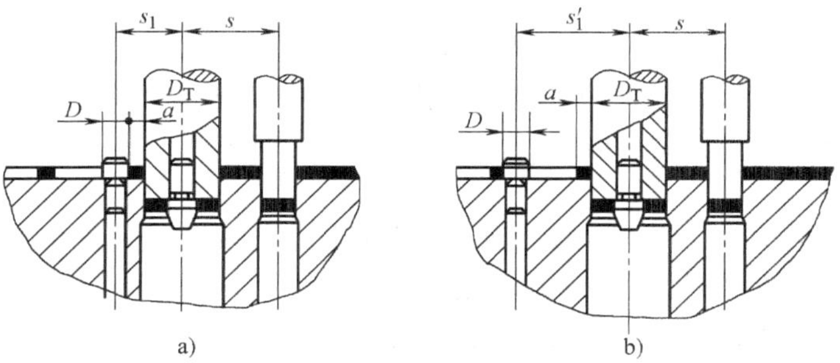

图 3-44　挡料销与导正销的位置关系

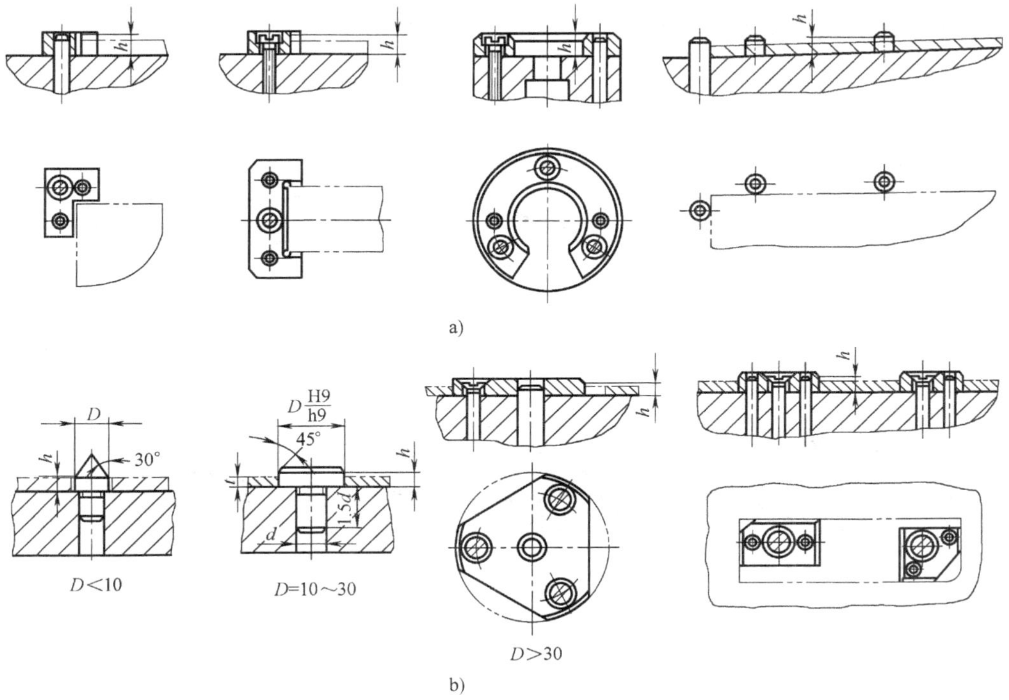

图 3-45　定位板和定位销的定位方式

a）外形定位　b）内形定位

表 3-26　定位板厚度或定位销头部高度　　（单位：mm）

材料厚度 t	<1	1～3	>3～5
定位板厚度或定位销头部高度 h	$t+2$	$t+1$	t

3.4.5　卸料与推件零件的设计

1. 卸料装置

卸料装置可分为固定卸料装置（图 3-46a、b、d）、弹压卸料装置（图 3-46c、e、f、g）和废料切刀（图 3-46h）三种。

固定卸料装置一般由卸料板、卸料螺钉和定位销钉等组成。卸料板用于卸掉卡箍在凸模或凸凹模上的冲裁件或废料。

固定卸料板仅起卸料作用时，凸模与卸料板的双边间隙取决于板料厚度，一般为 0.2 ~ 0.5mm，板料薄时取小值，板料厚时取大值。当固定卸料板兼起导板作用时，一般按 H7/h6 配合制造，但应保证导板与凸模之间间隙小于凸、凹模之间的冲裁间隙，以保证凸、凹模的正确配合。

固定卸料板的卸料力大，卸料可靠。因此，当冲裁板料较厚（大于 0.5mm）、卸料力较大、平面度要求不太高的冲裁件时，一般采用固定卸料装置。

弹压卸料装置一般由卸料板、弹性元件和卸料螺钉组成。弹压卸料装置既起卸料作用又起压料作用，所得冲裁零件质量较好，平面度较高。因此，质量要求较高的冲裁件或薄板冲裁宜用弹压卸料装置。

废料切刀是在冲压过程中将废料切断成数块，避免卡箍在凸模上，切刀夹角 α 一般为 78° ~ 80°。Ⅰ型用于小型模具和切断薄废料；Ⅱ型适用于大型模具和切断厚废料。

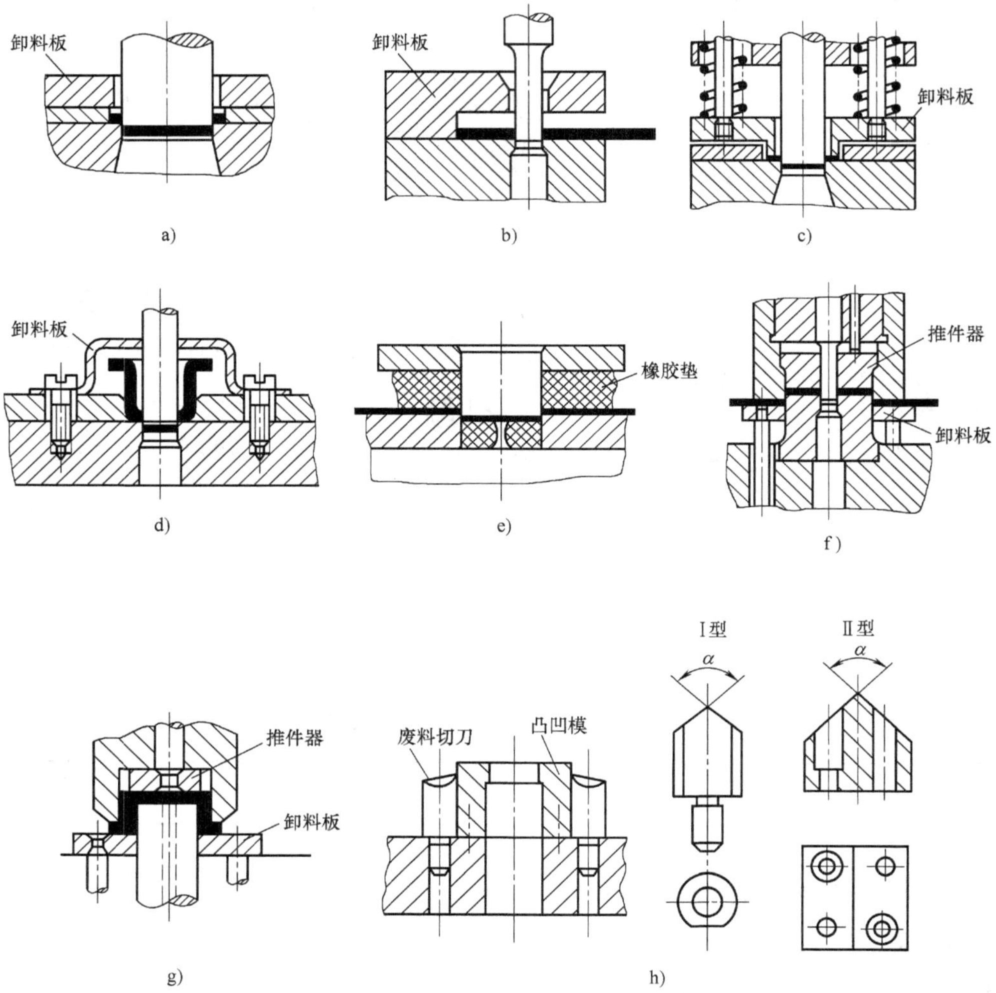

图 3-46　卸料装置

2. 推件、顶件装置

推件装置有刚性和弹性两种。刚性推件装置一般装于上模，推件力大且可靠，如图3-47所示。其推件力通过打杆→推板→连接推杆→推件块传至工件。推杆常选用 3 ~ 4 根，且分布均匀、长短一致。推板装在上模板的孔内，为保证凸模支承刚度和强度，放推板的孔不能全挖空。推板的形状要按被冲压下来的工件形状来设计，如图 3-48 所示。

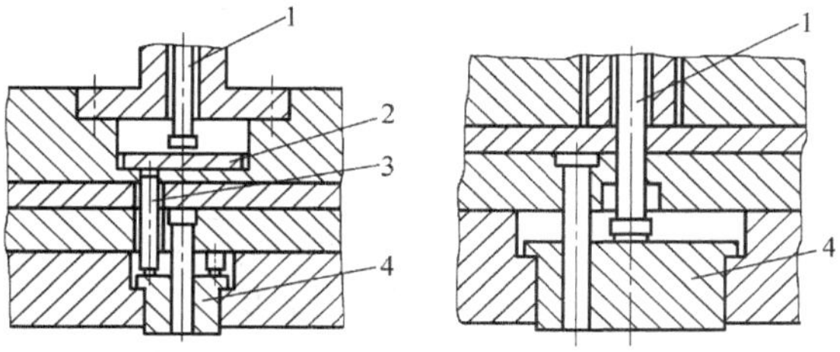

图 3-47　刚性推件装置

1—打杆　2—推板　3—连接推杆　4—推件块

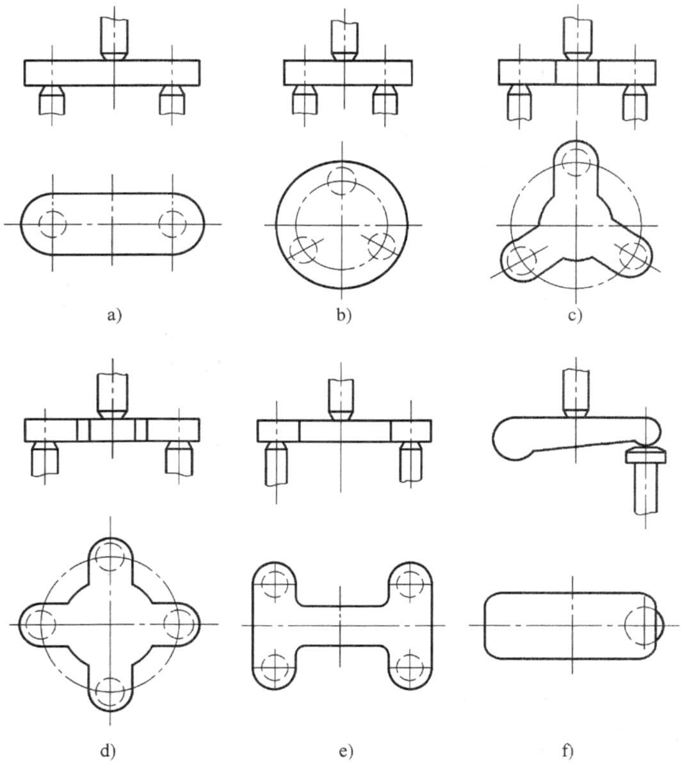

图 3-48　推板形状

弹性推件装置的弹力来源于弹性元件，它同时兼起压料和卸料作用，如图 3-49 所示。尽管出件力不大，但出件平稳无撞击，冲件质量较高，多用于冲压大型薄板以及工件精度要求较高的模具。

顶件装置一般是弹性的。其基本组成有顶杆、顶件块和装在下模底下的弹顶器，弹顶器可以做成通用的，其弹性元件是弹簧或橡胶，如图 3-50 所示。这种结构的顶件力容易调节，工作可靠，冲裁件平面度较高。

图 3-50a、b 所示为橡胶顶件器的结构形式，其中图 3-50a 所示的顶件器装在模具的下模座上，图 3-50b 所示顶件器装在压力机或液压机的垫板上。图 3-50c、d 所示为弹簧顶件器的结构形式，其中图 3-50c 所示的顶件器装在模具的下模座上，图 3-50d 所示的顶件器直接安装在压力机的垫板上。

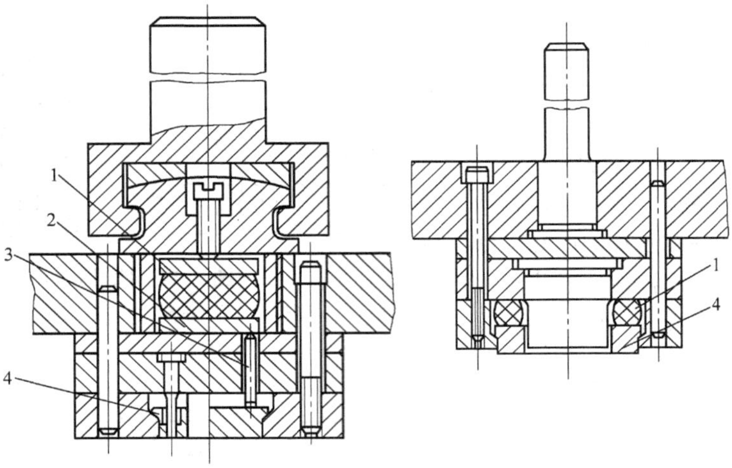

图 3-49 弹性推件装置

1—橡胶 2—推板 3—连接推杆 4—推件块

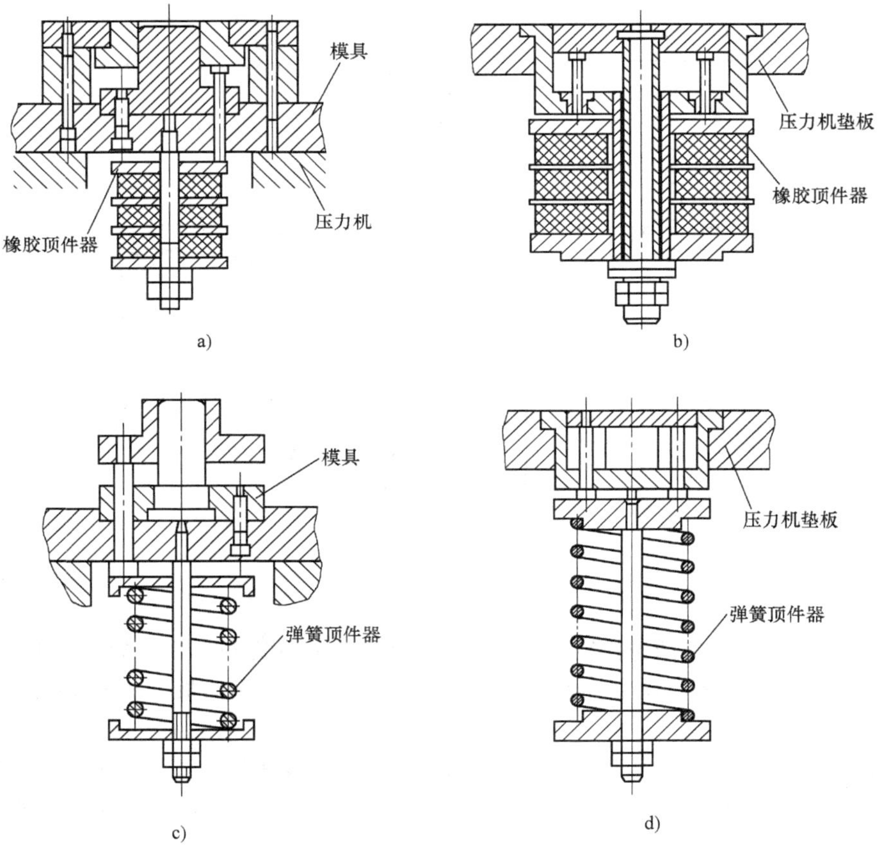

图 3-50 顶件装置

3.4.6 导向零件的设计

导向零件用于保证上模相对下模的正确运动。在中小型模具中最广泛采用的导向零件是导柱和导套。

导柱（导套）常用两个，对中型冲模或冲件精度要求高的自动化冲模，则采用四个导柱导套。在安装圆形冲件等一类无方向性的冲模时，为避免装错，将对角模架和中间模架上的两导柱，做成直径不等的形式；四导柱的模架，可做成前后导柱的间距不同的模座。可能产生侧向推力时，要设置止推块，使导柱不受弯曲力。图 3-51 所示为最常用的 B 型普通导柱，图 3-52 所示为最常用的 A 型普通导套。

一般导柱安装在下模座，导套安装在上模座，分别采用过盈配合 H7/r6。导柱的长度应保证冲模在最低工作位置（即闭合位置）时，导柱上端面与上模座顶面的距离不小于 10 ~ 15mm，下模座底面与导柱底面的距离应为 2 ~ 3mm，H 为模具的闭合高度。导套、导柱与模座的装配方式如图 3-53 所示。

如果使用高速冲裁模、精密冲裁模或硬质合金冲裁模时，要求采用滚珠导向结构。

导柱、导套详细结构见表 8-19 导柱、表 8-20 导套内容。

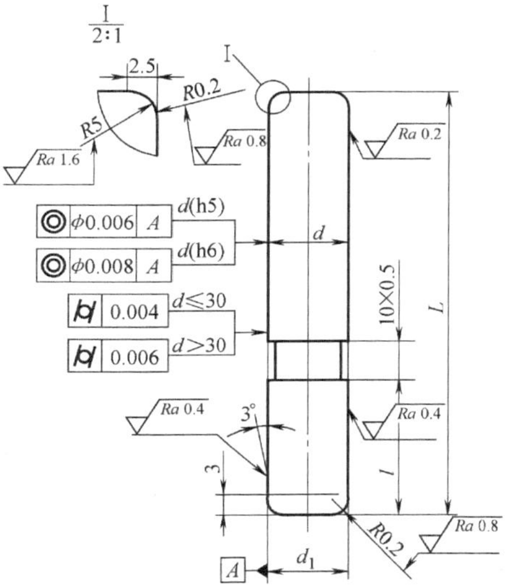

图 3-51　B 型普通导柱

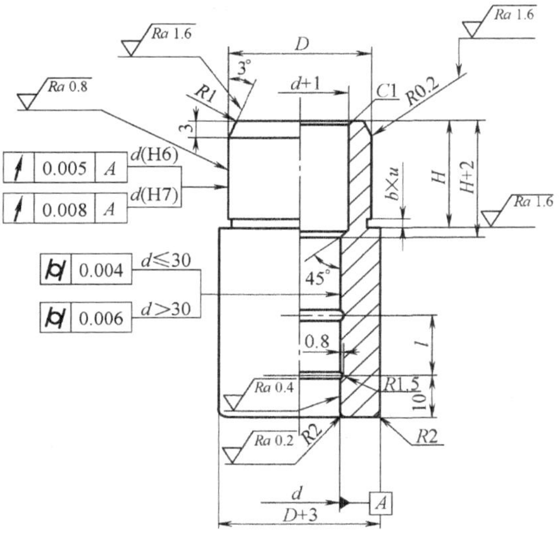

图 3-52　A 型普通导套

3.4.7　模柄的设计

冲模的上模是通过模柄安装在压力机滑块上的。模柄的形式很多，如图 3-54 所示。常用的有整体式模柄（图 3-54a）、压入式模柄（图 3-54b）、旋入式模柄（图 3-54c）、螺钉固定式模柄（图 3-54d、e）、浮动式模柄（图 3-54e、f）结构形式，图 3-54e 用于大型模具，图 3-54f 用于小型模具。其中浮动式模柄常用于冲裁精度较高的薄板工件及滚动导柱导向的模具。该类模柄在冲裁时，能消除压力机导轨对冲模导向精度的影响，能提高冲裁精度，但加工制造较复杂。

模柄一般用 Q235 或 45 钢制成。直径大小必须根据所选压力机的安装孔直径相应确定。模柄被夹持部分的公称直径与压力机滑块的模柄孔尺寸相等，其尺寸配合

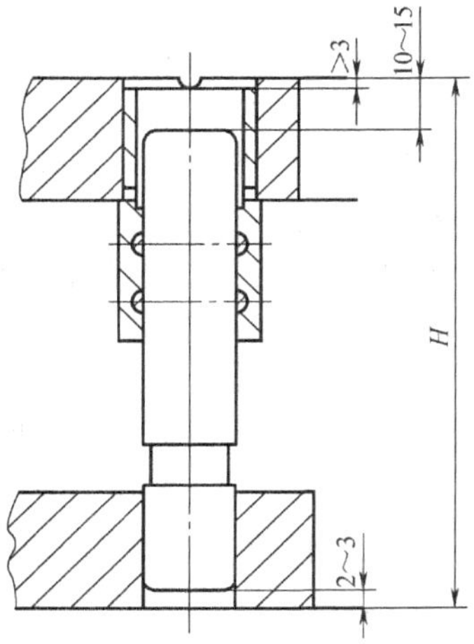

H为模具闭合高度

图 3-53　导套、导柱与模座的装配方式

关系可取 H11/d11。夹持部分长度小于模柄孔深度 5～10mm。

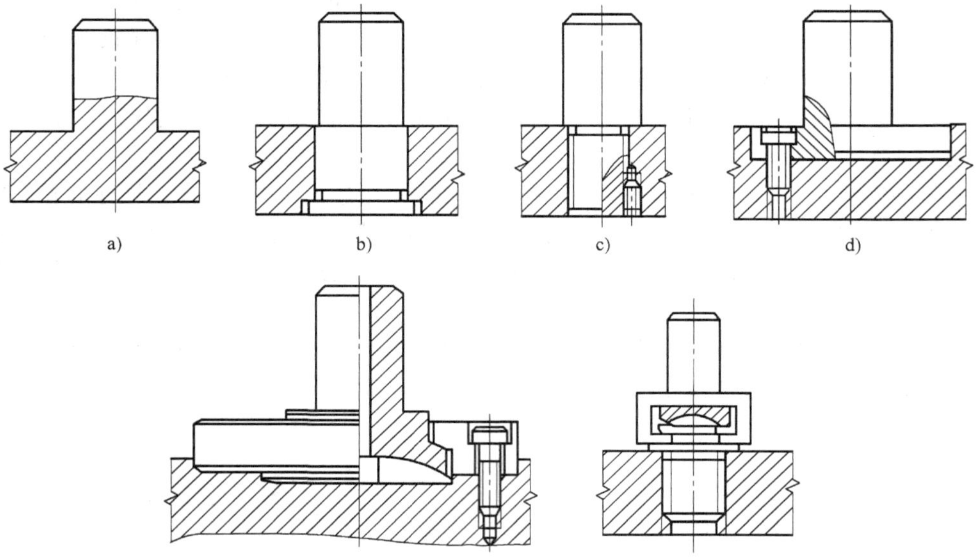

图 3-54　各种形式的模柄

3.4.8　模架的选用

1. 模架

模架主要有两大类：一类是由上模座、下模座、导柱和导套组成的导柱模模架；另一类是由弹压导板、下模座、导柱和导套组成的导板模模架。模架及其组成零件已经标准化，可查取选用。

（1）导柱模模架　导柱模模架按导向形式分为滑动导向和滚动导向两种。滑动导向模架的精度等级分为Ⅰ级和Ⅱ级，滚动导向模架的精度等级分为0Ⅰ级和0Ⅱ级。各级对导柱和导套的配合精度、上模座上平面对下模座下平面的平行度、导柱轴线对下模座下平面的垂直度等都规定了一定的公差等级。这些技术条件保证了整个模架精度，也保证了冲裁间隙均匀。

滑动导向模架的基本结构形式有四种：对角导柱模架、后侧导柱模架、中间导柱模架和四导柱模架，如图 3-55 所示。对角导柱模架、中间导柱模架和四导柱模架的共同特点是：导向装置都是安装在模具的对称线上，滑动平稳，导向准确可靠，适用于导向精度要求较高的冲模。后侧导柱模架的特点是：导向装置在后侧，横向和纵向送料都比较方便，但由于偏心载荷的作用容易加剧导向装置以及凸、凹模之间的磨损，因而影响模具的寿命。此种模架一般用于较小的冲压模。

滚动导向模架的基本结构形式有四种：对角导柱模架、中间导柱模架、四导柱模架和后侧导柱模架，如图 3-56 所示。滚动导向模架在导柱和导套间安装有保持架和钢球。由于导柱、导套间的导向通过钢球的滚动摩擦来进行，故导向精度高，使用寿命长。主要用于高精度、高寿命的硬质合金模、薄材料的冲裁模以及高速精密的级进模。

（2）导板模模架　导板模模架有对角导柱弹压模架和中间导柱弹压模架两种结构形式，如图 3-57 所示。

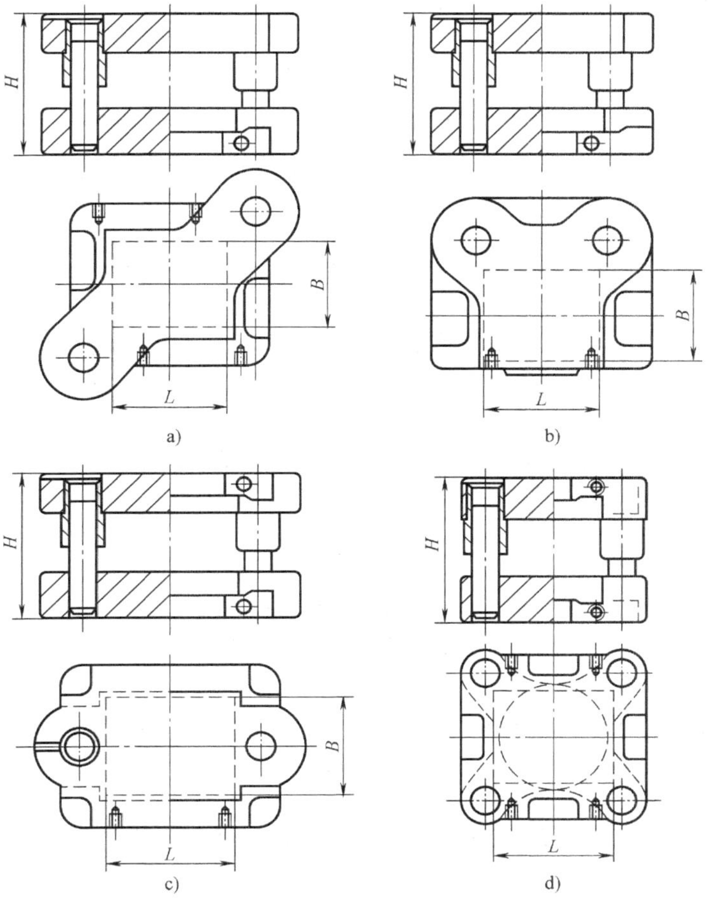

图3-55　滑动导向模架

a）对角导柱模架　b）后侧导柱模架　c）中间导柱模架　d）四导柱模架

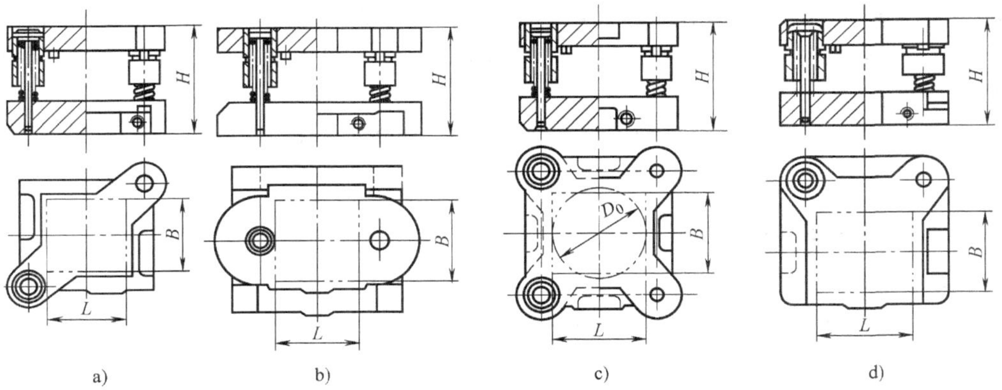

图3-56　滚动导向模架

a）对角导柱模架　b）中间导柱模架　c）四导柱模架　d）后侧导柱模架

导板模模架的特点是：作为凸模导向用的弹压导板与以导柱导套连接导向的下模座构成整体结构。凸模与固定板是间隙配合而不是过渡配合，因而凸模在固定板中有一定的浮动量。这种结构形式可以起到保护凸模的作用，一般用于带有细凸模的级进模。

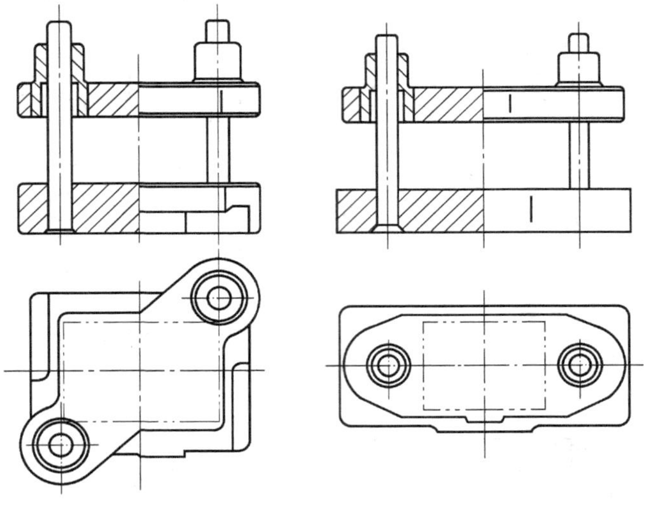

a) b)

图 3-57 导板模模架

a）对角导柱弹压模架 b）中间导柱弹压模架

2. 模座

模座一般分为上、下模座，其形状基本相似。上、下模座的作用是直接或间接地安装冲压模的所有零件，分别与压力机滑块和工作台连接，传递压力。

在选用和设计时应注意如下几点：

1）选用或设计的模座必须与所选压力机的工作台和滑块的相关尺寸相适用，并进行必要的校核。例如，下模座的最小轮廓尺寸，应比压力机工作台上每边漏料孔的尺寸至少要大40 ~ 50mm。

2）模座材料一般选用 HT200、HT250，也可选用 Q235、Q255 结构钢，对于大型精密模具的模座则选用铸钢 ZG270-500、ZG310-570。

3）模座的上、下表面的平行度应达到要求，平行度公差一般为 4 级。

4）上、下模座的导套、导柱安装孔中心距必须一致，精度一般要求在 ±0.02mm 以下；模座的导柱、导套安装孔的轴线应与模座的上、下平面垂直，安装滑动式导柱和导套时，垂直度公差一般为 4 级。

5）模座的上、下表面粗糙度为 $Ra1.6 \sim 0.8\mu m$。在保证平行度的前提下，可允许降低为 $Ra3.2 \sim 1.6\mu m$。

3.4.9 固定板与垫板的设计

1. 固定板的设计

在冲裁模中，凸模、凸凹模、镶块凸模与凹模都是通过与固定板结合后安装在模座上的。

凸模固定板将凸模固定在模座上，其平面轮廓尺寸可与凹模、卸料板外形尺寸相同，但还应考虑紧固螺钉及销钉的位置。固定板的凸模安装孔与凸模采用过渡配合 H7/m6、H7/n6，压装后将凸模端面与固定板一起磨平。凸模固定板形式有圆形和矩形两种，厚度一般取凹模厚度的 0.8 ~ 0.9 倍。固定板材料一般采用 Q235 制作，有时也可用 45 钢。

2. 垫板的设计

垫板的作用是直接承受和扩散凸模传递的压力，以降低模座承受的单位压力，防止模座被局

部压出凹坑，影响凸模的正常工作。是否需要垫板，可按下式校核，即

$$p=\frac{F_z}{A}\leqslant[\sigma] \tag{3-33}$$

式中，p 为凸模头部端面对模座的单位压力（MPa）；F_z 为凸模承受的总压力（N）；A 为凸模头部端面支承面积（mm^2）；$[\sigma]$ 为模座材料许用应力（MPa）。

模座材料的许用压应力如下：铸铁 HT250 许用压应力为 90～140MPa，铸钢 ZG310-570 许用压应力为 110～150MPa。如果凸模头部端面上的单位压力 p 大于模座材料的许用压应力时，则须加经淬硬磨平的垫板，反之则不加。

垫板外形尺寸多与凹模周界一致。垫板厚度一般取 4～12mm。垫板材料一般由 T7、T8 或 45 钢制成。T7、T8 淬火硬度为 52～56HRC，45 钢淬火硬度为 43～48HRC。

在设计复合模时，凸凹模与模座之间同样应加装垫板。

3.5　模具零件加工及冷冲压工艺方案的制订

冲压制件的质量，不仅依赖于模具的正确设计，而且在很大程度上取决于模具制造精度，而模具生产又多为单件小批量生产，这给模具生产带来许多困难，为了获得高质量的冲压制件，冲模制造时，在工艺上要充分考虑模具零件的材料、结构形状、尺寸、精度、工作特性和使用寿命等方面的不同要求，充分发挥现有设备的一切特长，选取最佳工艺方案。

3.5.1　模具零件的主要加工方法

模具制造以一般机械加工、特种加工和专用设备加工相结合，另外还引进了许多新技术、新工艺。如数控铣床、数控电火花加工机床、加工中心等加工设备已在模具生产中被广泛采用。电火花和线切割加工已成为冷冲压模具制造的主要手段，为了对硬质合金模具进行精密成形磨削，还研制成功了单层电镀金刚石成形磨轮和电火花成形磨削专用机床，对型腔的加工也正在根据模具的不同类型采用电火花加工、电解加工、电铸加工、陶瓷型精密铸造、冷挤压、超塑成形以及利用照相腐蚀技术加工型腔皮革纹表面等多种工艺。

从制造观点看，按照模具零件结构和加工工艺过程的相似性，可将各种模具零件大致分为工作型面零件、板类零件、轴类零件和套类零件等，其加工特点见表 3-27。在制订模具零件加工工艺方案时，必须根据具体加工对象，结合企业实际生产条件进行制订，以保证技术上的先进性和经济上的合理性。

凸模、凹模以及其他模具零件的常用加工方法见表 3-28～表 3-30。

表 3-27　冲模零件的加工特点

零件类型	加 工 特 点
轴、套类零件	轴、套类零件主要指导柱和导套等导向零件，它们一般由内、外圆柱表面组成。其加工精度要求主要体现在内、外圆柱表面的表面粗糙度、尺寸精度和各配合圆柱表面的同轴度等。导向零件的形状比较简单，加工工艺不复杂，加工方法一般在车床进行粗加工和半精加工，有时需要钻、扩和镗孔后，再进行热处理，最后在内、外圆磨床上进行精加工，对于配合要求高、精度高的导向零件，还要对配合表面进行研磨
板类零件	板类零件是指模座、凹模板、固定板、垫板和卸料板等平板类零件，由平面和孔系组成，一般遵循先面后孔的原则，即先刨、铣、平磨等加工平面，然后用钻、铣、镗等加工孔，对于复杂异型孔可以采用线切割加工，孔的精加工可采用坐标磨等

（续）

零件类型	加工特点
工作型面零件	工作型面零件形状、尺寸差别较大，有较高的加工要求。凸模的加工主要是外表加工；凹模的加工主要是孔（系）、型腔加工，而外形加工比较简单。一般遵循先粗后精，先基准后其他，先平面后轴孔，且工序要适当集中的原则。加工方法主要有机械加工和机械加工再辅以电加工等方法

表 3-28　冲裁凸模的常用加工方法

凸模形式		常用加工方法	适用场合
圆形凸模		车削加工毛坯，淬火后，精磨，最后工件表面抛光及研磨	各种圆形凸模
非圆形凸模	带安装台肩式	方法一：凹模压印修锉法。车、铣或刨削加工毛坯，磨削安装面和基准面，划线铣轮廓，留 0.2 ~ 0.3mm 的单边余量，凹模（已加工好）压印后修锉轮廓，淬硬后抛光、磨刃口	无间隙模或设备条件较差的工厂
		方法二：仿形刨削加工。粗加工轮廓，留 0.2 ~ 0.3mm 的单边余量，用凹模（已加工好）压印后仿形精刨，最后淬火、抛光、磨刃口	一般要求的凸模
	直通式	方法一：线切割。粗加工毛坯，磨安装面和基准面，划线加工安装孔、穿丝孔，淬硬后磨安装面和基准面，切割成形、抛光、磨刃口	形状较复杂或较小、精度较高的凸模
		方法二：成形磨削。粗加工毛坯，磨安装面和基准面，划线加工安装孔，加工轮廓，留 0.2 ~ 0.3mm 的单边余量，淬硬后磨安装面，再成形磨削轮廓	形状不太复杂、精度较高的凸模或镶块

表 3-29　冲裁凹模的常用加工方法

型孔形式	常用加工方法	适用场合
圆形孔	方法一：钻铰法。车削加工毛坯上、下底面及外圆，钻、铰工作型孔，淬硬后磨上、下底面和工作型孔并抛光	孔径小于 5mm 的情况
	方法二：磨削法。车削加工毛坯上、下底面，钻、镗工作型孔，划线加工安装孔，淬硬后磨上、下底面和工作型孔并抛光	孔较大的凹模
圆形孔系	方法一：坐标镗削。粗、精加工毛坯上、下底面和凹模外形，磨上、下底面和定位基面，划线、坐标镗削型孔系列，加工固定孔，淬火后研磨抛光型孔	位置精度要求高的凹模
	方法二：立铣加工。毛坯粗、精加工与坐标镗削方法相同，不同之处为孔系加工用坐标法在立铣机床上加工，后续加工与坐标镗削方法也一样	位置精度要求一般的凹模
非圆形孔	方法一：锉削法。毛坯粗加工后，按样板轮廓线切除中心余料然后按样板修锉，淬火后研磨抛光型孔	设备条件较差的工厂加工形状简单的凹模
	方法二：仿形铣。凹模型孔精加工在仿形铣床或立铣床上靠模加工（要求铣刀半径小于型孔圆角半径），钳工锉斜度，淬火后研磨抛光型孔	形状不太复杂、精度不太高，过渡圆角较大的凹模
	方法三：压印加工。毛坯粗加工后，用加工好的凸模或样冲压印后修锉，再淬火研磨抛光型孔	尺寸不太大、形状不复杂的凹模
	方法四：线切割。毛坯外形加工好后，划线加工安装孔，淬火，磨安装基面，割型孔	各种形状、精度高的凹模
	方法五：成形磨削。毛坯按镶拼结构加工好，划线粗加工轮廓，淬火后磨安装面，成形磨削轮廓，研磨抛光	镶拼凹模
	方法六：电火花加工。毛坯外形加工好后，划线加工安装孔，淬火，磨安装基面，做电极或用凸模打凹模型孔，最后研磨抛光	形状复杂，精度高的整体凹模

注；表中加工方法应根据工厂设备情况和模具要求选用。

表 3-30 其他模具零件的常用加工方法

零件名称	常用加工方法
模座	模座是组成模架的主要零件之一，属于板类零件，一般都由平面和孔系组成。其加工精度要求主要体现在模座上、下平面的平行度，上、下模座的导套、导柱安装孔中心距应保持一致，模座的导柱、导套安装孔的轴线与模座上、下平面的垂直度，以及表面粗糙度和尺寸精度应满足要求 模座的加工主要是平面加工和孔系的加工。在加工过程中为了保证技术要求和加工方便，一般遵循先面后孔的原则，即先加工平面，再以平面定位加工孔系。模座的毛坯经过刨削或铣削加工后，对平面进行磨削可以提高模座平面的平面度和上下平面的平行度，同时容易保证孔的垂直度要求。孔系的加工可以采用钻、镗削加工，对于复杂异型孔可以采用线切割加工。为了保证导柱、导套安装孔的间距一致，在镗孔时经常将上、下模座重叠在一起，一次装夹同时镗出导柱和导套的安装孔
导柱和导套	滑动式导柱和导套属于轴、套类零件，一般由内、外圆柱表面组成。其加工精度要求主要体现在内、外圆柱表面的表面粗糙度及尺寸精度，各配合圆柱面的同轴度等。导向零件的配合面都必须进行精密加工，而且要有较好的耐磨性 导向零件的形状比较简单，加工方法一般采用普通机床进行粗加工和半精加工后再进行热处理，最后用磨床进行精加工，消除热处理引起的变形，提高配合面的尺寸精度和减小配合面的表面粗糙度值。对于配合要求高、精度高的导向零件，还要对配合面进行研磨，才能达到要求的精度和表面粗糙度。导向零件的加工工艺路线一般是：备料→粗加工→半精加工→热处理→精加工→光整加工
固定板、卸料板	固定板和卸料板的加工方法与凹模十分相似，主要根据型孔形状来确定方法，对于圆孔可采用车削，矩形和异型孔可采用铣削或线切割，对系列孔可采用坐标镗削加工

3.5.2 冷冲压工艺方案的制订

模具制造工艺规程是冲压工艺设计的具体形式，它是规定产品或零部件制造工艺过程和操作方法等的工艺文件，它针对具体的冲压零件，首先从其生产批量、形状结构、尺寸精度和材料等方面入手，进行工艺审查，必要时提出修改意见；再根据具体的生产条件，并综合分析各方面的影响因素，制订出技术性好的工艺方案。一般按以下步骤进行。

1. 收集并分析有关设计的原始资料

（1）冲压件的零件图及使用要求　冲压件的零件图对冲压件的结构形状、尺寸大小、精度要求及有关技术条件作出了明确的规定，它是制订冲压工艺规程最直接的原始依据。而了解冲压件的使用要求及在机器中的装配关系，可以进一步明确冲压件的设计要求，并且在冲压件工艺性较差时向产品设计部门提出修改意见，以改善零件的冲压工艺性。当冲压件只有样件而无图样时，一般应对样件测绘后绘出图样，作为分析与设计的依据。

（2）冲压件的生产批量及定形程度　冲压件的生产批量及定形程度也是制订冲压工艺规程中必须考虑的重要内容，它直接影响加工方法及模具类型的确定。

（3）冲压件原材料的尺寸规格、性能及供应状况　冲压件原材料的尺寸规格是确定坯料形式和下料方式的依据，材料的性能及供应状况对确定冲压件变形程度与工序数目、计算冲压力、是否安排热处理辅助工序等都有重要影响。

（4）工厂现有的冲压设备条件　工厂现有冲压设备的类型、规格、自动化程度等是确定工序组合程度、选择各工序压力机型号、确定模具类型的主要依据。

（5）工厂现有的模具制造条件及技术水平　冲压工艺与模具设计要考虑模具的加工。模具制造条件及技术水平决定了制模能力，从而影响工序组合程度、模具结构与精度。

（6）有关的技术标准、设计资料与手册　制订冲压工艺规程和设计模具时，要充分利用与冲压有关的技术标准、设计资料与手册，这有助于设计者进行分析与设计计算、确定材料与尺寸精度、选用相应标准和典型结构，从而简化设计过程、缩短设计周期、提高工作效率。

2. 冲压件的分析

（1）冲压件的功用与经济性分析　了解冲压件的使用要求及在机器中的装配关系与装配要求；根据冲压件的结构形状特点、尺寸大小、精度要求、生产批量及所有原材料，分析是否利于材料的充分利用，是否利于简化模具设计与制造，产量与冲压加工特点是否相适应，从而确定采用冲压加工是否经济。特别是零件的生产批量，它是决定零件采用冲压加工是否较为经济合理的重要因素。

（2）冲压件的工艺性分析　根据冲压件图样或样件，分析冲压件的形状、尺寸、精度及所用材料是否符合冲压工艺性要求。良好的冲压工艺性表现在材料消耗少、工序数目少、占用设备数量少、模具结构简单而且寿命长、冲压件质量稳定和操作方便等。

分析冲压件工艺性的另一个目的在于明确冲压该零件的难点所在。因而要特别注意冲压件图样上的极限尺寸、尺寸公差、设计基准及其他特殊要求，因为这些要素对确定所需工序的性质、数目和顺序，对选择工件的定位方法、模具结构与精度等都有较大的影响。

经过上述分析研究，如果发现冲压件工艺性不合理，则应会同产品设计者，在不影响使用要求的前提下，对冲压件的形状、尺寸、精度要求乃至原材料的选用作必要的修改。

3. 冲压工艺方案的分析与确定

在对冲压件进行工艺分析的基础上，便可着手确定冲压工艺方案。确定冲压工艺方案主要是确定每次冲压加工的工序性质、工序数目、工序顺序和工序组合方式、定位方式。

冲压工艺方案的确定是制订冲压工艺过程的主要内容，需要综合考虑各方面的因素，有的还需要进行必要的工艺计算，因此，实际确定时通常先提出几种可能的方案，再在此基础上进行分析、比较和择优。

（1）冲压工序性质的确定

1）从零件图上直观地确定工序性质。有些冲压件可以从零件图上直观地确定其冲压工序性质。如带孔和不带孔的各类平板件，产量小、形状规则、尺寸要求不高时采用冲裁工序；产量大、有一定精度要求时采用落料、冲孔、切口等工序，平面度要求较高时还需增加校平工序；当零件的断面质量和尺寸精度要求较高时，则须在冲裁工序后增加修整工序，或直接用精密冲裁工艺进行加工。

2）通过有关工艺计算或分析确定工序性质。有些冲压件由于一次成形的变形程度较大，或对零件的精度、变薄量、表面质量等方面要求较高时，需要进行有关工艺计算或综合考虑变形规律、冲件质量、冲压工艺性要求等因素后才能确定性质。

例如，图 3-58a 和 b 分别为油封内夹圈和油封外夹圈，这两个冲压件的形状类似，但高度不同，分别为 8.5mm 和 13.5mm。经计算分析，油封内夹圈翻边系数为 0.83，可以采用落料冲孔复合和翻边两道冲压工序完成。若油封外夹圈也采用同样的冲压工序，则因翻边高度较大，翻边系数超出了圆孔翻边系数的允许值，一次翻边成形难以保证工件质量。因此考虑改用落料、拉深、冲孔和翻边四道工序，利用拉深工序弥补一部分翻边高度的不足。

3）有时为了改善冲压变形条件或方便工序定位而确定工序性质。有时需增加附加工序，有时为了节约材料，也会影响工序性质的确定。此外，对于几何形状不对称的一些零件，为便于冲压成形和定位，生产中常采用成对冲压的方法进行成形，成形后再增加一道剖切或切断工序截成两个零件。虽增加了一道剖切或切断工序，但由于成对冲压时改善了变形条件，因而在生产中得到了广泛应用。

（2）冲压工序数目的确定　工序数目是指同一性质的工序重复进行的次数。工序数目的确定主要取决于零件几何形状复杂程度、尺寸大小与精度、材料冲压成形性能、模具强度等，并与

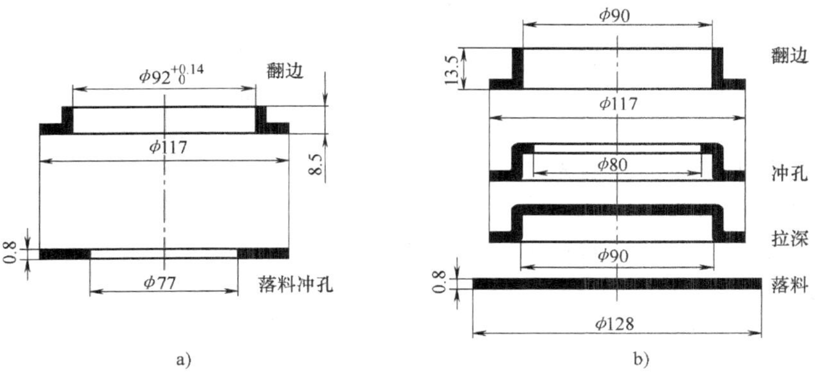

图3-58　油封夹圈
a）油封内夹圈　b）油封外夹圈

冲压工序性质有关。对于冲裁件，形状简单时一般内、外形只需一次冲孔和落料工序，而形状复杂或孔边距较小时，常需将内、外轮廓分成几部分依次冲出，其工序次数取决于模具强度与制模条件。至于其他成形件，主要根据具体形状和尺寸以及极限变形程度来决定。

在确定冲压加工过程所需总的工序数目时，应考虑到以下的问题。

1）生产批量的大小。大批量生产时，应尽量合并工序，采用复合冲压或级进冲压，提高生产率，降低生产成本。中小批量生产时，常采用单工序简单模或复合模，有时也可考虑采用各种相应的简单模具，以降低模具制造费用。

2）零件精度的要求。如平板冲裁件在冲裁后增加一道整修工序，就是适应其断面质量和尺寸精度要求较高的需要；当其表面平面度要求较高时，还必须在冲裁后增加一道校平工序，这虽然增加了工序数量，但却是保证工件精度要求必不可少的工序。

3）工厂现有的制模条件和冲压设备情况。为了确保确定的工序数目、采用的模具结构和精度要求能与工厂现有条件相适应，这些因素是必须认真考虑的。

4）工艺的稳定性。影响工艺稳定性的因素较多，但在确定工序数目时，适当降低冲压工序中的变形程度，避免在接近极限变形参数的情况下进行冲压加工，是提高冲压工艺稳定性的主要措施。另外，适当增加某些附加工序也是提高工艺稳定性的有效措施。

（3）冲压工序顺序的确定　工序顺序是指冲压加工生产中各道工序进行的先后次序。冲压件各工序的先后顺序，主要取决于冲压变形规律和零件质量要求，如果工序顺序的变更并不影响零件质量，则应根据操作、定位及模具结构等因素确定。工序顺序的确定一般可按下列原则进行。

1）各工序的先后顺序应保证每道工序的变形区为相对弱区，同时非变形区应为相对强区而不参与变形。当冲压过程中坯料上的强区与弱区相比不明显时，对零件有公差要求的部位应在成形后冲出。

2）工序成形后得到的符合零件图要求的部分，在以后各道工序中不得再发生变形。例如，图3-59所示的零件，如果先冲出内孔，则在外缘落料时冲裁力的水平分力会使内孔部分参与变形，孔径胀大2～3mm。因此，即使使用复合冲裁模也要把冲孔凸模高度降低7～8mm，以保证落料先于冲孔，以得到尺寸合格的零件。

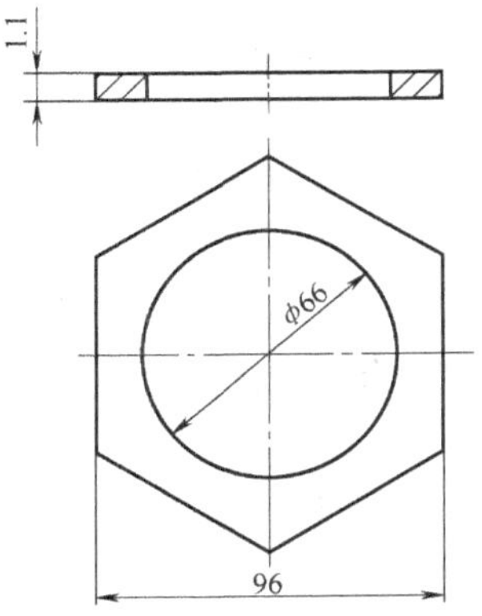

图3-59　落料-冲孔先后顺序

3）对于带孔或有缺口的冲压件，选用单工序模时，通常先落料再冲孔或冲缺口。选用连续模时，则落料安排在最后工序。

4）对于带孔的弯曲件，在一般情况下，可以先冲孔后弯曲，以简化模具结构。当孔位于弯曲变形区或接近变形区，以及孔与基准面有较高要求时，则应先弯曲后冲孔。

5）对于带孔的拉深件，一般先拉深后冲孔。当孔的位置在工件底部且孔的尺寸精度要求不高时，可以先冲孔后拉深。

6）对于多角弯曲件，应从材料变性影响和弯曲时材料的偏移趋势安排弯曲的顺序，一般应先弯外角后弯内角。

7）对于复杂的旋转体拉深件，一般先拉深大尺寸的外形，后拉深小尺寸的内形。对于复杂的非旋转体拉深应先拉深小尺寸的内形，后拉深大尺寸的外部形状。

8）整形工序、校平工序、切边工序，应安排在基本成形以后。

（4）冲压工序组合方式的选择　一个冲压件往往需要经过多道工序才能完成，因此，在制订工艺方案时，必须考虑是采用单工序模分散冲压，还是将工序组合起来采用复合模或级进模冲压。另外，对于尺寸过小或过大的冲压件，考虑到多套单工序模制造费用比复合模要高，生产批量不大时也可考虑将工序组合起来，采用复合模冲压。对于精度要求较高的零件，为了避免多次冲压的定位误差，也应采用复合模冲压。

但是，工序集中组合必然使模具结构复杂化。工序组合的程度受模具结构、模具强度、模具制造与维修以及设备能力的限制。工序集中后，如果冲模工作零件的工作面不在同一平面上，就会给修磨带来一定困难等。但尽管如此，随着冲压技术和模具制造技术的发展，在大批量生产中工序组合程度还是越来越高。

（5）冲压工序件（或半成品件）形状与尺寸的确定　对冲压工序件而言，总可以分成两个组成部分：已成形部分和待成形部分。前者的形状和尺寸与成品零件相同，在后续工序中应作为强区不再变形，后者的形状和尺寸与成品零件不同，在后续工序中应作为弱区有待于继续变形，是过渡性的。冲压工序件是毛坯和冲压件之间的过渡件，它的形状与尺寸对每道冲压工序的成败和冲压件的质量具有极其重要的影响，必须满足冲压变形的要求。一般来说，工序件形状与尺寸的确定应遵循下述基本原则。

1）工序件尺寸应根据冲压工序的极限变形参数确定。例如多次拉深时每道工序的工序件拉深直径，多次缩口时各道工序的半成品缩孔直径，在平板或拉深件底部冲孔翻边时的预冲孔直径，都应分别根据极限拉深系数、极限缩口系数和极限翻边系数来确定。

2）工序件尺寸应保证冲压变形时金属的合理分配与转移。一方面应注意工序件上已成形部分在以后的各道工序中不能产生任何变动；另一方面应注意工序件上被已成形部分分隔开的内部与外部待成形部分在以后的各道工序中，都必须保证在各自范围内进行材料的分配与转移。

3）工序件的形状与尺寸应有利于下道工序的冲压成形。一方面应注意工序件要能起到储料的作用，另一方面工序件的形状应具有较强的抗失稳能力，尤其对曲面形状拉深时，常把工序件做成具有较强抗失稳能力的形状，以防下道拉深时发生起皱。

4）工序件的形状与尺寸应有利于保证冲压件的表面质量。例如多次拉深的工序件圆角半径（凸、凹模的圆角半径）都不宜取得过小。又如拉深深锥形件，采用阶梯形状过渡，所得锥形件壁厚不均匀，表面会留有明显的印痕，尤其当阶梯处的圆角半径取得较小时，其表面质量更差，而采用锥面逐步成形法或锥面一次成形，则能获得较好的成形效果。

5）工序件的形状与尺寸应能满足模具强度和定位方便的要求。

4. 选择模具类型

根据已确定的冲压工艺方案，综合考虑冲压件的质量要求、生产批量大小、冲压加工成本以及冲压设备情况、模具制造能力等生产条件后，选择模具类型，最终确定是采用单工序模，还是复合模或级进模。

5. 有关工艺计算

（1）排样与剪板方案的确定　根据冲压工艺方案，确定冲压件或坯料的排样方案，计算条料宽度与步距，选择板料规格并确定剪板方式，计算材料利用率。

（2）确定各次冲压工序件形状，并计算工序件尺寸　冲压工序件是坯料与成品零件的过渡件。对于冲裁件或成形工序少的冲压件，工艺过程确定后，工序件形状及尺寸就已确定。而对于形状复杂、需要多次成形工序的冲压件，其工序件形状与尺寸的确定需要特别注意。

（3）计算各工序冲压力　根据冲压工艺方案，初步确定各冲压工序所用冲压模具的结构方案（如卸料与压料方式、推件与顶件方式等），计算各冲压工序的冲裁力、卸料力、压料力、推件力和顶件力等。对于非对称形状件冲压和级进冲压，还需计算压力中心。

6. 选择冲压设备

根据工厂现有设备情况、生产批量、冲压工序性质、冲压件尺寸与精度、冲压加工所需的冲压力、计算的模具闭合高度和轮廓尺寸等主要因素，合理选定冲压设备的类型和规格。

7. 编写冲压工艺文件

冲压工艺文件一般以工艺卡的形式表示，它综合地表达了冲压工艺设计的具体内容，包括工序序号、工序名称、工序内容、工序草图（加工简图）、模具的结构形式和种类、选定的冲压设备、工序检查要求、工时定额、材料牌号与规格以及毛坯的形状尺寸等。

工艺卡片是生产中的重要技术文件。它不仅是模具设计的重要依据，而且也起着生产的组织管理、调度、各工序间的协调以及工时定额的核算等作用。目前在冲压生产中，冲压工艺卡尚无统一的格式，各单位可根据既简单又有利于生产管理的原则进行确定。

3.6　冲裁模设计实例

1. 设计题目

车门垫板冲裁模设计。

2. 原始数据

零件名称：22 型客车车门垫板；

生产批量：每辆车数量为 6 块；

冲压材料：Q235 钢，厚度 $t = 4\text{mm}$；

零件图：如图 3-60 所示。

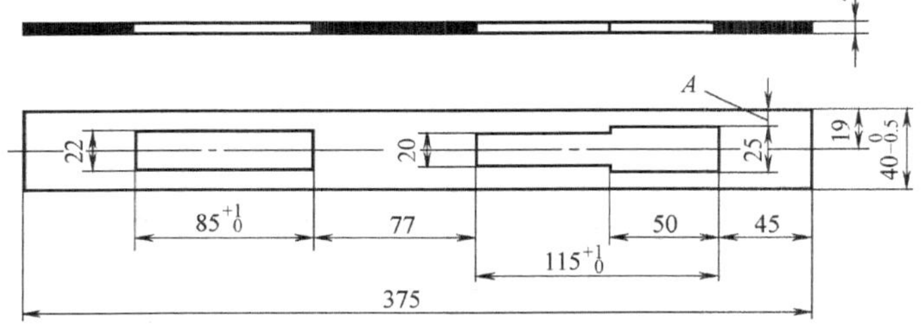

图 3-60　车门垫板零件图

3. 零件的工艺分析

由于该件外形简单，形状规则，适于冲裁加工。材料为 Q235、厚度 $t=4\text{mm}$ 的碳素钢板，$\sigma_b=450\text{MPa}$，具有良好的冲压性能。零件尺寸公差无特殊要求，按 IT14 级选取，利用普通冲裁方式可达到图样要求。

4. 确定冲裁工艺方案

冲裁该零件包括落料、冲孔两道基本工序，可以有以下三种工艺方案。

方案一：先落料，后冲孔。采用单工序模生产。

方案二：落料、冲孔同时进行。采用复合模生产。

方案三：先冲孔，后落料。采用级进模生产。

各方案的特点及比较如下。

1）方案一。模具结构简单，制造方便，但需要两道工序，两幅模具，成本相对较高，生产率低。在第一道工序完成后，进入第二道工序必然会增大误差，使零件精度、质量降低，达不到所需的要求。故不选此方案。

2）方案二。复合模加工精度及生产率都能满足，但最窄处 A 的距离为 7.5mm（图 3-60），而复合模凸凹模最小壁厚需要 8.5mm（表 3-24），所以不能采用复合模。

3）方案三。级进模适于多工位，且效率高。由于该件批量较大，因此确定零件的工艺方案为冲孔-切断级进模较好，为考虑凹模刃口强度，其中间还需留一空步，排样图如图 3-61 所示。

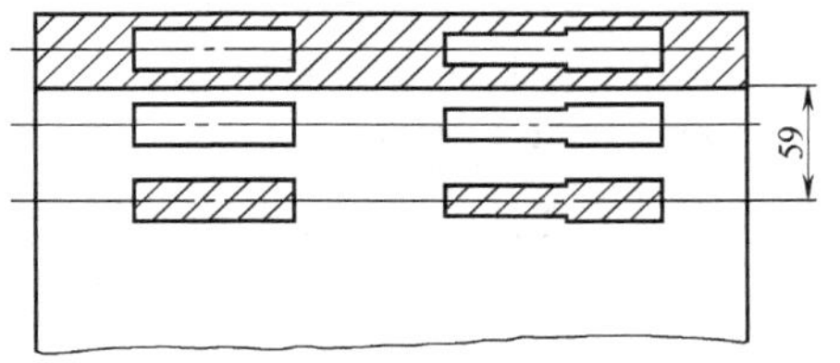

图 3-61　排样图

5. 工艺与设计计算

（1）冲裁力的计算　根据式（3-15），冲孔力为

$$F_1=Lt\sigma_b=494\times4\times450\text{N}=889200\text{N}$$

切断力为

$$F_2=Lt\sigma_b=375\times4\times450\text{N}=675000\text{N}$$

根据式（3-16），冲孔部分及切断部分的卸料力为

$$F_{卸}=(F_1+F_2)K_X$$

查表 3-17，$K_X=0.04$，故

$$F_{卸}=(889200+675000)\times0.04\text{N}=62568\text{N}$$

根据式（3-17），冲孔部分推件力为

$$F_{推1}=nF_1K_T$$

查表 3-17，得 $K_T=0.04$，故

$$F_{推1}=\frac{8}{4}\times889200\times0.04\text{N}=71136\text{N}$$

切断部分推件力为

$$F_{推2}=nF_2K_T=\frac{8}{4}\times675000\times0.04\text{N}=54000\text{N}$$

所以

$$\begin{aligned}F_{总}&=F_1+F_2+F_{卸}+F_{推1}+F_{推2}\\&=(889200+675000+62568+71136+54000)\text{N}=1751904\text{N}\end{aligned}$$

（2）压力中心的计算　压力中心分析图如图 3-62 所示。根据式（3-23）和式（3-24）得

$$x_0=\frac{375\times187.5+214\times95.5+20\times215+130\times247.5+5\times280+100\times305+25\times330}{375+214+20+130+5+100+25}$$

$= 192.6$

取整数为 193。

$$y_0 = \frac{375 \times 71.5 + 214 \times 12.5 + 280 \times 12.5}{375 + 214 + 280} = 37.96$$

取整数为 38。

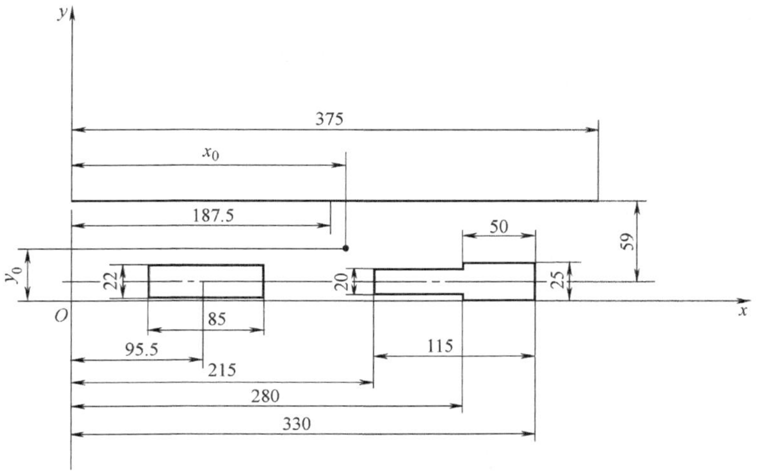

图 3-62　压力中心分析图

（3）计算各主要零件的尺寸

1）凹模厚度。按式（3-28），其中 $b = 115\text{mm}$（按大孔），K 按表 3-22 查得，$K = 0.3$，故 $H = Kb = 0.3 \times 115\text{mm} = 34.5\text{mm}$。

但该件上还需冲一较小的孔和切断，且均在同一凹模上进行，所以凹模厚度应适当增加，故取 H = 40mm。

按式（3-29），$C = (1.5 \sim 2)H \approx 80\text{mm}$（$C$ 取 2）

根据工件尺寸即可估算凹模的外形尺寸：长度 × 宽度为 480mm × 120mm。

2）凸模固定板的厚度。

$H_1 = 0.7H = 0.7 \times 40\text{mm} = 28\text{mm}$，取整数为 30mm。

3）垫板的采用与厚度。

是否采用垫板，以承压面较小的凸模进行计算，冲小矩形孔的凸模承压面的尺寸如图 3-63 所示。按承压应力校验，其承压应力

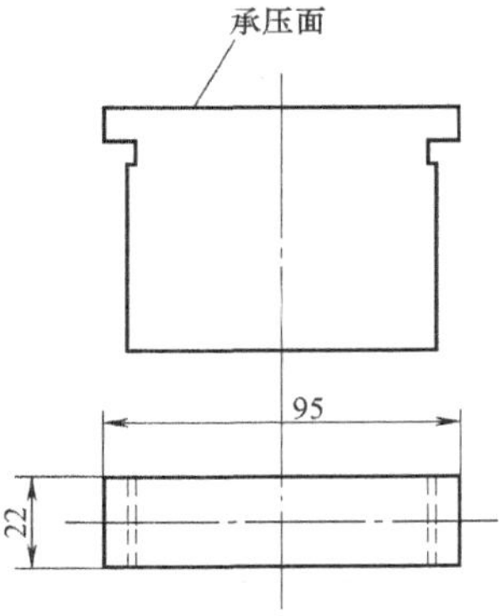

图 3-63　小矩形凸模

$$\sigma = \frac{F}{A} = \frac{Lt\sigma_b}{A} = \frac{(22 + 85) \times 2 \times 4 \times 450}{85 \times 22}\text{MPa} = \frac{385200}{1870}\text{MPa} = 205.99\text{MPa}$$

查相关表得铸铁模板的 $[\sigma_p]$ 为 90 ~ 140MPa。

故
$$\sigma > [\sigma_p]$$

因此须采用垫板，垫板厚度取 8mm。

4）卸料橡皮的自由高度。根据工件材料厚度为 4mm，冲裁时凸模进入凹模深度取 1mm，考虑模具维修时刃磨留量为 2mm，再考虑开启时卸料板高出凸模 1mm，则总的工作行程 $h_{工件} = 8\text{mm}$，橡皮的自由高度

$$h_{自由}=\frac{h_{工件}}{(0.3-0.25)}=(27\sim32)\text{mm}$$

取 $h_{自由}=32\text{mm}$。

模具在组装时橡皮的预压量为

$$h_{预}=(10\%\sim15\%)\times h_{自由}=(3.2\sim4.8)\text{mm}$$

取 $h_{预}=4\text{mm}$。

由此可算出模具中安装橡皮的空间高度尺寸为28mm。

5）计算凸、凹模工作部分尺寸。

由表3-8查得 $Z_{min}=0.64\text{mm}$，$Z_{max}=0.88\text{mm}$

冲孔凸模Ⅰ：

工件孔尺寸为宽22mm，长 85^{+1}_{0}mm（图3-60）

由表3-10查得尺寸为22mm时，$\delta_T=0.02\text{mm}$；尺寸为85mm时，$\delta_T=0.025\text{mm}$。

查表3-11，$x=0.5$。

按式（3-10），得 $B_T=(B_{min}+x\Delta)^{0}_{-\delta_A}$。

根据表3-13，查到尺寸22mm、85mm的公差分别为 $\Delta_1=0.52\text{mm}$，$\Delta_2=0.87\text{mm}$。

则

$$B_{T1}=(22+0.5\times0.52)^{0}_{-0.02}\text{mm}=22.26^{0}_{-0.02}\text{mm}$$

$$B_{T2}=(85+0.5\times0.87)^{0}_{-0.02}5\text{mm}=85.44^{0}_{-0.02}5\text{mm}$$

冲孔凸模Ⅱ：

工件孔尺寸为宽20mm、25mm，长 115^{+1}_{0}mm、50mm（图3-60）。

根据表3-10查得尺寸为20mm、25mm、50mm时，$\delta_T=0.02\text{mm}$；尺寸为115mm时，$\delta_T=0.025\text{mm}$。

查表3-11，$x=0.5$。

根据表3-13，尺寸20mm、25mm、50mm、115mm的公差分别为 $\delta_3=0.52\text{mm}$，$\delta_4=0.63\text{mm}$，$\delta_5=0.81\text{mm}$，$\delta_6=0.87\text{mm}$。

按式（3-10），得

$$B_{T3}=(20+0.5\times0.52)^{0}_{-0.02}\text{mm}=20.26^{0}_{-0.02}\text{mm}$$

$$B_{T4}=(25+0.5\times0.63)^{0}_{-0.02}\text{mm}=25.32^{0}_{-0.02}\text{mm}$$

$$B_{T5}=(50+0.5\times0.81)^{0}_{-0.02}\text{mm}=50.41^{0}_{-0.02}\text{mm}$$

$$B_{T6}=(115+0.5\times0.87)^{0}_{-0.025}\text{mm}=115.44^{0}_{-0.025}\text{mm}$$

凹模工作部分尺寸均按凸模研配，保证两侧共有0.64～0.88mm的均匀间隙。

6）切断凸模宽度。

工件宽度为 $40^{0}_{-0.5}$mm（图3-60）。

由表3-10查得尺寸为40mm时，$\delta_T=0.02\text{mm}$。

查表3-11，$x=0.5$。

切料处相当于落料，应以凹模为基准，由于凹模并非整体，因此还应换算到以凸模为基准进行配研。此处为单面剪，凸模与挡铁贴靠后与凹模之间的间隙为一般冲裁模单边间隙的$\frac{2}{3}$，因此 $Z_{min}=\frac{2}{3}\times\frac{0.64}{2}\text{mm}=0.21\text{mm}$。

按式（3-9），则

$$A_A = (A_{max} - x\Delta)^{+\delta_A}_{0}$$

$$A_T = A_A - Z_{min} = (A_{max} - x\Delta - Z_{min})^{0}_{-\delta_T}$$

$$= (40 - 0.5 \times 0.5 - 0.21)^{0}_{-0.02}\text{mm} = 39.54^{0}_{-0.02}\text{mm}$$

切断部分保证具有 0.21 ~ 0.29mm 的均匀间隙。

(4) 计算侧压力　切断部分是单侧冲裁，所以凸模切刃的另一侧需要有挡块平衡侧压力，侧压力的大小可按剪切时侧压力的计算方法计算，即

$$F_{侧} = (0.10 \sim 0.18)F_2 \quad （取系数为0.15）$$

$$= 0.15 \times 675000\text{N} = 101250\text{N}$$

设计挡块时需要按侧压力核算压应力以及螺钉的大小及数量。

(5) 模具总体设计　有了上述各步计算所得的数据及确定的工艺方案，便可以对模具进行总体设计并画出草图，如图 3-64 所示。

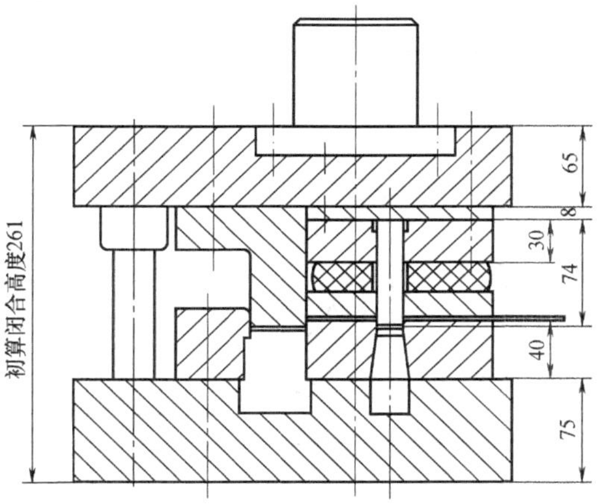

图 3-64　模具结构草图

从结构草图初算闭合高度，即

$$H_{模} = (65 + 8 + 74 + 40 + 75 - 1)\text{mm} = 261\text{mm}$$

根据凹模的外形尺寸，确定下模板的外形尺寸为 610mm × 310mm。

(6) 模具主要零部件的设计　本模具是采用手工送料的级进模，切断凸模面积较大可直接用螺钉与圆柱销固定，冲孔凸模则需用固定板固定，凹模可直接用螺钉与圆柱销固定。切断凸模的外侧需有挡块以克服侧压力，挡块同时起定位作用。另外，横向的定位可在凹模上增设一个定位销。采用弹性卸料装置，导向装置采用导柱和导套。

(7) 选定设备　该模具的总冲压力：$F_{总} = 1751904\text{N}$；闭合高度：$H_{模} = 261\text{mm}$；外廓尺寸：610mm × 310mm。

该工厂有 1500kN 压力机和 3150kN 压力机，根据所需的总冲压力大小来看，须选用 3150kN 压力机。该压力机的主要技术规格有：最大冲压力为 3150kN，滑块行程为 460mm，连杆调节量为 150mm，最大装模高度为 400mm，滑块底面尺寸为 800mm × 970mm，工作台尺寸为 980mm × 1100mm。

因此根据冲压力、闭合高度、外廓尺寸等数据，选定该设备是合适的。

(8) 绘制模具总图　模具总图如图 3-65 所示，图中零件明细见表 3-31。

(9) 绘制模具非标准零件图　这里仅以绘制凸模和凹模零件图为例。两冲孔凸模如图 3-66 所示，切断凸模如图 3-67 所示，凹模如图 3-68 所示。（注：考虑到冲裁件的成形工艺性，各零件转角连接处和尖角处，可考虑使用最小圆角半径。）

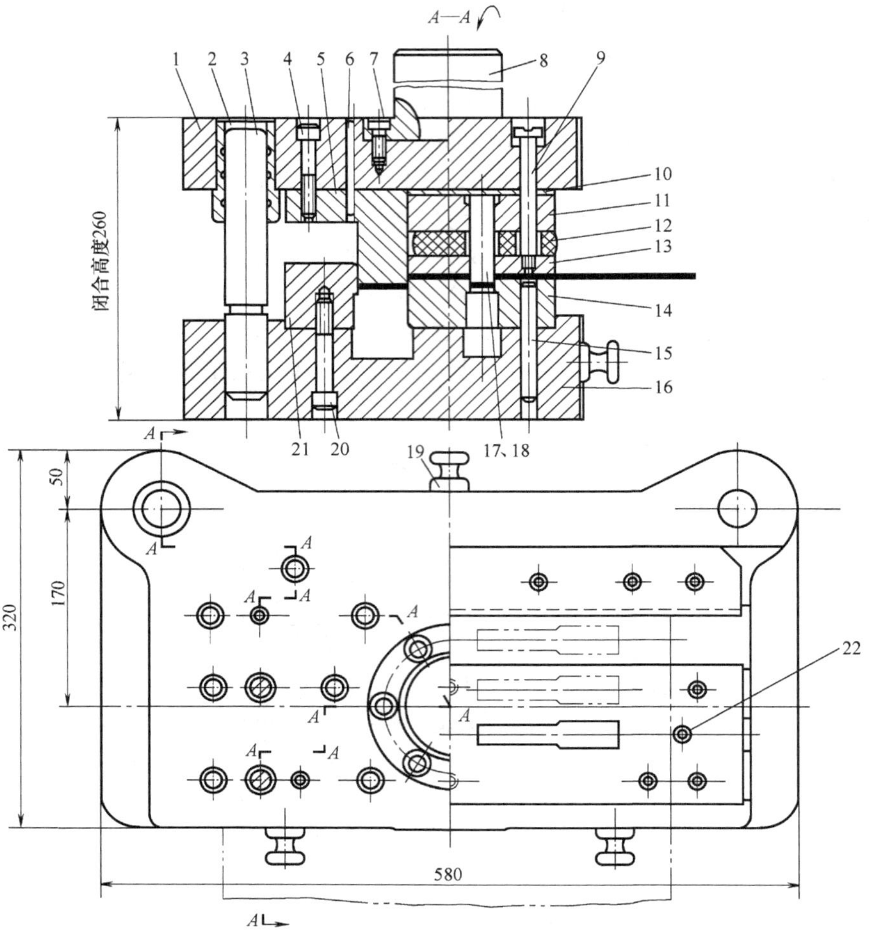

技术要求：

1. 冲孔凹模工作部分按凸模配作，保证两侧共有0.64～0.88mm的均匀间隙。
2. 切断凸模与挡铁密贴后，与凹模之间保证有0.21～0.29mm的均匀间隙。

图3-65　车门垫板冲裁级进模模具总图

表3-31　车门垫板冲裁级进模零件明细栏

序号	代　　号	名　　称	数量	材　料	热　处　理
1		上模板	1	HT200	
2		导套32(H6)×75	2	20钢	渗碳0.8~1.2mm 58~62HRC
3		导柱32(h5)×250	2	20钢	渗碳0.8~1.2mm 58~62HRC
4	GB/T 70.1—2008	内六角圆柱头螺钉M12×70	14		
5		切断凸模	1	T8A	56~60HRC
6	GB/T 119.1—2000	圆柱销12×80	4	45钢	40~45HRC
7	GB/T 70.1—2008	内六角圆柱头螺钉M12×25	6	45钢	40~45HRC
8	JB/T 7646.3—2008	模柄	1	Q235	
9	JB/T 7650.5—2008	卸料螺钉M12×100	4	45钢	35~40HRC
10		垫板	1	45钢	40~45HRC

（续）

序号	代　　号	名　　称	数量	材　料	热　处　理
11		凸模固定板	1	45 钢	
12		卸料橡皮	1	橡胶	
13		卸料板	1	Q235	
14		凹模	1	T8A	58～62HRC
15	GB/T 119.1—2000	圆柱销 12×100	4	35 钢	28～38HRC
16		下模板	1	HT200	
17		冲孔凸模	1	T8A	56～60HRC
18		冲孔凸模	1	T8A	56～60HRC
19		吊柱 M16	3	Q235	
20	GB/T 70.1—2008	内六角螺钉 M12×80	4		
21		挡铁	1	45 钢	
22	GB/T 119.1—2000	定位销 $\phi12$	1	35 钢	28～38HRC

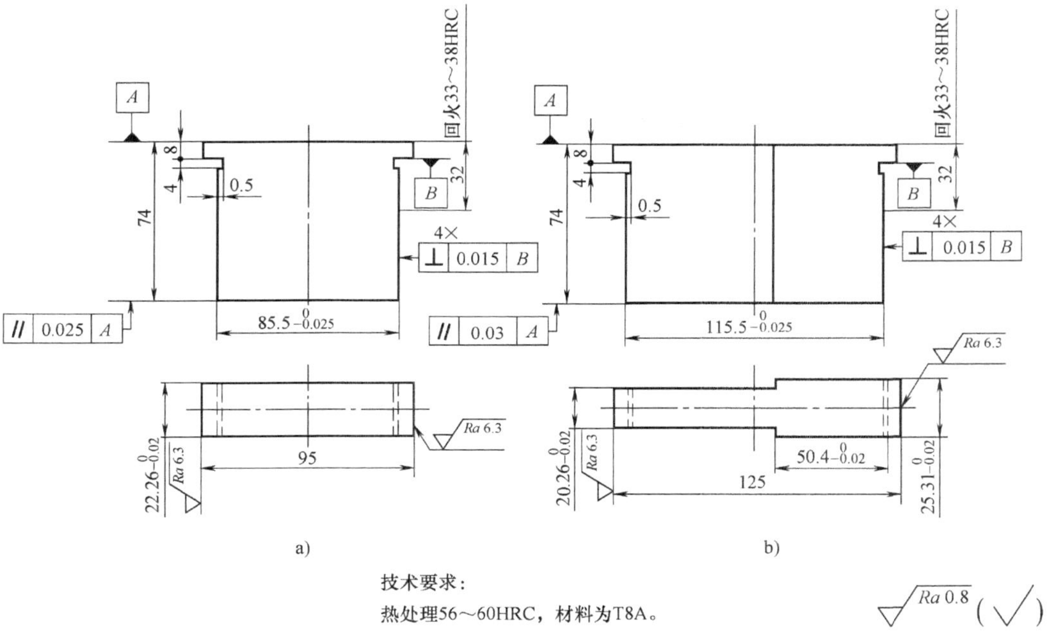

图 3-66　冲孔凸模

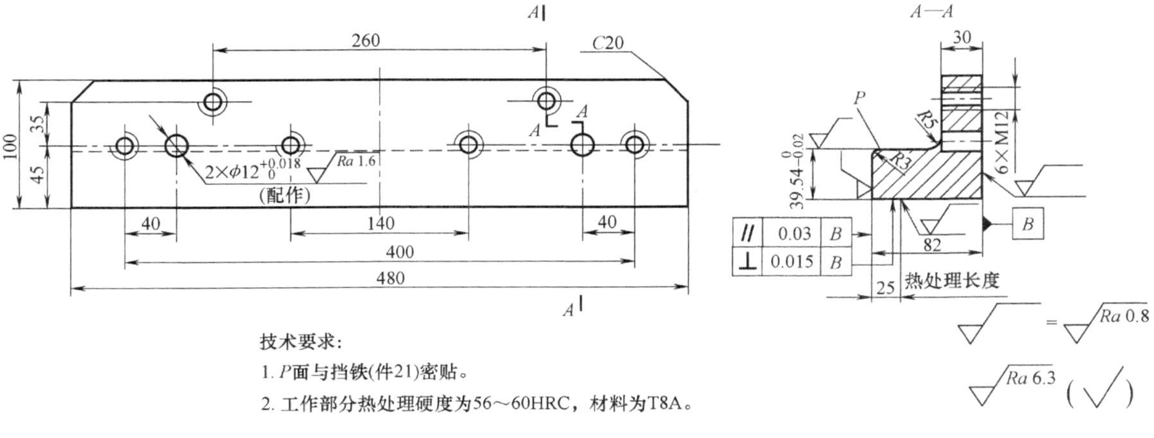

图 3-67　切断凸模

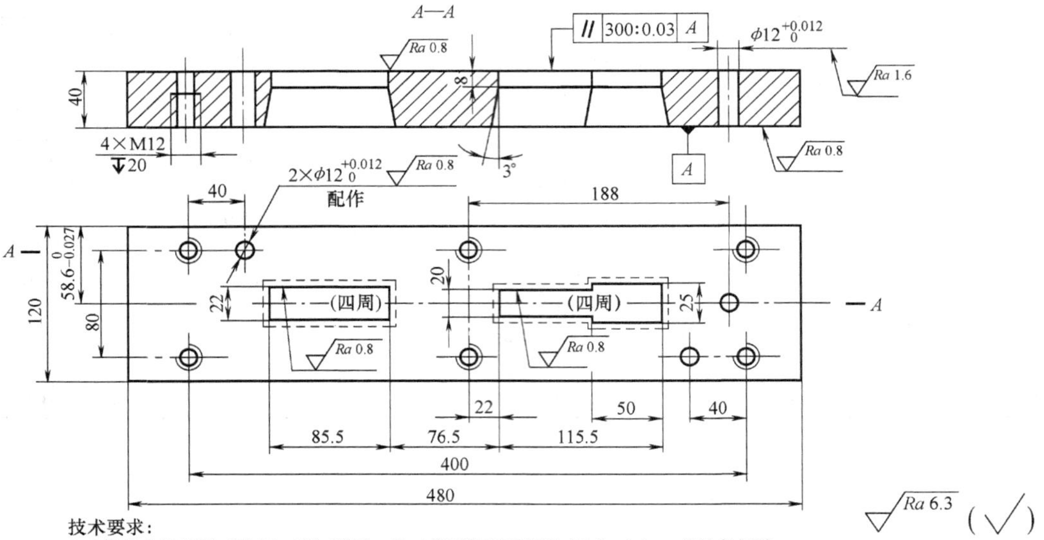

技术要求:
1.工作部分按凸模（件17、18）研配，沿工作面保证两侧共有0.8～1.0mm的均匀间隙。
2.热处理硬度为58～62HRC，材料为T8A。

图 3-68　凹模

第 4 章　弯曲工艺与弯曲模的设计

将板料、棒料、管料、型材沿弯曲线弯曲成具有一定形状和尺寸的弯曲制件的冷冲压工序称为弯曲。弯曲是板料冷冲压成形中常见的加工方法之一，应用相当广泛。生产中，弯曲件的形状很多，如 V 形件、U 形件、ㄩ形件、O 形件等，V 形件的弯曲是板料弯曲中最基本的一种。弯曲所使用的模具称为弯曲模。

弯曲分自由弯曲和校正弯曲。自由弯曲是指当弯曲终了时，凸模、凹模和毛坯三者吻合后，凸模不再下压。校正弯曲是指在凸模、凹模和毛坯吻合后，凸模继续下压，使毛坯产生进一步塑性变形，从而对弯曲件进行校正。

根据所用工具与设备的不同，弯曲方法可分为在压力机上利用模具进行的压弯以及在专用弯曲设备上进行的折弯、滚弯和拉弯等。各种弯曲方法尽管使用的设备与工具不同，但其变形过程及特点有共同规律。本章主要介绍在生产中应用最多的压弯工艺与弯曲模的设计。

4.1　弯曲工艺设计

4.1.1　最小弯曲半径和回弹值的确定

1. 最小弯曲半径的确定

弯曲时，弯曲半径越小，板料外表面的变形程度越大，如果弯曲半径过小，则板料的外表面将超过材料的最大许可变形程度而产生裂纹。因此，弯曲工艺受到最小相对弯曲半径 r_{min}/t 的限制。所以工件上的弯曲半径无特殊要求时，应大于最小相对弯曲半径 r_{min}/t。

确定最小相对弯曲半径 r_{min}/t 非常复杂，工程上 r_{min}/t 的数值一般用试验方法确定。各种金属材料在不同状态下的最小相对弯曲半径可查表 4-1。

表 4-1　最小相对弯曲半径 r_{min}/t　　（单位：mm）

材　料	正火或退火材料		硬化材料	
	弯曲线方向			
	垂直轧制方向	平行轧制方向	垂直轧制方向	平行轧制方向
08、10、Q195、Q215	0.1	0.4	0.4	0.8
15、20、Q235	0.1	0.5	0.5	1.0
25、30、Q255	0.2	0.6	0.6	1.2
35、40、Q275	0.3	0.8	0.8	1.5
45、50	0.5	1.0	1.0	1.7
65Mn	1.0	2.0	2.0	3.0
12Cr18Ni9	1.0	2.0	3.0	4.0
铝	0.1	0.3	0.5	1.0
硬铝(软)	1.0	1.5	1.5	2.5
硬铝(硬)	2.0	3.0	3.0	4.0
退火纯铜	0.1	0.3	1.0	2.0
软黄铜	0.1	0.3	0.4	0.8
半硬黄铜	0.1	0.3	0.5	1.2
磷铜	—	—	1.0	3.0
镁合金	300℃热弯		冷弯	
MB1	2.0	3.0	6.0	8.0
MB8	1.5	2.0	5.0	6.0

（续）

材　　料	正火或退火材料		硬化材料	
	弯曲线方向			
	垂直轧制方向	平行轧制方向	垂直轧制方向	平行轧制方向
钛合金	300～400℃热弯		冷弯	
BT1	1.5	2.0	3.0	4.0
BT5	3.0	4.0	5.0	6.0
钼合金	400～500℃热弯		冷弯	
$t \leqslant 2mm$	2.0	3.0	4.0	5.0

注：1. 当弯曲线与纤维方向成一定角度时，可采用垂直和平行纤维方向二者的中间值。
2. 在冲裁或剪切后没有退火的毛坯弯曲时，应作为硬化材料选用。
3. 弯曲时应使有毛刺的一边处于弯角的内侧。

2. 回弹值的确定

回弹现象：在外载荷作用下，材料产生塑性变形的同时，伴随着弹性变形。当外载荷去掉后，弹性变形回复，致使弯曲件的形状和尺寸都发生变化，这种现象称为回弹，如图 4-1 所示。在所有冲压工序中，回弹是一个普遍现象，在弯曲工序中，回弹是影响弯曲件质量的主要因素。它的表现形式有两个方面，一是弯曲半径 r 增大，二是弯曲角 φ 增大，弯曲中心角 α 减小。弯曲角与弯曲中心角之和为 180°，它们的关系如图 4-2 所示。

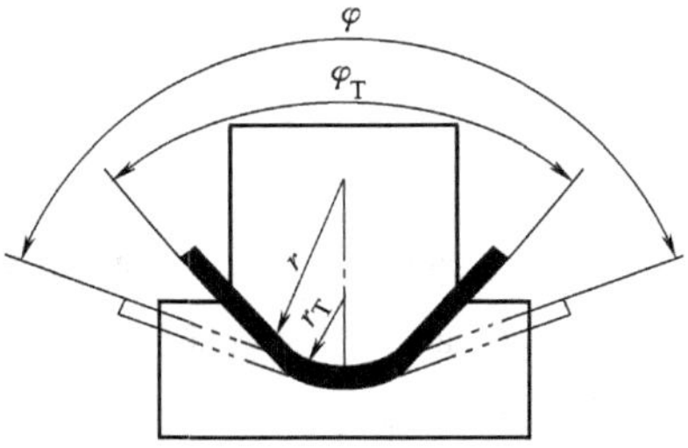

图 4-1　弯曲回弹

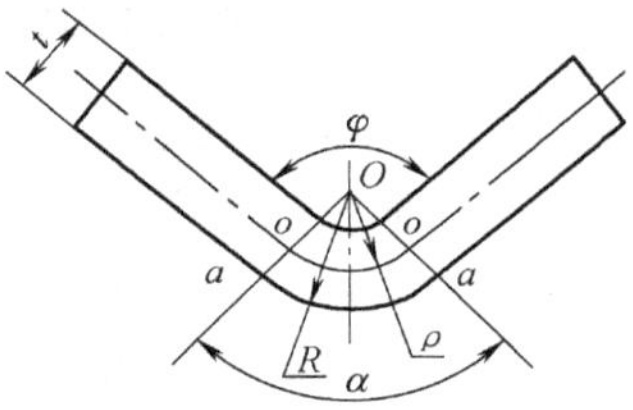

图 4-2　弯曲中心角 α 与弯曲角 φ

由于影响回弹的因素很多（与材料的力学性能、板料的厚度、弯曲半径的大小以及弯曲时校正力的大小等因素有关），而且各因素又互相影响，理论计算非常复杂，且不准确。故在实际生产中，往往是根据经验来初定回弹角的大小，然后在试模时进行修正。

1）$r/t<5$ 的自由弯曲。卸载后弯曲件弯曲半径的变化不大，可以不予考虑，而弯曲中心角发生了变化。故只考虑角度的回弹，表 4-2 为自由弯曲 V 形件，弯曲中心角为 90°时部分材料的平均回弹角 $\Delta\alpha_{90}$。

表 4-2　单角自由弯曲 90°时的平均回弹角 $\Delta\alpha_{90}$

材　　料	r/t	材料厚度 t/min		
		<0.8	0.8～2	>2
软钢 $\sigma_b=350MPa$ 黄铜 $\sigma_b=350MPa$ 铝和锌 $\sigma_b=350MPa$	<1	4°	2°	0°
	1～5	5°	3°	1°
	>5	6°	4°	2°
中硬钢 $\sigma_b=400\sim500MPa$ 硬黄铜 $\sigma_b=350\sim400MPa$ 硬青铜 $\sigma_b=350\sim400MPa$	<1	5°	2°	0°
	1～5	6°	3°	1°
	>5	8°	5°	3°

（续）

材　料	r/t	材料厚度 t/min		
		<0.8	0.8~2	>2
硬钢 σ_b >550MPa	<1	7°	4°	2°
	1~5	9°	5°	3°
	>5	12°	7°	6°
硬铝 2A12	<2	2°	3°	4°30′
	2~5	4°	6°	8°30′
	>5	6°30′	10°	14°

当弯曲中心角不为 90°时，回弹角应作如下修正

$$\Delta\alpha = \frac{\alpha}{90°}\Delta\alpha_{90} \tag{4-1}$$

式中，$\Delta\alpha$ 为弯曲中心角为 α 时的回弹角；$\Delta\alpha_{90}$ 为弯曲中心角为 90°的回弹角，可查表 4-2 进行确定；α 为弯曲件的弯曲中心角。

2）$r/t>10$ 的自由弯曲。由于弯曲半径较大，回弹量较大，故弯曲圆角半径及弯曲角均有较大变化。凸模的圆角半径及角度可按下式计算，参数如图 4-3 所示。

$$r_T = \frac{r}{1+3\dfrac{\sigma_s r}{Et}} \tag{4-2}$$

$$\alpha_T = \frac{r}{r_T}\alpha \tag{4-3}$$

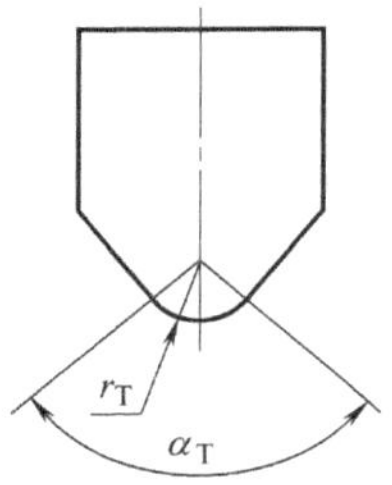

图 4-3　凸模中心角与圆角半径

式中，r_T 为凸模圆角半径（mm）；r 为弯曲件圆角半径（mm）；α_T 为凸模圆弧中心角（°）；α 为弯曲件弯曲中心角（°）；σ_s 为材料屈服强度（MPa）；E 为材料弹性模量（MPa）；t 为材料厚度（mm）。

3）校正弯曲时的回弹值。校正弯曲时不需要考虑弯曲半径的回弹，只考虑弯曲角的回弹值。弯曲角的回弹值可按表 4-3 中的经验公式计算。公式中的符号如图 4-1、图 4-2 所示。

表 4-3　V 形件校正弯曲时的回弹值 $\Delta\varphi$

材　料	弯曲角 φ			
	30°	60°	90°	120°
08、10、Q195	$\Delta\varphi=0.75r/t-0.39$	$\Delta\varphi=0.58r/t-0.80$	$\Delta\varphi=0.43r/t-0.61$	$\Delta\varphi=0.36r/t-1.26$
15、20、Q235	$\Delta\varphi=0.69r/t-0.23$	$\Delta\varphi=0.64r/t-0.65$	$\Delta\varphi=0.434r/t-0.36$	$\Delta\varphi=0.37r/t-0.58$
25、30、Q255	$\Delta\varphi=1.59r/t-1.03$	$\Delta\varphi=0.95r/t-0.94$	$\Delta\varphi=0.78r/t-0.79$	$\Delta\varphi=0.46r/t-1.36$
35、Q275	$\Delta\varphi=1.51r/t-1.48$	$\Delta\varphi=0.84r/t-0.76$	$\Delta\varphi=0.79r/t-1.62$	$\Delta\varphi=0.51r/t-1.71$

4.1.2　弯曲件毛坯尺寸的确定

弯曲件展开尺寸的计算基础是金属板料应变中性层在弯曲变形前后长度尺寸保持不变。

1. 弯曲中性层位置的确定

在塑性弯曲时，中性层的位置要发生位移，所以计算中性层展开长度，首先应确定中性层位置。中性层位置以曲率半径 ρ 表示（图 4-4），常用下面经验公式确定

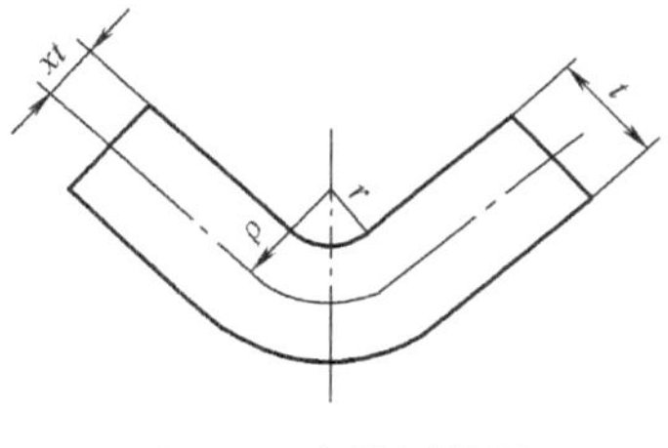

图 4-4　中性层位置

$$\rho = r + xt \tag{4-4}$$

式中，r 为弯曲件的内弯曲半径；t 为材料厚度；x 为中性层位移系数，随弯曲条件不同有所改变。板料弯曲时见表4-4，板料卷圆时见表4-8，圆棒料弯曲时见表4-9。

表4-4　中性层位移系数 x 值

r/t	0.1	0.2	0.3	0.4	0.5	0.6	0.7	0.8	1	1.2
x	0.21	0.22	0.23	0.24	0.25	0.26	0.28	0.3	0.32	0.33
r/t	1.3	1.5	2	2.5	3	4	5	6	7	≥8
x	0.34	0.36	0.38	0.39	0.4	0.42	0.44	0.46	0.48	0.5

2. 弯曲件坯料尺寸的确定

弯曲件的展开长度等于各直边部分长度尺寸与各弯曲圆弧部分长度尺寸之和。直边部分的长度是不变的，而圆弧部分的长度则需考虑材料的变形和中性层的位移。

（1）$r>0.5t$ 的弯曲件　$r>0.5t$ 的弯曲件由于变薄不严重，按中性层展开的原理，坯料总长度应等于弯曲件直线部分和圆弧部分长度之和，常用图形的计算见表4-5和表4-6。

表4-5　$r>0.5t$ 各种形状弯曲件展开长度计算公式

序号	特征	简　图	公　式
1	双直角弯曲	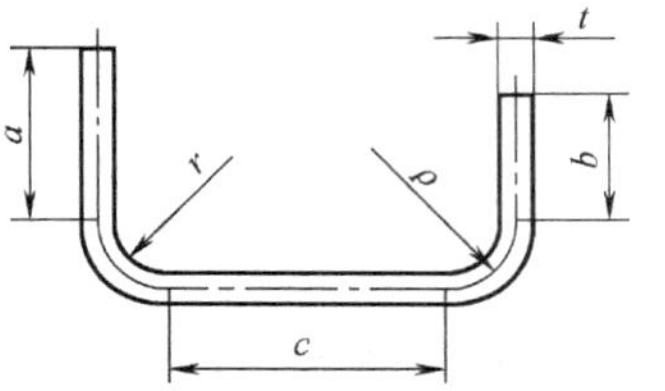	$L_z = a + b + c + \pi(r + xt)$
2	四直角弯曲	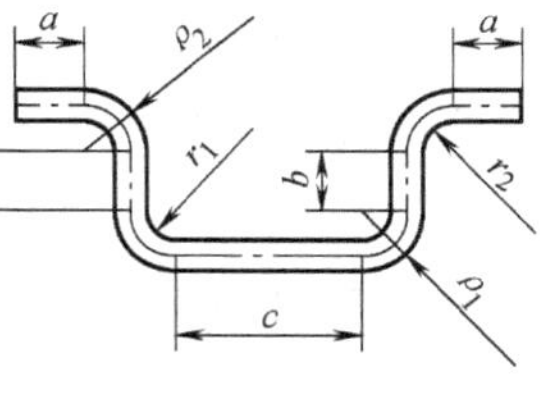	$L_z = 2a + 2b + c + \pi(r_1 + x_1 t) + \pi(r_2 + x_2 t)$
3	半圆形弯曲	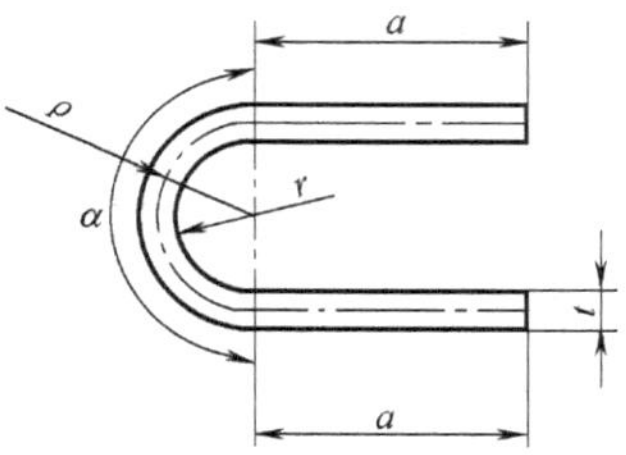	$L_z = 2a + \frac{\pi\alpha}{180°}(r + xt)$
4	圆形弯曲	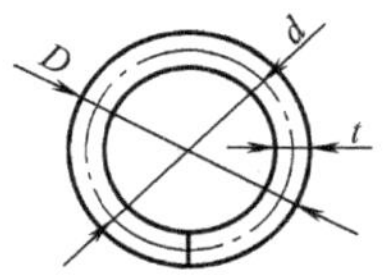	$L_z = \pi D = \pi(d + 2xt)$

（续）

序号	特征	简　　图	公　　式
5	吊环	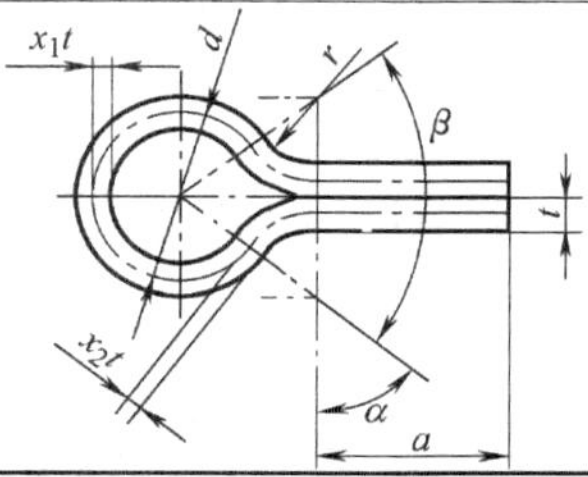	$L_z = 2a + (d + 2x_1 t)\dfrac{(360° - \beta)\pi}{360°} + 2\left[\dfrac{(r + x_2 t)\pi\alpha}{180°}\right]$

表 4-6　弯曲部分展开长度的计算公式

序号	计算条件	弯曲部分简图	计 算 公 式
1	尺寸标注在半径中心	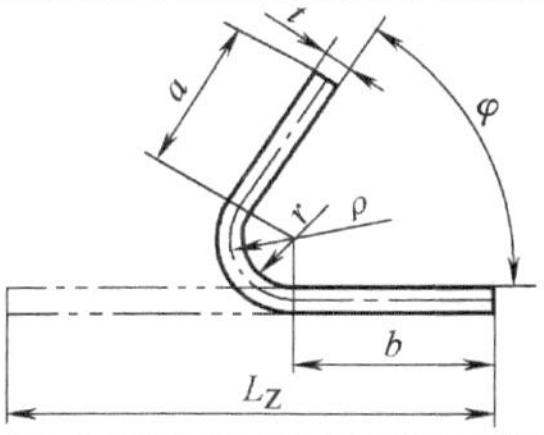	$L_z = a + b + \dfrac{\pi(180° - \varphi)}{180°}\rho$
2	尺寸标注在外表面之交点	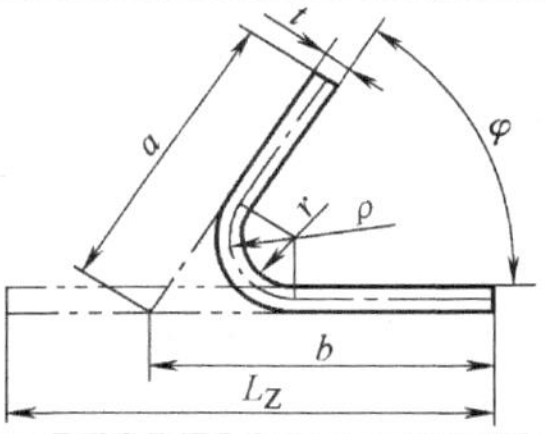	$L_z = a + b + \dfrac{\pi(180° - \varphi)}{180°}\rho - \cot\dfrac{\varphi}{2}(r + t)$
3	尺寸标注在外形的切线上	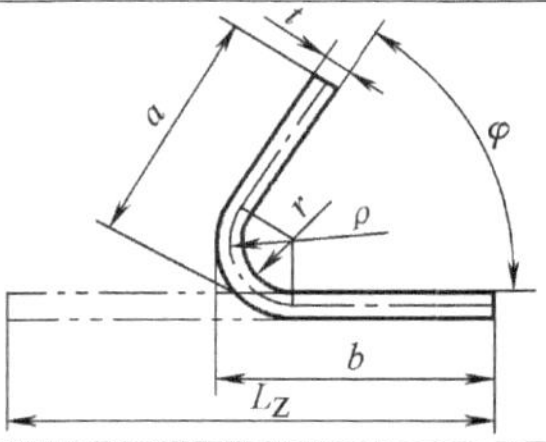	$L_z = a + b + \dfrac{\pi(180° - \varphi)}{180°}\rho - 2(r + t)$

（2）$r < 0.5t$ 的弯曲件　对于 $r < 0.5t$ 的弯曲件，由于弯曲变形时不仅零件的圆角变形区产生严重变薄，而且与其相邻的直边部分也变薄，故应按变形前后体积不变条件来确定坯料长度。经验公式可查表 4-7 确定。

表 4-7　$r < 0.5t$ 的弯曲件坯料长度计算公式

简　　图	计 算 公 式	简　　图	计 算 公 式
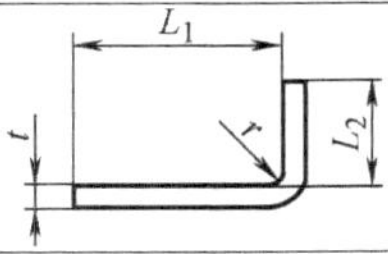	$L_z = L_1 + L_2 + 0.4t$ （单角弯曲）	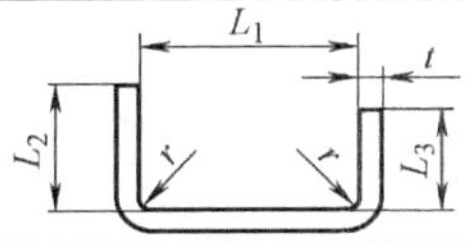	$L_z = L_1 + L_2 + L_3 + 0.6t$ （一次同时弯曲两个角）
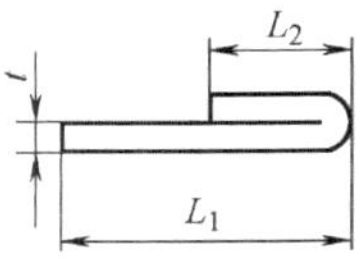	$L_z = L_1 + L_2 - 0.43t$ （弯曲一个贴合角）	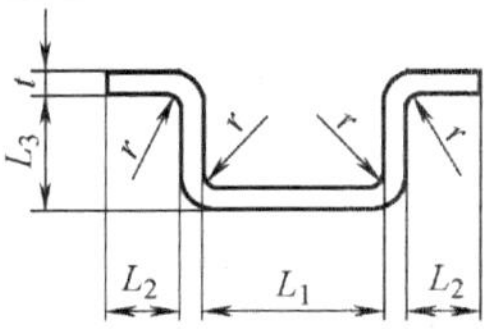	$L_z = L_1 + 2L_2 + 2L_3 + t$ （一次同时弯曲四个角） $L_z = L_1 + 2L_2 + 2L_3 + 1.2t$ （分为两次弯曲四个角）

（3）铰链式弯曲件　对于 $r=(0.6\sim3.5)t$ 的铰链件（图 4-5），通常采用推卷的方法成形，在卷圆过程中板料有所增厚，中性层发生外移，故其坯料长度 L_z 可按下式近似计算

$$L_z=l+1.5\pi(r+x_1t)+r\approx l+5.7r+4.7x_1t \tag{4-5}$$

式中，l 为直线段长度；r 为铰链内半径；x_1 为中性层位移系数，查表 4-8。

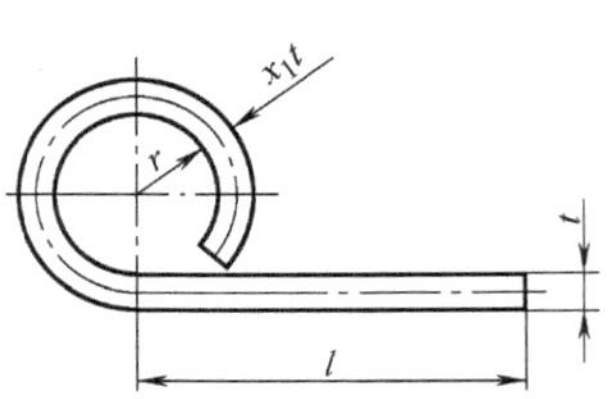

图 4-5　铰链式弯曲件

表 4-8　卷圆时中性层位移系数 x_1 值

r/t	0.5~0.6	0.6~0.8	0.8~1	1~1.2	1.2~1.5	1.5~1.8	1.8~2	2~2.2	>2.2
x_1	0.76	0.73	0.7	0.67	0.64	0.61	0.58	0.54	0.5

（4）圆棒料弯曲件　圆棒料弯曲件（线材）的弯曲与其他弯曲有所区别。当弯曲半径 $r\geqslant 1.5d$ 时（d 为圆棒料直径），其断面在弯曲后基本不变，仍保持圆形，中性层系数 x_2 近似于 0.5；当 $r<1.5d$ 时，弯曲后横截面发生畸变，中性层向外偏移，x_2 值见表 4-9。

表 4-9　圆棒料弯曲时中性层位移系数 x_2

r/d	$\geqslant 1.5d$	$(1\sim1.5)d$	$(0.5\sim1)d$	$(0.25\sim0.5)d$
x	0.5	0.51	0.53	0.55

需要指出，上述坯料长度计算公式只能用于形状比较简单、尺寸精度要求不高的弯曲件。对于形状比较复杂或尺寸精度要求高的弯曲件，在利用上述公式初步计算坯料长度后，还须反复试弯，不断修正，才能最后确定坯料的形状及尺寸。这是因为很多因素没有考虑进去，可能产生较大的误差，故在生产中宜先制造弯曲模，后制造坯料的落料模。

4.1.3　弯曲力的计算

弯曲力是设计弯曲模和选择压力机的重要依据之一。弯曲力不仅与弯曲变形过程有关，还与坯料尺寸、材料性能、零件形状、弯曲方式、模具结构等多种因素有关，因此用理论公式计算弯曲力不但计算复杂，而且精确度不高。实际生产中常用经验公式来进行概略计算。

1. 自由弯曲时的弯曲力

V 形件弯曲力

$$F_{自}=\frac{0.6KBt^2\sigma_b}{r+t} \tag{4-6}$$

U 形件弯曲力

$$F_{自}=\frac{0.7KBt^2\sigma_b}{r+t} \tag{4-7}$$

式中，$F_{自}$ 为自由弯曲在冲压行程结束时的弯曲力（N）；B 为弯曲件的宽度（mm）；r 为弯曲件的内弯曲半径（mm）；t 为弯曲件材料厚度（mm）；σ_b 为材料的抗拉强度（MPa）；K 为安全系数，一般取 $K=1.3$。

2. 校正弯曲时的弯曲力

校正弯曲时的弯曲力比自由弯曲时的弯曲力大得多，一般按下式计算

$$F_{校}=AP \tag{4-8}$$

式中，$F_{校}$ 为校正弯曲力（N）；A 为校正部分在垂直于凸模运动方向上的投影面积（mm^2）；P 为单位面积校正力（MPa），其值查表 4-10。

表 4-10　校正弯曲时单位面积校正力 P　（单位：MPa）

材料	材料厚度 t/mm		材料	材料厚度 t/mm	
	~3	3 ~ 10		~3	3 ~ 10
铝	30 ~ 40	50 ~ 60	10 ~ 20 钢	80 ~ 100	100 ~ 120
黄铜	60 ~ 80	80 ~ 100	25 ~ 35 钢	100 ~ 120	120 ~ 150

3. 顶件力或压件力

若弯曲模设有顶件装置或压件装置，其顶件力（F_D）或压件力（F_y）可近似取自由弯曲力的 30% ~ 80%。即

$$F_D = F_y = (0.3 \sim 0.8) F_{自} \tag{4-9}$$

4. 压力机公称压力的确定

对于有压料的自由弯曲，压力机公称压力应为

$$F_{压} \geqslant (F_{自} + F_y) \tag{4-10}$$

对于校正弯曲，由于校正弯曲力是发生在接近压力机下极限位置，且校正弯曲力比压料力或推件力大得多，故 F_y 值可忽略不计，压力机公称压力可取

$$F_{压} \geqslant F_{校} \tag{4-11}$$

4.1.4　弯曲凸、凹模间的间隙

弯曲 V 形件时，凸、凹模间隙是由调整压力机的闭合高度来控制的，模具设计时可以不考虑。对于 U 形类弯曲件，设计模具时应确定合适的间隙值。间隙过小，会使弯曲件直边料厚减薄或出现划痕，同时还会降低凹模寿命，增大弯曲力；间隙过大，则回弹增大，从而降低了弯曲件精度。生产中，U 形件弯曲模的凸、凹模单边间隙一般可按如下公式确定。

弯曲有色金属时

$$Z = t_{min} + ct \tag{4-12}$$

弯曲黑色金属时

$$Z = t_{max} + ct \tag{4-13}$$

式中，Z 为弯曲凸、凹模的单边间隙；t 为弯曲件的材料厚度（公称尺寸）；t_{min}、t_{max} 为弯曲件材料的最小厚度和最大厚度；c 为间隙系数，可查表 4-11。

表 4-11　U 形件弯曲模凸、凹模的间隙系数 c 值　（单位：mm）

弯曲件高度 H/mm	弯曲件宽度 $B \leqslant 2H$				弯曲件宽度 $B > 2H$				
	材料厚度 t/mm								
	<0.5	0.6 ~ 2	2.1 ~ 4	4.1 ~ 5	<0.5	0.6 ~ 2	2.1 ~ 4	4.1 ~ 7.5	7.6 ~ 12
10	0.05	0.05	0.04	—	0.10	0.10	0.08	—	—
20	0.05	0.05	0.04	0.03	0.10	0.10	0.08	0.06	0.06
35	0.07	0.05	0.04	0.03	0.15	0.10	0.08	0.06	0.06
50	0.10	0.07	0.05	0.04	0.20	0.15	0.10	0.06	0.06
70	0.10	0.07	0.05	0.05	0.20	0.15	0.10	0.10	0.08
100	—	0.07	0.05	0.05	—	0.15	0.10	0.10	0.08
150	—	0.10	0.07	0.05	—	0.20	0.15	0.10	0.10
200	—	0.10	0.07	0.07	—	0.20	0.15	0.15	0.10

4.2　弯曲件的结构工艺性

弯曲件的结构工艺性是指弯曲件的结构形状、尺寸、材料及技术要求等是否符合弯曲加工的工艺要求。具有良好工艺性的弯曲件，能简化弯曲工艺过程及模具结构，提高弯曲件的质量。

4.2.1　弯曲件的材料

弯曲件的材料，要求具有足够的塑性。屈强比（σ_s/σ_b）小，屈服强度与弹性模量的比值（σ_s/E）小，有利于弯曲成形和工件质量的提高。足够的塑性和较小的屈强比能保证板料在弯曲时不开裂，较小的屈强比能使弯曲件的形状和尺寸准确。最适宜冲压加工成形弯曲件的材料有软钢、黄铜和铝等。脆性较大的材料，如磷青铜、铍青铜、弹簧钢等，要求弯曲时有较大的相对弯曲半径（r/t），否则容易发生裂纹。

对于非金属材料，只有塑性较大的纸板、有机玻璃才能进行弯曲，而且在弯曲前坯料要进行预热，相对弯曲半径也应较大，一般要求 $r/t>3\sim5$。

4.2.2　弯曲件的形状尺寸

1. 弯曲件的形状

弯曲件的形状应尽可能对称，弯曲半径左右一致，以防止弯曲变形时坯料受力不均匀而产生偏移。

有些虽然形状对称，但变形区附近有缺口的弯曲件，若在坯料上先将缺口冲出，弯曲时会出现叉口现象，严重时会难以成形，这时应在缺口处留连接带，弯曲后再将连接带切除，如图4-6a、b所示。为了保证坯料在弯曲模内准确定位，或防止在弯曲过程中坯料偏移，最好能在坯料上预先增添定位工艺孔，如图4-6b、c 所示。

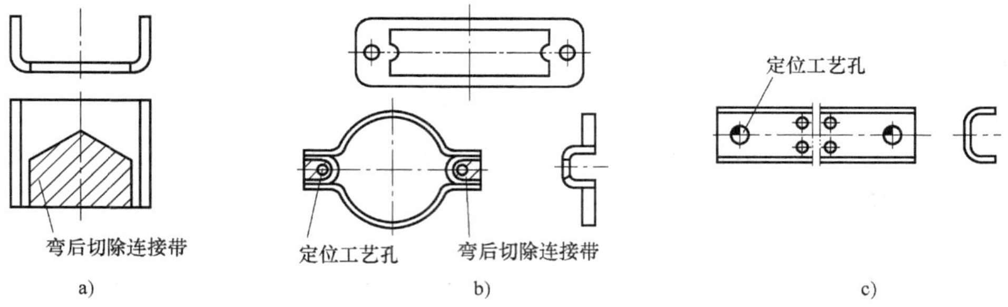

图4-6　增添连接带和定位工艺孔的弯曲件

2. 弯曲件的相对弯曲半径

弯曲件的相对弯曲半径（r/t）应大于最小相对弯曲半径（r_{min}/t）（表4-1），但也不宜过大。因为相对弯曲半径过大时，受回弹的影响，弯曲件的精度不易保证。

3. 弯曲件的弯边高度

弯曲件的弯边高度不宜过小，其值应为 $h>r+2t$，如图4-7a 所示。当 h 较小时，弯边在模具上支持的长度过小，不容易形成足够的弯矩，很难得到形状准确的零件。当零件要求 $h<r+2t$ 时，则需预先在圆角内侧压槽，或增加弯边高度，弯曲后再切除，如图4-7b 所示。如果所弯直边带有斜角，则在斜边高度小于 $r+2t$ 的区段不可能弯曲到要求的角度，而且此处也容易开裂，

如图 4-7c 所示，因此必须改变零件的形状，加高弯边尺寸，如图 4-7d 所示。

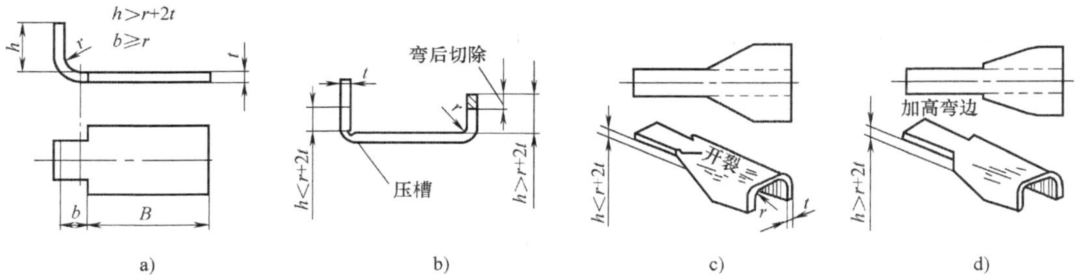

图 4-7　弯曲件的弯边高度

4. 避免弯边根部开裂

在局部弯曲坯料上的某一段边缘时，为避免弯边根部撕裂，应减小不弯部分的长度 B，使其退出弯曲线之外，即 $b \geqslant r$，如图 4-7a 所示。如果不能满足 $b \geqslant r$，可在弯曲部分和不弯部分之间切槽，如图 4-8a 所示，或在弯曲前冲出工艺孔，如图 4-8b 所示。

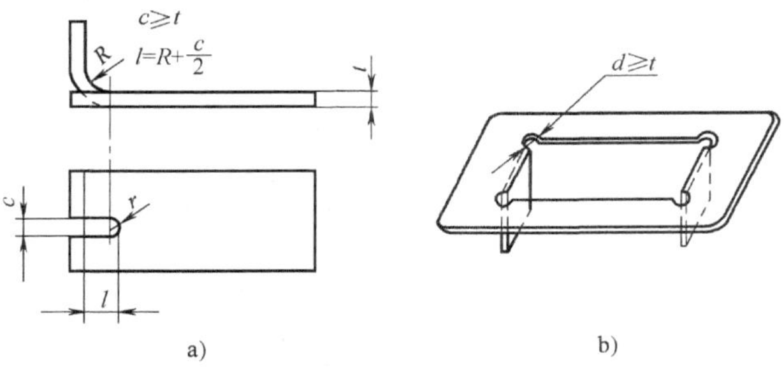

图 4-8　避免弯边根部开裂的措施

5. 弯曲件的孔边距离

带孔板料弯曲时，如果孔位于弯曲变形区内，则弯曲时孔的形状会发生变形，因此必须使孔位于变形区之外，如图 4-9 所示。一般孔边到弯曲半径 r 中心的距离要满足以下关系

当 $t<2\text{mm}$ 时，$L \geqslant t$；当 $t \geqslant 2\text{mm}$ 时，$L \geqslant 2t$

如果上述关系不能满足，在结构许可的情况下，可在靠变形区一侧预先冲出凸缘形缺口或月牙形槽，如图 4-10a、b 所示，也可在弯曲线上冲出工艺孔，如图 4-10c 所示，以改变变形范围，利用工艺变形来保证所需孔不产生变形。

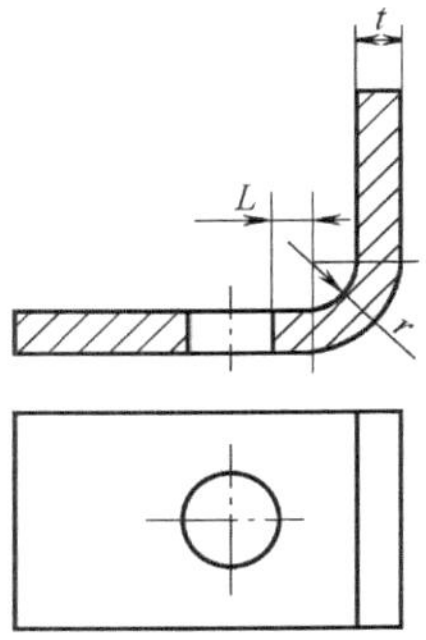

图 4-9　弯曲件的孔边距离

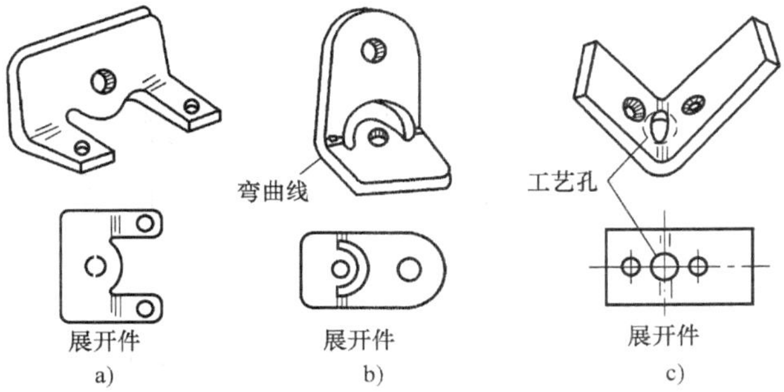

图 4-10　防止弯曲时孔变形时的措施

6. 弯曲件的尺寸标注

弯曲件的尺寸标注不同，会影响冲压工序的安排。例如，图 4-11 所示为弯曲件孔的位置尺寸的三种标注方法，其中采用图 4-11a 所示的标注方法时，孔的位置精度不受坯料展开长度和回

弹的影响，可先冲孔落料（复合工序），然后再弯曲成形，工艺和模具设计较简单。图4-11b、c所示的标注方法，受弯曲回弹的影响，冲孔只能安排在弯曲之后进行，增加了工序，还会造成许多不便。

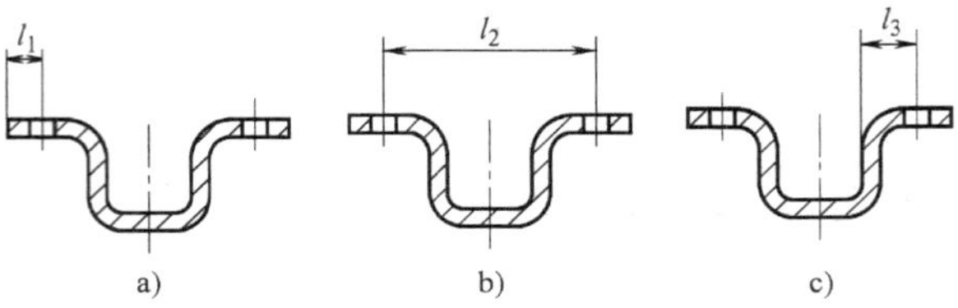

图4-11　弯曲件的尺寸标注

4.2.3　弯曲件的精度

弯曲件的精度主要是指其形状和尺寸的准确性与稳定性。弯曲件的精度受坯料定位、偏移、回弹和翘曲等因素的影响，弯曲的工序数目越多，精度也越低。对弯曲件的精度要求应合理，一般弯曲件长度的经济尺寸公差等级在IT13级以下，角度公差大于15′。弯曲件长度的自由公差见表4-12；弯曲件角度的自由公差见表4-13。

表4-12　弯曲件长度的自由公差　　（单位：mm）

长度尺寸		3~6	>6~18	>18~50	>50~120	>120~260	>260~500
材料厚度	≤2	±0.3	±0.4	±0.6	±0.8	±1.0	±1.5
	>2~4	±0.4	±0.6	±0.8	±1.2	±1.5	±2.0
	>4	—	±0.8	±1.0	±1.5	±2.0	±2.5

表4-13　弯曲件角度的自由公差　　（单位：mm）

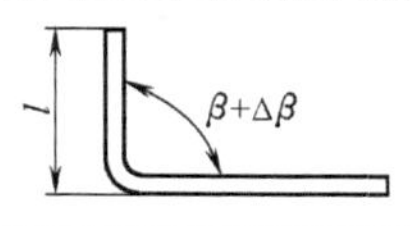	l	≤6	>6~10	>10~18	>18~30	>30~50	>50~80
	$\Delta\beta$	±3°	±2°30′	±2°	±1°30′	±1°15′	±1°
	l	>80~120	>120~180	>180~260	>260~360		
	$\Delta\beta$	±50′	±40′	±30′	±25′		

4.3　弯曲模的结构设计

4.3.1　弯曲模工作部分尺寸的确定

弯曲模工作零件的设计主要是确定凸、凹模工作部分的圆角半径、凹模深度、凸模与凹模间隙、横向尺寸及公差等。凸、凹模安装部分的结构设计与冲裁模凸、凹模基本相同。弯曲凸、凹模工作部分的结构及尺寸如图4-12所示。

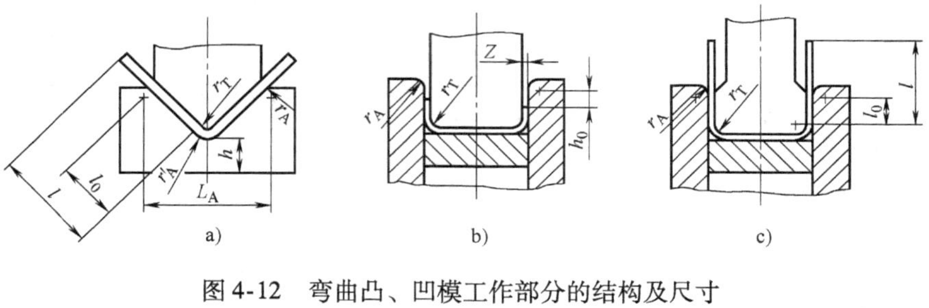

图4-12　弯曲凸、凹模工作部分的结构及尺寸

1. 凸模圆角半径 r_T

当弯曲件的弯曲半径 $r_{min} \leqslant r < (5 \sim 8)t$、且不小于 r_{min} 时，凸模的圆角半径等于弯曲件的圆角半径，即 $r_T = r$。若 $r < r_{min}$，则应取 $r_T \geqslant r_{min}$，将弯曲件先弯成较大的圆角半径，然后采用整形工序进行整形，使其满足弯曲件圆角半径的要求。

当弯曲件的相对弯曲半径 $r \geqslant 10t$ 时，由于弯曲件圆角半径的回弹较大，凸模的圆角半径应根据回弹值作相应的修正，见式（4-2）。同时弯曲中心角也应根据回弹值作相应的修正，见式（4-3）。

2. 凹模圆角半径 r_A

凹模圆角半径的大小对弯曲变形力、模具寿命和弯曲件质量等均有影响。r_A 过小时，坯料拉入凹模的滑动阻力增大，易使弯曲件表面擦伤或出现压痕，并增大弯曲变形力和影响模具寿命；r_A 过大时，又会影响坯料定位的准确性。生产中，凹模圆角半径 r_A 通常根据材料厚度选取。即

$t \leqslant 2$mm 时，$r_A=(3\sim6)t$；

$t=(2\sim4)$mm 时，$r_A=(2\sim3)t$；

$t>4$mm 时，$r_A=2t$。

另外，凹模两边的圆角半径应一致，否则在弯曲时坯料会发生偏移。

V 形弯曲凹模的底部可开设退刀槽或取圆角半径 $r_A=(0.6\sim0.8)(r_T+t)$。

3. 凹模深度 l_0

凹模深度若过小，则坯料两端未受压部分太多，弯曲件回弹大且不平直，影响其质量；凹模深度若过大，则浪费模具钢材，且需压力机有较大的工作行程。

1）V 形件弯曲模。凹模深度 l_0 及底部最小厚度 h 值可查表 4-14，但应保证凹模开口宽度 L_A 之值不能大于弯曲坯料展开长度的 0.8 倍。

表 4-14　弯曲 V 形件凹模深度 l_0 及底部最小厚度 h 值　（单位：mm）

弯曲件边长 l	材料厚度 t					
	≤2		2～4		>4	
	h	l_0	h	l_0	h	l_0
10～25	20	10～15	22	15	—	—
25～50	22	15～20	27	25	32	30
50～75	27	20～25	32	30	37	35
75～100	32	25～30	37	35	42	40
100～150	37	30～35	42	40	47	50

2）U 形件弯曲模。对于弯边高度不大或要求两边平直的 U 形件，凹模深度应大于弯曲件的高度，如图 4-12b 所示，其中 h_0 值查表 4-15；对于弯边高度较大，而平面度要求不高的 U 形件，可采用图 4-12c 所示的凹模形式，凹模深度 l_0 值查表 4-16。

表 4-15　弯曲 U 形件凹模 h_0 值　（单位：mm）

材料厚度 t	≤1	1～2	2～3	3～4	4～5	5～6	6～7	7～8	8～9
h_0	3	4	5	6	8	10	15	20	25

表 4-16　弯曲 U 形件凹模深度 l_0 值　（单位：mm）

弯曲件边长 l	材料厚度 t				
	<1	1～2	2～4	4～6	6～10
<50	15	20	25	30	35
50～75	20	25	30	35	40
75～100	25	30	35	40	40
100～150	30	35	40	50	50
150～200	40	45	55	65	65

4. U 形件弯曲凸、凹模横向尺寸及公差

确定 U 形件弯曲凸、凹模横向尺寸及公差的原则是：弯曲件标注外形尺寸时（图 4-13a），应以凹模为基准件，间隙取在凸模上；弯曲件标注内形尺寸时（图 4-13b），应以凸模为基准件，

间隙取在凹模上；基准凸、凹模的尺寸及公差则应根据弯曲件的尺寸、公差、回弹情况以及模具磨损规律等因素确定。

1）弯曲件标注外形尺寸时（图4-13a）

$$L_A = (L_{max} - 0.75\Delta)^{+\delta_A}_{0} \quad (4\text{-}14)$$

$$L_T = (L_A - 2Z)^{0}_{-\delta_T} \quad (4\text{-}15)$$

2）弯曲件标注内形尺寸时（图4-13b）

$$L_T = (L_{min} + 0.75\Delta)^{0}_{-\delta_T} \quad (4\text{-}16)$$

$$L_A = (L_T + 2Z)^{+\delta_A}_{0} \quad (4\text{-}17)$$

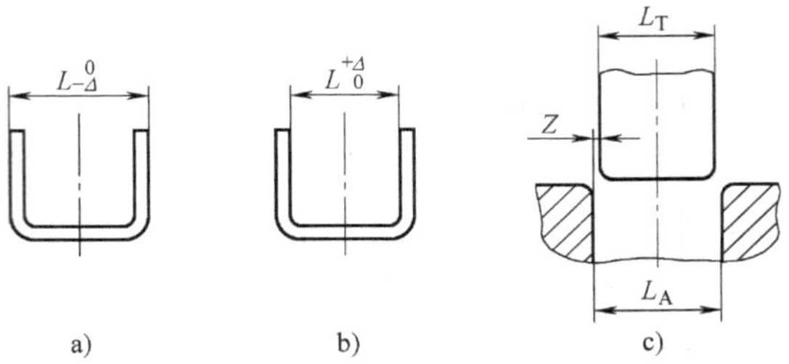

图4-13　标注外形与内形的弯曲件及模具尺寸

式中，L 为弯曲件的公称尺寸（mm）；L_A、L_T 为弯曲凸、凹模横向尺寸（mm）；L_{max}、L_{min}为弯曲件的横向上、下极限尺寸（mm）；Δ 为弯曲件横向尺寸公差（mm）；δ_A、δ_T 为弯曲凸、凹模的制造公差，可采用IT7～IT9级，一般取凸模的精度比凹模精度高一级，但要保证 $\delta_A/2+\delta_T/2+t_{max}$ 的值在最大允许间隙范围以内；Z 为凸、凹模单边间隙（mm）。见式（4-12）和式（4-13）。

当弯曲件的精度要求较高时，其凸、凹模可以采用配作法加工。

4.3.2　弯曲模结构设计要点与注意事项

1. 毛坯制备

当弯曲件的弯曲半径较大时，毛坯在落料时可以按材料的最大利用率进行排样，可不考虑材料的纤维方向。

当弯曲件的弯曲半径等于或接近最小弯曲半径时，制备毛坯时应尽量使后续弯曲工序的弯曲线与材料纤维方向成一定的夹角，如图4-14所示，同时确定弯曲方向时，应尽量使毛坯的冲裁断裂带处于弯曲件的内侧。

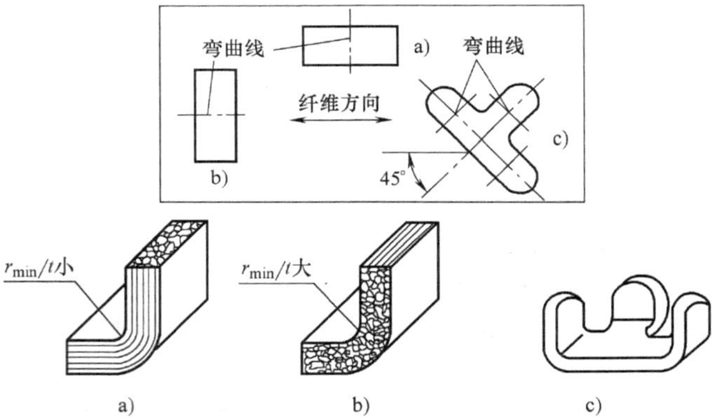

图4-14　材料纤维方向对最小相对弯曲半径的影响

2. 工序安排

（1）弯曲件工序安排的原则

1）对于形状简单的弯曲件，如V形、U形和Z形工件等，可以采用一次弯曲成形。对于形状复杂的弯曲件，一般需要采用两次或多次弯曲成形（图4-15）。

2）形状复杂的弯曲件，需要多次弯曲时，弯曲工序一般是先弯外角，后弯内角。前次弯曲必须使后次弯曲有合适的定位基准，后次弯曲不影响前次弯曲的成形精度。

3）对于批量大而尺寸较小的弯曲件，为使操作方便、定位准确和提高生产率，应尽可能采用级进模或复合模来进行弯曲成形。

4）当弯曲件几何形状不对称时，为避免弯曲时坯料偏移，应尽量采用成对弯曲，然后再切成两件工件。

（2）典型弯曲件的工序安排　图4-15所示分别为一次至四次弯曲成形的示意图，可供制订制件弯曲工艺过程时参考。

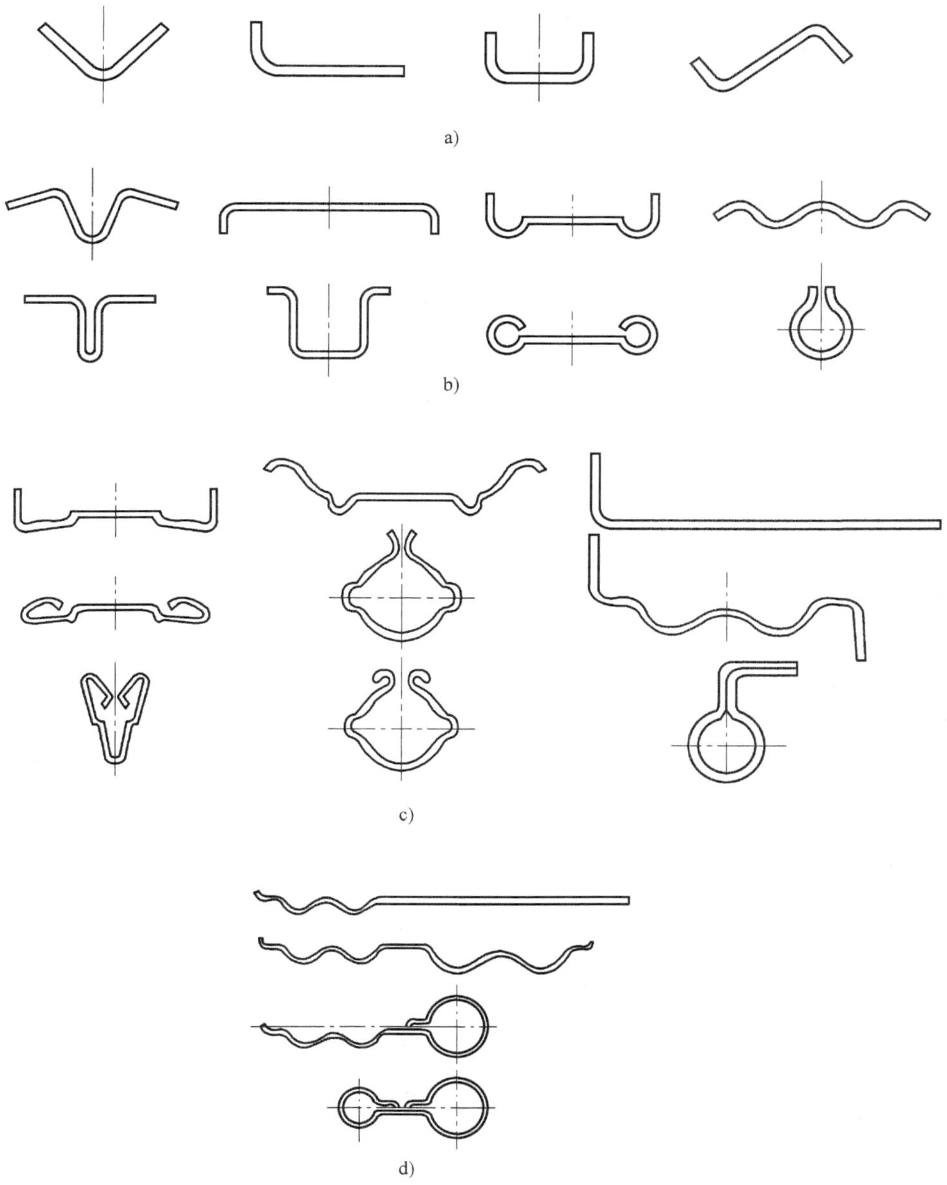

图 4-15　一次至四次弯曲成形示意图

a）一次弯曲成形　b）二次弯曲成形　c）三次弯曲成形　d）四次弯曲成形

3. 毛坯的定位和压紧

在设计弯曲模时，毛坯要有可靠的定位。坯料的安放和弯曲件的取出要方便、迅速、生产率高和操作安全。为了得到高精度的产品，应采取措施防止坯料在弯曲过程中的偏移。

控制偏移的措施有：

1）采用压料装置，使坯料在压紧状态下逐渐弯曲成形，从而防止坯料滑动，而且还可得到平整的弯曲件，如图 4-16 所示。

2）利用毛坯上的孔或弯曲前冲出的工艺孔，用定位销插入孔中定位，使坯料无法移动，如图 4-17a、b 所示。

3）根据偏移量大小，调节定位元件的位置来补偿偏移，如图 4-17c 所示。

4）对于不对称的零件，先成对弯曲，弯曲后再切断，如图 4-17d 所示。

5）尽量采用对称的凸、凹结构，使凹模两边的圆角半径相等，凸、凹模间隙调整对称。

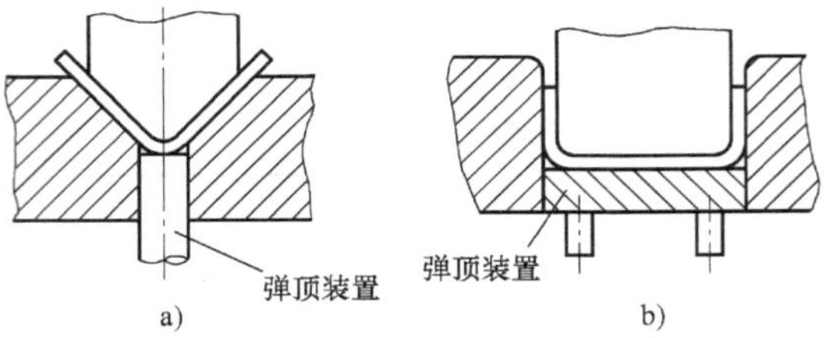

图 4-16　控制偏移的措施

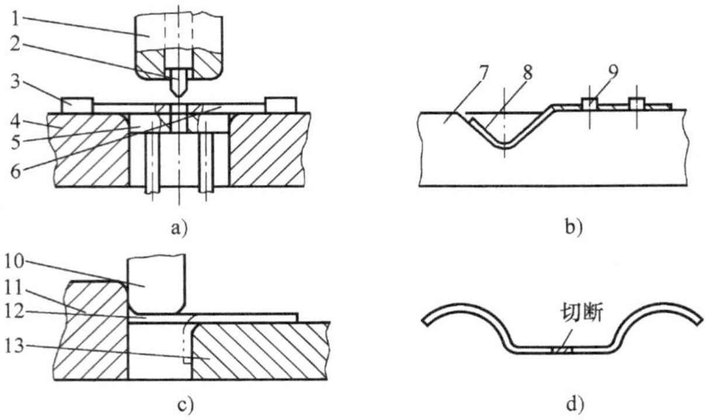

图 4-17　控制偏移的措施

1、10—凸模　2—导正销　3、11—定位板　4、7、13—凹模　5—顶板　6、12—坯料　8—工件　9—定位销

4. 控制回弹的措施

在实际生产中，由于材料的力学性能和厚度的变动等原因，要完全消除弯曲件的回弹是不可能的，但可以采取一些措施来控制或减小回弹所引起的误差，以提高弯曲件的精度。控制弯曲件回弹的措施有如下几种。

（1）改进弯曲件的设计

1）尽量避免选用过大的相对弯曲半径 r/t。如有可能，在弯曲变形区压出加强肋或成形边翼，以提高弯曲件的刚度，抑制回弹，如图 4-18 所示。

2）采用 $\sigma s/E$ 小、力学性能稳定和板料厚度波动小的材料。如用软钢来代替硬铝、铜合金等，不仅回弹小，而且成本低，易于弯曲。

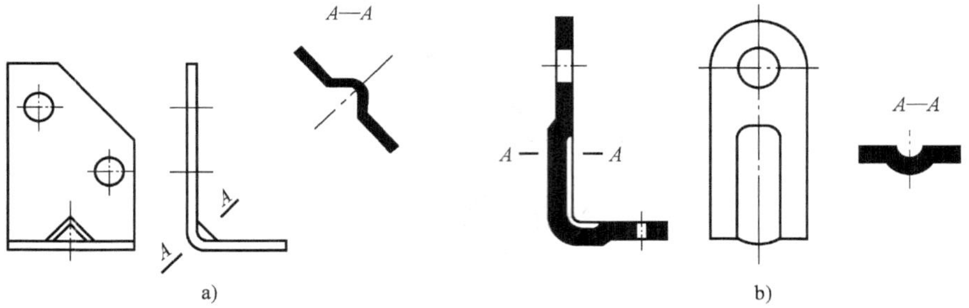

图 4-18　加强肋减小回弹

（2）采取合适的弯曲工艺

1）用校正弯曲代替自由弯曲。

2）对经冷作硬化后的材料在弯曲前进行退火处理，弯曲后再用热处理方法恢复材料性能。对回弹较大的材料，必要时可采用加热弯曲。

3）采用拉弯工艺。在弯曲过程中对板料施加一定的拉力，使弯曲件变形区的整个断面都处于同向拉应力，卸载后变形区的内、外区回弹方向一致，从而可以大大减小弯曲件的回弹。这种方法对于弯曲 r/t 很大的弯曲件特别有利。

（3）合理设计弯曲模结构

1）在凸模上减去回弹角（图 4-19a、b），使弯曲件弯曲后其回弹得到补偿。对 U 形件，还可将凸、凹模底部设计成弧形（图 4-19c），弯曲后利用底部向下的回弹来补偿两直边向外的回弹。

2）当弯曲件材料厚度大于 0.8 mm，且塑性较好时，可将凸模设计成图 4-20 所示的局部突起形状，使凸模作用力集中在弯曲变形区，以加大变形区的变形程度，从而减小回弹。

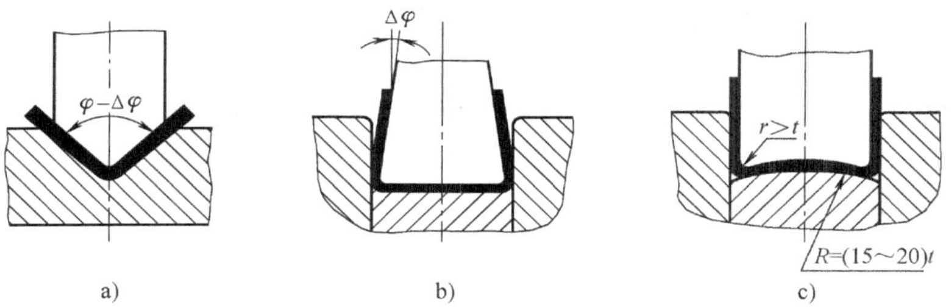

图 4-19　补偿回弹

3）对于一般较软的材料，如 Q215、Q235、10、20、H62（M）等，可增加压料力（图 4-21a）或减小凸、凹模之间的间隙（图 4-21b），以增加拉应变，减小回弹。

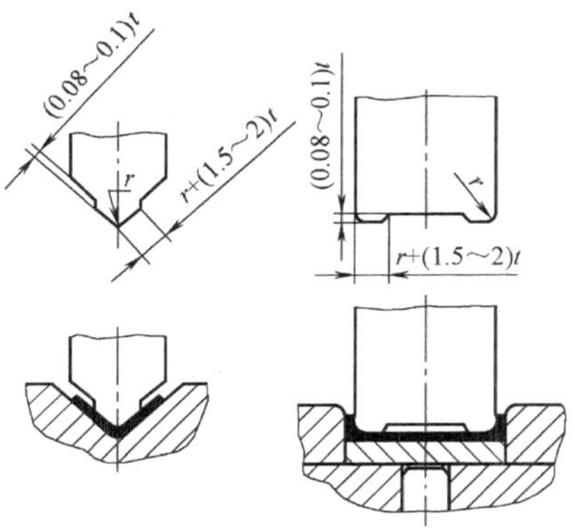

图 4-20　凸模作用力集中减小回弹

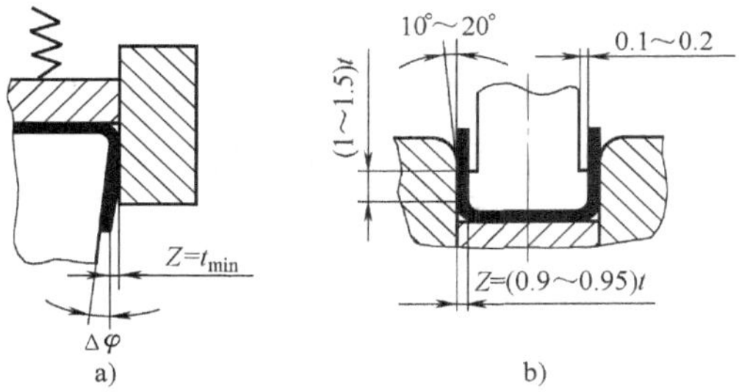

图 4-21　增大拉应变减小回弹

4）在弯曲件直边的端部加压，使弯曲变形区的内、外区都处于压应力状态而减小回弹，并能得到较精确的弯边高度，如图 4-22 所示。

5）采用橡胶或聚氨酯代替刚性凹模进行软凹模弯曲，可使坯料紧贴凸模，同时使坯料产生拉伸变形，获得类似拉弯的效果，能显著减小回弹，如图 4-23 所示。

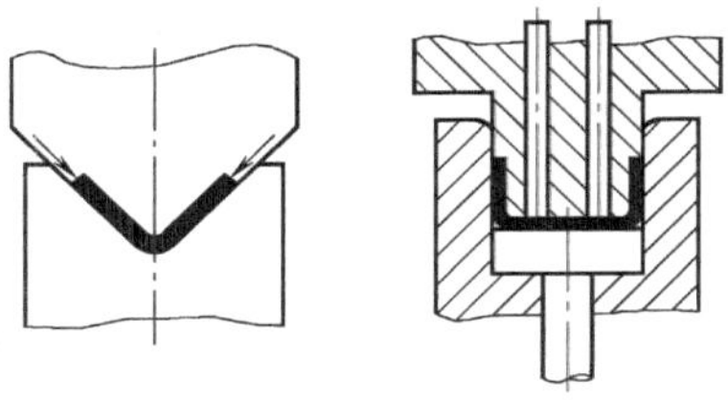

图 4-22　在弯曲件端部加压减小回弹

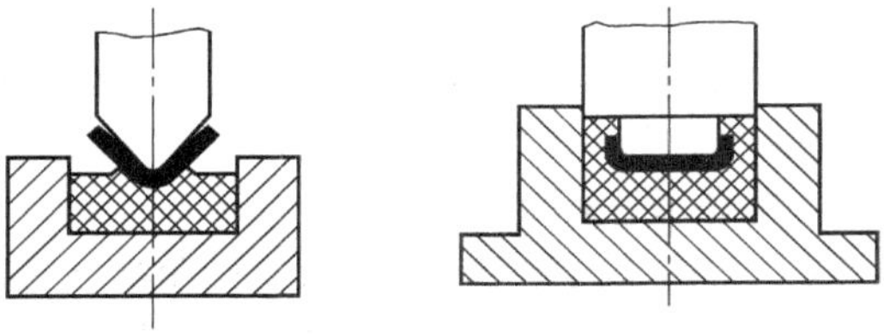

图 4-23　采用软凹模弯曲减小回弹

5. 防止弯曲件开裂

弯曲过程中，板料外层受拉应力作用，当超过许用极限时，就会出现裂纹。可采用如下方法防止开裂。

1）选择塑性好的材料，采用经过退火或正火处理的软材料。

2）选择表面质量好的毛坯材料。毛坯表面要无划伤、潜伏裂纹、毛刺及冷作硬化等缺陷。

3）弯曲排样时要注意板料或卷料的轧制方向。

除以上方法外，还有：

模具结构不应妨碍坯料在弯曲过程中应有的转动和移动，避免弯曲过程中坯料产生过度变薄和断面发生畸变。

模具结构应能保证弯曲时上、下模之间水平方向的错移力得到平衡。

4.4　弯曲模设计实例

1. 设计题目

保持架多部位弯曲模设计。

2. 原始数据

零件名称：保持架；

生产批量：中批量；

材料：20 钢，厚度为 0.5mm；

零件图：如图 4-24 所示。

3. 零件的工艺分析

保持架采用单工序模弯曲，需要三道工序，如图 4-25 所示。三道工序依次为落料、异向弯曲和最终弯曲。每道工序各用一套模具。现介绍第二道工序的异向弯曲模设计内容。

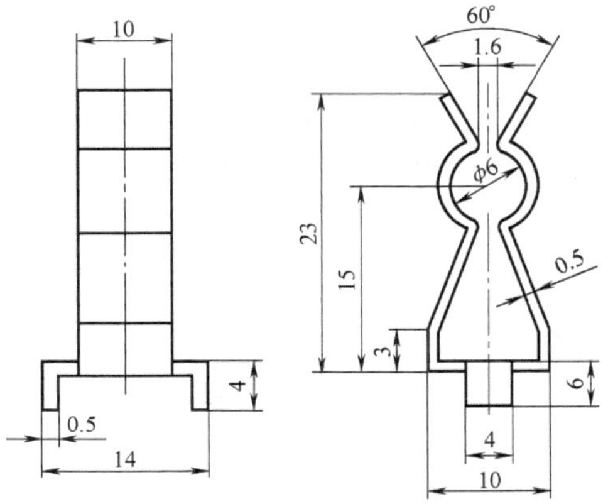

图 4-24　保持架零件图

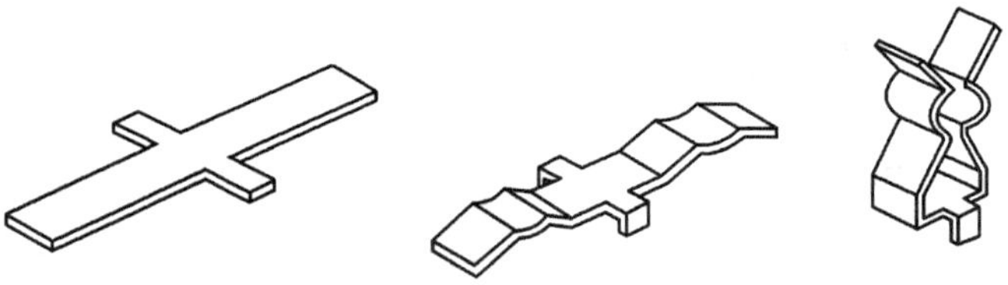

a)　　b)　　c)

图 4-25　单工序模弯曲工序

a）落料　b）异向弯曲　c）最终弯曲

异向弯曲工序的工件如图 4-26 所示。工件左右对称，在 b、c、d 位置各有两处弯曲。bc 弧段的半径为 $R3$mm，其余各段是直线。中间 e 部位为对称的向下弯曲部位。通过上述分析可知，共有 8 条弯曲线。

4. 毛坯展开长度计算

保持架由于其零件尺寸不大，圆角半径又很小，板料厚度也薄，故忽略圆角处的弧长。根据零件图及图 4-26 可知，此件是由两段圆弧和七段直线组成，且左右对称，因此只要计算一半尺寸再乘以 2 即可确定毛坯展开长度，如图 4-24 所示。

第一段是上部斜线：$ab = (23-15-3)\text{mm}/\cos 30° \approx 5.77\text{mm}$

第二段是 R3 圆弧线：$\overset{\frown}{bc} = 2\pi R/2 - 1.6 = 2\pi \times 3/2\text{mm} - 1.6\text{mm} \approx 7.82\text{mm}$

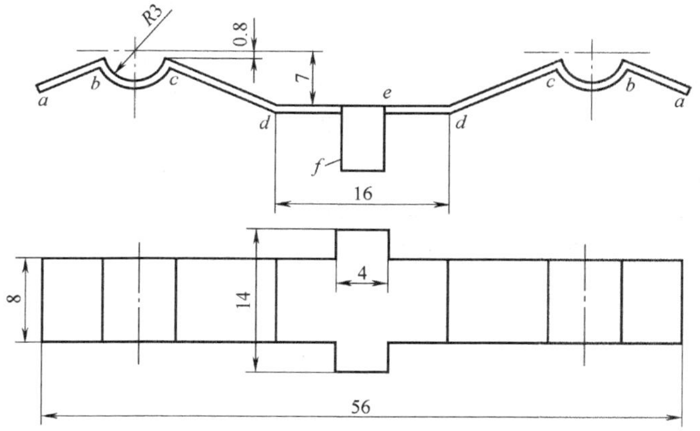

图4-26　异向弯曲工序工件图

第三段是下部斜线：$cd=(15-3-3)/\cos30°\text{mm}\approx10.39\text{mm}$

第四段是靠近下部斜线与底部垂直的直线，其单边数值为：3mm

第五段是底部，其数值为：10mm

故毛坯展开长度为：

$$\begin{aligned}L&=(ab+\overset{\frown}{bc}+cd+3)\times2+10\\&=(5.77+7.82+10.39+3)\times2\text{mm}+10\text{mm}\\&\approx63.96\text{mm}\end{aligned}$$

经过上述计算，展开长度初步确定为64mm，精确的展开长度值可以在试模以后再进行修正。

5. 弯曲力的计算

工件的8条弯曲线均按自由弯曲进行计算。图4-26中的b、c、d各处V形弯曲根据弯曲经验公式计算，当弯曲内半径$r=0.1t$时，每处的弯曲力为

$$F_1=\frac{Bt^2\sigma_b}{1000(r+t)}=\frac{8\times0.5^2\times450}{1000\times(0.1\times0.5+0.5)}\text{kN}=1.6364\text{kN}$$

工件共有6处弯曲，6处总的弯曲力为$F=1.6364\text{kN}\times6=9.8184\text{kN}$

图4-26中的e处弯曲与上述计算类同，只是弯曲件宽度为4mm，则计算出e处单侧弯曲力为0.8182kN，而两侧的弯曲力应再乘2，即1.6364kN。总计弯曲力为

$$F_{总}=9.8184\text{kN}+1.6364\text{kN}=11.4548\text{kN}$$

6. 校正弯曲力的计算

$$F_{校}=PA$$

式中，校正弯曲时单位面积校正力P查表4-10取值为30MPa；A按水平面的投影面积计算（图4-26俯视图）。

$$A=56\text{mm}\times8\text{mm}+4\text{mm}\times(14-8)\text{mm}=472\text{mm}^2$$

故

$$F_{校}=30\text{MPa}\times472\text{mm}^2=14160\text{N}=14.16\text{kN}$$

自由弯曲力和校正弯曲力的和为

$$F=11.4548\text{kN}+14.16\text{kN}=25.6148\text{kN}$$

7. 弹顶器的计算

弹顶器的作用是将弯曲后的工件顶出凹模，由于所需的顶出力很小，在零件突耳的弯曲过程

中，弹顶器的力不宜太大，应当小于单边的弯曲力，否则弹顶器将压弯工件，使工件在直边部位出现变形。

查表 9-39 选用圆柱螺旋压缩弹簧。选其中径 $D=14\text{mm}$，钢丝直径 $d=1.2\text{mm}$，最大工作负载 $F_n=41.3\text{N}$，最大单圈变形量 $f_n=5.575\text{mm}$，节距 $t=7.44\text{mm}$。

如图 4-26 主视图所示，顶件块位于上止点时应和 b、c 点等高，上模压下时与 f 点等高，弹顶器的工作行程 $f_x=4.2\text{mm}+6\text{mm}=10.2\text{mm}$，弹簧有效圈数 $n=3$ 圈，最大变形量 $f_1=n\times f_n=3\times 5.575\text{mm}=16.73\text{mm}$。弹簧预先压缩量选为 $f_0=8\text{mm}$。

弹簧的弹性系数 K 可按下式估算

$$K=\frac{F_n}{nf_n}=\frac{41.3}{3\times 5.575}\text{N/mm}=2.47\text{N/mm}$$

弹簧预紧力为

$$F_0=Kf_0=2.47\times 8\text{N}=19.76\text{N}$$

下止点时弹簧顶力为

$$F_1=Kf_x=2.47\times 10.2\text{N}=25.19\text{N}$$

此值远小于 e 处的弯曲力，故符合要求。

8. 回弹量的计算

零件图中对弯曲半径的大小没有要求，为了减少回弹，弯曲半径尽量选择小一些。关于弯曲线与纤维线的方向，在 b、c、d 点属于垂直方向，在 e 点属于平行方向（图 4-26）。材料为正火状态，最小相对弯曲半径的值从表 4-1 中选取，分别为 0.1 和 0.5，取在 b、c、d 点的弯曲半径为 0.05mm，在 e 点弯曲半径为 0.25mm。

本例采用查表法确定各弯曲线处的回弹量。先求 d 点处回弹值：用作图法求得 d 点处弯曲角大约是 155°，又已知 $r/t=0.05/0.5=0.1$，根据表 4-3 经验公式，计算出回弹角 $\Delta\varphi$ 约为 0°30′。再求 c 点处回弹值：c 点位置的弯曲角是指 $R3$ 圆弧在 c 点处的切线与直线 cd 的夹角，其角度用作图法求得，大约为 81°，根据表 4-3，并采用插值法求得回弹角 $\Delta\varphi$ 约为 1°40′。与 c 点处求法类似，求得 b 点处回弹角约为 1°45′。

$R3\text{mm}$ 圆弧段弯曲后产生的回弹有两个影响：一是圆弧曲率半径变大，二是影响 ab 段的角度。对于前者，当 $r/t<(5\sim8)$ 时，忽略不计；对于后者，通过查表估计其值。r/t 的值 $=3/0.5=6$，折弯角度是 b、c 两点圆弧切线的夹角，用作图法求出弯曲角约为 30°。查表 4-2 可得回弹角为 6°。即由圆弧产生的回弹将使 ab 与 cd 两直线的夹角产生 6°的回弹。

消除回弹措施是采用补偿法消除回弹，凸模与凹模各部位补偿的角度如图 4-27 所示。图中粗实线是补偿前的曲线，细点画线是补偿后的曲线。$R3$ 圆弧的 6°回弹值应在 b、c 两点位置各分配 3°。4°40′是用圆心偏移的角度实现 c 点补偿的，其中 3°是圆弧补偿角，1°40′是 c 点弯曲的补偿角。4°45′是 b 点补偿角，其中 3°是圆弧补偿角，1°45′是 b 点弯曲的补偿角。0°30′是 d 点的弯曲补偿角。

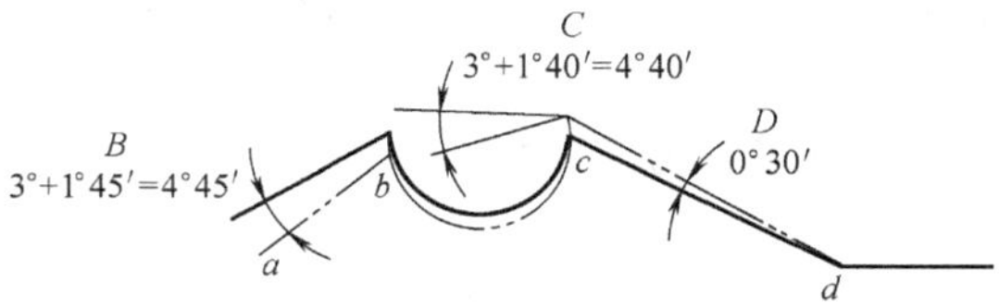

图 4-27 补偿角示意图

9. 弯曲模结构设计和装配总图

模具总体结构如图 4-28 所示。上模座采用带柄矩形模座，凸模用凸模固定板固定。下模部分由凹模、凹模固定板、垫板和下模座组成。模座下面装有弹顶器，弹顶力通过两根推杆传递到顶件块上。坯料在弯曲过程中极易滑动，要采用定位措施。本工件中部有两个突耳，在凹模的对应部位设置沟槽，冲压时突耳始终处于沟槽内，用这个方法可实现材料的定位。

模具工作过程是将落料后的坯料放在凹模上，并使中部的两个突耳进入凹模固定板的槽中。当模具下行时，凸模中部和顶件块压住坯料的突耳，使坯料准确定位在槽内。模具继续下行，各部的弯曲逐渐成形。上模回程时，弹顶器通过顶件块将工件顶出。

10. 弯曲模凸模、凹模设计

凸模是由两部分组成的镶拼结构，如图 4-29 所示。这样的结构便于线切割机床加工。图 4-29 中凸模 *B* 部位的尺寸按前述回弹补偿角度设计。*A* 部位在弯曲工件的两突耳时能起凹模作用。凸模用凸模固定板和螺钉固定。根据表 4-11 查得间隙系数 c 值为 0.05。根据式 (4-13) 则单边间隙 $Z = t_{max} + ct = 0.5\text{mm} + 0.05 \times 0.5\text{mm} = 0.525\text{mm}$。

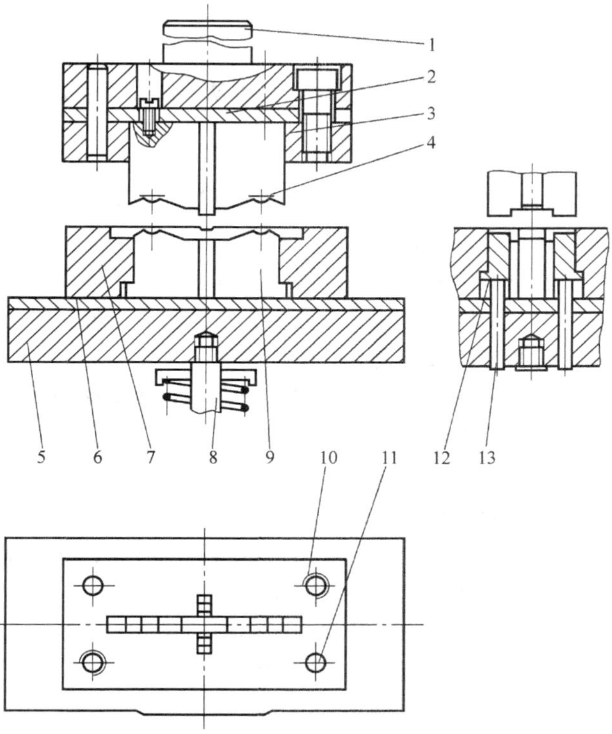

图 4-28　保持架弯曲模装配图

1—带柄矩形上模座　2—垫板　3—凸模固定板　4—凸模　5—下模座　6—垫板　7—凹模固定板　8—弹顶器　9—凹模　10—螺钉　11—销钉　12—顶件块　13—推杆

凹模采用镶拼结构，与凸模结构类同，如图 4-30 所示。凹模下部设计有凸台，用于凹模的固定。凹模工作部位的几何形状，可对照凸模的几何形状并考虑工作厚度进行设计。凸模和凹模均采用 Cr12 制造，热处理硬度为 62 ~ 64HRC。

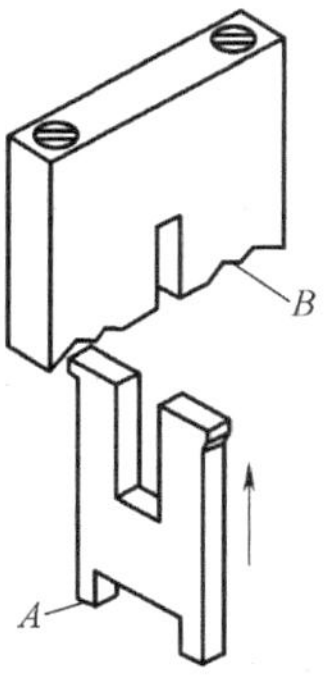

图 4-29　凸模

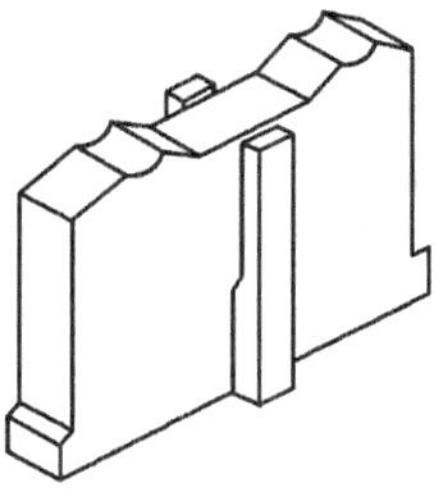

图 4-30　凹模

11. 模具其他零件可自行设计（略）

第 5 章　拉深工艺与拉深模的设计

拉深是将一定形状的平板毛坯通过拉深模具冲压成各种开口空心件，或以开口空心件为毛坯，减小直径，增大高度的一种冲压加工方法。

按照拉深件的形状，拉深工艺可分为旋转体零件拉深、盒形零件拉深和复杂形状零件拉深三类。其中，旋转体零件又可分为无凸缘圆筒形件、带凸缘圆筒形件、半球形件、锥形件、抛物线形件、阶梯形件和复杂旋转体拉深件等。

按照变形方法，拉深工艺可分为不变薄拉深和变薄拉深两种。不变薄拉深是通过减小毛坯或半成品的直径来增加拉深件高度，拉深过程中材料厚度的变化很小，可以近似认为拉深件壁厚等于毛坯厚度。变薄拉深一般是以开口空心件为毛坯，通过减小壁厚的方式来增加拉深件的高度，拉深过程中筒壁厚度显著变薄。

拉深冲压加工的生产率高，材料利用率高，能够制造小到几毫米，大到几米的拉深件和其他加工方法不易成形的薄壁且复杂的冲制件。

筒形件是拉深中最简单、最典型的零件。本章首先讨论圆筒形拉深件的不变薄拉深，在此基础上，再分析其他形状零件的拉深特点。

5.1　拉深工艺计算

5.1.1　圆筒形件的不变薄拉深

拉深件坯料形状和尺寸的确定应遵循以下原则。

（1）形状相似性原则　拉深件的坯料形状一般与拉深件的截面轮廓形状近似相同，即当拉深件的截面轮廓是圆形、方形或矩形时，相应坯料的形状应分别为圆形、近似方形或近似矩形。另外，坯料周边应光滑过渡，以使拉深后得到等高侧壁（如果零件要求等高时）或等宽凸缘。

（2）表面积相等原则　对于不变薄拉深，虽然在拉深过程中板料的厚度有增厚也有变薄，但实践证明，拉深件的平均厚度与坯料厚度相差不大。由于塑性变形前后板料体积不变，因此，可以按坯料面积等于拉深件表面积的原则确定坯料尺寸。

应该指出，用理论计算方法确定坯料尺寸不是绝对准确的，而是近似的，尤其是变形复杂的复杂拉深件。对于形状复杂的拉深件，通常是先做好拉深模，并以理论计算方法初步确定的坯料进行反复试模修正，最后得到符合实际的坯料形状与尺寸作为制造落料模的依据。

1. 修边余量的确定

一般拉深件在拉深成形后，工件口部或凸缘周边不齐整，必须进行修边，以达到工件形状和尺寸的要求。因此，在按照工件图样计算毛坯尺寸时，必须加上修边余量后再进行计算。修边余量可参考表 5-1 和表 5-2 内容查得。

2. 毛坯尺寸的计算

（1）形状简单的旋转体拉深件的毛坯直径　这种情况首先将拉深件划分成若干个简单的几何形状，如图 5-1 所示，分别求出各部分的面积，最后相加，即得到工件面积为

$$A = a_1 + a_2 + a_3 + a_4 + a_5 = \sum a \tag{5-1}$$

表 5-1　无凸缘圆筒形拉深件的修边余量 Δh　　（单位：mm）

制件高度 h	制件的相对高度 h/d				附　图
	>0.5～0.8	>0.8～1.6	>1.6～2.5	>2.5～4	
≤10	1.0	1.2	1.5	2	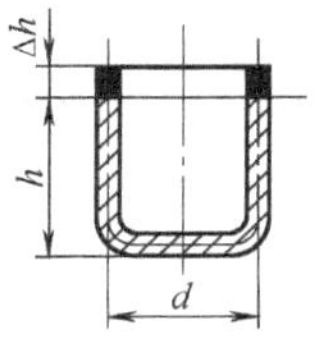
>10～20	1.2	1.6	2	2.5	
>20～50	2	2.5	3.3	4	
>50～100	3	3.8	5	6	
>100～150	4	5	6.5	8	
>150～200	5	6.2	8	10	
>200～250	6	7.5	9	11	
>250	7	8.5	10	12	

表 5-2　有凸缘圆筒形拉深件的修边余量 ΔR　　（单位：mm）

凸缘直径 d_1	凸缘的相对直径 d_1/d				附　图
	1.5 以下	>1.5～2	>2～2.5	>2.5～3	
≤25	1.6	1.4	1.2	1.0	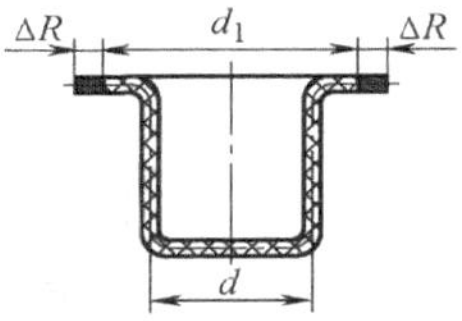
>25～50	2.5	2.0	1.8	1.6	
>50～100	3.5	3.0	2.5	2.2	
>100～150	4.3	3.6	3.0	2.5	
>150～200	5.0	4.2	3.5	2.7	
>200～250	5.5	4.6	3.8	2.8	
>250	6	5	4	3	

毛坯面积为

$$A_0 = \frac{\pi}{4}D^2$$

按照拉深前后毛坯与工件表面积相等的原则，故 $A = A_0$。

毛坯直径为

$$D = \sqrt{\frac{4}{\pi}A} = \sqrt{\frac{4}{\pi}\sum a} \tag{5-2}$$

式中，A 为拉深件的表面积；a 为拉深件分解成简单几何形状的表面积，其计算公式见表 5-3。

对于常用旋转体的拉深件，其毛坯直径计算公式可直接查表 5-4 求得。

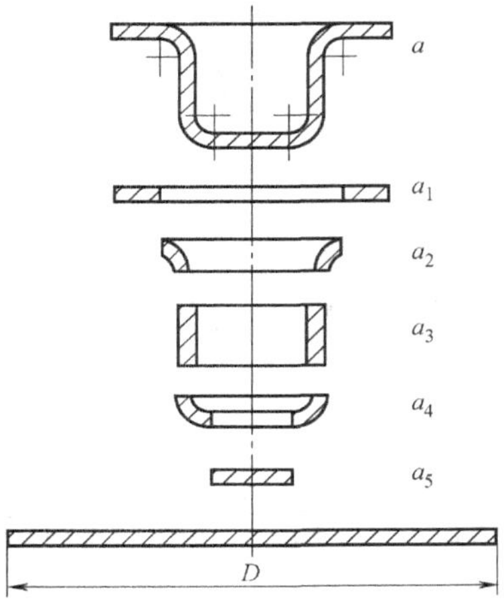

图 5-1　筒形件毛坯尺寸的确定

（2）形状复杂的旋转体拉深件的毛坯直径　形状复杂的旋转体拉深件，在求毛坯直径时，可利用久里金法则，即任何形状的素线 AB 绕轴线 yy 旋转，所得到的旋转体表面积等于素线展开长度 L 与其重心绕轴线旋转所得周长 $2\pi x$ 的乘积（x 是该段素线重心至轴线的距离），如图 5-2 所示。即旋转体的表面积为

$$A = 2\pi Lx \tag{5-3}$$

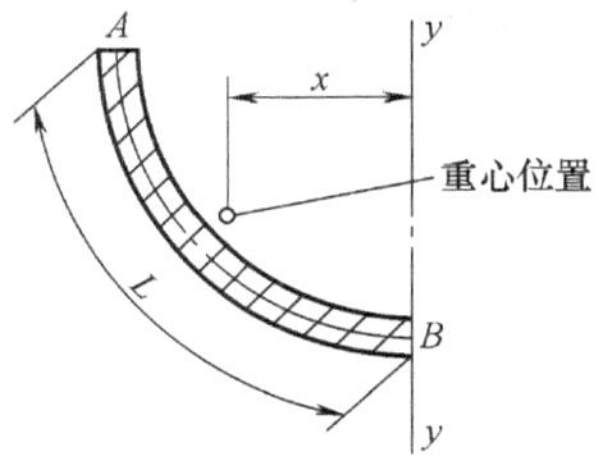

图 5-2　旋转体素线

表 5-3　简单几何形状的表面积计算公式

序号	名称	几何形状	面积 A	序号	名称	几何形状	面积 A
1	圆	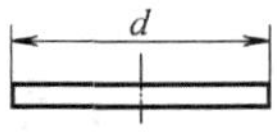	$A=\frac{\pi d^2}{4}=0.78d^2$	9	1/4 的凸球带	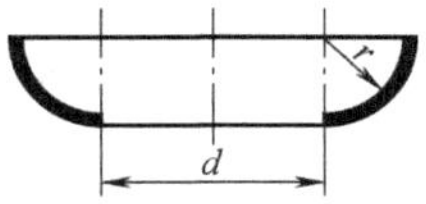	$A=\frac{\pi}{2}r(\pi d+4r)$
2	环	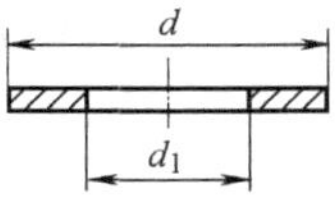	$A=\frac{\pi}{4}(d^2-d_1^2)$	10	1/4 的凹球带	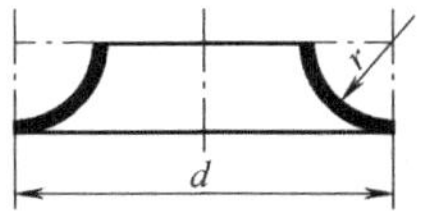	$A=\frac{\pi}{2}r(\pi d-4r)$
3	筒形	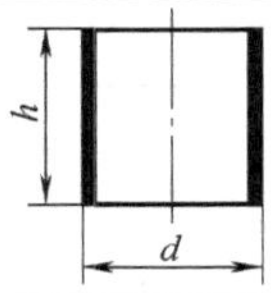	$A=\pi dh$	11	凸形球环	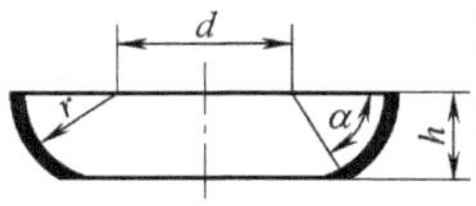	$A=\pi(dl+2rh)$ $h=r\sin\alpha$ $l=\frac{\pi r\alpha}{180°}$
4	锥形	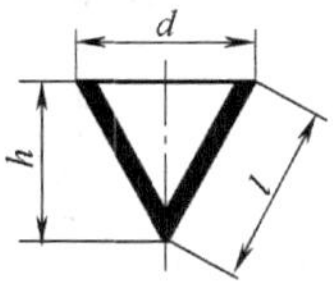	$A=\frac{\pi dl}{2}$或 $A=\frac{\pi}{4}d\sqrt{d^2+4h^2}$	12	凹形球环	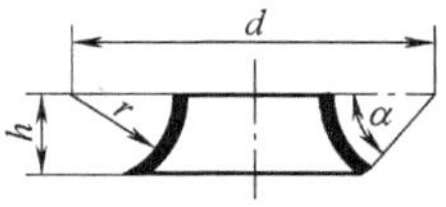	$A=\pi(dl-2rh)$ $h=r\sin\alpha$ $l=\frac{\pi r\alpha}{180°}$
5	截头锥形	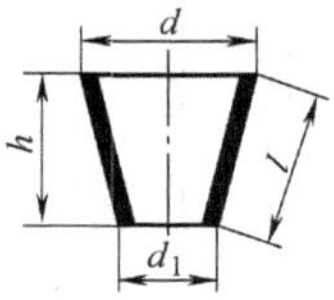	$A=\pi l\left(\frac{d+d_1}{2}\right)$ $l=\sqrt{h^2+\left(\frac{d-d_1}{2}\right)^2}$	13	凸形球环	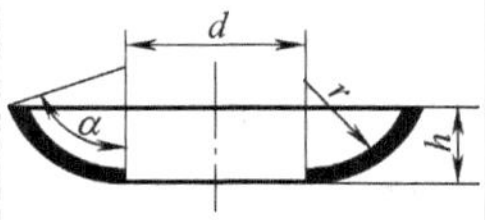	$A=\pi(dl+2rh)$ $h=r(1-\cos\alpha)$ $l=\frac{\pi r\alpha}{180°}$
6	半球面	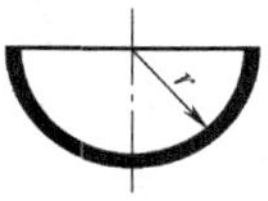	$A=2\pi r^2$	14	凹形球环	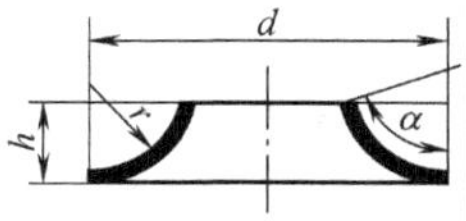	$A=\pi(dl-2rh)$ $h=r(1-\cos\alpha)$ $l=\frac{\pi r\alpha}{180°}$
7	小半球面	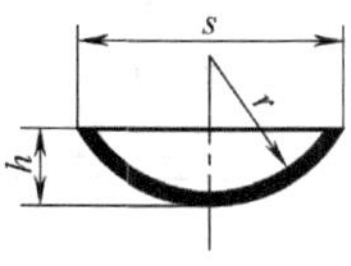	$A=2\pi rh$ 或 $A=\frac{\pi}{4}(s^2+4h^2)$	15	凸形球环	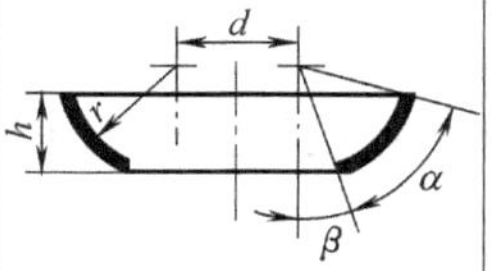	$A=\pi(dl+2rh)$ $h=r[\cos\beta-\cos(\alpha+\beta)]$ $l=\frac{\pi r\alpha}{180°}$
8	球带	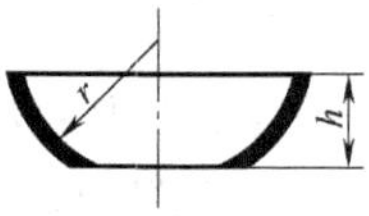	$A=2\pi rh$	16	凹形球环	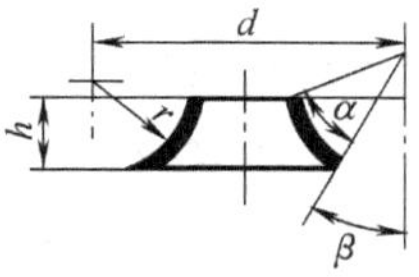	$A=\pi(dl-2rh)$ $h=r[\cos\beta-\cos(\alpha+\beta)]$ $l=\frac{\pi r\alpha}{180°}$

表 5-4　常用旋转体拉深件毛坯直径的计算公式

序号	工件形状	毛坯直径 D
1	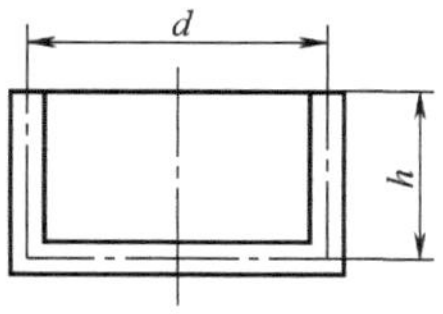	$D=\sqrt{d^2+4dh}$

（续）

序号	工件形状	毛坯直径 D
2	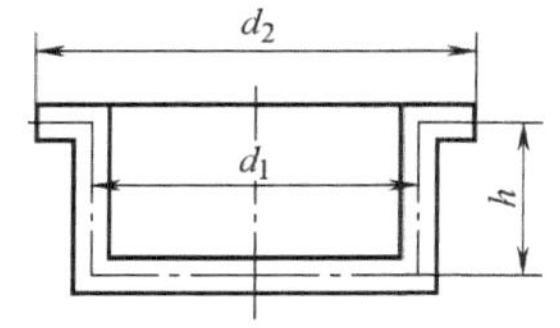	$D=\sqrt{d_2^2+4d_1h}$
3	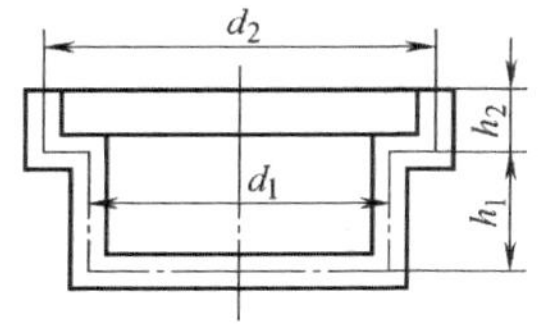	$D=\sqrt{d_2^2+4(d_1h_1+d_2h_2)}$
4	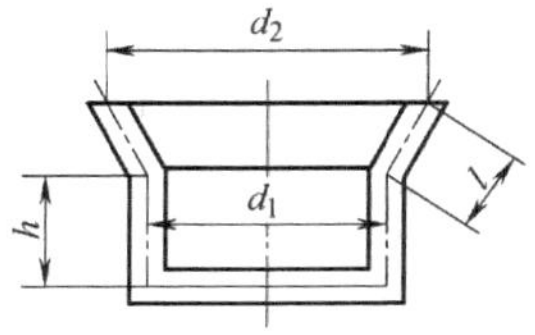	$D=\sqrt{d_1^2+4d_1h+2l(d_1+d_2)}$
5	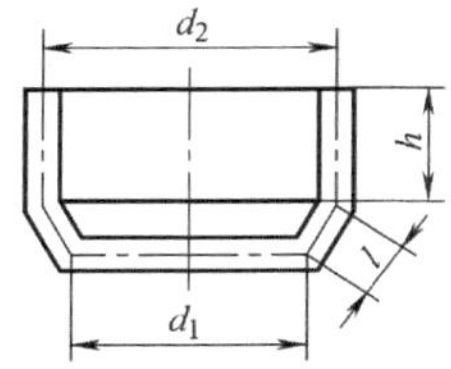	$D=\sqrt{d_1^2+2l(d_1+d_2)+4d_2h}$
6	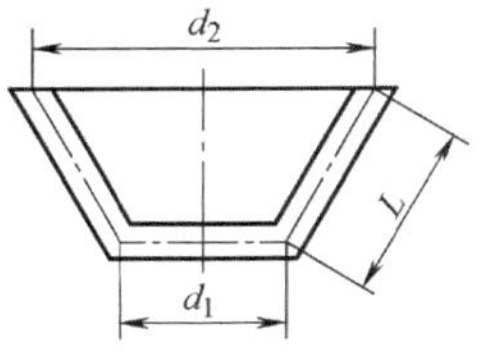	$D=\sqrt{d_1^2+2l(d_1+d_2)}$
7	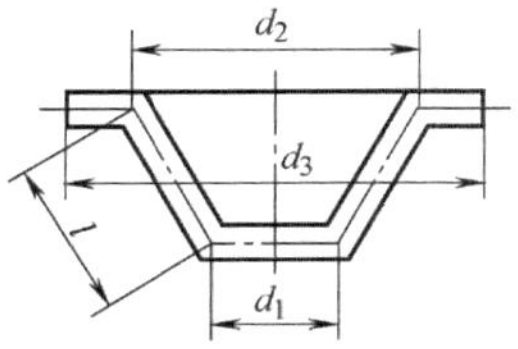	$D=\sqrt{d_1^2+2l(d_1+d_2)+d_3^2-d_2^2}$
8	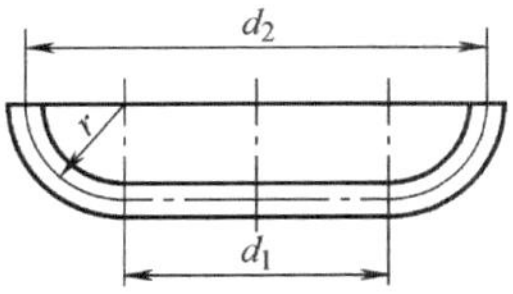	$D=\sqrt{d_1^2+2r(\pi d_2+4r)}$
9	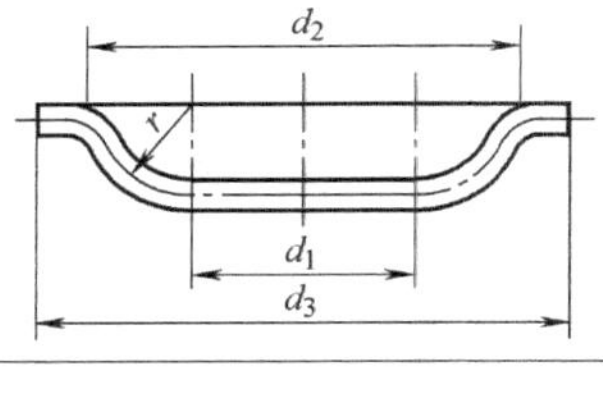	$D=\sqrt{d_1^2+6.28rd_1+8r^2+d_3^2-d_2^2}$

（续）

序号	工 件 形 状	毛坯直径 D
10	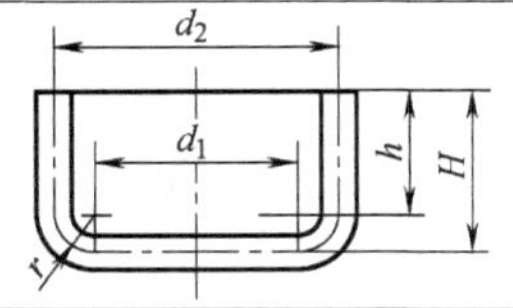	$D=\sqrt{d_1^2+4d_2h+6.28rd_1+8r^2}$或 $D=\sqrt{d_1^2+4d_2H-1.72rd_2-0.56r^2}$
11	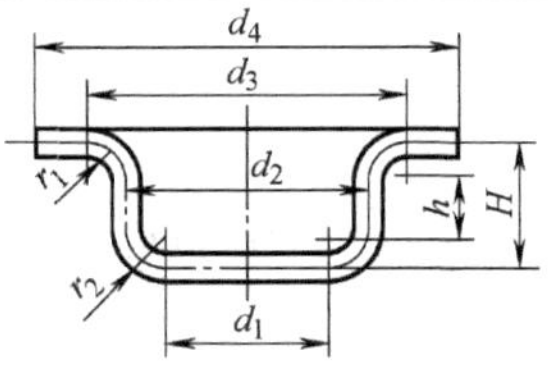	$D=\sqrt{d_1^2+2\pi r_2d_1+8r_2^2+4d_2h+2\pi r_1d_2+4.56r_1^2+d_4^2-d_3^2}$ 若 $r_1=r_2=r$ 时，则 $D=\sqrt{d_1^2+4d_2h+2\pi r(d_1+d_2)+4\pi r^2+d_4^2-d_3^2}$ 或 $D=\sqrt{d_1^2+4d_2H-3.44rd_2}$
12	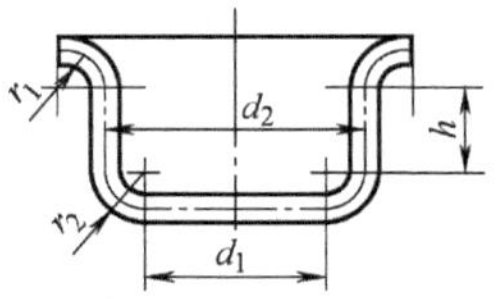	$D=\sqrt{d_1^2+2\pi r_2d_1+8r_2^2+4d_2h+2\pi r_1d_2+4.56r_1^2}$ 若 $r_1=r_2=r$ 时，则 $D=\sqrt{d_1^2+4d_2h+2\pi r(d_1+d_2)+4\pi r^2}$
13	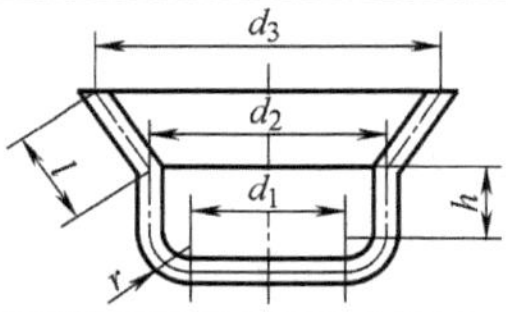	$D=\sqrt{d_1^2+2\pi rd_1+8r^2+4d_2h+2l(d_2+d_3)}$
14	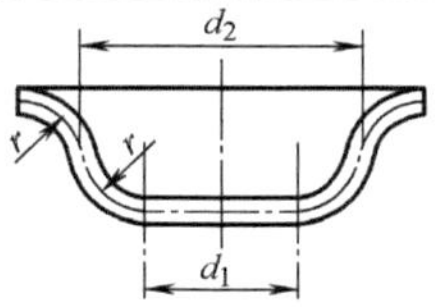	$D=\sqrt{d_1^2+2\pi r(d_1+d_2)+4\pi r^2}$
15	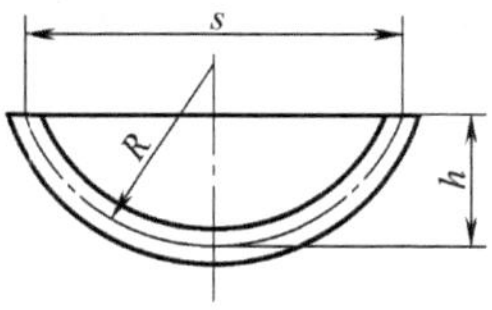	$D=\sqrt{8Rh}$或$D=\sqrt{s^2+4h^2}$
16	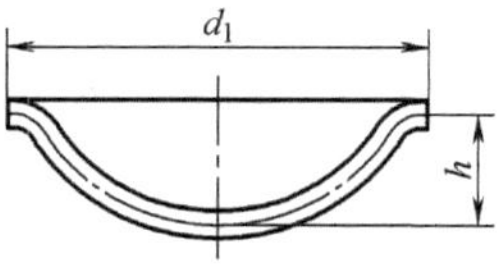	$D=\sqrt{d_1^2+4h^2}$
17	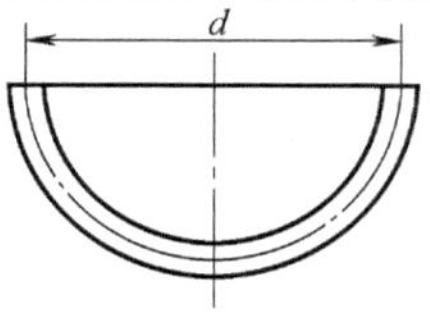	$D=\sqrt{2d^2}=1.414d$
18	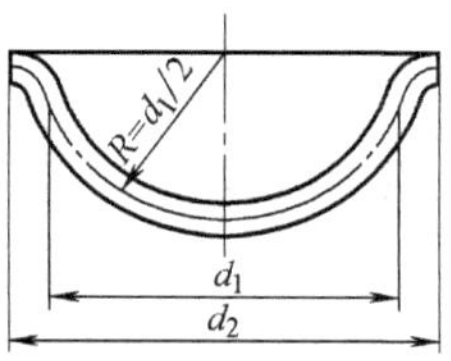	$D=\sqrt{d_1^2+d_2^2}$

（续）

序号	工 件 形 状	毛坯直径 D
19	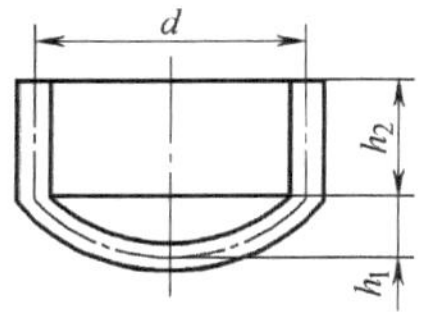	$D=\sqrt{d^2+4(h_1^2+dh_2)}$
20	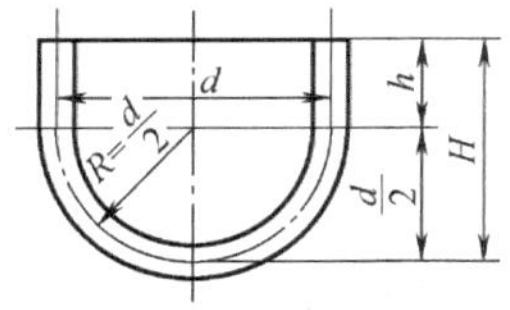	$D=1.414\sqrt{d^2+2dh}$ 或 $D=2\sqrt{dH}$

但是一般对整个曲线长及其确定重心位置的 x 不易计算，故可把素线分成若干容易计算的简单形状曲线，各段曲线成为 l_1，l_2，…，l_n，各段的重心与轴的距离为 x_1，x_2，…，x_n，此时旋转体的表面积为

$$\begin{aligned}A &= 2\pi l_1x_1+2\pi l_2x_2+\cdots+2\pi l_{n-1}x_{n-1}+2\pi l_nx_n\\&=2\pi\sum_{i=1}^{n}l_ix_i\\&=2\pi Lx\end{aligned}$$

毛坯面积为

$$A_0=\frac{\pi D^2}{4}$$

根据拉深前、后表面积相等的原则，故毛坯直径为

$$D=\sqrt{8\sum_{i=1}^{n}l_ix_i}\qquad(5\text{-}4)$$

求毛坯直径通常用解析法，该法适用于直线和圆弧相连接的形状，例如，图 5-3 就可以采用上述公式求毛坯直径。

3. 拉深系数

拉深的变形程度大小可以用拉深件的高度和直径的比值来表示。比值小的变形程度小，可以一次拉深成形。比值大的就需要两次或两次以上拉深才能成形。在设计拉深工艺过程与确定必要的拉深工序数目时，通常用拉深系数作为设计的依据。

拉深系数 m 是指每次拉深后筒形件直径与拉深前毛坯（或半成品）直径的比值，如图 5-4 所示。

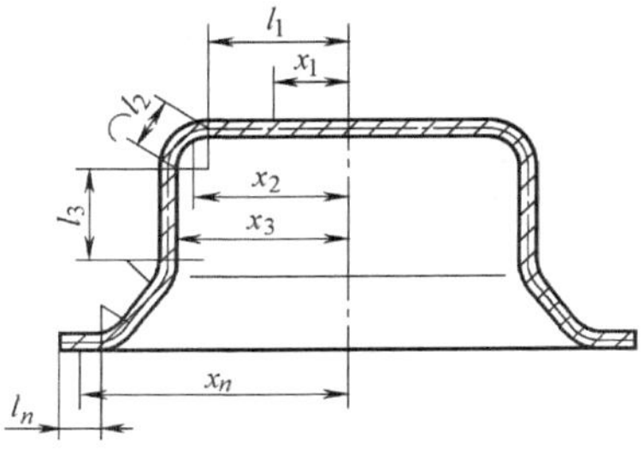

图 5-3　由直线和圆弧连接的拉深件

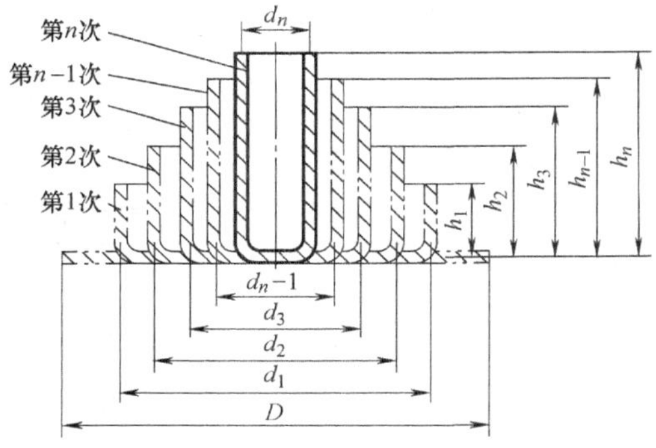

图 5-4　多次拉深时筒形件直径的变化

第一次拉深系数

$$m_1 = \frac{d_1}{D}$$

第二次拉深系数

$$m_2 = \frac{d_2}{d_1}$$

……

第 n 次拉深系数

$$m_n = \frac{d_n}{d_{n-1}}$$

拉深件的中径 d_n 与毛坯直径 D 之比称为总拉深系数，即拉深件所需要的拉深系数，用 m 表示。

$$m = \frac{d_n}{D} = \frac{d_1}{D}\frac{d_2}{d_1}\frac{d_3}{d_2}\cdots\frac{d_{n-1}}{d_{n-2}}\frac{d_n}{d_{n-1}} = m_1 m_2 m_3 \cdots m_{n-1} m_n \tag{5-5}$$

从以上各式可以看出，总拉深系数 m 表示了拉深前后坯料直径的变化率，其数值永远小于1。它反映了坯料外缘在拉深时切向压缩变形的大小。拉深系数越小，说明拉深前后直径差别越大，需要转移的“多余三角形”面积越大，拉深变形程度越大。反之，拉深变形程度越小。因此可用它作为衡量拉深变形程度的指标。

如果在制订拉深工艺时，m 取值过小，就会使拉深件起皱、开裂或严重变薄超差，因此 m 的减小有一个客观的界限，这个界限就是筒壁传力区所承受的最大拉应力和危险断面的有效抗拉强度相等时的拉深系数，称为极限拉深系数，用符号“$[m]$”表示。极限拉深系数值一般是在一定的拉深条件下用试验方法得出的。极限拉深系数见表 5-5、表 5-6。

需要指出的是，在实际生产中，并不是所有情况下都采用极限拉深系数。为了提高工艺稳定性，提高冲压零件质量，必须采用稍大于极限值的拉深系数。

此外，在多次拉深过程中，由于材料的加工硬化，使得变形抗力不断增大，所以以后各次极限拉深系数必须逐次递增，即

$$[m_1] < [m_2] < [m_3] < \cdots < [m_{n-1}] < [m_n]$$

表 5-5 无凸缘筒形件用压边圈拉深时的极限拉深系数

拉深系数	毛坯的相对厚度 t/D(%)					
	2~1.5	1.5~1.0	1.0~0.6	0.6~0.3	0.3~0.15	0.15~0.08
$[m_1]$	0.48~0.50	0.50~0.53	0.53~0.55	0.55~0.58	0.58~0.60	0.60~0.63
$[m_2]$	0.73~0.75	0.75~0.76	0.76~0.78	0.78~0.79	0.79~0.80	0.80~0.82
$[m_3]$	0.76~0.78	0.78~0.79	0.79~0.80	0.80~0.81	0.81~0.82	0.82~0.84
$[m_4]$	0.78~0.80	0.80~0.81	0.81~0.82	0.82~0.83	0.83~0.85	0.85~0.86
$[m_5]$	0.80~0.82	0.82~0.84	0.84~0.85	0.85~0.86	0.86~0.87	0.87~0.88

注：1. 凹模圆角半径大时 $r_A=(8\sim15)t$，拉深系数取小值；凹模圆角半径小时 $r_A=(4\sim8)t$，拉深系数取大值。
2. 表中拉深系数适用于08、10S、15S 钢与软黄铜 H62、H68。当拉深塑性更大的金属时（05、08Z 及 10Z 钢、铝等），应比表中数值减小 1.5%~2%。而当拉深塑性较小的金属时（20、25、Q235、酸洗钢、硬铝、硬黄铜等），应比表中数值增大 1.5%~2%（符号 S 为深拉深钢；Z 为最深拉深钢）。

表 5-6 无凸缘筒形件不用压边圈拉深时的极限拉深系数

毛坯的相对厚度 t/D(%)	各次拉深系数					
	$[m_1]$	$[m_2]$	$[m_3]$	$[m_4]$	$[m_5]$	$[m_6]$
0.4	0.90	0.92	—	—	—	—
0.6	0.85	0.90	—	—	—	—
0.8	0.80	0.88	—	—	—	—
1.0	0.75	0.85	0.90	—	—	—
1.5	0.65	0.80	0.84	0.87	0.90	—

（续）

毛坯的相对厚度 t/D(%)	各次拉深系数					
	$[m_1]$	$[m_2]$	$[m_3]$	$[m_4]$	$[m_5]$	$[m_6]$
2.0	0.60	0.75	0.80	0.84	0.87	0.90
2.5	0.55	0.75	0.80	0.84	0.87	0.90
3.0	0.53	0.75	0.80	0.84	0.87	0.90
≥3	0.50	0.70	0.75	0.78	0.82	0.85

注：此表适用于 08、10 及 15Mn 等材料。其余各项同表 5-5 的注。

影响极限拉深系数的主要有如下因素。材料的组织与力学性能：一般材料组织均匀、晶粒大小适当、屈强比 σ_s/σ_b 小、伸长率 δ 越大，对拉深越有利。板料的相对厚度 t/D：相对厚度 t/D 越大，拉深时抵抗失稳起皱的能力越大，因而可以减小压边力，减少摩擦阻力，有利于减小拉深系数。摩擦与润滑条件：凹模与压力圈的工作表面光滑、润滑条件好，可以减小拉深系数。模具的几何参数：模具的几何参数中，影响极限拉深系数的主要是凸、凹模的圆角半径及凸、凹模之间的间隙。

4. 圆筒形拉深件的拉深系数和拉深次数

（1）无凸缘圆筒形件的拉深系数　为保证筒形件质量，因此选用的拉深系数不能小于极限拉深系数。目前生产中采用的各种材料的拉深系数见表 5-5～表 5-7。

表 5-7　其他金属材料的拉深系数

材料名称	牌　　号	第一次拉深 m_1	以后各次拉深 m_n
铝和铝合金 硬铝	8A06(M)、1035(M)、5A21(M) 2A12(M)、2A11(M)	0.52～0.55 0.56～0.58	0.70～0.75 0.75～0.80
黄铜	H62 H68	0.52～0.54 0.50～0.52	0.70～0.72 0.68～0.72
纯铜 无氧铜 镍、镁镍、硅镍 铜镍合金 白铁皮 酸洗钢板	T2、T3、T4	0.50～0.52 0.50～0.58 0.48～0.53 0.50～0.56 0.58～0.65 0.54～0.58	0.72～0.80 0.75～0.82 0.70～0.75 0.74～0.84 0.80～0.85 0.75～0.78
不锈钢	12Cr13 10Cr18Ni12 06Cr18Ni11Nb,14Cr23Ni18	0.52～0.56 0.50～0.55 0.52～0.55	0.75～0.78 0.70～0.75 0.78～0.80
镍铬合金 合金结构钢 可伐合金 钼铱合金 钽 铌	Cr20Ni80Ti 30CrMnSiA	0.54～0.59 0.62～0.70 0.65～0.67 0.72～0.82 0.65～0.67 0.65～0.67	0.78～0.84 0.80～0.84 0.85～0.90 0.91～0.97 0.84～0.87 0.84～0.87
钛及钛合金	TA2、TA3 TA5	0.58～0.60 0.60～0.65	0.80～0.85 0.80～0.85
锌		0.65～0.70	0.85～0.90

注：1. 表中 M 表示退火状态。
2. 凹模圆角半径 $r_A<6t$ 时，拉深系数取大值；凹模圆角半径 $r_A\geqslant(7\sim8)t$ 时，拉深系数取小值。
3. 材料相对厚度 $t/D\geqslant0.62\%$ 时，拉深系数取小值；材料相对厚度 $t/D<0.62\%$ 时，拉深系数取大值。

（2）无凸缘圆筒形件拉深次数的确定　拉深次数通常只能概略估计，最后通过工艺计算来确定。初步确定无凸缘圆筒形件拉深次数的方法有以下几种。

1）计算法。如果要将一个直径为 D 的平板毛坯最后拉深成直径为 d_n 的拉深件，也可通过以下经验公式近似求出拉深次数 n。

$$\lg d_n=(n-1)\lg m_n+\lg(m_1D)$$

$$n=1+\frac{\lg d_n-\lg(m_1D)}{\lg m_n} \tag{5-6}$$

式中，n 为拉深次数；d_n 为工件直径（mm）；D 为毛坯直径（mm）；m_1 为第一次拉深系数；m_n 为以后各次的平均拉深系数。

式（5-6）计算出的拉深次数 n，一般不是整数，不能用四舍五入法取整，而应采用较大整数值，因表中的拉深系数已经是极限值。

2）查表法。根据拉深件的相对高度 h/d 和毛坯相对厚度 t/D，由表 5-8 直接查出拉深次数。

表 5-8　无凸缘圆筒形拉深件的最大相对高度 h/d

拉深次数 n	毛坯相对厚度 t/D(%)					
	1.5～2	1～1.5	0.6～1	0.3～0.6	0.15～0.3	0.08～0.15
1	0.77～0.94	0.65～0.84	0.57～0.70	0.5～0.62	0.45～0.52	0.38～0.46
2	1.54～1.88	1.32～1.60	1.1～1.36	0.94～1.13	0.83～0.96	0.7～0.9
3	2.7～3.5	2.2～2.8	1.8～2.3	1.5～1.9	1.3～1.6	1.1～1.3
4	4.3～5.6	3.5～4.3	2.9～3.6	2.4～2.9	2.0～2.4	1.5～2.0
5	6.6～8.9	5.1～6.6	4.1～5.2	3.3～4.1	2.7～3.3	2.0～2.7

注：1. 大的 h/d 比值适用于在第一道工序内大的凹模圆角半径（由 $t/D=2\%\sim1.5\%$ 时的 $r_A=8t$ 到 $t/D=0.15\%\sim0.08\%$ 时的 $r_A=15t$）；小的比值适用于小的凹模圆角半径［$r_A=(4\sim8)t$］。
2. 表中拉深次数适用于 08 及 10 钢的拉深件。

3）推算法。根据 t/D 值查出 m_1、m_2 等，然后从第一道工序开始依次求半成品直径，即

$$d_1=m_1D$$

$$d_2=m_2d_1$$

$$\cdots\cdots$$

$$d_n=m_nd_{n-1} \tag{5-7}$$

一直计算到得出的直径 d_n 不大于工件的直径为止，此时的 n 即为所求的次数。这样不仅可以求出拉深次数，还可知道中间工序的尺寸。

4）查图法。在图 5-5 中，先在横坐标上找到相当于毛坯直径 D 的点，从此点作一垂线。再从纵坐标上找到相当于工件直径 d 的点，并由此点作水平线，与垂线相交，根据交点，便可决定拉深次数。如交点位于两斜线之间，应取较大的次数。图 5-5 适用于酸洗软钢板的圆筒形拉深件。图中的粗斜线用于材料厚度为 0.5～2.0mm 的情况，细斜线用于材料厚度为 2～3mm 的情况。

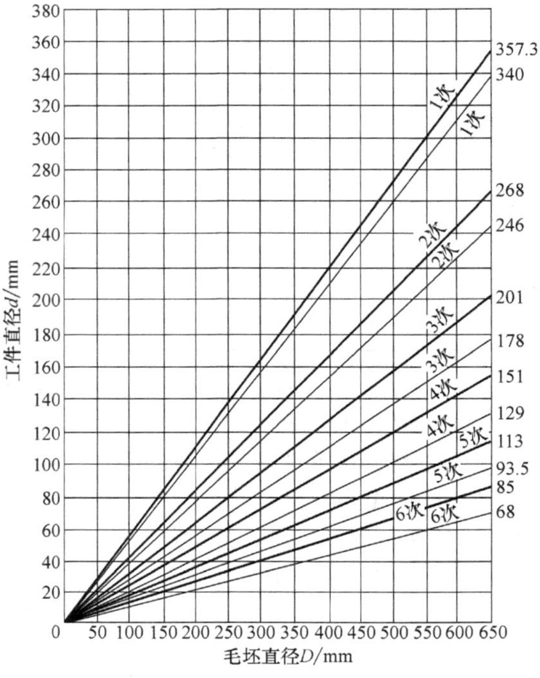

图 5-5　确定拉深次数及半成品尺寸的线图

（3）各次拉深工件圆角半径 r 及高度的确定

1）圆角半径 r。确定各次拉深半成品工件的内底角半径（即凸模圆角半径 r_T）时，一般取 $r=(3\sim5)t$，若拉深较薄的材料，其数值应适当加大。

各次拉深成形的半成品，除最后一道工序外，中间各次拉深时

$$r_{A1}=0.8\sqrt{(D-d_1)t} \tag{5-8}$$

取

$$r_{T1}=(0.6\sim1)r_{A1} \tag{5-9}$$

中间各过渡工序的圆角半径逐渐减小，但不小于 $2t$。

式中，D 为毛坯直径（mm）；d_1 为第一次拉

深工件直径（mm）；t 为材料厚度（mm）；r_{A1} 为第一次拉深凹模圆角半径（mm）；r_{T1} 为第一次拉深凸模圆角半径（mm）。

2）各次拉深高度的计算。各次拉深高度用公式表示为

$$
\begin{aligned}
h_1 &= 0.25\left(\frac{D^2}{d_1} - d_1\right) + 0.43\frac{r_1}{d_1}(d_1 + 0.32r_1) \\
h_2 &= 0.25\left(\frac{D^2}{d_2} - d_2\right) + 0.43\frac{r_2}{d_2}(d_2 + 0.32r_2) \\
&\cdots\cdots \\
h_n &= 0.25\left(\frac{D^2}{d_n} - d_n\right) + 0.43\frac{r_n}{d_n}(d_n + 0.32r_n)
\end{aligned}
\tag{5-10}
$$

式中，h_1、h_2、…、h_n 分别为各次拉深半成品的高度（mm）；d_1、d_2、…、d_n 分别为各次拉深半成品的直径（mm）；r_1、r_2、…、r_n 分别为各次拉深后半成品的底角直径（mm）；D 分别为毛坯直径（mm）。

当 $t=1\text{mm}$ 时，$r_1=r_{T1}$；当 $t>1\text{mm}$ 时，$r_1=r_{T1}+\dfrac{t}{2}$。

（4）有凸缘圆筒形件的拉深系数　表 5-9 中零件图为带凸缘圆筒形件及其坯料。通常，当 $d_t/d=1.1\sim1.4$ 时，称为窄凸缘圆筒形件；$d_t/d>1.4$ 时，称为宽凸缘圆筒形件。

1）窄凸缘圆筒形件的拉深。窄凸缘圆筒形件是凸缘宽度很小的拉深件。这类零件需多次拉深时，由于凸缘很窄，可先按无凸缘圆筒形件进行拉深，再在最后一次工序用整形的方法压成所要求的窄凸缘形状。为了使凸缘容易成形，在拉深的最后两道工序可采用锥形凹模和锥形压料圈进行拉深，留出锥形凸缘，这样最后整形时可减小凸缘区切向的拉深变形，利于防止外缘开裂。

2）宽凸缘圆筒形件的拉深。宽凸缘圆筒形件需多次拉深时，采取的拉深原则是：第一次拉深就必须使凸缘尺寸拉深到拉深件的凸缘尺寸（加切边余量），以后各次拉深时凸缘尺寸保持不变，仅依靠筒形部分的材料转移来达到拉深件尺寸。实际生产中，宽凸缘圆筒形件需要多次拉深时的拉深方法有两种。一种是通过多次拉深，逐渐缩小筒形部分直径和增加其高度。这种方法就是直接采用圆筒形件的多次拉深方法，通过各次拉深逐次缩小直径，增加高度，各次拉深的凸缘圆角半径和底部圆角半径不变或逐次减小。另一种是采用高度不变法。即首次拉深尽可能取较大的凸缘圆角半径和底部圆角半径，高度基本拉到零件要求的尺寸，以后各次拉深时仅减小圆角半径和筒形部分直径，而高度基本不变。

拉深有凸缘圆筒形件时，不能用无凸缘筒形件的首次拉深系数 m_1，因为无凸缘筒形件拉深时是将凸缘部分全部变成工件的侧表面，而有凸缘拉深时，相当无凸缘拉深过程的中间阶段。因此，用 $m_1=d_1/D$ 不能表达各种不同情况下的实际变形程度。

有凸缘筒形件首次拉深的许可变形程度可用相应于 d_t/d_1 不同比值的最大相对拉深高度 h_1/d_1 来表示，见表 5-9。

有凸缘筒形件首次拉深时的极限拉深系数列于表 5-10。

多次拉深的方法是：根据表 5-9 查出第一次拉深允许的最大相对高度 h_1/d_1 的值，判断是否能一次拉深成形，若 $h/d\leqslant h_1/d_1$ 时，则可一次拉深成形，若 $h/d>h_1/d_1$ 时，则需要多次拉深成形。从表 5-10 中查出首次极限拉深系数 $[m_1]$ 或根据表 5-9 中查得的相对拉深高度拉成凸缘直径等于零件尺寸 d_t 的中间过渡形状，以后各次拉深均保持 d_t 不变，按表 5-11 中的拉深系数逐步减小筒形部分的直径，直到拉成零件为止。

带凸缘圆筒形件以后各次拉深系数为：$m_i = d_i/d_{i-1}$（$i=2, 3, \cdots, n$）。其值与凸缘宽度及外形尺寸无关，可取与无凸缘圆筒形件的相应拉深系数相等或略小的数值，见表 5-11。

毛坯在拉深过程中，其相对厚度越小，毛坯抗失稳性能越差，越容易起皱；相对厚度越大，越稳定，越不容易起皱。拉深时，对较薄的材料，为防止起皱，常采用压边圈压住毛坯，而较厚的材料由于稳定性较好可不用压边圈。判断拉深时毛坯是否会起皱，即是否采用压边圈，是个非常复杂的问题，在处理生产中的实际问题时，可按表 5-12 近似判断。

表 5-9　带凸缘筒形件第一次拉深的最大相对高度 $[h_1/d_1]$

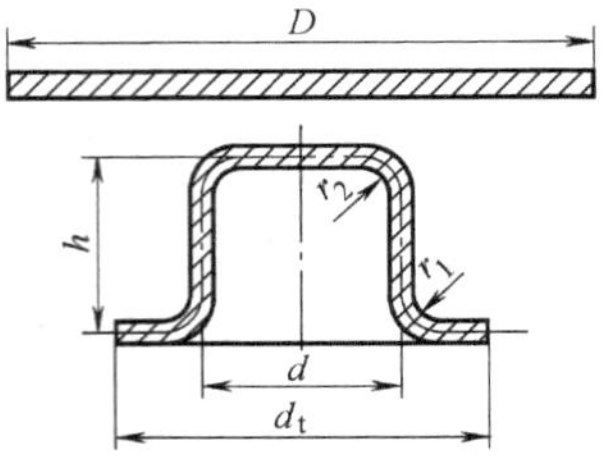

凸缘相对直径 $\frac{d_t}{d_1}$	毛坯相对厚度 t/D(%)				
	>0.06~0.2	>0.2~0.5	>0.5~1	>1~1.5	>1.5
≤1.1	0.45~0.52	0.50~0.62	0.57~0.70	0.60~0.80	0.75~0.90
>1.1~1.3	0.40~0.47	0.45~0.53	0.50~0.60	0.56~0.72	0.65~0.80
>1.3~1.5	0.35~0.42	0.40~0.48	0.45~0.53	0.50~0.63	0.58~0.70
>1.5~1.8	0.29~0.35	0.34~0.39	0.37~0.44	0.42~0.53	0.48~0.58
>1.8~2.0	0.25~0.30	0.29~0.34	0.32~0.38	0.36~0.46	0.42~0.51
>2.0~2.2	0.22~0.26	0.25~0.29	0.27~0.33	0.31~0.40	0.35~0.45
>2.2~2.5	0.17~0.21	0.20~0.23	0.22~0.27	0.25~0.32	0.28~0.35
>2.5~2.8	0.13~0.16	0.15~0.18	0.17~0.21	0.19~0.24	0.22~0.27
>2.8~3.0	0.10~0.13	0.12~0.15	0.14~0.17	0.16~0.20	0.18~0.22

注：1. 表中值适用于 08、10 钢。
2. 较大值相应于零件圆角半径较大情况，即 r_A、r_T 为（10~20）t；较小值相应于零件圆角半径较小情况，即 r_A、r_T 为（4~8）t。

表 5-10　带凸缘筒形件首次拉深时的极限拉深系数 $[m_1]$

凸缘相对直径 $\frac{d_t}{d_1}$	毛坯相对厚度 $\frac{t}{D}$(%)				
	≥0.06~0.2	>0.2~0.5	>0.5~1.0	>1.0~1.5	>1.5
≤1.1	0.59	0.57	0.55	0.53	0.50
>1.1~1.3	0.55	0.54	0.53	0.51	0.49
>1.3~1.5	0.52	0.51	0.50	0.49	0.47
>1.5~1.8	0.48	0.48	0.47	0.46	0.45
>1.8~2.0	0.45	0.45	0.44	0.43	0.42
>2.0~2.2	0.42	0.42	0.42	0.41	0.40
>2.2~2.5	0.38	0.38	0.38	0.38	0.37
>2.5~2.8	0.35	0.35	0.34	0.34	0.33
>2.8~3.0	0.33	0.33	0.32	0.32	0.31

注：适用于 08、10 钢。

表 5-11　带凸缘圆筒形件以后各次的极限拉深系数

拉 深 系 数	坯料相对厚度 t/D(%)				
	2~1.5	1.5~1.0	1.0~0.6	0.6~0.3	0.3~0.1
m_2	0.73	0.75	0.76	0.78	0.80
m_3	0.75	0.78	0.79	0.80	0.82
m_4	0.78	0.80	0.82	0.83	0.84
m_5	0.80	0.82	0.84	0.85	0.86

5.1.2　圆筒形件工序尺寸的计算

1. 无凸缘的圆筒形件计算步骤

1）选取修边余量 Δh，按表 5-1 选取。

2）预算毛坯直径 D，按表 5-4 序号 10 工件形状公式计算（h 或 H 必须加上修边余量）。

3）计算毛坯相对厚度 t/D，并按表 5-12 判断是否用压边圈拉深。

表 5-12　采用压边圈的条件

拉深方法	第一次拉深		以后各次拉深	
	$\frac{t}{D}(\%)$	m_1	$\frac{t}{D}(\%)$	m_n
用压边圈	<1.5	<0.60	<1	<0.80
可用可不用	1.5~2.0	0.60	1~1.5	0.80
不用压边圈	>2.0	>0.60	>1.5	>0.80

4）计算总的拉深系数，并判断能否一次拉深成形。根据工件直径 d 和毛坯直径 D 算出总拉深系数 $m_{总}=d/D$。由表 5-5 或表 5-6 选取 m_1。如果 $m_{总}\geqslant m_1$，则说明工件可一次拉成，否则，需要多次拉深。

5）确定拉深次数 n，查表 5-8。

6）初步确定各次拉深系数。按表 5-5 或表 5-7 初步确定 n 次拉深系数 m_1，m_2，…，m_n。

7）调整拉深系数，计算各次拉深后的直径。$d_1=m_1D$，$d_2=m_2d_1$，…，$d_n=m_nd_{n-1}$。

若 $d_n<d$ 时，各次拉深系数适当放大 k 值

$$k=\sqrt[n]{\frac{d}{d_n}} \tag{5-11}$$

按修正的拉深系数计算各次拉深直径

$$d_1=m_1Dk,\quad d_2=m_2d_1k,\cdots,d_n=m_nd_{n-1}k$$

8）确定各次拉深凸、凹模的圆角半径

$$r_A=0.8\sqrt{(D-d_1)t} \tag{5-12}$$

$$r_T=(0.6\sim1)r_A \tag{5-13}$$

凸模圆角半径逐渐减小，最后一次拉深时，凸模圆角半径应等于工件的圆角半径值。如果工件圆角半径 $r<(2\sim3)t$，取 $r_T\geqslant(2\sim3)t$，增加整形工序，以达到工件要求的圆角半径。

9）计算各次拉深半成品高度

$$h_n=0.25\left(\frac{D^2}{d_n}-d_n\right)+0.43\frac{r_n}{d_n}(d_n+0.32r_n) \tag{5-14}$$

10）绘制工序图。

2. 有凸缘圆筒形件计算步骤

1）根据表 5-2 选定修边余量，预算毛坯直径，按表 5-4 序号 11 工件形状公式计算。

2）根据表 5-9 中的 h_1/d_1，判断是否可一次拉深成形。当 $h/d\leqslant h_1/d_1$ 时，可一次拉深成形，否则需要多次拉深。

3）根据表 5-10 选取 m_1，计算 $d_1=m_1D$。初选第一次的相对凸缘直径为 $d_t/d_1=1.1$。

4）计算第一次拉深模的凸、凹模圆角半径

$$r_{A1}=r_{T1}=0.8\sqrt{(D-d_1)t} \tag{5-15}$$

5）根据拉深第二原则，修正毛坯直径，并计算第一次拉深高度 h_1

$$h_1=\frac{0.25}{d_1}(D_1^2-d_1^2)+0.43(r_{T1}+r_{A1})+\frac{0.14}{d_1}(r_{T1}^2-r_{A1}^2) \tag{5-16}$$

6）验算 m_1 是否选得正确，查表5-9。如果计算得到的 h_1/d_1 不大于表中给出的 h_1/d_1 数值，则说明选择合适，否则要重新调整。

7）根据表5-11 选取以后各次拉深系数 m_2，m_3，…，m_n，计算拉深后的直径：$d_2=m_2d_1$，$d_3=m_3d_2$，…，$d_n=m_nd_{n-1}$。

若 $d_n<d$ 时，重新调整 $k=\sqrt[n]{\frac{d}{d_n}}$，$d_2=m_2kd_1$，$d_3=m_3kd_2$，…，$d_n=m_nkd_{n-1}$。

8）计算以后各次拉深模的凸、凹模圆角半径。

9）根据第二次拉深原则，计算以后各次拉深的相当毛坯直径 D_n 和各次拉深高度 h_n。

即

$$h_n=\frac{0.25}{d_n}(D_n^2-d_n^2)+0.43(r_{Tn}+r_{An})+\frac{0.14}{d_n}(r_{Tn}^2-r_{An}^2) \tag{5-17}$$

式中，h_1、h_2、…、h_n 分别为各次拉深工序件的高度；d_1、d_2、…、d_n 分别为各次拉深工序件的直径；D 为坯料直径；r_{T1}、r_{T2}、…、r_{Tn}分别为各次拉深工序件的底部圆角半径；r_{A1}、r_{A2}、…、r_{An}分别为各次拉深工序件的凸缘圆角半径。

10）绘制工序图。

5.1.3 特殊形状零件的拉深

1. 阶梯形零件的拉深

旋转体阶梯形零件（图5-6）的拉深与圆筒形件的拉深基本相同，即每一阶梯相当于相应圆筒形件的拉深。

（1）一次可拉成的阶梯形零件　当阶梯形零件材料的相对厚度较大（$t/D>0.01$），而阶梯之间的直径之差和工件的高度较小时，可用一道工序拉深成形。判断是否可用一道工序拉深成形的两种方法如下。

1）算出工件高度与最小直径之比 h/d_n 和 t/D，按表5-8查得拉深次数，若拉深次数为1，则可一次拉出。

2）用经验公式来校验

$$m_y=\frac{\frac{h_1}{h_2}\frac{d_1}{D}+\frac{h_2d_2}{h_3D}+\cdots+\frac{h_{n-1}}{h_n}\frac{d_{n-1}}{D}+\frac{d_n}{D}}{\frac{h_1}{h_2}+\frac{h_2}{h_3}+\cdots+\frac{h_{n-1}}{h_n}+1} \tag{5-18}$$

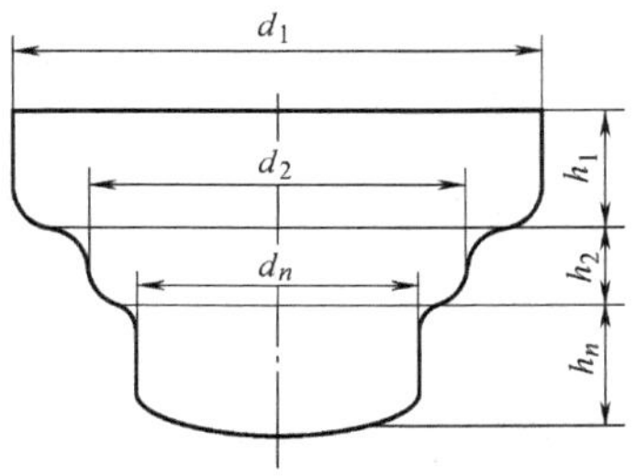

图5-6　旋转体阶梯形零件

式中，h_1、h_2、…、h_n分别为各级阶梯的高度（mm）；d_1、d_2、…、d_n分别为由大至小的各阶梯直径（mm）；D 为毛坯直径（mm）；m_y 为阶梯形工件的假想拉深系数，将 m_y 与圆筒形件的第一次拉深极限值［m_1］比较，如果 $m_y\geqslant[m_1]$，可以一次拉出。其中［m_1］见表5-5，否则就需要多次拉深。

（2）多次拉深的阶梯形零件

1）若任意两相邻阶梯直径的比值 d_n/d_{n-1}均大于相应的无凸缘圆筒形件的极限拉深系数时，拉深顺序由大阶梯到小阶梯依次拉深，如图5-7a 所示。

2）若任意两相邻阶梯直径的比值 d_n/d_{n-1}小于相应无凸缘圆筒形件的极限拉深系数时，由直径 d_{n-1}拉深到 d_n 按有凸缘圆筒形件的拉深工序计算方法，其拉深顺序由小阶梯到大阶梯依次拉深，如图5-7b 所示。

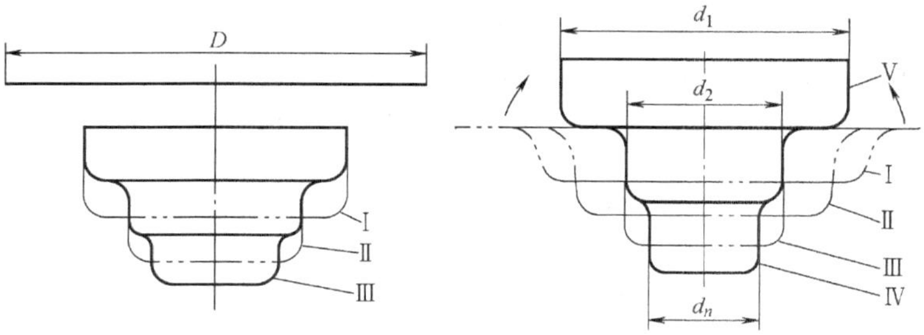

a)　　b)

图 5-7　阶梯形零件的拉深程序

2. 半球形和抛物线形零件的拉深

半球形和抛物线形零件的拉深特点在于：拉深开始时，凸模与毛坯中间部分只有一点接触（图 5-8）。

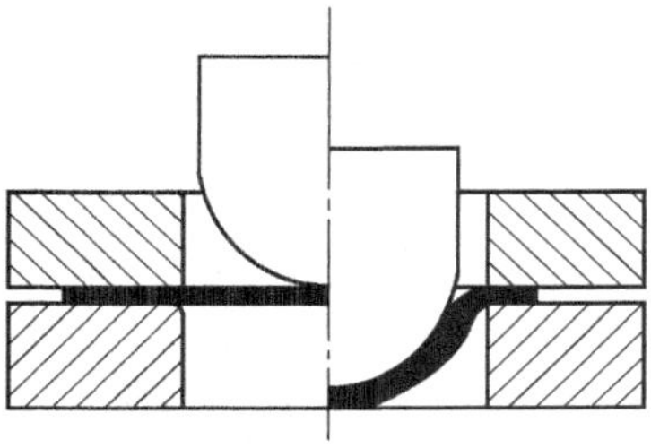

图 5-8　半球形拉深件

（1）半球形零件的拉深　由于拉深系数为常数，所以只需一次拉深，拉深方法如下。

1）$t/D>3\%$ 时，不用压边圈即可拉深成形，但必须在行程末了对零件进行校正，如图 5-9a 所示。

2）当 $t/D=0.5\%\sim3\%$ 时，需用带压边圈的拉深模或用反向拉深的方法，如图 5-9b 所示。

3）当 $t/D<0.5\%$ 时，则采用有拉深筋的凹模（图 5-9c）或反向拉深。

4）对于尺寸大的薄球面形工件进行拉深时，可不用有拉深筋的凹模，也不用压边圈而采用正反拉深一次成形的拉深方法，如图 5-9d 所示。

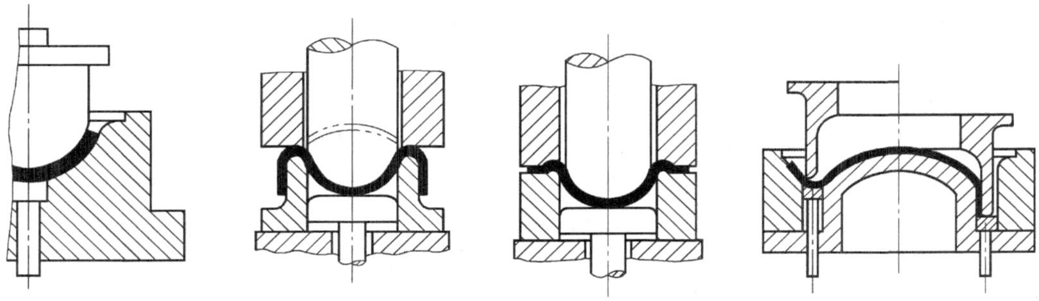

a)　　b)　　c)　　d)

图 5-9　半球形零件的拉深

a）校正拉深　b）反拉深　c）带拉深筋的拉深　d）正反拉深

（2）抛物线形零件的拉深

1）浅抛物线形零件（$h/d<0.5\sim0.6$），其拉深特点与半球形件差不多，因此拉深方法与半球形零件相似。

2）深抛物线形零件（$h/d>0.6$），一般需要采用多次拉深或反向拉深。

抛物线形零件的形状尺寸如图 5-10 所示。

3. 锥形零件的拉深

锥形零件的拉深除具有半球形零件拉深的特点外，还由于工件口部与底部直径差别大，回弹现象特别严重。因此这种零件的拉深比半球形零件更困难。

锥形零件的形状尺寸如图 5-11 所示。根据锥形零件的高度，其拉深可分为以下三类。

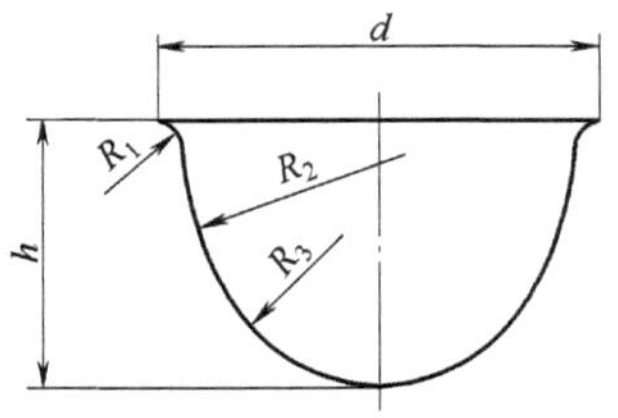

图 5-10　抛物线形零件的形状尺寸

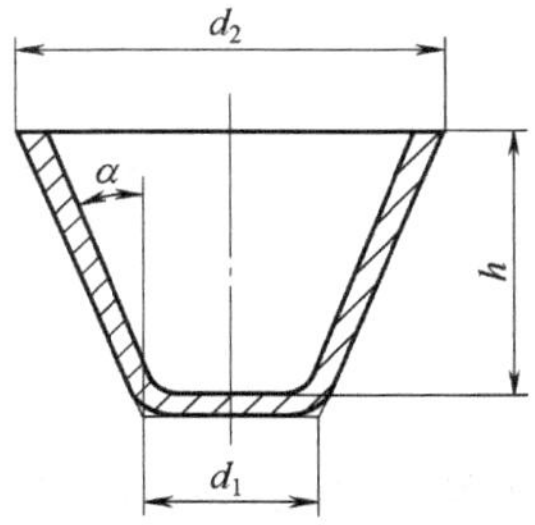

图 5-11　锥形零件的形状尺寸

(1) 浅锥形件　当工件高度 $h=(0.1\sim0.25)d_2$ 时，称为浅锥形零件，一般可以一次拉深成形。当锥角 $\alpha>45°$时回弹大，常采用有拉深筋的模具，如图 5-12 所示。

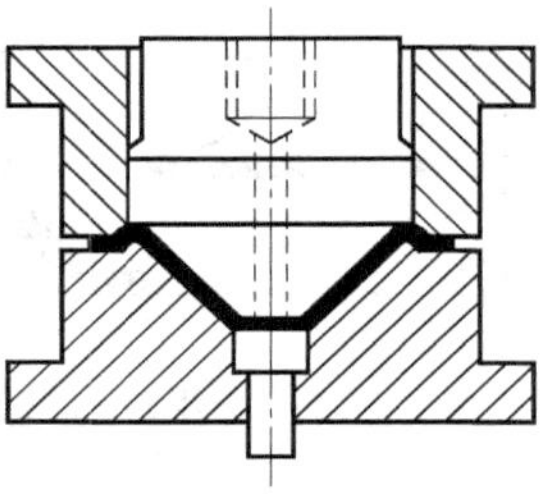

图 5-12　浅锥形零件拉深图

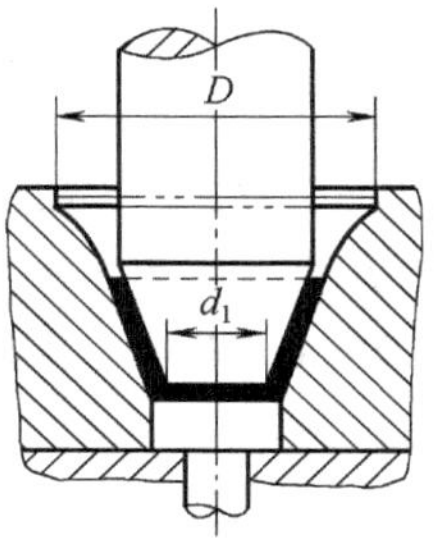

图 5-13　无压边圈拉深

(2) 中锥形零件　当工件高度 $h=(0.4\sim0.7)d_2$ 时，称为中锥形零件。

1) 当 $t/D>2.5\%$ 时，可一次拉深成形，不用压边圈，只需要在工作行程终了时对工件进行整形，如图 5-13 所示。

2) 当 $t/D=1.5\%\sim2\%$ 时，可一次拉深成形，但因材料较薄，为防起皱，要用强力压边圈。

3) 当 $t/D<1.5\%$ 时，须采用 2 次或 3 次拉深。第一次拉成带有大圆角的圆筒形或半球形零件，然后再拉成所需要的形状。其模具结构如图 5-14 所示。

(3) 深锥形零件　当工件高度 $h>0.8d_2$ 时，称为深锥形零件。深锥形零件须采用多次拉深，并采用逐步成形的方法。拉深过程如图 5-15 所示。

5.1.4　盒形件的拉深

所谓盒形零件是指非旋转体直壁类形状的零件，最典型的就是各种方形盒与矩形盒零件。

1. 盒形件毛坯尺寸的计算

(1) 低盒形件毛坯尺寸与形状的计算（$h/b\leqslant0.7\sim0.8$）　低盒形件是指一次拉深成形或两次拉深成形，但第二道工序仅用于校形以减小壁部转角及底部圆角半径。其毛坯尺寸计算常用毛坯展开计算法。

1) 对于方形盒拉深件可采用圆形毛坯（图 5-16a）。

当 $r=r_{底}$ 时，毛坯直径为

$$D=1.13\sqrt{b^2+4b(h-0.43r)-1.72r(h+0.33r)} \tag{5-19}$$

当 $r \neq r_{底}$ 且 $r > r_{底}$ 时，毛坯直径为

$$D=1.13\sqrt{b^2+4b(h-0.43r_{底})-1.72r(h+0.5r)-4r_{底}(0.11r_{底}-0.18r)} \tag{5-20}$$

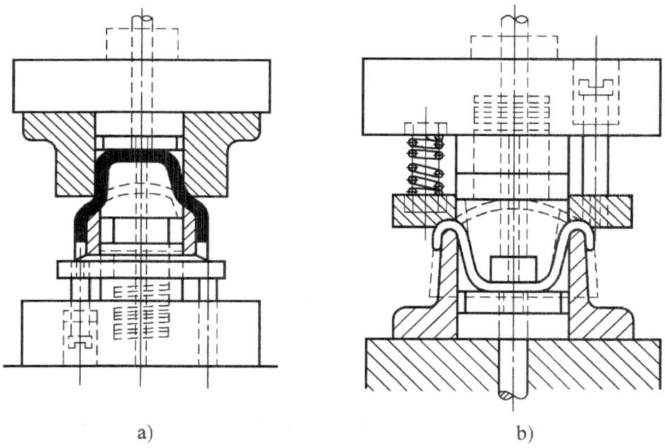

图 5-14　$t/D<1.5\%$ 的中锥形零件拉深模

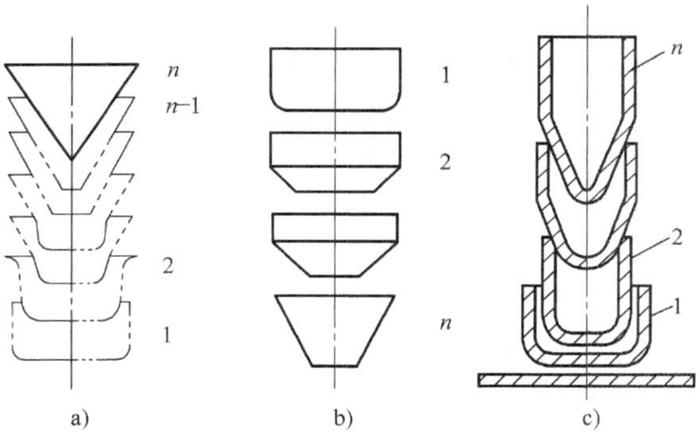

图 5-15　深锥形零件的拉深

2）对于尺寸为 $b_1 \times b$ 的矩形盒拉深件，可以看作由两个宽度为 b 的半正方形和中间为(b_1 -

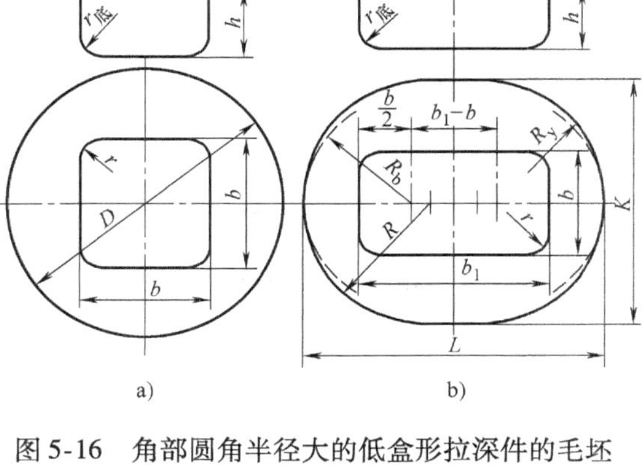

图 5-16　角部圆角半径大的低盒形拉深件的毛坯

a）方形盒　b）矩形盒

b）的直边组成。这时毛坯形状是由两个半圆弧和中间两条平行边组成的长圆形（图5-16b）。

长圆形毛坯的圆弧半径为

$$R_b = \frac{D}{2} \tag{5-21}$$

式中，D 为尺寸为 $b_1 \times b$ 的假想方形盒的毛坯直径（mm），按照式（5-19）或式（5-20）计算。R_b 圆心与工件短边的距离为 $b/2$。

长圆形毛坯的长度为

$$L = 2R_b + (b_1 - b) = D + (b_1 - b) \tag{5-22}$$

长圆形毛坯的宽度为

$$K = \frac{D(b-2r) + [b+2(h-0.43r_{底})](b_1 - b)}{b_1 - 2r} \tag{5-23}$$

当 $K \approx L$ 时，毛坯成为圆形，$R = 0.5K$。　　(5-24)

当 $b_1/b < 1.3$，且 $h/b < 0.8$ 时

$$K = 2R_b = D \tag{5-25}$$

（2）高矩形盒件毛坯尺寸与形状的计算（$h/b \geqslant 0.7 \sim 0.8$）　高矩形盒件必须采用多道工序拉深才能最后成形。毛坯尺寸根据盒形件表面积与毛坯表面积相等的原则求得。毛坯外形可以是窄边半径 R_b 及宽边半径 R_{b1} 构成的椭圆形（图5-17a），或是半径为 $R = 0.5K$ 的两个半圆和两条平行边构成的长圆形（图5-17b）。

R_b、L 和 K 可根据式（5-21）、式（5-22）和式（5-23）计算。

椭圆形宽边的圆弧半径

$$R_{b1} = \frac{0.25(L^2 + K^2) - LR_b}{K - 2R_b} \tag{5-26}$$

当矩形盒的尺寸 b_1 与 b 相差不大，且有很大的相对高度时，可直接采用圆形毛坯。

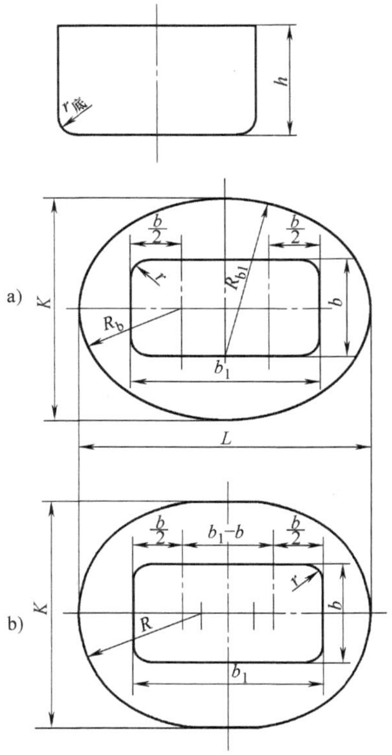

图5-17　矩形件多工序拉深的毛坯形状

2. 盒形件的工序计算

（1）低盒形件工序尺寸的计算程序

1）计算毛坯尺寸。

2）计算相对高度 h/b，与表5-13所列的 h/b_0 相比，若 $h/b \leqslant h/b_0$，则不能一次拉深成形。

3）校核角部的拉深系数。

$$m = \frac{r}{R_y} \tag{5-27}$$

式中，m 为圆角处的假想拉深系数；r 为角部的圆角半径；R_y 为毛坯圆角部分的假想半径。

当 $r = r_{底}$ 时，拉深系数用 h/r 来表示，因为

$$m = \frac{d}{D} = \frac{2r}{2\sqrt{2rh}} = \frac{1}{\sqrt{2\frac{h}{r}}} \tag{5-28}$$

表 5-13　在一道工序内所能拉深成的矩形盒的最大相对高度 h/b_0（材料：08、10 钢）

角部的相对圆角半径 r/d	毛坯相对厚度 t/D(%)			
	1.5~2.0	1.0~1.5	0.5~1.0	0.2~0.5
0.30	1.0~1.2	0.95~1.1	0.9~1.0	0.85~0.9
0.20	0.9~1.0	0.82~0.9	0.70~0.85	0.7~0.8
0.15	0.75~0.9	0.7~0.8	0.65~0.75	0.6~0.7
0.10	0.6~0.8	0.55~0.7	0.5~0.65	0.45~0.6
0.05	0.5~0.7	0.45~0.6	0.4~0.55	0.35~0.5
0.02	0.4~0.5	0.35~0.45	0.3~0.4	0.25~0.35

注：1. 除了 r/b 和 t/D 外，许可拉深高度尚与矩形盒的绝对尺寸有关，故对较小尺寸的盒形件（$b<100$mm）取较大值，对大尺寸盒形件取较小值。

2. 对于其他材料，应根据金属塑性的大小，选取表中数据作或大、或小的修正。例如铝合金的修正系数为1.1~1.15，20 钢、25 钢为0.85~0.9。

盒形件第一次拉深系数 m_1 列于表 5-14 中，若 $m \geqslant m_1$，则可一次拉成。若 $m<m_1$，则不能一次拉成。或根据 h/r 值进行核算，盒形件第一次拉深许可的最大比值 h/r 列于表 5-15 中。

（2）高盒形件工序尺寸的计算程序

1）初步估算拉深系数。对于高盒形件，一般需要多次拉深，先拉成较大的圆角，后逐次减小圆角半径，直至达到工件要求。

各次拉深的圆角半径 $r_n = m_n r_{n-1}$。

盒形件所需的拉深次数根据相对高度可由表 5-16 查出。以后各次的许可拉深系数必须大于表5-17所列值。

2）确定各工序半成品形状及尺寸。一般高盒形件需要多次拉深，在前几次拉深时，采用过渡形状（正方形盒多用圆形过渡，矩形盒则用椭圆形或圆形过渡，而在最后一次才拉成正方形盒或矩形盒），因此需要确定各道工序的过渡形状。

确定高正方形件多次拉深的过渡形状有两种方法（图 5-18），工序尺寸计算程序及有关公式列于表 5-18。

确定高矩形盒多次拉深的过渡形状有两种方法（图 5-19），工序尺寸计算程序及有关公式列于表 5-19。

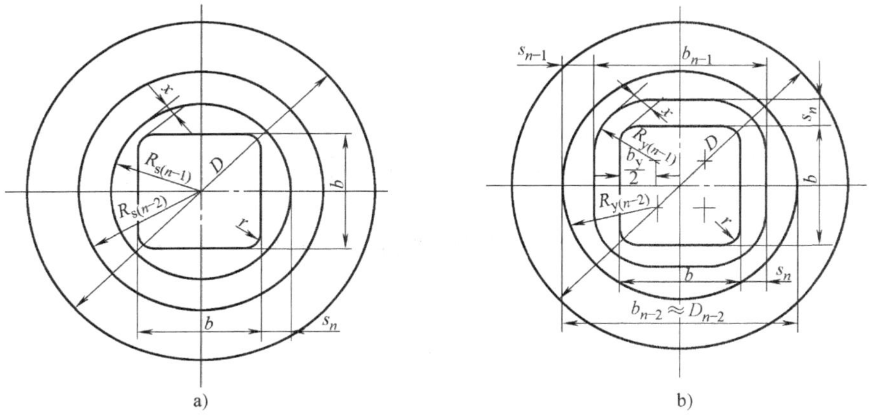

图 5-18　高正方形盒多次拉深的各道工序程序

a）当 $b \leqslant 50t$　b）当 $b>50t$

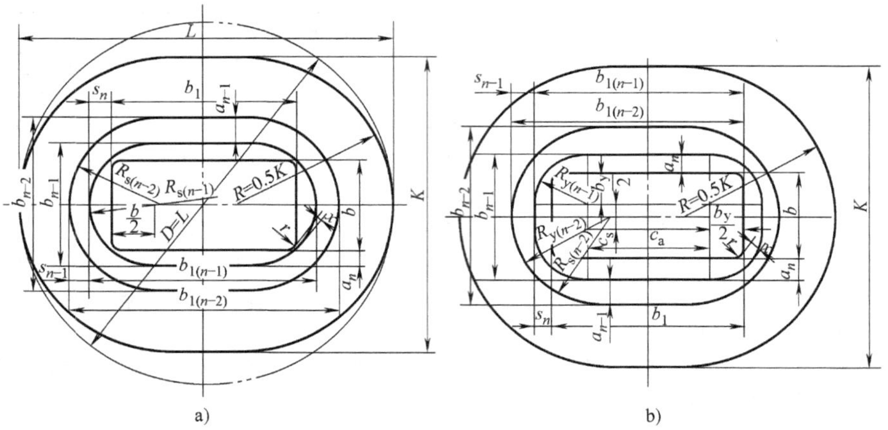

图 5-19　高矩形盒多次拉深的各道工序程序

a）当 $b \leqslant 50t$　b）当 $b > 50t$

表 5-14　盒形件的第一次拉深系数 m_1（材料：08、10）

$\frac{r}{b_0}$	毛坯相对厚度 t/D(%)							
	0.3～0.6		0.6～1.0		1.0～1.5		1.5～2.0	
	矩形	方形	矩形	方形	矩形	方形	矩形	方形
0.025	0.31		0.30		0.29		0.28	
0.05	0.32		0.31		0.30		0.29	
0.10	0.33		0.32		0.31		0.30	
0.15	0.35		0.34		0.33		0.32	
0.20	0.36	0.38	0.35	0.36	0.34	0.35	0.33	0.34
0.30	0.40	0.42	0.38	0.40	0.37	0.39	0.36	0.38
0.40	0.44	0.48	0.42	0.45	0.41	0.43	0.40	0.42

表 5-15　盒形件第一次拉深许可的最大比值 h/r（材料：10）

$\frac{r}{b_0}$	方形盒			矩形盒		
	毛坯相对厚度 t/D(%)					
	0.3～0.6	>0.6～1	>1～2	0.3～0.6	>0.6～1	>1～2
0.4	2.2	2.5	2.8	2.5	2.8	3.1
0.3	2.8	3.2	3.5	3.2	3.5	3.8
0.2	3.5	3.8	4.2	3.8	4.2	4.6
0.1	4.5	5.0	5.5	4.5	5.0	5.5
0.05	5.0	5.5	6.0	5.0	5.5	6.0

注：对塑性较差的金属拉深时，h/r_1 的数值取比表值减小 5%～7%，对塑性更大的金属拉深时，取比表中数值大 5%～7%。

表 5-16　盒形件多次拉深所能达到的最大相对高度 h/b

拉深次数	毛坯相对高度 t/b(%)			
	0.3～0.5	0.5～0.8	0.8～1.3	1.3～2.0
1	0.50	0.58	0.65	0.75
2	0.70	0.80	1.0	1.2
3	1.20	1.30	4.6	2.0
4	2.0	2.2	2.6	3.5
5	3.0	3.4	4.0	5.0
6	4.0	4.5	5.0	6.0

表 5-17　盒形件以后各次许可拉深系数 m_n（材料：08、10）

$\frac{r}{b}$	毛坯相对厚度 t/D(%)			
	0.3～0.6	>0.6～1	>1～1.5	>1.5～2
0.025	0.52	0.50	0.48	0.45
0.05	0.56	0.53	0.50	0.48
0.10	0.60	0.56	0.53	0.50
0.15	0.65	0.60	0.56	0.53
0.20	0.70	0.65	0.60	0.56
0.30	0.72	0.70	0.65	0.60
0.40	0.75	0.73	0.70	0.67

表 5-18　高正方形盒多工序拉深的计算程序与计算公式

决定的数值		计算方法和计算公式	
		第一种方法(图 5-18a)	第二种方法(图 5-18b)
相对厚度		$t/b \geqslant 2\%$　$b \leqslant 50t$	$t/b < 2\%$　$b > 50t$
毛坯直径	$r = r_底$	$D = 1.13\sqrt{b^2 + 4b(h - 0.43r) - 1.72r(h + 0.33r)}$	
	$r \neq r_底$	$D = 1.13\sqrt{b^2 + 4b(h - 0.43r_底) - 1.72r(h + 0.5r) - 4r_底(0.11r_底 - 0.18r)}$	
角部计算尺寸 $b_y < b$		—	$b_y \approx 50t$
工序间距离		$s_n \leqslant 10t$	
$(n-1)$道工序(倒数第二道)半径		$R_{s(n-1)} = 0.5b + s_n$	$R_{y(n-1)} = 0.5b_y + s_n$
$(n-1)$道工序宽度		—	$b_{n-1} = b + 2s_n$
角部间隙(包括 t 在内)		$x = s_n + 0.41r - 0.207b$	$x = s_n + 0.41r - 0.207b_y$
$(n-2)$道工序半径		$R_{s(n-2)} = R_{s(n-1)}/m_2 = 0.5Dm_1$	$R_{y(n-2)} = R_{y(n-1)}/m_{n-1}$
工序间距离		—	$s_{n-1} = R_{y(n-2)} - R_{y(n-1)}$
$(n-2)$道工序宽度(当 $n=4$)		—	$b_{n-2} = b_{n-1} + 2s_{n-1}$
$(n-2)$道工序直径(三道工序时)		—	$D_{n-2} = 2[R_{y(n-1)}/m_{n-1} + 0.7(b - b_y)]$
盒的高度		$h = (1.05 \sim 1.10)h_0$	h_0 为图样上的高度
$(n-1)$道工序(倒数第二道)高度		$h_{n-1} = 0.88h$	$h_{n-1} \approx 0.88h$
第一次拉深[$(n-2)$或$(n-1)$道工序]高度		$h_1 = h_{n-2} = 0.25\left(\frac{D}{m_1} - d_1\right) + 0.43\frac{r_1}{d_1}(d_1 + 0.32r)$	

注：1. 尺寸 s_n 根据比值 r/b（第一种方法）或 r/b_y（第二种方法）及拉深次数（参看图 5-20）决定。
2. 系数 m_1、m_2、…、m_{n-1} 根据筒形件拉深用的表列数值（表 5-5）。
3. 在作图时修正计算值是允许的。
4. 上列拉深方法，也适用于材料相对厚度大于表中数值的情况下。

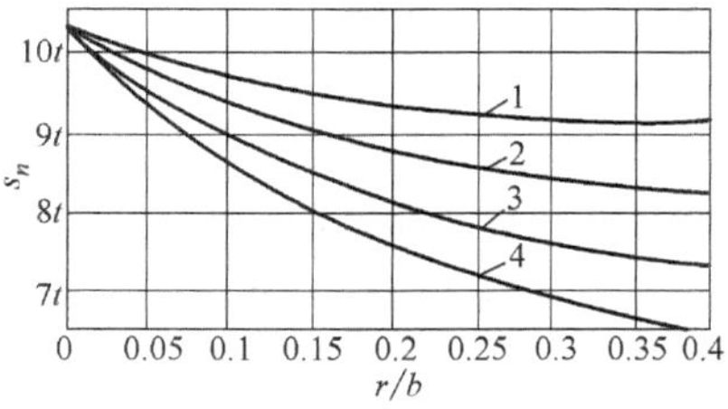

图 5-20　s_n 数值与比值 r/b 及预拉深次数（1～4）的关系曲线表

（当 $t/b = 2\%$ 或 $b = 50t$ 时）

表 5-19　高矩形盒多工序拉深的计算程序与计算公式

决定的数值		计算方法和计算公式	
		第一种方法(图 5-19a)	第二种方法(图 5-19b)
相对厚度		$t/b \geqslant 2\%$；$b \leqslant 50t$	$t/b < 2\%$；$b > 50t$
假想的毛坯直径	$r = r_{底}$	$D = 1.13\sqrt{b^2 + 4b(h - 0.43r) - 1.72r(h + 0.33r)}$	
	$r \neq r_{底}$	$D = 1.13\sqrt{b^2 + 4b(h - 0.43r_{底}) - 1.72r(h + 0.5r) - 4r_{底}(0.11r_{底} - 0.18r)}$	
毛坯长度		$L = D + (b_1 - b)$	
毛坯宽度		$K = D\dfrac{b - 2r}{b_1 - 2r} + [b + 2(h - 0.43r)]\dfrac{b_1 - b}{b_1 - 2r}$	
毛坯半径		$R = 0.5K$	
工序比例系数		$x_1 = (K - b)/(L - b_1)$	
工序间距离		$s_n = a_n \leqslant 10t$	
角部计算尺寸 $B_y < B$		—	$b_y \approx 50t$
$(n-1)$道工序半径		$R_{s(n-1)} = 0.5b + s_n$	$R_{y(n-1)} = 0.5b_y + s_n$
角部间隙(包含 t 在内)		$x = s_n + 0.41r - 0.207b$	$x = s_n + 0.41r - 0.207b_y$
$(n-1)$道工序尺寸		$b_{n-1} = 2R_{s(n-1)}$　$b_{1(n-1)} = b_1 + 2s_n$	$b_{n-1} = b + 2a_n$　$b_{1(n-1)} = b_1 + 2s_n$
$(n-2)$道工序半径		$R_{s(n-2)} = R_{s(n-1)}/m_{n-1}$	$R_{y(n-2)} = R_{y(n-1)}/m_{n-1}$ $R_{s(n-2)} = b_{n-2}/2$
工序间距离		$s_{n-1} = \dfrac{R_{s(n-2)} - R_{s(n-2)}}{x_1}$ $a_{n-1} = R_{s(n-2)} - R_{s(n-1)}$	$s_{n-1} = R_{y(n-2)} - R_{y(n-1)}$ $a_{n-1} = xs_{n-1}$
$(n-2)$道工序尺寸		$b_{n-2} = 2R_{s(n-2)}$ $b_{1(n-2)} = b_1 + 2(s_n + s_{n-1})$	$b_{n-2} = b + 2(a_n + a_{n-1})$ $b_{1(n-2)} = b_1 + 2(s_n + s_{n-1})$
盒的高度		$h = (1.05 \sim 1.1)h_0$	h_0 为图样上的高度
工序高度		$h_{n-1} \approx 0.88h$	$h_{n-2} \approx 0.86h_{n-1}$

注：参看表 5-18 注。

为了使最后一道工序顺利拉深成形，盒形件均将第（$n-1$）道工序拉深成具有与工件相同的平底尺寸，壁与底相接成 45°斜面，并带有较大的圆角半径，如图 5-21 所示。

除表中计算公式外，下面再介绍一种控制角部间隙 x 的计算方法。

图 5-21 所示为正方形件多次拉深的工序件形状和尺寸。

采用直径为 D 的圆形坯料，各中间工序都拉深成圆筒形，最后一道才拉深成方形件。计算从第（$n-1$）道开始，（$n-1$）道拉深工序件的直径为

$$d_{n-1} = 1.41b - 0.82r_g + 2x \tag{5-29}$$

式中，d_{n-1}为第（$n-1$）次拉深后所得的工序件内径（mm）；b 为正方形件的边长（内形尺寸）（mm）；r_g 为正方形件角部内圆角半径（mm）；x 为角部壁间距（mm），即由第（$n-1$）道拉深得到工序件的圆角内表面到盒形件角部内表面之间距。

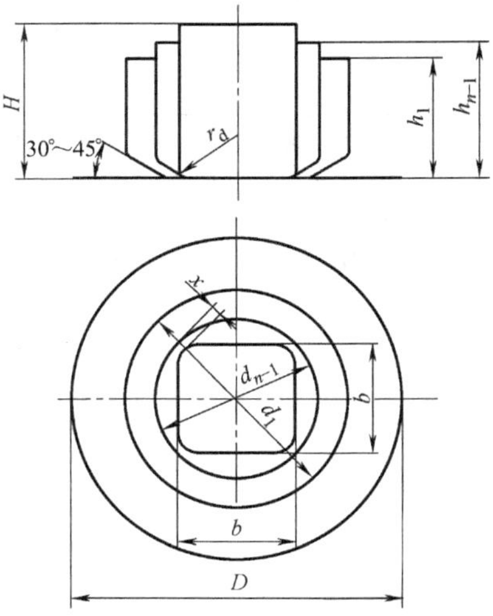

图 5-21　正方形件多次拉深的工序件形状和尺寸

角部间隙 x 值直接影响拉深变形区的变形程度及其均匀性。保证变形区内适度而均匀的 x 值可查表 5-20。

控制角部间隙，实际上是控制角部拉深系数。

表 5-20　角部间隙 x 值

角部相对圆角半径 r_g/b	0.025	0.05	0.10	0.20	0.30	0.40
相对间隙 x/r_g	0.12	0.13	0.135	0.16	0.17	0.20

其他各道拉深工序相当于将直径为 D 的平板坯料拉深成直径为 d_{n-1}、高度为 h_{n-1} 的圆筒形件，故其工序尺寸计算与圆筒形件拉深的计算方法相同。

5.2　拉深力和压边力的计算

5.2.1　拉深力的计算

计算拉深力的目的是为了合理地选用压力机和设计拉深模具。总的冲压力为拉深力与压边力之和。

实际生产中拉深力可按表 5-21 中的经验公式计算求得。

表 5-21　计算拉深力的常用公式

拉深件形式	拉深工序	公　式	查系数 k 的表格编号
无凸缘的筒形零件	第 1 次 第 2 次及以后各次	$F_L=\pi d_1 t\sigma_b k_1$ $F_L=\pi d_2 t\sigma_b k_2$	表 5-22 表 5-23
宽凸缘的筒形零件	第 1 次	$F_L=\pi d_1 t\sigma_b k_3$	表 5-24
带凸缘的锥形及球形件	第 1 次	$F_L=\pi d_1 t\sigma_b k_3$	表 5-24
椭圆形盒形件	第 1 次 第 2 次及以后各次	$F_L=\pi d_{cT1} t\sigma_b k_1$ $F_L=\pi d_{cT2} t\sigma_b k_2$	表 5-22 表 5-23
低的矩形盒 （一次工序拉深）	—	$F_L=(2b_1+2b-1.72r)t\sigma_b k_4$	表 5-25
高的方形盒 （多工序拉深）	第 1 次及第 2 次以后各次	与筒形件同 $F_L=(4b-1.72r)t\sigma_b k_5$	表 5-22、表 5-23 表 5-26
高的矩形盒 （多工序拉深）	第 1 次及第 2 次以后各次	与椭圆盒形件同 $F_L=(2b_1+2b-1.72r)t\sigma_b k_5$	表 5-22、表 5-23 表 5-26
任意形状的拉深件	—	$F_L=Lt\sigma_b k_6$	表 5-27
变薄拉深（圆筒形零件）	—	$F_L=\pi d_n(t_{n-1}-t_n)\sigma_b k_7$	表 5-28

注：F_L 为拉深力（N）；d_1、d_2 为筒形件的第 1 次及第 2 次工序直径，根据料厚中线计算（mm）；t 为材料厚度（mm）；d_{cT1}，d_{cT2}为椭圆形零件的第 1 次及第 2 次工序后的平均直径（mm）；d_n 为 n 次工序后的零件外径（mm）；b_1、b 为盒形件的长与宽（mm）；r 为盒形件的角部圆角半径（mm）；t_{n-1}、t_n 为第（$n-1$）次及第 n 次拉深工序后的壁厚（mm）；σ_b 为材料抗拉强度（MPa）；L 为凸模周边长度（mm）；k_1 ~ k_7 为拉深系数，见表 5-22 ~ 表 5-28。

表 5-22　筒形件第一次拉深时的系数 k_1 值（材料：08、10、15 钢）

相对厚度	第一次拉深系数 m_1									
t/D(%)	0.45	0.48	0.50	0.52	0.55	0.60	0.65	0.70	0.75	0.80
5.0	0.95	0.85	0.75	0.65	0.60	0.50	0.43	0.35	0.28	0.20
2.0	1.10	1.00	0.90	0.80	0.75	0.60	0.50	0.42	0.35	0.25
1.2		1.10	1.00	0.90	0.80	0.68	0.56	0.47	0.37	0.30
0.8			1.10	1.00	0.90	0.75	0.60	0.50	0.40	0.33
0.5				1.10	1.00	0.82	0.67	0.55	0.45	0.36
0.2					1.10	0.90	0.75	0.60	0.50	0.40
0.1						1.10	0.90	0.75	0.60	0.50

注：1. 当凸模圆角半径 $r_T=(4\sim6)t$ 时，系数 k_1 应按表中数值增加 5%。
2. 对于其他材料，根据材料塑性的变化，对查得值作修正（随塑性减低而增大）。

表 5-23　筒形件第二次拉深时的系数 k_2 值（材料：08、10、15 钢）

相对厚度 t/D(%)	第二次拉深系数 m_2									
	0.7	0.72	0.75	0.78	0.80	0.82	0.85	0.88	0.90	0.92
5.0	0.85	0.70	0.60	0.50	0.42	0.32	0.28	0.20	0.15	0.12
2.0	1.10	0.90	0.75	0.60	0.52	0.42	0.32	0.25	0.20	0.14
1.2		1.10	0.90	0.75	0.62	0.52	0.42	0.30	0.25	0.16
0.8			1.00	0.82	0.70	0.57	0.46	0.35	0.27	0.18
0.5			1.10	0.90	0.76	0.63	0.50	0.40	0.30	0.20
0.2				1.00	0.85	0.70	0.56	0.44	0.33	0.23
0.1				1.10	1.00	0.82	0.68	0.55	0.40	0.30

注：1. 当凸模圆角半径 $r_T=(4\sim6)t$ 时，表中 k_2 值应加大 5%。

2. 对于第 3、4、5 次拉深的系数 k_2，由同一表格查出其相应的 m_n 及 t/D 的数值，但需根据是否有中间退火工序而取表中较大或较小的数值。无中间退火时，k_2 取较大值（靠近下面的一个数值）；有中间退火时，k_2 取较小值（靠近上面的一个数值）。

3. 对于其他材料，根据材料塑性的变化，对查得值作修正（随塑性减低而增大）。

表 5-24　宽凸缘筒形件第一次拉深时的系数 k_3 值（材料：08、10、15 钢）

凸缘相对直径 d_t/d_1	第一次拉深系数 m_1（用于 $t/D=0.6\%\sim2\%$）										
	0.35	0.38	0.40	0.42	0.45	0.50	0.55	0.60	0.65	0.70	0.75
3.0	1.0	0.9	0.83	0.75	0.68	0.56	0.45	0.37	0.30	0.23	0.18
2.8	1.1	1.0	0.9	0.83	0.75	0.62	0.50	0.42	0.34	0.26	0.20
2.5		1.1	1.0	0.9	0.82	0.70	0.56	0.46	0.37	0.30	0.22
2.2			1.1	1.0	0.90	0.77	0.64	0.52	0.42	0.33	0.25
2.0				1.1	1.0	0.85	0.70	0.58	0.47	0.37	0.28
1.8					1.1	0.95	0.80	0.65	0.53	0.43	0.33
1.5						1.10	0.90	0.75	0.62	0.50	0.40
1.3							1.0	0.85	0.70	0.56	0.45

注：1. 这些系数也可用于带凸缘的链形及半球形零件在无拉深肋模具上的拉深。当采用拉深肋时，k_3 值应增大 10%～20%。

2. 对于其他材料，根据材料塑性的变化，对查得值作修正（随塑性减低而增大）。

表 5-25　由一次拉深成的低矩形件的系数 k_4 值（材料：08、10、15 钢）

毛坯相对厚度 t/D(%)				角部相对圆角半径 r/b				
1.5～2	1.5～1.0	1.0～0.6	0.6～0.3	0.3	0.2	0.15	0.10	0.05
盒形件相对高度 h/b				系数 k_4 值				
1.0	0.95	0.9	0.85	0.7	—	—	—	—
0.90	0.85	0.76	0.70	0.6	0.7	—	—	—
0.75	0.70	0.65	0.60	0.5	0.6	0.7	—	—
0.60	0.55	0.50	0.45	0.4	0.5	0.6	0.7	—
0.40	0.35	0.30	0.25	0.3	0.4	0.5	0.6	0.7

注：对于其他材料，根据材料塑性的变化，对查得的值作修正（随塑性减低而增大）。

表 5-26　由空心的筒形或椭圆形毛坯拉深高盒形件最后工序的系数 k_5 值（材料：08、10、15 钢）

毛坯相对厚度(%)			角部相对圆角半径 r/b				
$\frac{t}{D}$	$\frac{t}{d_1}$	$\frac{t}{d_2}$	0.3	0.2	0.15	0.1	0.05
			系数 k_5 值				
2.0	4.0	5.5	0.40	0.50	0.60	0.70	0.80
1.2	2.5	3.0	0.50	0.60	0.75	0.80	1.0
0.8	1.5	2.0	0.55	0.65	0.80	0.90	1.1
0.5	0.9	1.1	0.60	0.75	0.90	1.0	—

注：1. 对于矩形盒，d_1、d_2 为第 1 及第 2 道工序椭圆形毛坯的小直径。对于方形盒，d_1、d_2 为第 1 及第 2 道工序圆筒毛坯的小直径。

2. 对于其他材料，须视材料塑性好与差（与 08、15 钢相比较），查得的 k_5 值再作或小或大的修正。

表 5-27　其他任意形状拉深工序的系数 k_6 值

制作复杂程度	难加工件	普通加工件	易加工件
k_6 值	0.9	0.8	0.7

表 5-28　变薄拉深工序的系数 k_7 值

材　料	黄　铜	钢
k_7 值	1.6～1.8	1.8～2.25

5.2.2　压边力的确定和压边装置的类型

1. 压边力的确定

在拉深过程中，压边力的作用是用于防止工件或凸缘起皱的。随着拉深深度的增加而需要的压边力应减少。至于拉深时是否采用压边圈，可由表 5-12 的条件来决定。

压边力的计算公式见表 5-29。单位压边力 p 值可直接从表 5-30 或表 5-31 中查得。

表 5-29　压边力的计算公式

拉深情况	公　式
拉深任何形状的工件	$F_Y = Ap$
筒形件第一次拉深(用平毛坯)	$F_Y = \frac{\pi}{4}[D^2-(d_1+2r_A)^2]p$
筒形件以后各次拉深(用筒形毛坯)	$F_Y = \frac{\pi}{4}[d_{n-1}^2-(d_n+2r_A)^2]p$

注：A 为压边圈的面积（mm^2）；p 为单位压边力（MPa）；D 为平毛坯直径（mm）；d_1、…、d_n 为拉深件直径（mm）；r_A 为凹模圆角半径（mm）。

表 5-30　在单动压力机上拉深时单位压边力 p 的数值

材　料	单位压边力 p/MPa	材　料	单位压边力 p/MPa
铝	0.8～1.2	20 钢、08 钢、镀锡钢板	2.5～3
纯铜、硬铝(退火的或刚淬好火的)	1.2～1.8	软化状态的耐热钢	2.8～3.5
黄铜	1.5～2	高合金钢、高锰钢、不锈钢	3～4.5
压轧青铜	2～2.5		

表 5-31　在双动压力机上拉深时单位压边力 p 的数值

工件复杂程度	单位压边力 p/MPa	工件复杂程度	单位压边力 p/MPa
难加工件	3.7	易加工件	2.5
普通加工件	3		

2. 压边装置的类型

（1）弹性压边装置　弹性压边装置用于一般的单动压力机。常用的弹性压边装置有气垫式、弹簧式和橡胶式三种，如图 5-22 所示。上述三种压边装置的压料力变化情况是：弹簧和橡胶压料装置的压料力是随着工作行程（拉深深度）的增加而增大的，尤其是橡胶压边装置的表现更突出。这样的压边力变化特性会使拉深过程中的拉深力不断增大，从而增大拉裂的危险性。因此，弹簧和橡胶压边装置通常只用于浅拉深。气垫压边装置压边力基本上不随工作行程而变化，压料效果好，但气垫装置结构复杂。

弹性压边装置如图 5-23 所示。

（2）刚性压边装置　刚性压边装置用于双动压力机上。压边圈安装于外滑块上，这种压边形式的特点是压边力不随压力机工作行程而变化，拉深效果较好，模具结构简单，如图 5-24 所示。

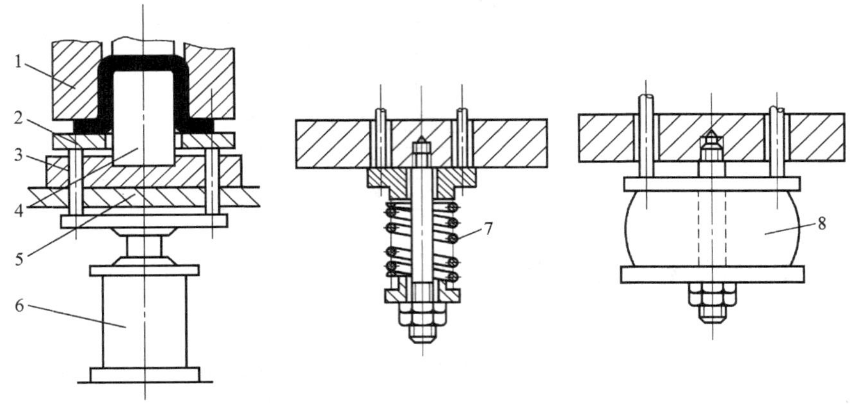

图 5-22　弹性压边的方式

a）气垫式　b）弹簧式　c）橡胶式

1—凹模　2—压边圈　3—下模板　4—凸模　5—压力机工作台　6—气缸　7—弹簧　8—橡胶

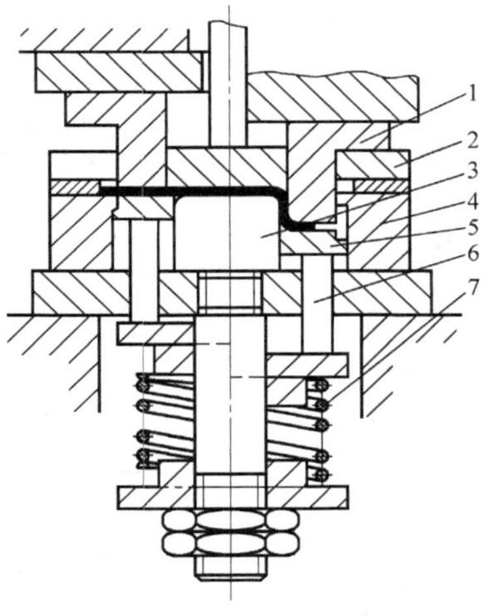

图 5-23　弹性压边装置

1—冲裁凸模兼拉深凹模　2—卸料板　3—拉深凸模　4—冲裁凹模　5—压边圈兼顶出器　6—顶杆　7—弹簧

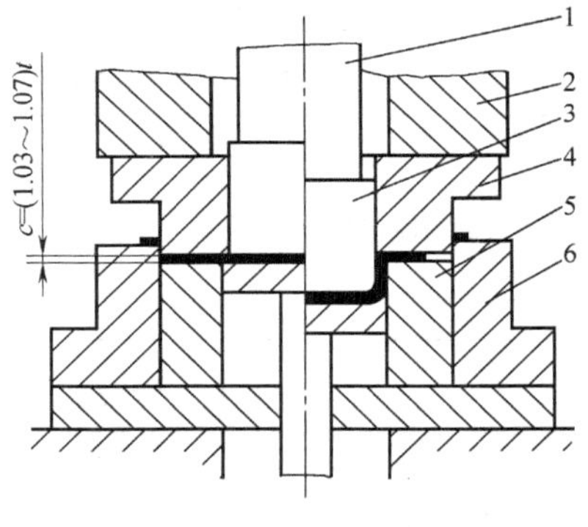

图 5-24　刚性压边装置

1—内滑块　2—外滑块　3—拉深凸模　4—落料凸模兼压边圈　5—拉深凹模　6—落料凹模

压边圈的结构形式如下：

1）平面压边圈（图 5-25）。一般拉深模中均采用该种平面压边圈。

2）弧形压边圈（图 5-26）。第一次拉深，相对高度 $t/D<0.3\%$，且有小凸缘或很大圆角半径的工件，采用弧形压边圈。

3）带限位装置的压边圈（图 5-27）。在整个拉深过程中，如果压边力需保持均衡和防止压边圈将毛坯压得过紧，可采用带限位装置的压边圈。即使压边圈和凹模之间保持一定的间隙 s。拉深宽凸缘件时，$s=t+(0.05\sim0.1)\text{mm}$；拉深铝合金件时，$s=1.1t$；拉深钢件时，$s=1.2t$。$t$ 为材料厚度。

4）局部压边圈（图 5-28）。拉深带宽凸缘的工件时，压边圈与毛坯的接触面积要减小，常采用图 5-28 所示的两种局部压边法。

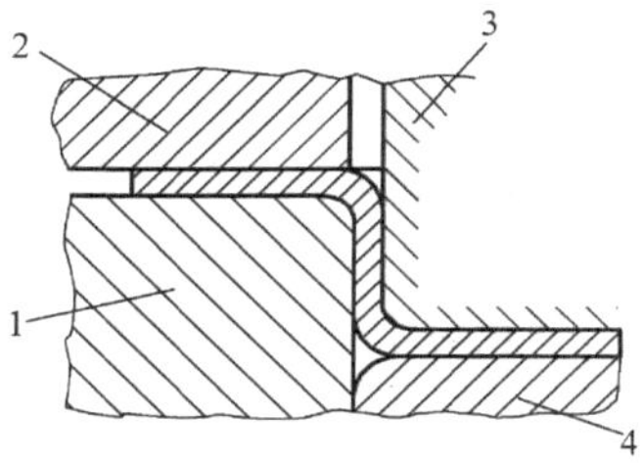

图 5-25　平面压边圈

1—凹模　2—压边圈　3—凸模　4—顶板

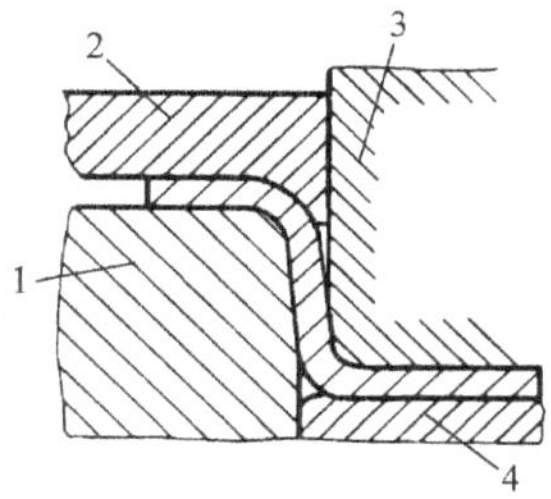

图 5-26　弧形压边圈

1—凹模　2—压边圈　3—凸模　4—顶板

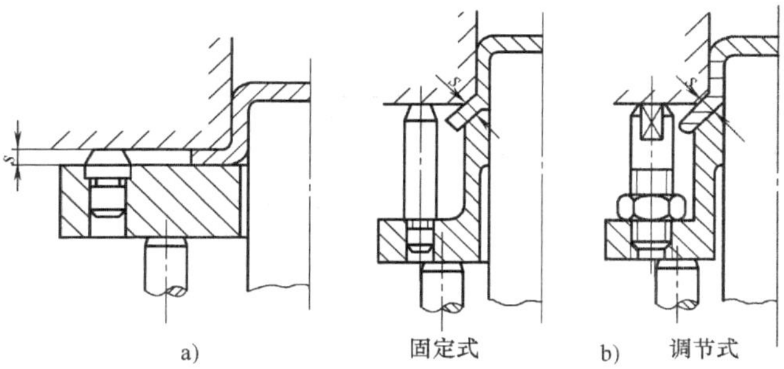

图 5-27　带限位装置的压边圈

a）第一次拉深　b）第二次以后拉深

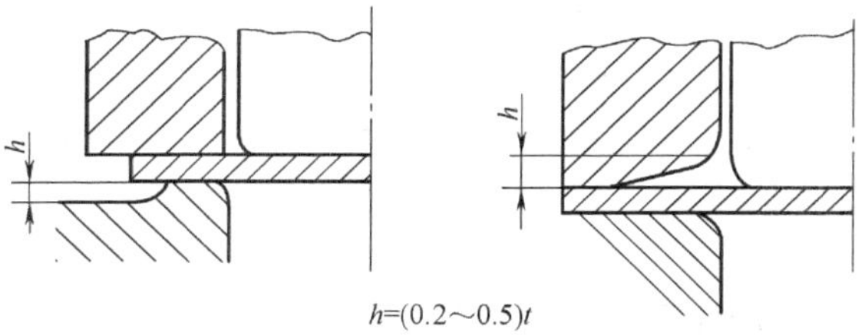

图 5-28　局部压边的压边圈

5.2.3　压力机吨位的选择

对于单动压力机

$$F > F_{拉} + F_{压}$$

对于双动压力机

$$F_1 > F_{拉}，\ F_2 > F_{压}$$

式中，F 为压力机的标称压力；F_1 为内滑块标称压力；F_2 为外滑块标称压力；$F_{拉}$ 为拉深力；$F_{压}$ 为压边力。

拉深与落料、冲孔等工序复合冲压时，其压力机吨位应结合滑块的许用压力曲线进行选择。

5.3　拉深模的结构设计

5.3.1　拉深模工作零件的设计

1. 拉深凸、凹模的圆角半径

（1）凹模的圆角半径 r_A

1）公式计算法。公式如下

$$r_A = 0.8\sqrt{(D-d)t} \tag{5-30}$$

式中，r_A 为凹模圆角半径（mm）；D 为毛坯直径（mm）；d 为凹模内径（mm）；t 为材料厚度（mm）。

当工件直径 $d > 200$mm 时，$r_{dmin} = (0.039d + 2)$mm。

2）查表法。根据材料的性能和厚度来确定，见表 5-32。一般对于钢制拉深件，$r_A = 10t$；对于有色金属（铝、黄铜、纯铜）拉深件，$r_A = 5t$。

表 5-32 拉深凹模的圆角半径 r_A 的数值

材　料	厚度 t/mm	凹模圆角半径 r_A	材　料	厚度 t/mm	凹模圆角半径 r_A
钢	<3	$(10 \sim 6)t$	铝、黄铜、纯铜	<3	$(8 \sim 5)t$
	3 ~ 6	$(6 \sim 4)t$		3 ~ 6	$(5 \sim 3)t$
	>6	$(4 \sim 2)t$		>6	$(3 \sim 1.5)t$

注：1. 对于第一次拉深和较薄的材料，应取表中的最大极限值。
2. 对于以后各次拉深和较厚的材料，应取表中的最小极限值。

上面给出的 r_A 值用作首次拉深，以后各次拉深时，r_A 值应逐渐减小，其关系式为

$$r_{An} = (0.6 \sim 0.8) r_{A(n-1)} \quad (r_{An} > 2t) \tag{5-31}$$

（2）凸模的圆角半径 r_T

1）首次拉深　$r_{T1} = (0.6 \sim 1) r_{A1}$

2）中间过渡工序的拉深　$r_{T(n-1)} = \dfrac{d_{n-1} - d_n - 2t}{2}$

式中，d_{n-1}、d_n 分别为前后两道工序中毛坯的过渡直径，最后一道工序时，$d_n = d$（d 为工件直径）。

要求 $r_{Tn} \geqslant (2 \sim 3)t$，否则需要通过整形工序才能达到零件要求。

对于矩形件，为便于最后一道工序的成形，在各过渡工序中，凸模底部具有与工件相似的矩形，然后用 45°斜角向侧壁过渡。

2. 拉深凸、凹模间隙

拉深模间隙 $Z/2$（单边）一般比毛坯厚度略大一些，其值按下式计算

单面间隙

$$Z/2 = t_{max} + ct$$

式中，t_{max} 为板料的最大厚度，$t_{max} = t + \Delta$，其中 Δ 为板料的正偏差；c 为间隙系数，考虑板料增厚现象，其值查表 5-33。

表 5-33 间隙系数 c

拉深工序数		材料厚度 t/mm			拉深工序数		材料厚度 t/mm		
		0.5 ~ 2	>2 ~ 4	>4 ~ 6			0.5 ~ 2	>2 ~ 4	>4 ~ 6
1	第一次	0.2(0)	0.1(0)	0.1(0)	4	第一、二次	0.5	0.4	0.35
2	第一次	0.3	0.25	0.2		第三次	0.3	0.25	0.2
	第二次	0.1(0)	0.1(0)	0.1(0)		第四次	0.1(0)	0.1(0)	0.1(0)
3	第一次	0.5	0.4	0.35	5	第一、二、三次	0.5	0.4	0.35
	第二次	0.3	0.25	0.2		第四次	0.3	0.25	0.2
	第三次	0.1(0)	0.1(0)	0.1(0)		第五次	0.1(0)	0.1(0)	0.1(0)

注：1. 表中数值适用于一般精度（未注公差尺寸的极限偏差）工件的拉深工作。
2. 末道工序括弧内的数字，适用于较精密拉深件（IT11 ~ IT13 级）。

在实际生产中，不用压边圈的拉深容易起皱，单边间隙取板料厚度上限值的 1 ~ 1.1 倍。间隙较小值用于末次拉深或用于精密拉深件，较大值用于中间工序的拉深或不精密的拉深件。

有压边圈拉深时，单边间隙值可查表 5-34。对于精度要求高的工件，为了使拉深后回弹很

小，表面质量好，常采用负间隙拉深，其间隙值取 $Z/2=(0.9\sim0.95)t$。

表 5-34　有压边圈拉深时的单边间隙值

总拉深次数	拉深工序	单边间隙 $Z/2$	总拉深次数	拉深工序	单边间隙 $Z/2$
1	一次拉深	$(1\sim1.1)t$	4	第一、二次拉深 第三次拉深 第四次拉深	$1.2t$ $1.1t$ $(1\sim1.05)t$
2	第一次拉深 第二次拉深	$1.1t$ $(1\sim1.05)t$			
3	第一次拉深 第二次拉深 第三次拉深	$1.2t$ $1.1t$ $(1\sim1.05)t$	5	第一、二、三次拉深 第四次拉深 第五次拉深	$1.2t$ $1.1t$ $(1\sim1.05)t$

注：1. t 为材料厚度，取材料允许偏差的中间值。
2. 当拉深精密工件时，最末一次拉深间隙取 $Z/2=t$。

盒形件间隙系数 c 可根据零件尺寸精度要求选取：当精度要求高时，$c=(0.9\sim1.05)t$；当尺寸精度要求不高时，$c=(1.1\sim1.3)t$。

盒形件最后一次拉深的间隙最重要。这时间隙大小沿周边是不均匀的，直边部分按弯曲工艺取小间隙；圆角部分按拉深工艺取大间隙，因角部金属变形量最大。按上面公式决定间隙后，角部间隙要再比直边部分增大 $0.1t$。如果工件要求保证内径尺寸，则此增大值由修整凹模得到；如果工件要求保证外形尺寸，则由修整凸模得到。

5.3.2　拉深模工作零件的尺寸计算

1. 凸、凹模计算公式

确定凸模和凹模工作部分尺寸时，应考虑模具的磨损情况和拉深件的弹复情况，其尺寸公差只在最后一道工序考虑。对最后一道工序的拉深模，其凸模、凹模的尺寸及其公差应按工件尺寸标注方式的不同，由表 5-35 所列公式进行计算。表 5-35 中，D_A 为凹模尺寸，d_T 为凸模尺寸，D 为拉深件外形的公称尺寸，d 为拉深件内形的公称尺寸，$Z/2$ 为凸、凹模的单边间隙；δ_A 为凹模的制造公差；δ_T 为凸模的制造公差；Δ 为拉深件的公差。D_{max}、d_{max}、D_{min} 和 d_{min} 分别为拉深件外径和内径的上极限尺寸和下极限尺寸。

2. 公差确定

对于圆形凸、凹模的制造公差，可根据工件的材料厚度与工件直径来选择，其数值见表 5-36。

非圆形凸、凹模的制造公差可根据工件公差来选定，若拉深件公差为 IT12 级以上，则凸、凹模制造公差采用 IT8、IT9 级；若为 IT14 级以下时，则凸、凹模制造公差采用 IT10 级。若采用配作时，则只在凸模或凹模上标注公差，另一个按间隙配作。

而对于多次拉深时的中间过渡工序，毛坯尺寸公差没有严格限制，模具尺寸及公差取值等于毛坯过渡尺寸。

表 5-35　拉深模工作部分尺寸计算公式

尺寸标方式	凹模尺寸 D_A	凸模尺寸 d_T
标注外形尺寸 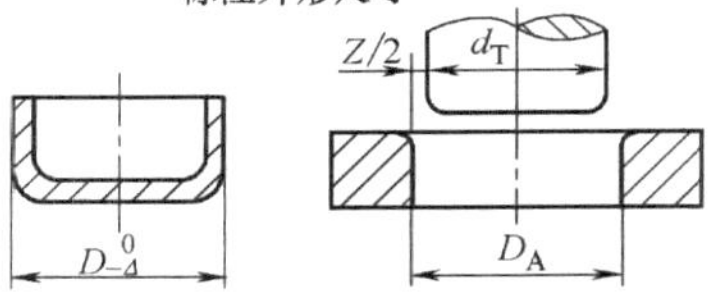	$D_A=(D_{max}-0.75\Delta)^{+\delta_A}_{0}$	$d_T=(D_{max}-0.75\Delta-Z)^{0}_{-\delta_T}$

（续）

尺寸标方式	凹模尺寸 D_A	凸模尺寸 d_T
标注内形尺寸 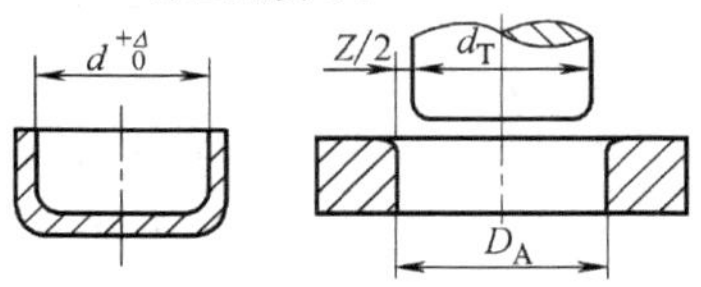	$D_A=(d_{min}+0.4\Delta+Z)^{+\delta_A}_{0}$	$d_T=(d_{min}+0.4\Delta)^{0}_{-\delta_T}$

表 5-36　圆形拉深模凸、凹模的制造公差　　（单位：mm）

材料厚度	工件直径的公称尺寸							
	≤10		>10～50		>50～200		>200～500	
	δ_A	δ_T	δ_A	δ_T	δ_A	δ_T	δ_A	δ_T
0.25	0.015	0.010	0.02	0.010	0.03	0.015	0.03	0.015
0.35	0.020	0.010	0.03	0.020	0.04	0.020	0.04	0.025
0.50	0.030	0.015	0.04	0.030	0.05	0.030	0.05	0.035
0.80	0.040	0.025	0.06	0.035	0.06	0.040	0.06	0.040
1.00	0.045	0.030	0.07	0.040	0.08	0.050	0.08	0.060
1.20	0.055	0.040	0.08	0.050	0.09	0.060	0.10	0.070
1.50	0.065	0.050	0.09	0.060	0.10	0.070	0.12	0.080
2.00	0.080	0.055	0.11	0.070	0.12	0.080	0.14	0.090
2.50	0.095	0.060	0.13	0.085	0.15	0.100	0.17	0.120
3.50	—	—	0.15	0.100	0.18	0.120	0.20	0.140

注：1. 表列数值用于未精压的薄钢板。
2. 如用精压钢板，则凸模及凹模的制造公差等于表列数值的 20%～25%。
3. 如用有色金属，则凸模及凹模的制造公差等于表列数值的 50%。

3. 拉深凸模的通气孔尺寸

工件在拉深时，由于空气压力的作用或润滑油的黏性等因素，使工件很容易黏附在凸模上。为使工件不至于紧贴在凸模上，设计凸模时应有通气孔，拉深凸模通气孔如图 5-29 所示。

对一般中小型件的拉深，可直接在凸模上钻出通气孔，孔的大小根据凸模尺寸大小而定，见表 5-37。

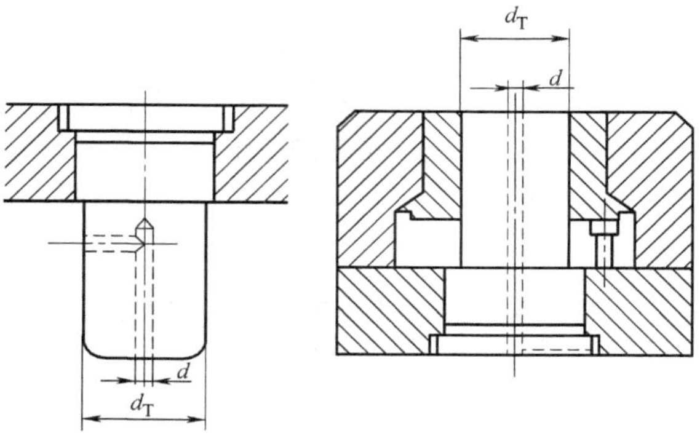

图 5-29　拉深凸模通气孔

表 5-37　拉深凸模通气孔尺寸　　（单位：mm）

凸模尺寸 d_T	≤10	>10～50	>50～200	>200～500	>500
出气孔直径 d	5	6.5	8	8	9.5

5.3.3　拉深模的结构设计

1. 拉深凸、凹模的结构

在设计拉深模时，必须合理选择凸、凹模的结构形式。图 5-30 所示为无压边圈的一次拉深成形的凹模结构。其中图 5-30a 所示凹模适宜于大件，图 5-30b、c 所示凹模适宜于小件锥形凹模，图 5-30d 所示凹模适宜于等切面曲线形状凹模，它有利于对抗失稳及起皱。图 5-31 所示为无压边圈的两次以上的拉深结构，它适宜于两次以上的拉深。上述凹模结构中，首次拉深凹模圆角处采用锥形，锥角为 30°，第二次拉深凹模圆角采用圆弧形，$a=5\sim10$mm，$b=2\sim5$mm。

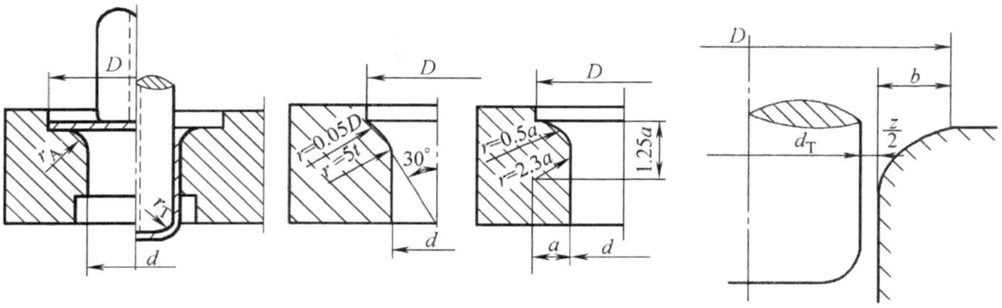

a)　b)　c)　d)

图 5-30　无压边圈的一次拉深成形的凹模结构

a）圆弧形　b）锥形　c）渐开线形　d）等切面形

图 5-32 所示为有压边圈的拉深凸、凹模。图 5-32a 所示为带斜角的凸模和凹模，适于工件尺寸 $d>100$mm 的情况，图 5-32b 所示为有圆角半径的凸模和凹模，多用于拉深较小的工件，即 $d\leqslant100$mm。

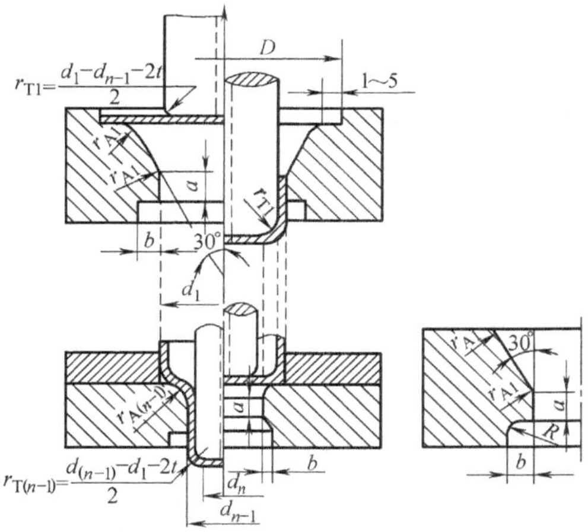

图 5-31　无压边圈的两次以上的拉深结构

2. 拉深模结构的工艺性

设计拉深凸、凹模结构时，必须十分注意前后两道工序的凸、凹模形状和尺寸的正确关系，做到前道工序所得工序件形状和尺寸有利于后一道工序的成形和定位，而后一道工序的压料圈的形状应与前道工序所得工序件相吻合，拉深凹模的锥角要与前道工序凸模的斜角一致，尽量避免坯料转角部位在成形过程中不必要的反复弯曲。

对于最后一道拉深工序，为了保证成品零件底部平整，应按图 5-33 所示方法确定凸模圆角半径。对于盒形件，第（$n-1$）次拉深所得工序件形状对最后一次拉深成形影响很大。因此，第（$n-1$）次拉深凸模的形状应设计成底部具有与拉深件底部相似的矩形（或方形），然后用 45°斜角向壁部过渡（图 5-33c），这样有利于最后拉深时金属的变形。

拉深模结构应尽量简单。在充分保证工件质量的前提下，应以数量少、重量轻、制造和装配方便的零件来组成拉深模。拉深模上的各零部件，应尽可能利用本单位现有的设备能力来制造，结构应尽量与现有的冲压设备相适应。拉深模结构应使安装、调试与维修尽量方便，模架及零部件应尽量选择通用件。

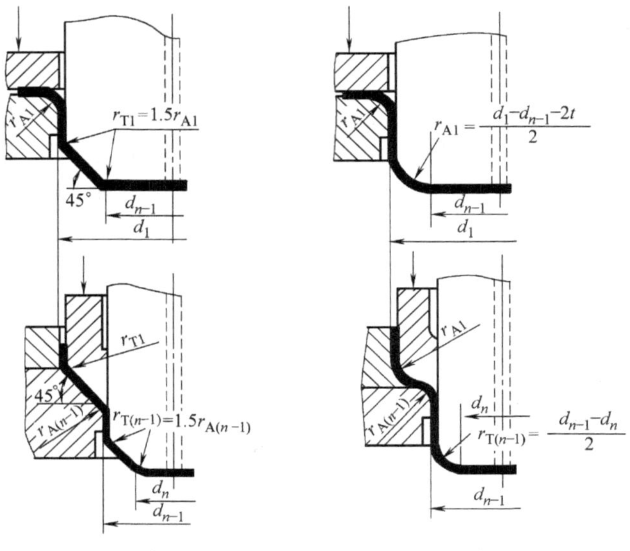

图 5-32　用压边圈的拉深凸、凹模

a）带斜角的凸模和凹模　b）带圆角半径的凸模和凹模

3. 拉深模设计特点

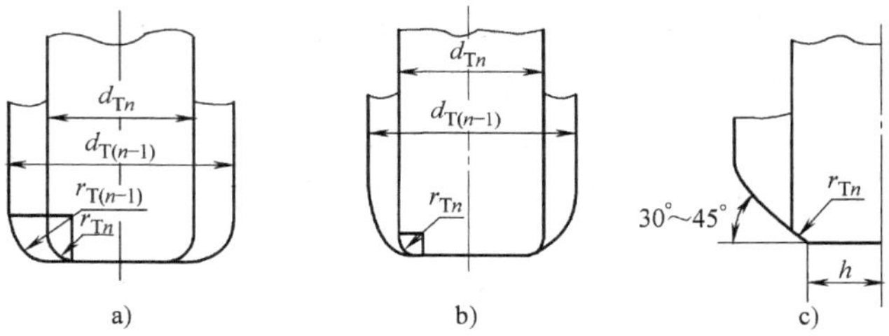

图 5-33　最后拉深凸模底部设计

1）拉深工艺计算要求有较高的准确性。拉深凸模的长度必须满足工件拉深高度的要求，且拉深凸模上必须设计通气孔。设计落料-拉深复合模时，由于落料凹模的磨损比拉深凸模的磨损快，所以落料凹模上应预先加大磨损余量，普通落料凹模应高出拉深凸模 2 ~ 6mm。

2）保证凸模高度。第一次拉深以后的工序所用凸模高度（包括本工序中拉深工件的高度与压边圈的高度）比较长，选用凸模材料时须考虑热处理时的弯曲变形。同时需注意，凸模在模板上的定位要可靠。

3）设计好限位柱。在有凸缘的拉深工序中，工件的高度取决于上模的行程，使用中为便于模具调整，最好在模具上设计限位柱，当压力机滑块在下极限位置时，模具应在限程的位置闭合。

4）凸模和凹模在模板上的装配应位置准确且安装牢靠。设计非旋转体工件（如矩形）的拉深模时，其凸模和凹模在模板上的装配位置必须准确可靠，以防松动后发生旋转、偏移，影响工件质量，甚至严重损坏模具。

5）压边圈与毛坯接触的一面要平整。压边圈与毛坯接触的一面不应有孔或槽，否则拉深时毛坯起皱会陷到孔或槽里，引起拉裂。拉深时由于工作行程较大，故对控制压边力用的弹性元件（如弹簧和橡胶）的压缩量应认真计算。

6）连续拉深要选用塑性好的制件材料。在带料上直接（不裁成单个毛坯）进行连续拉深，零件拉成后才从带料上冲裁下来的方法称为带料连续（级进）拉深。这种拉深方法生产率高，但模具结构比较复杂，并且在拉深过程中不能进行中间退火，因此要求材料的塑性要好。这类模具主要用于生产批量大、零件形状不大（一般 $d<50$mm），材料厚度在 2mm 以内的工件。可参看第 6 章有关内容。

7）先做拉深模，再做落料模。对于需经多次拉深的形状复杂件，如矩形件等，很难计算出准确的毛坯形状和尺寸，因此，设计模具时，往往先做拉深模，经试冲确定合适的毛坯形状和尺寸后再做落料模，并且在拉深模上按定形的毛坯安装定位装置。

5.4　拉深模设计实例

1. 设计题目

带凸缘圆筒形件拉深模设计。

2. 原始数据

零件名称：带凸缘圆筒形件；

生产批量：大批量；

冲压材料：08 钢，厚度 $t=1$mm；

零件图：如图 5-34 所示。

3. 零件的工艺性分析

该零件为带凸缘圆筒形件，要求内形尺寸为 $\phi 20.1^{+0.1}_{0}$mm，料厚 $t=1$mm，没有厚度不变的要求；零件的形状简单、对称，底部圆角半径 $r=2\text{mm}>t$，凸缘处的圆角半径 $r=2\text{mm}=2t$，满足拉深工艺对形状和圆角半径的要求；尺寸 $\phi 20.1^{+0.1}_{0}$mm 为 IT12 级，其余尺寸为未注公差，满足拉深工艺对精度等级的要求；零件所用材料 08 钢的拉深工艺性较好，易于拉深成形。

综上所述，该零件的拉深工艺性较好，可采用拉深工序加工。

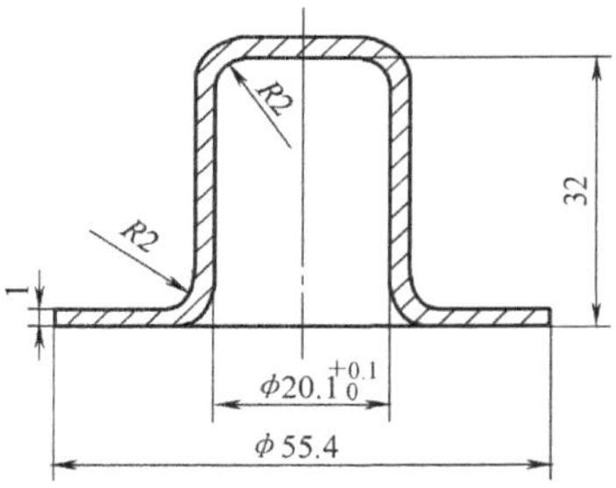

图 5-34　带凸缘圆筒形件

4. 工艺方案的确定

为了确定零件的成形工艺方案，应先计算拉深次数及有关工序尺寸。板料厚度 $t=1$mm，按中线尺寸计算。

（1）计算毛坯直径　根据零件尺寸查表 5-2 得切边余量 $\Delta R=2.2$mm，故实际凸缘直径 $d_t=(55.4+2\times2.2)\text{mm}=59.8$mm。由表 5-4 中序号 11 工件形状查得带凸缘圆筒形件的毛坯直径计算公式为

$$D=\sqrt{d_1^2+2\pi r_2 d_1+8r_2^2+4d_2 h+2\pi r_1 d_2+4.56r_1^2+d_4^2-d_3^2}$$

根据图 5-34，并对照表 5-4 中序号 11 的工件形状图尺寸，确定各参数如下：

$$d_1=16.1\text{mm};\ d_2=21.1\text{mm}$$

$$d_3=26.1\text{mm};\ d_4=55.4\text{mm}+2\times2.2\text{mm}=59.8\text{mm}$$

$$h=(32-2-3)\text{mm}=27\text{mm};\ r_1=r_2=(2+0.5)\text{mm}=2.5\text{mm}$$

将以上各参数代入毛坯直径计算公式得到

$$D=\sqrt{16.1^2+2\pi\times2.5\times16.1+8\times2.5^2+4\times21.1\times27+2\pi\times2.5\times21.1+4.56\times2.5^2+59.8^2-26.1^2}\text{mm}$$
$$=\sqrt{3200.55+2894.83}\text{mm}$$

$\approx \sqrt{3200 + 2895}$mm

$\approx$78mm

式中，2895mm² 为该零件凸缘部分的表面积，3200mm² 为该零件除去凸缘部分的表面积。

（2）判断是否能一次拉深成形　根据

$$\frac{t}{D} = \frac{1}{78} = 1.28\% \qquad \frac{d_t}{d} = \frac{59.8}{21.1} = 2.83$$

$$\frac{H}{d} = \frac{32}{21.1} = 1.52 \qquad m_t = \frac{d}{D} = \frac{21.1}{78} = 0.27$$

查表 5-9，得第一次拉深许可的最大相对高度 $[H_1/d_1] = 0.16 \sim 0.20$，远远小于工件的 $H/d = 1.52$，即 $H/d > [H_1/d_1]$，说明该零件不能一次拉深成形，而要多次拉深才能成形。

（3）确定首次拉深工序件尺寸　初定 $d_t/d_1 = 1.3$，查表 5-10 得 $[m_1] = 0.51$，取 $m_1 = 0.52$，则

$$d_1 = m_1 \times D = 0.52 \times 78\text{mm} = 40.56\text{mm}$$

取 $r_{T1} = r_{A1} = 5.5$mm

为了使以后各次拉深时凸缘不再变形，取首次拉入凹模的材料面积比最后一次拉入凹模的材料面积（即筒形部位的表面积）增加 5%，故坯料直径修正为

$$D = \sqrt{3200 \times 105\% + 2895}\text{mm} \approx 79\text{mm}$$

可得首次拉深高度为

$$H_1 = \frac{0.25}{d_1}(D^2 - d_t^2) + 0.43(r_{T1} + r_{A1}) + \frac{0.14}{d_1}(r_{T1}^2 - r_{A1}^2)$$

$$= \left[\frac{0.25}{40.56} \times (79^2 - 59.8^2) + 0.43 \times (5.5 + 5.5)\right]\text{mm} = 21.2\text{mm}$$

验算所取 m_1 是否合理：根据 $t/D = 1/78 = 1.28\%$，$d_t/d_1 = 59.8/40.56 = 1.47$，查表 5-9 取 $[H_1/d_1] = 0.58$。因为 $H_1/d_1 = 21.2/40.56 = 0.52 < [H_1/d_1]$，因此所取 m_1 是合理的。

（4）计算以后各次拉深的工序件尺寸　查表 5-11，得到 $m_2 = 0.75$，$m_3 = 0.78$，$m_4 = 0.80$，则

$$d_2 = m_2 \times d_1 = 0.75 \times 40.5\text{mm} = 30.4\text{mm}$$

$$d_3 = m_3 \times d_2 = 0.78 \times 30.4\text{mm} = 23.7\text{mm}$$

$$d_4 = m_4 \times d_3 = 0.80 \times 23.7\text{mm} = 19.0\text{mm}$$

因为 $d_3 = 23.7\text{mm} > 21.1\text{mm}$，$d_4 = 19.0\text{mm} < 21.1\text{mm}$，故共需四次拉深。

调整以后各次拉深系数，取 $m_2 = 0.77$，$m_3 = 0.80$，$m_4 = 0.844$（必须保证 $d_4 = 21.1$mm）。所以以后各次拉深工序件的直径为

$$d_2 = m_2 \times d_1 = 0.77 \times 40.56\text{mm} = 31.2\text{mm}$$

$$d_3 = m_3 \times d_2 = 0.80 \times 31.2\text{mm} = 25.0\text{mm}$$

$$d_4 = m_4 \times d_3 = 0.844 \times 25.0\text{mm} = 21.1\text{mm}$$

以后各次拉深工序件的圆角半径取

$$r_{T2} = r_{A2} = 4.5\text{mm},\ r_{T3} = r_{A3} = 3.5\text{mm},\ r_{T4} = r_{A4} = 2.5\text{mm}$$

设第二次拉深时多拉入 3% 的材料（其余 2% 的材料返回到凸缘上），第三次拉深时多拉入 1.5% 的材料（其余 1.5% 的材料返回到凸缘上），则第二次和第三次拉深的假想坯料直径分别为

$$D' = \sqrt{3200 \times 103\% + 2895}\text{mm} = 78.7\text{mm}$$

$$D'' = \sqrt{3200 \times 101.5\% + 2895}\text{mm} = 78.4\text{mm}$$

以后各次拉深工序件的高度为

$$H_2 = \frac{0.25}{d_2}(D'^2 - d_1^2) + 0.43(r_{T2} + r_{A2}) + \frac{0.14}{d_2}(r_{T2}^2 - r_{A2}^2)$$
$$= \left[\frac{0.25}{31.2} \times (78.7^2 - 59.8^2) + 0.43 \times (4.5 + 4.5)\right]\text{mm} = 24.8\text{mm}$$
$$H_3 = \frac{0.25}{d_2}(D''^2 - d_1^2) + 0.43(r_{T3} + r_{A3}) + \frac{0.14}{d_3}(r_{T3}^2 - r_{A3}^2)$$
$$= \left[\frac{0.25}{31.2} \times (78.4^2 - 59.8^2) + 0.43 \times (3.5 + 3.5)\right]\text{mm} = 28.7\text{mm}$$

最后一道拉深后达到零件的高度，上一道工序多拉入的 1.5% 的材料全部返回到凸缘，拉深工序结束。

将上述按中线尺寸计算的工序件尺寸换算成与零件图相同的标注形式后，所得各工序件的尺寸如图 5-35 所示。

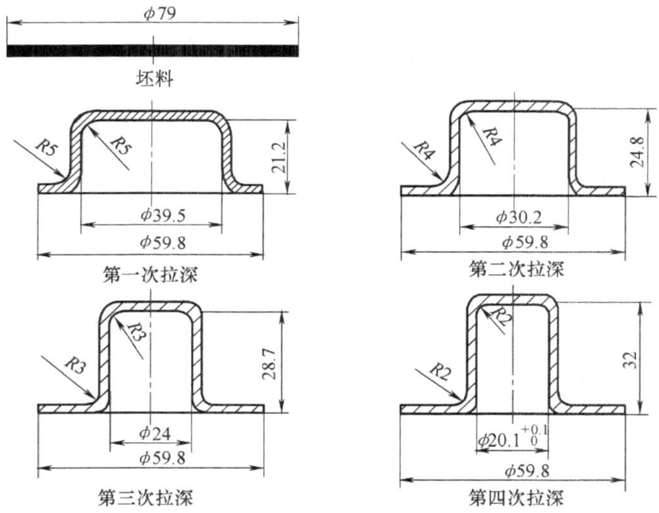

图 5-35　带凸缘圆筒形件各次拉深工序尺寸图

（5）工艺方案　根据上述计算结果，本零件需要落料（制成 ϕ79mm 的坯料）、4 次拉深和切边（达到零件要求的凸缘直径 ϕ55.4mm）共 6 道冲压工序。考虑该零件的首次拉深高度较小，且坯料直径 ϕ79mm 与首次拉深后的筒体直径 ϕ39.5mm 的差值较大，为了提高生产率，可将坯料的落料与首次拉深复合。因此，该零件的冲压工艺方案为：落料与首次拉深复合→第 2 次拉深→第 3 次拉深→第 4 次拉深→切边。

以下仅以落料与首次拉深复合工序为例介绍拉深模的设计过程。

5. 落料与首次拉深复合工序力的计算

（1）落料力　由表 9-1 查得 08 钢的抗拉强度为 $\sigma_b = 400\text{MPa}$，根据式（3-15），得到落料力为

$$F \approx Lt\sigma_b = 79\pi \times 1 \times 400\text{N} = 99224\text{N} \approx 100\text{kN}$$

板厚 $t = 1\text{mm}$，可以采用刚性卸料板卸料。

（2）拉深力与压料力　根据表 5-21 公式计算。由 $m_1 = 0.52$ 查表 5-24，查得 $k_3 = 1.0$，得到拉深力为

$$F_L = k_3 \pi d_1 t \sigma_b = 1.0 \times 3.14 \times 40.56 \times 1 \times 400\text{N} = 50943.36\text{N} \approx 51\text{kN}$$

根据压料面积大小，同时查表5-30，取 $p = 2.5\text{MPa}$，则压料力为

$$F_Y = \pi(D_2^{\ 2} - d_1^2)p/4 = 3.14 \times (79^2 - 40.56^2) \times 2.5/4\text{N} = 9019\text{N} \approx 9\text{kN}$$

（3）初选压力机公称压力　确定机械式拉深压力机公称压力时必须注意，当拉深工作行程较大，特别是采用落料拉深复合工序时，由于滑块的受力行程大于压力机的公称压力行程（即曲柄开始受力时的工作转角 α 大于公称压力角），必须使落料拉深力曲线位于压力机滑块的许用负载曲线之下（图5-36），而不能简单地按压力机公称压力大于拉深力（或拉深力与压料力之和）的原则去确定规格。

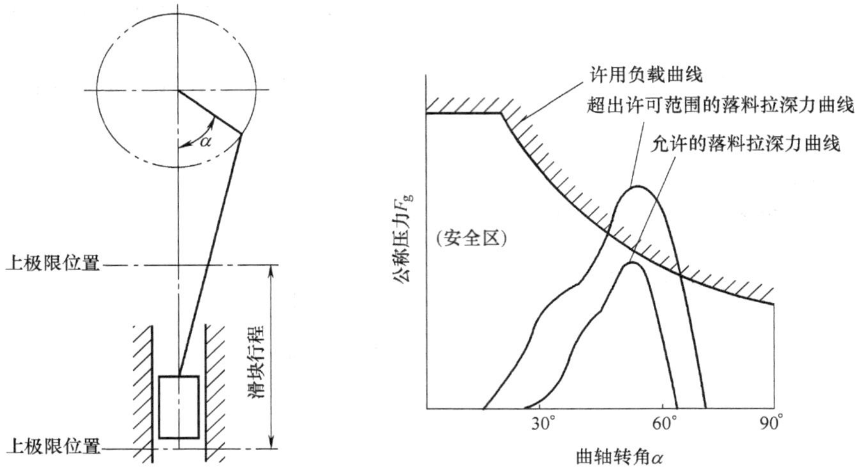

图5-36　许用负载与实际负载示意图

实际生产中可以按下式初步确定拉深工序所需的压力机公称压力：

浅拉深时

$$F_g \geqslant (1.6 \sim 1.8)(F_L + F_Y)$$

深拉深时

$$F_g \geqslant (1.8 \sim 2.0)(F_L + F_Y)$$

本例拉深的高度不大（$H_1 = 21.2\text{mm}$），因此有

$$F_g \geqslant 1.8(F_L + F_Y) = 1.8(51 + 9)\text{kN} = 108\text{kN}$$

由于此复合模工作时落料工序和拉深工序是按先后顺序进行的，并未产生落料力和拉深力的叠加，因此，按落料力初选的压力机公称压力为

$$F_g \geqslant 1.25F = 1.25 \times 100\text{kN} = 125\text{kN}$$

综合以上两个方面，初步确定所需压力机的公称压力：$F_g \geqslant 125\text{kN}$。待确定压力机型号后再校核。

6. 模具工作部分尺寸的计算

此处以第一次拉深为例来计算模具工作部分的尺寸，其他各次拉深的计算方法相同。

落料凸模、凹模的刃口尺寸计算可参见冲裁模计算过程。本模拉深凸模、凹模工作部分尺寸计算如下。

（1）凸、凹模间隙　查表5-34，得第一次拉深单边间隙　$Z/2 = 1.2t$，取 $t = 1\text{mm}$，所以 $Z = 2.4t = 2.4\text{mm}$。

（2）凸、凹模圆角半径　因是第一次拉深，参看图5-35，凸、凹模圆角半径应与拉深件相

应圆角半径一致，故凸模圆角半径 $r_T = 5\text{mm}$，凹模圆角半径 $r_A = 5\text{mm}$。

（3）凸、凹模工作尺寸及公差　此次拉深为第一道拉深工序。由于零件对内形有尺寸要求，因此以凸模为基准，间隙取在凹模上。凸、凹模工作尺寸及公差分别按表 5-35 中“标注内形尺寸”公式进行计算。另查表 5-36，凸模制造公差 $\delta_T = 0.04$，凹模制造公差 $\delta_A = 0.07$。Δ 是拉深工件的公差，工件为未注公差可以按 IT14 级取为 0.62mm，则

$$d_T = (d_{min} + 0.4\Delta)_{-\delta_T}^{\ 0}$$
$$= (39.5 + 0.4 \times 0.62)_{-0.04}^{\ 0}\text{mm}$$
$$= 39.75_{-0.04}^{\ 0}\text{mm}$$
$$D_A = (d_{min} + 0.4\Delta + Z)_{\ 0}^{+\delta_A}$$
$$= (39.5 + 0.4 \times 0.62 + 2.4)_{\ 0}^{+0.07}\text{mm}$$
$$= 42.15_{\ 0}^{+0.07}\text{mm}$$

（4）凸模通气孔尺寸确定　根据凸模直径大小，查表 5-37，确定取通气孔尺寸为 $\phi 6\text{mm}$。

7. 模具的总体设计

模具的总装图如图 5-37 所示。因为压料力不大（$F_Y = 9019\text{N}$），故可在单动压力机上完成。本模具采用正装式结构，即落料拉深凸凹模安装在上模；利用刚性卸料板卸去废料，同时卸料板也起导尺作用，条形坯料可用导尺和固定挡料销定位；拉深结束后，由打料块将卡在凸凹模内的工件推出。

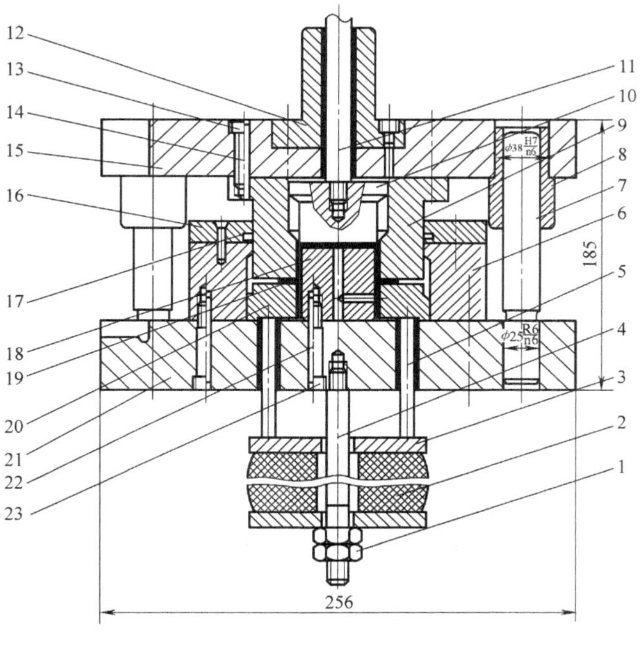

图 5-37　落料及首次拉深复合模

1—螺母　2—橡胶　3—托板　4—螺杆　5—顶料杆　6—落料凹模　7—导柱　8—导套　9—凸凹模　10—打料块　11—打料杆　12—模柄　13—螺钉　14—销钉　15—上模座　16—卸料板　17—废料　18—拉深凸模　19—制件　20—压料圈　21—下模座　22—销钉　23—螺钉

8. 压力机的选择

根据公称压力 $F_g \geqslant 125\text{kN}$，滑块行程 $S \geqslant 2h_{工件} = 2 \times 21.2\text{mm} = 42.4\text{mm}$，模具闭合高度为

185mm，确定选择型号为 JC23—40 型开式双柱可倾压力机。

校核过程如下：确定所选型号压力机的滑块许用负载图，根据工艺安排、设备参数和模具结构确定模具工作过程中对应的落料拉深力曲线，若落料拉深力曲线处于许用负载曲线之下，则所选设备符合工作要求；若落料拉深力曲线超出许可范围（图 5-36），则须选择公称压力更大的压力机，继续以上校核过程。

本例中，落料拉深力曲线处于 JC23—40 压力机滑块许用负载曲线以下，符合设备安全工作要求。

9. 模具零件的设计

根据模具总装配图结构、拉深工序要求及有关计算尺寸数据，设计出本拉深模的拉深凸模、落料凹模、凸凹模、压料圈等主要零件图样（图 5-38 ~ 图 5-41），其余零件图可自行设计。

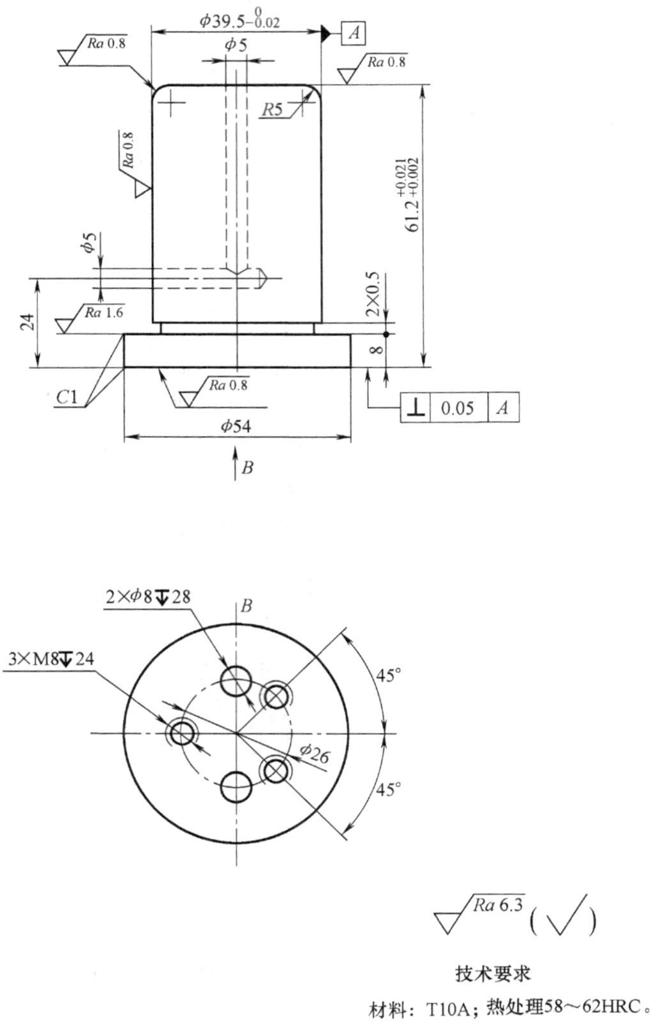

图 5-38 拉深凸模

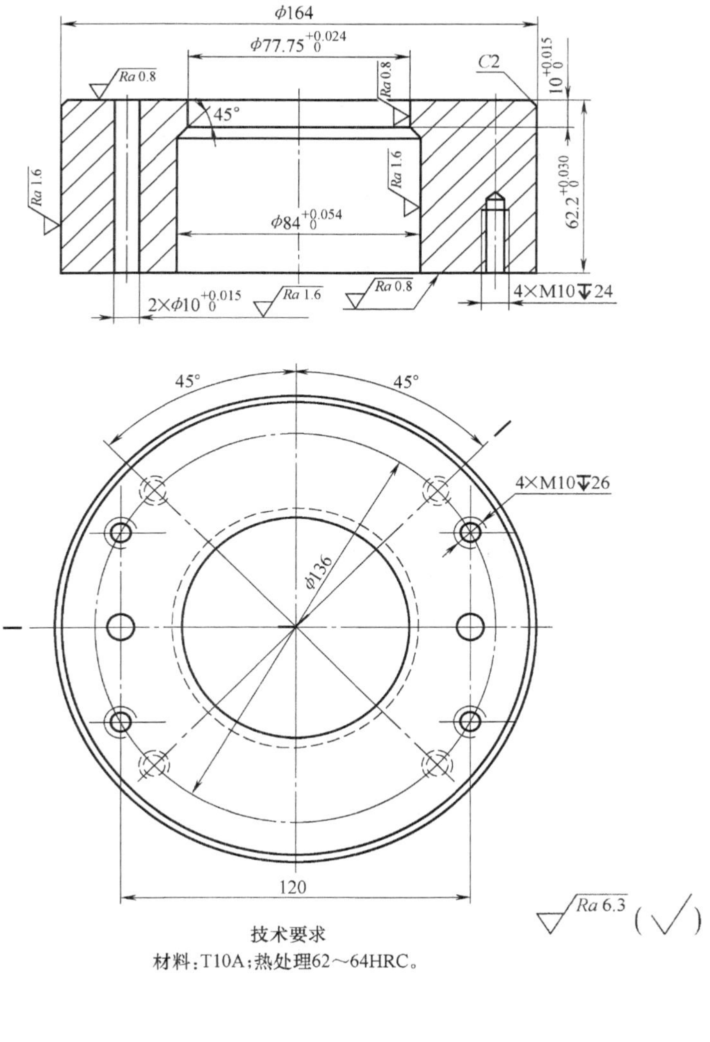
φ164
φ77.75 +0.024 0
Ra 0.8
Ra 0.8
C2
10 +0.015 0
45°
Ra 1.6
Ra 1.6
62.2 +0.030 0
φ84 +0.054 0
2×φ10 +0.015 0
Ra 1.6
Ra 0.8
4×M10↧24
45°
45°
4×M10↧26
φ136
120
Ra 6.3 (√)
技术要求
材料：T10A；热处理62～64HRC。

图 5-39　落料凹模

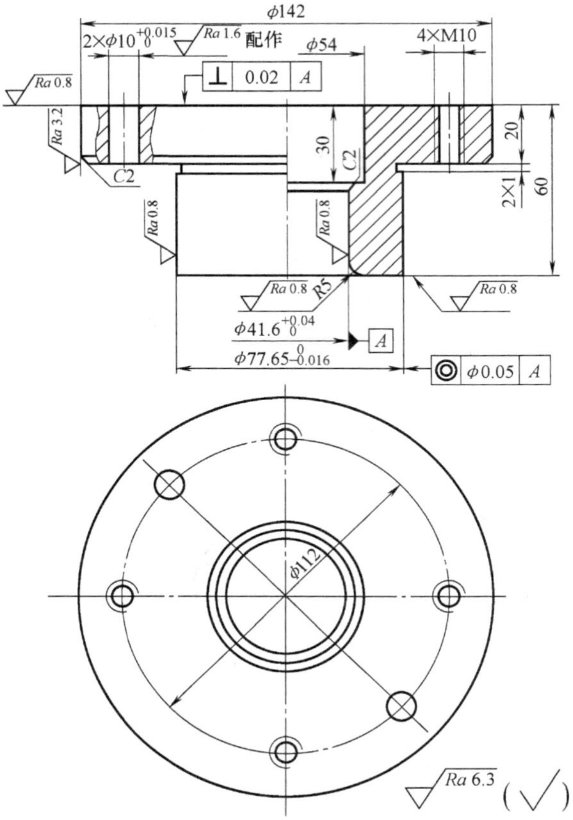

技术要求

材料：CrWMn;热处理62～64HRC。

图 5-40　凸凹模

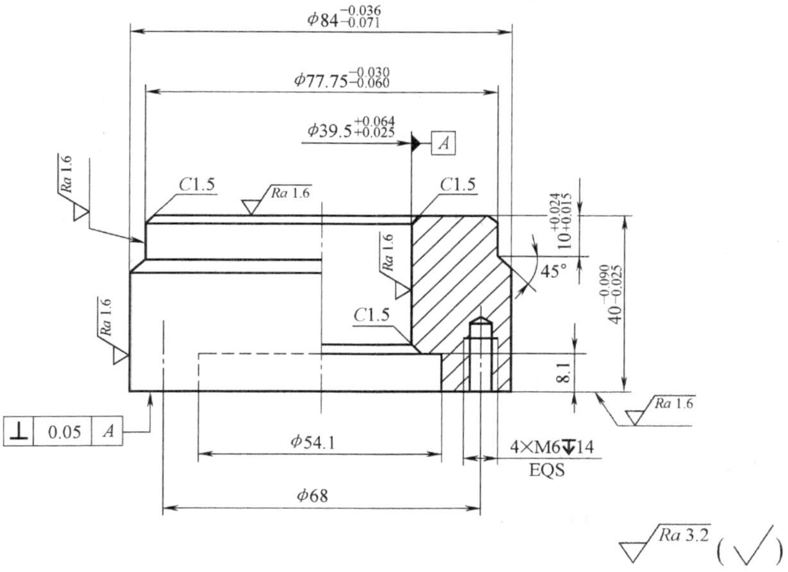

技术要求

材料：T8A；热处理56～58HRC。

图 5-41　压料圈

第 6 章　多工位级进模及其他成形模的设计

级进模是指在条料的送料方向上，具有两个以上的工位，并在压力机的一次行程中，在不同的工位上同时完成两道或两道以上冲压工序的冲模。级进模也称为连续模。冲制件在级进模中是逐步成形的。

多工位级进模是在普通级进模的基础上发展起来的精密、高效、长寿命的模具，是大批量冲压生产中的先进模具之一。它不但生产率高，而且制件质量易于得到保证，操作安全，节省模具材料、冲压设备以及劳动力，经济效益显著。

多工位级进模适用于批量大、材料较薄的中小型冲压件，一般都与自动送料、自动出件、自动检测与自动保护等装置配置在一起，以实现冲压自动化生产。

6.1　多工位级进模设计

6.1.1　多工位级进模的特点与分类

1. 多工位级进模的特点

多工位级进模作为现代冲压生产的先进模具，与普通冲模相比具有以下显著特点。

(1) 冲压生产率高　多工位级进模在不同工位连续完成复杂零件的冲裁、弯曲、拉深以及其他成形和装配工序，大大减少了中间运转和定位等环节，显著提高了生产率，尤其是高速压力机的应用，更是成倍提高了小型复杂冲压零件的生产率。

(2) 操作安全，自动化程度高　多工位级进模一般都带有自动送料、自动出件装置。模具中还设有自动检测装置，冲压工序中出现故障时，压力机能自动停机。一个操作工能操作、管理多台压力机，操作工的手一般不需进入危险区。充分体现了操作安全与自动化程度高的特点。

(3) 冲制件精度高　多工位级进模通常具有高精度的内、外导向和准确的定距系统，能够保证冲压零件的加工精度。多工位级进模主要用于冲制厚度较薄（一般不超过 2mm），产量大，形状复杂，精度要求较高的中、小型零件。用这种模具冲制的零件，公差等级可达 IT10 级。

(4) 模具寿命长　多工位级进模在冲压时，可将复杂零件的成形步骤进行分解，并在不同工位进行冲压，简化了凸模、凹模的形状，在工序集中区域可增设空位，保证了凹模的强度。工作零件结构的优化，延长了模具的使用寿命。

(5) 设计制造难度大，但冲压生产的总成本较低　多工位级进模设计和制造难度大，生产周期长，成本高，材料的利用率一般也较低，但由于级进模生产率高，所需压力机设备数量少，需要操作工人数少等特点，故产品的综合生产成本并不高，因此具有较高的经济效益。

2. 多工位级进模的分类

多工位级进模的类型很多，通常有如下两种分类方法。

(1) 按级进模所包含的工序性质分类　按多工位级进模所包含的冲压件性质不同，可分为冲裁多工位级进模、冲裁拉深多工位级进模、冲裁弯曲多工位级进模、冲裁拉深弯曲多工位级进模、冲裁拉深弯曲成形多工位级进模等。

级进模具体工序组合方式及结构简图见表 6-1。

表 6-1　常见级进模冲压工序组合方式及结构简图

工序组合	模具结构简图	工序组合	模具结构简图
冲孔和落料	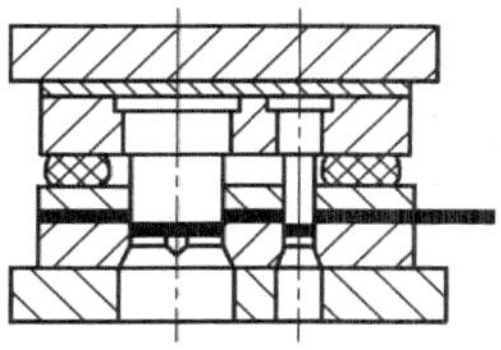	冲孔和切断	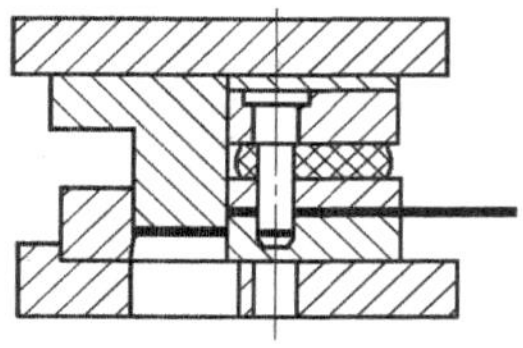
冲孔和截断	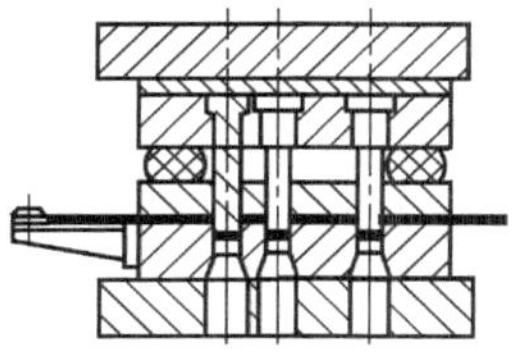	级进拉深和落料	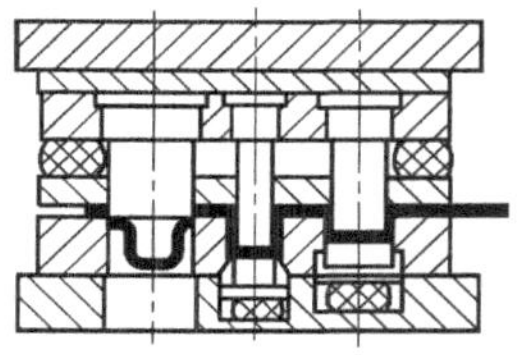
冲孔、弯曲和切断	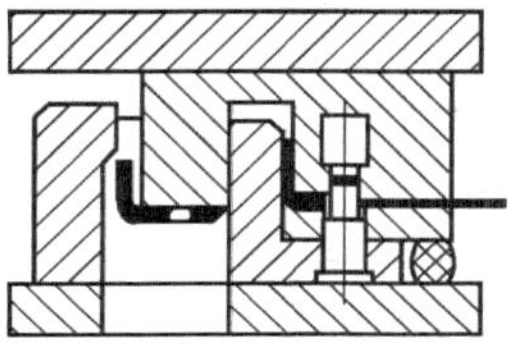	冲孔、翻边和落料	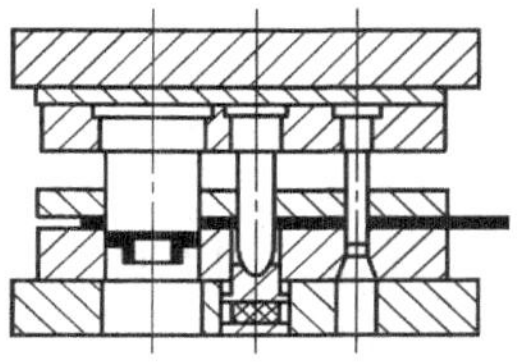
冲孔、切断和弯曲	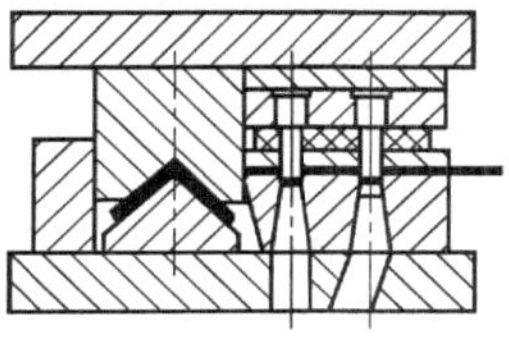	冲孔、压印和落料	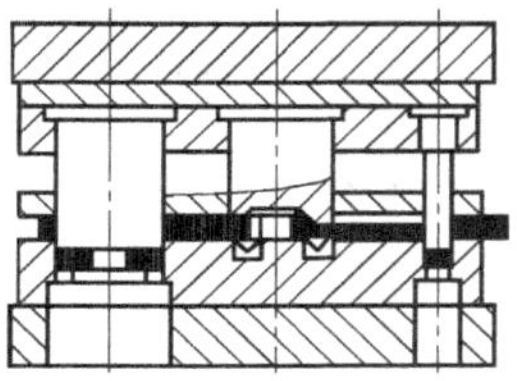
冲孔、翻边和落料	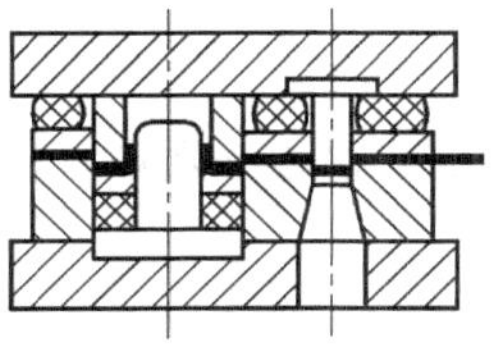	级进拉深、冲孔和落料	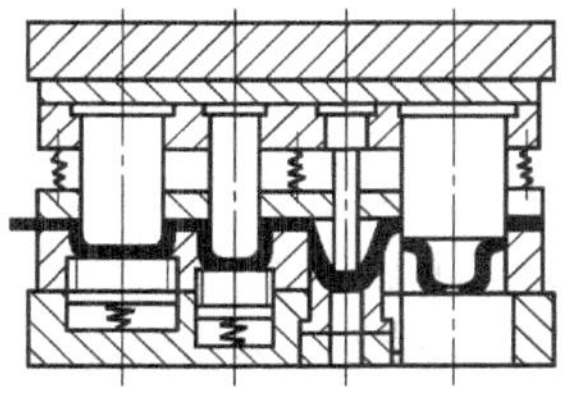

（2）按冲压件成形方法分类

1）封闭型孔级进模。这种级进模的各个工作型孔（除侧刃外）与被冲零件的各个型孔及外形（或展开件外形）的形状完全一样，并分别设置在一定的工位上，材料沿各工位经过连续冲压，最后获得成品或工序件，如图 6-1 简图所示。

2）切除余料级进模。这种级进模是对冲制件较为复杂的外形和型孔，采取逐步切除余料的办法，经过逐个工位的连续冲压，最后获得成品或工序件的。显然，这种级进模工位一般比封闭型孔级进模要多。图 6-2 所示为经过 8 个工位冲压，获得一个完整的零件。

6.1.2　多工位级进模的排样设计

多工位级进模的排样设计，直接影响到材料的利用率、制件的精度、生产率、模具的制造难易程度和使用寿命，而且直接关系到模具各工位加工的协调和稳定。因此，排样设计是多工位级进模设计中关键的一步。

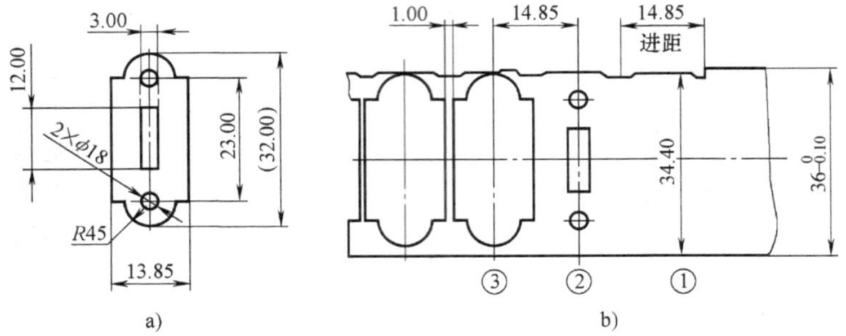

图 6-1　封闭型孔多工位级进冲压

a）零件图　　b）条料排样图

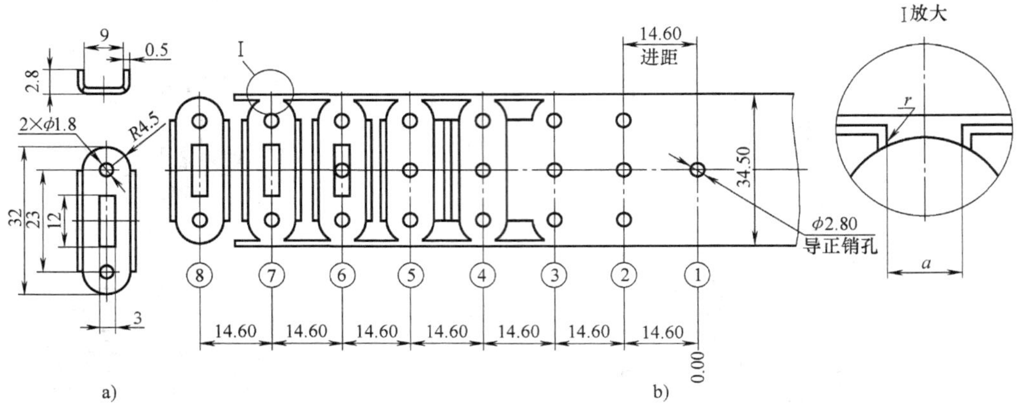

图 6-2　切除余料多工位级进冲压

a）零件图　b）条料排样图

排样设计时，须将制件的冲压方向、变形次序及相应的变形程度和模具结构的可能性与加工性综合分析判断，使排样趋于合理。

1. 排样设计原则及考虑因素

（1）排样设计原则　多工位级进模的排样设计是与工件冲压方向、变形次数及相应的变形程度密切相关的，此外，还要考虑模具制造的可能性与工艺性。因此，排样图设计时应遵循下列原则。

1）尽可能提高材料的利用率。尽量按少、无废料排样，以便降低冲件材料成本，提高经济效益。双排或多排比单排要节省材料，但模具结构复杂，制造困难，给操作也带来不便，应根据加工技术水平加以充分考虑。

2）合理安排工序顺序。在多工位级进模中，在冲孔、切口、切槽、成形、切断等工序的次序安排时，一般应把分离工序如冲孔、切口、切槽安排在前面，接着再安排成形工序。零件与条料的完全分离（如切断、落料）安排在最后工序，从而保证条料的连续送进。对于精度要求高的冲制件，则在成形工序后增加校平或整形工序。

3）合理确定工位数。在不影响凹模强度的原则下，工位数越少越好，这样可以减少累积误差，制件精度高。但为了提高凹模的强度或便于安装凸模，要在排样图上设置空工位。

4）保证条料送进步距的精度。一般应设置侧刃，起粗定位作用，而用导正销进行精定位。

当使用送料精度较高的送料装置时，可只设导正销。导正销孔可以是冲件上的孔，也可以在条料上冲工艺孔。对于带料级进拉深，可借用拉深凸模进行导正。

5）保证冲制件形状及尺寸的准确性。冲件上的型孔位置精度要求较高时，在保证凹模强度的前提下，有关型孔应尽量安排在同一工位或相邻两工位上冲出。

6）提高凹模强度及便于模具制造。冲压形状复杂的零件时，一般用分段切除法，将复杂内孔或外形分步冲出，以使凸、凹模形状简单规则，便于模具制造并提高寿命。凹模型孔距离不宜太近，以免影响其强度；也不宜太远，增大模具的尺寸，而且还会降低冲裁精度。

（2）排样设计时应考虑的因素　多工位级进模的排样设计除要遵循上述原则外，还应综合考虑下列因素。

1）冲制件的生产批量。若冲制件的生产批量大，可采用双排或多排排样，以提高模具的冲压效率。一般情况下，采用单排排样较好，因为单排的模具结构简单，便于制造，并可延长使用寿命。

2）冲压力的平衡。排样图设计应力求使压力中心与模具中心重合，其最大偏移量不能超过模具长度的 1/6。

3）冲件的毛刺方向。当冲件有毛刺方向要求时，无论采用双排或多排，必须保证冲出的毛刺方向一致。对于弯曲件，应使毛刺朝向弯曲内区，这样既美观又不易弯裂。

4）成形工序件方向的设置。多工位级进冲压过程中，必须保持条料的基本平面为同一平面，对于弯曲或拉深等工序，其方向性主要考虑模具结构和送料、卸料、顶件的可靠性。

2. 载体和搭口的选择

载体的作用是级进冲压时运送冲制件至各个工位进行连续冲压，保证冲制件在动态中保持稳定准确的定位。搭口的作用是连接载体与冲制件或冲制件与冲制件，如图 6-2 所示。

（1）载体的选择

1）双侧载体（图 6-3）。条料送进平稳，送进步距精度高，可在载体上冲导正销孔，以提高送进步距精度，但材料利用率较低。双侧载体可分为等宽双侧载体和不等宽双侧载体。

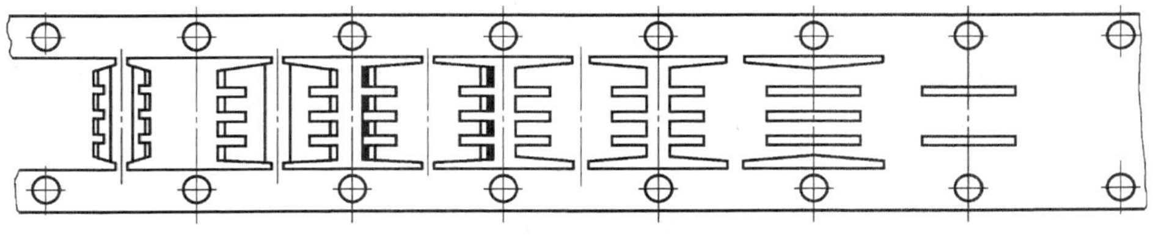

图 6-3　双侧载体

2）单侧载体（图 6-4）。条料刚度和送进步距精度不如双侧载体，适用于板料厚度大于 0.5mm 和零件一端或几个方向都有弯曲的场合。

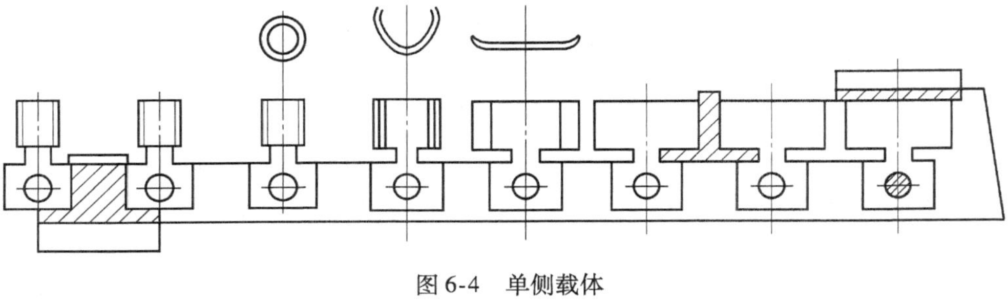

图 6-4　单侧载体

3）中间载体（图 6-5）。该载体节省材料，适用于对称性零件，尤其是两外侧有弯曲的对称性零件，中间载体可抵消两侧弯曲时产生的侧压力。

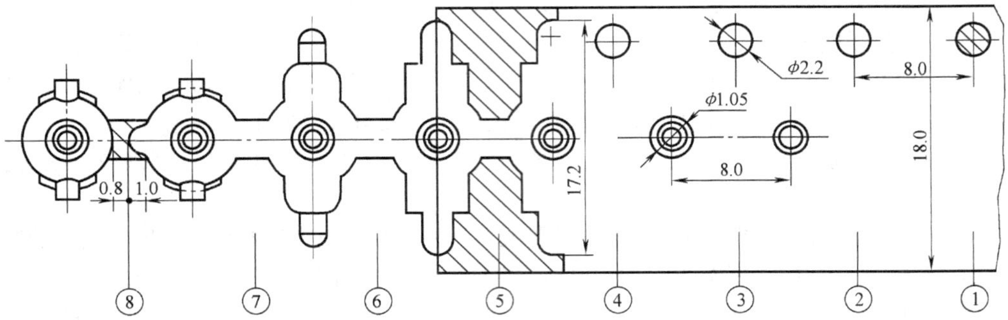

图 6-5　中间载体

4）原载体（图 6-6）。原载体是在条料上撕切出工件的展开形状，留出载体搭口，然后在各工位级进成形的一种载体。它适用于薄板多排的场合，节省材料。原载体宜采用拉式送料。

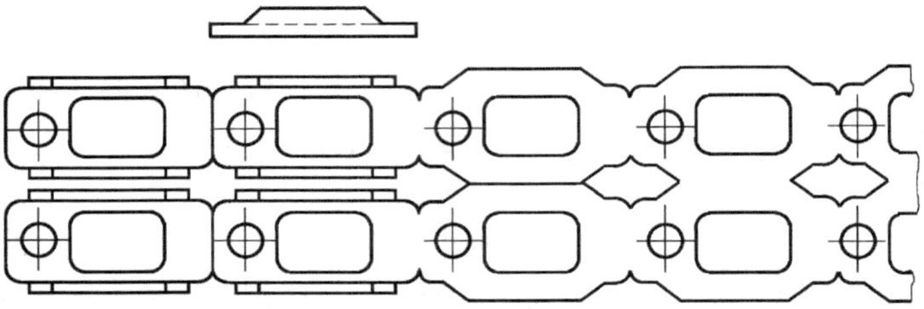

图 6-6　原载体

5）边料载体（图 6-7）。边料载体是在搭边或余料处冲出导正孔的一种载体，它省料，适用于板料较厚、余料上具有导正孔位置的场合。

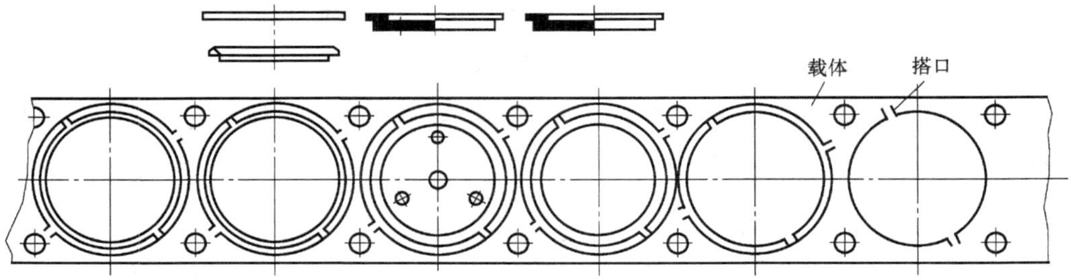

图 6-7　边料载体

（2）搭口与搭接　搭口要有一定的强度，并且位置应便于载体和工件的最终分离。在各工位冲裁的连接部位应平直或圆滑，以免出现错位、毛刺等。常用的搭接方式有：搭接、平接和切接三种。

1）搭接。它是利用冲压零件展开后，在其折线的连接处进行分段，分解为若干型孔分别切除，如图 6-8 所示，搭接量一般大于 0.5t（t 为材料厚度），最小不能小于 0.4t。

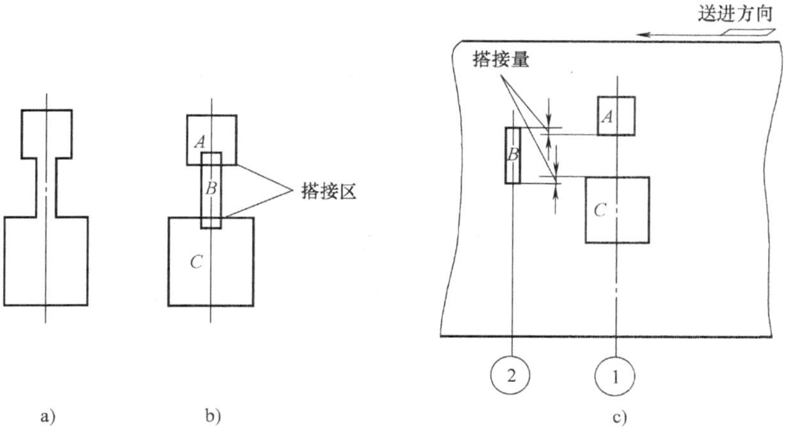

图 6-8　型孔的搭接切废

a）冲件上的型孔　b）搭接区　c）排样图

2）平接。平接是冲压件的直边上先切去其中一段，然后在另一个工位上再切去余下的一段，经过两次或多次冲切后，形成完整的平直直边，如图 6-9 所示。这种排样可以提高材料的利用率。但采取这种方式时，设计制造模具的步距精度、凸模和凹模的制造精度都要提高，否则容易出现毛刺。一般应尽量避免使用此搭接方式。

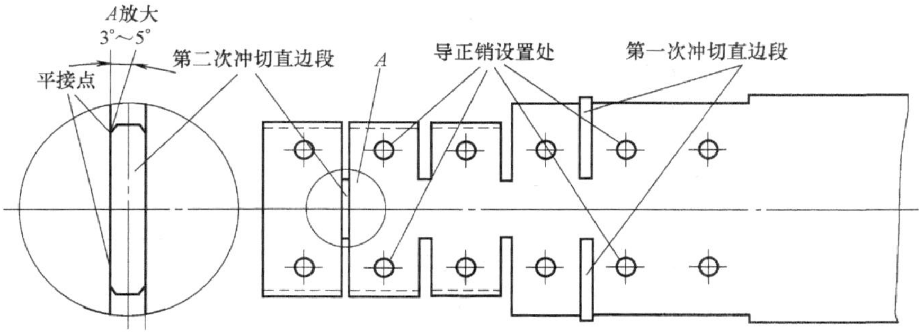

图 6-9　平接切废

3）切接。切接与平接相似，切接是圆弧分段切除，即在前工位先切除一部分圆弧段，再在后工位中切除其余的圆弧部分，要求先、后圆弧的连接圆滑，如图 6-10 所示，设计时的注意点与平接相同。

3. 排样图中各工位的设计要点

排样图的工位设计应与生产批量、零件的形状及尺寸、模具的制造与维护水平等相适应，使冲压工艺稳定可靠、模具容易制造。

（1）多工位级进模冲裁工位的设计要点

1）冲裁工序常安排在前工序和最后工序，前工序主要完成切边（切出制件外形）和冲孔；最后工序安排切断或落料，将载体与工件分离。

2）对复杂形状的内孔和外形，要简化凸、凹模形状，便于制造，保证强度，提高寿命。一般将复杂制件分解成一些简单的形状，多增加一些冲裁工位。

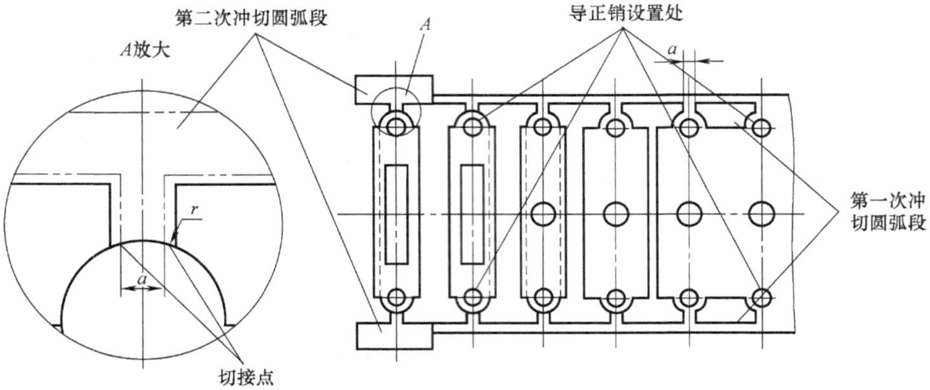

图 6-10　切接切废

3）对于孔边距很小的工件，为防止落料时造成内孔的变形，应使冲外缘工序在前，冲内孔工序在后。也应考虑尽可能在同一工位上冲出，以保证工件的位置精度。

（2）多工位级进模弯曲工位的设计要点

1）冲压弯曲方向。在多工位级进模中，必须保持条料的基本平面为一水平面，且成形只能向上或向下。如果向上弯曲，则要求在下模中设计有冲压方向的转换机构（如滑块、摆块）；若向下弯曲，虽不存在弯曲方向的转换，但要考虑弯曲后送料顺畅。冲压弯曲方向选择向上还是向下成形，主要应考虑模具结构和送料方法，使模具结构简单、送料方便，顶件卸料稳定可靠。

2）分解弯曲成形。零件在进行弯曲和卷边成形时，可以按工件的形状和精度要求将一个复杂和难以一次弯曲成形的形状分解为几个简单形状的弯曲，最终加工出零件形状，如图 6-11 所示。

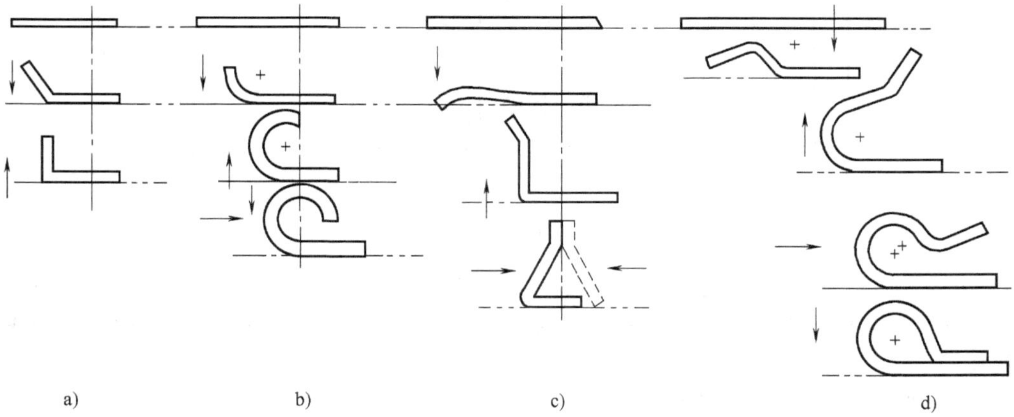

图 6-11　弯曲顺序示例

3）毛刺方向一般应位于弯曲区内侧，以减少弯曲破裂的危险，改善产品的外观。

（3）多工位级进模拉深成形工位的设计要点　在进行多工位级进拉深成形时，通过带料以载体、搭边和冲制件连在一起成组件形式连续送进。级进拉深成形，如图 6-12 所示。由于级进拉深时不能进行中间退火，故要求材料应具有较高的塑性，每一工位拉深变形程度不能太大。由于零件间留有较多的工艺废料，材料的利用率有所降低。

级进拉深按材料变形区与条料分离情况，可分为无工艺切口和有工艺切口两种工艺方法，如图 6-12 所示。

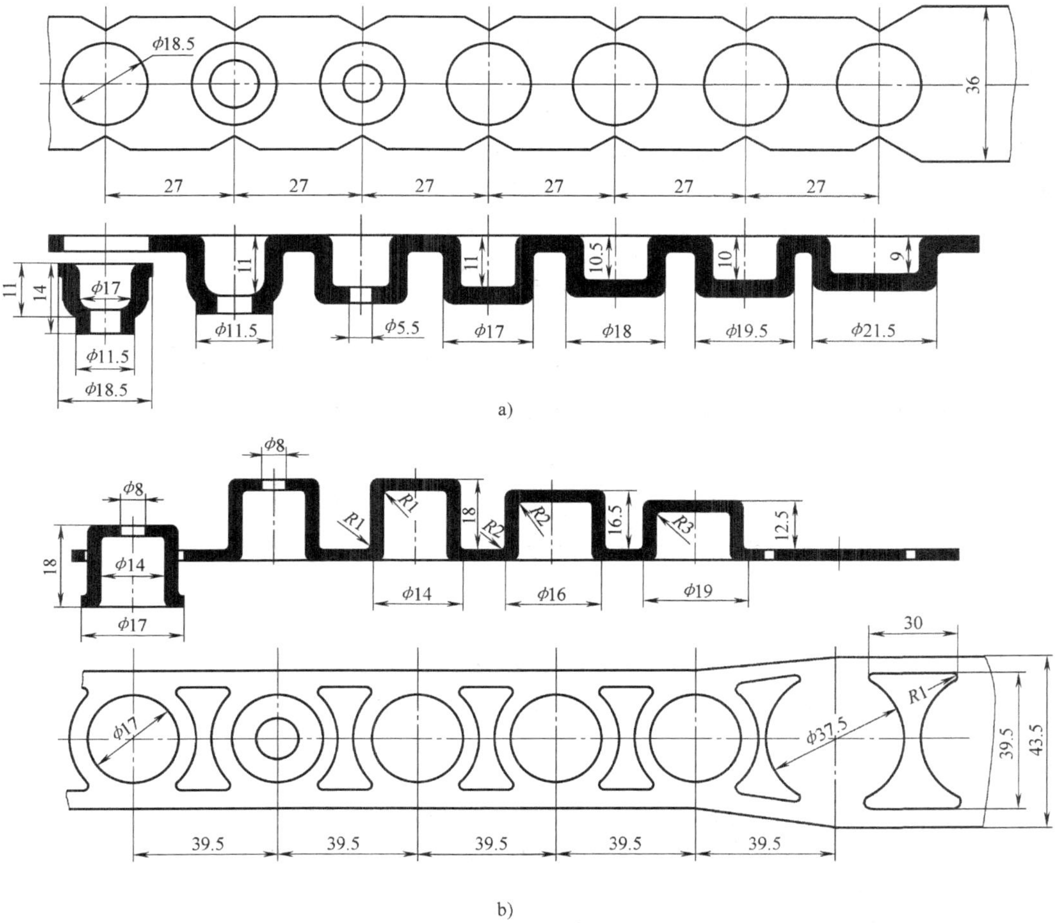

图 6-12　带料级进拉深

a）无工艺切口带料拉深　b）有工艺切口带料拉深

无工艺切口的级进拉深，即在整体带料上拉深。由于相邻两个工序件间材料相互制约，因此材料的纵向流动较困难，变形程度大时就容易拉裂，所以每道工序的变形程度不可能太大。因而工位数较多。其优点是节省材料。由于材料纵向流动比较困难，它只适用于拉深有较大相对厚度 $[(t/D)\times100>1]$、凸缘相对直径较小和相对高度 h/d 较低的拉深件。

有工艺切口的级进拉深是在零件的相邻处切开一个切口或切缝，此时的拉深与单个毛坯的拉深相似。因此，每道工序的拉深系数可小些，即拉深次数可以少，模具较简单，但毛坯材料消耗较多。这种拉探一般用于拉深较困难、零件相对厚度较小、凸缘相对直径较大和相对高度较大的拉深件。

4. 空工位设计

连续模设计中有时还要设计空工位。设计空工位是为了保证凹模强度，便于凸模安装调整、设置特殊结构或需要增加某一工位。设计原则如下。

1）步距小（小于 8mm）宜多设空工位，步距大（大于 16mm）不宜多设空工位。

2）采用导正销定位的可适当多设空工位，否则应少设空工位。

3）冲制件精度要求高的应少设空工位。

注意，通过控制总的工位数，从而控制轮廓尺寸已经比较大的多工位级进模的外形尺寸，减少累积误差，提高冲制件精度。

5. 多工位级进模的步距精度与条料的定位误差

多工位级进模的工位间公差（步距公差）直接影响冲制件的精度，步距公差小，冲制件精度高，但模具制造困难。因此，应根据冲制件的精度和复杂程度、板料厚度、模具工位数、定位方式等适当确定级进模的步距公差。计算步距公差的经验公式为

$$\pm\frac{T}{2}=\pm\frac{T'K}{2\sqrt[3]{n}} \tag{6-1}$$

式中，$\pm\frac{T}{2}$为步距对称偏差（mm）；T'为冲制件沿送料方向最大轮廓尺寸（展开后）的精度提高三级或四级后的实际公差值（mm）；n 为工位数；K 为修正系数，见表 6-2。

表 6-2　修正系数 K 值

冲裁(双面)间隙 Z/mm	K	冲裁(双面)间隙 Z/mm	K
0.01～0.03	0.85	>0.12～0.15	1.03
>0.03～0.05	0.90	>0.15～0.18	1.06
>0.05～0.08	0.95	>0.18～0.22	1.10
>0.08～0.12	1.00		

注：修正系数 K 主要考虑料厚、材质因素，并将其反映到冲裁间隙的关系上。

为克服由于工位的步距积累误差，故每一工位的位置尺寸均由第一个工位标起，公差均为$\pm\frac{T}{2}$。

【例】　如图 6-1 和图 6-2 所示冲制件，展开后沿送料方向最大轮廓尺寸为 13.85mm，工位数为 8，原排样图冲件公差等级为 IT14，现提高到 IT10，则尺寸 13.85mm 的公差值为 0.07mm，模具的双面间隙为 0.08～0.10mm，试确定步距公差。

【解】　$T'=0.07\text{mm}$，$n=8$，查表 6-2 知 $K=1$。代入式（6-1）得

$$\pm\frac{T}{2}=\pm\frac{0.07\times1}{2\times\sqrt[3]{8}}\text{mm}=\pm0.0175\text{mm}\approx\pm0.02\text{mm}$$

即此副模具的步距对称偏差为 ±0.02mm，如图 6-13 所示。

6.1.3　多工位级进模的总体结构设计

1. 级进模结构设计的基本要求

1）能顺利、连续、稳定地工作，并能获得所要求形状和精度的制件。各凸、凹模配合中心一致，自动进给步距准确。

2）能减少成形件的精加工及二次加工工序（一模成形）。小孔、狭槽、花纹、文字等加工尽量由模具来完成。

3）效率高。有自动送料装置，成形工位安排合理，有防止制件或废料回收的措施及检测保护装置。

4）寿命长。磨损少，易损件更换方便。

5）制造周期短，成本低。

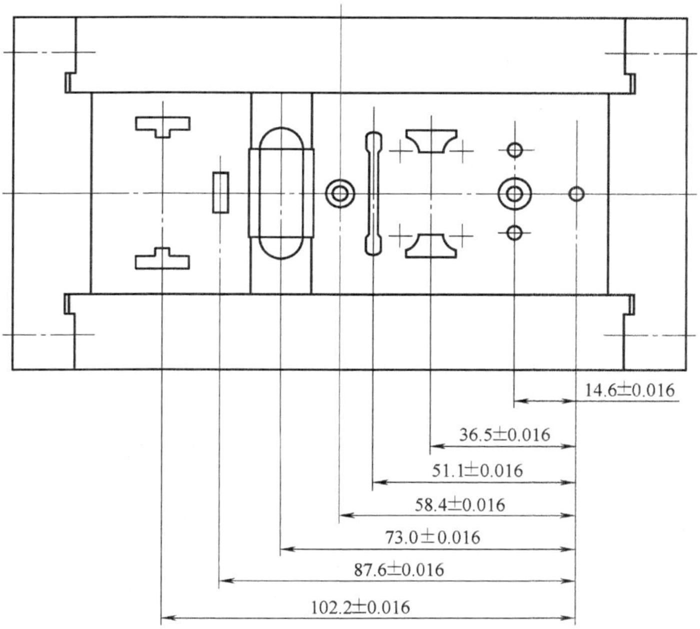

图6-13　多工位级进模凹模步距尺寸及公差

2. 级进模设计方法

（1）设计程序与注意事项　在设计级进模时，需要仔细考虑各种因素，以免设计后作较大修改而影响进度。因此，从设计开始，就要明确设计程序和全过程的注意事项。从研究消化制件图开始，到模具图的绘制，其顺序及注意事项见表6-3。

表6-3　级进模设计程序及注意事项

设计程序	注意事项
1. 工件图	材料性能，材料厚度，生产数量 加工精度和形状上的难点 毛刺方向与大小 弯曲与材料纤维方向 圆角 R 的大小
2. 工序图	确定工序 工序匹配位置
3. 成形凸、凹模	回弹对策 间隙大小 加工方向
4. 展开图	弯曲展开 拉深展开 其他成形展开
5. 刃口形状	冲裁间隙 刃口形状 废料回升 单面冲裁
6. 排样图	材料的利用率 条料的宽度与步距
7. 条料工序排样图	载体形式 条料定位 空位设置 加工载荷
8. 模具总装图	闭合高度 送料装置 安装方式 结构形式 零件形状 标准件选用 安全检测
9. 零部件图	材料 精度 加工方法

（2）结构设计要点

1）制件数量和制件精度。制件数量和制件精度是影响模具结构的重要因素。一般来说，制件数量对模具结构和模具材料选用的影响较大，制件精度对模具结构和模具加工方法的影响较大，一般要考虑如下几点：

① 是否采用导向装置与采用的形式。

② 是否采用卸料板导向与导向方法。

③ 凹模用整体式、拼块式还是嵌块式。

④ 是否需要垫板。

⑤ 模具材料的选用。

⑥ 互换性与维修。

⑦ 冲压加工的速度。

⑧ 模具强度与刚度。

⑨ 弹性零件的选用和安装方法。

⑩ 零件的加工方法，如切削、磨研和电加工等。

2）结构设计。结构设计包括确定模具的闭合高度、外形尺寸和条料送进位置高度。根据模具闭合高度，确定模板厚度和凸模长度，选用标准件。

此外，还可利用成熟的模具结构。一种冲制件的整体或局部，往往与已有的冲制件具有相类似之处，设计模具时，可选用经过生产考验证明是成熟的模具结构；也可利用级进模中的一些子模的结构形式，如冲小孔子模、弯曲子模等，直接安装在主模架中使用。这样不仅可确保设计的可靠性，且由于子模的使用率高，工人技巧熟练，质量可以得到保证。

在设计模具结构时应尽量选用通用件或标准件，如模架、侧刃、圆形凸模、凹模嵌块、导正销、浮动导料销等。对有些尺寸不符合要求的，可略加修改后使用。

（3）级进模设计后的检查　设计级进模后，须进行认真的检查。一般简单级进模由设计者审核即可，对于大型、精密、复杂模具，须组织有关人员进行全面审查。其审查要点如下。

1）模具结构。

① 构件强度：构件强度不足，受力后会发生变形，严重时会损坏。设计强度过大，结构件尺寸增大，所占的空间也要增加。

② 结构合理性：如果模具结构过于复杂，不仅制造成本高，且事故率增加，维修也困难。若过于简单，则难以胜任加工要求。应按制件精度与数量，合理地选择模具结构。

③ 模具材料选择：如果选择材质较差的模具材料，模具易磨损。若紧固件材料不符合要求，常导致模具振动、松动，直至整副模具损坏。如果材料选择过好，则模具成本提高。

2）冲制件的精度保证。不仅要保证冲制件尺寸和形状精度，还应满足对冲裁断面、毛刺、表面质量的要求。同时要考虑模具寿命条件。

3）设计计算。

① 选择压力机型号和校核有关技术参数。

② 偏心载荷情况。

③ 弹压卸料力、拉深压边力、顶料力与橡皮、弹簧、气压等的匹配性。

④ 冲小孔凸模的强度计算及保证方法。

⑤ 弯曲、拉深的工序尺寸及毛坯展开尺寸。

4）加工制造。

① 现场设备加工的可能性。

② 两个以上镶拼件的高精度装配调整性。

③ 多孔冲裁模的凸模固定板、卸料板和凹模，应设计成能同时加工的结构。

④ 模具零件互换的结构与精度情况。

5）安全保护的可靠性。

6.1.4　多工位级进模设计实例

多工位级进模一般是按其主要冲压加工工序进行分类，有冲孔落料多工位级进模、冲裁弯曲多工位级进模、冲裁拉深多工位级进模三种类型。冲孔落料多工位级进模相对较简单。

图 6-14 所示为微电动机的定子片与转子片简图，材料为电工硅钢片，料厚为 0.35mm，大批量生产。下面分析冲压定子片与转子片级进模的设计方法。

1. 排样图设计

微电动机的定子片和转子片在使用中所需数量相等，转子的外径比定子的内径小 1mm。因此，定子片和转子片采用套冲形式。由图 6-14 可知，定、转子冲制件的精度要求较高，形状也比较复杂，故适宜采用多工位级进模冲压加工。冲制件的冲压工序均为冲孔和落料。冲制件的异形孔较多，因此在级进模的结构设计和加工制造上有一定的难度。

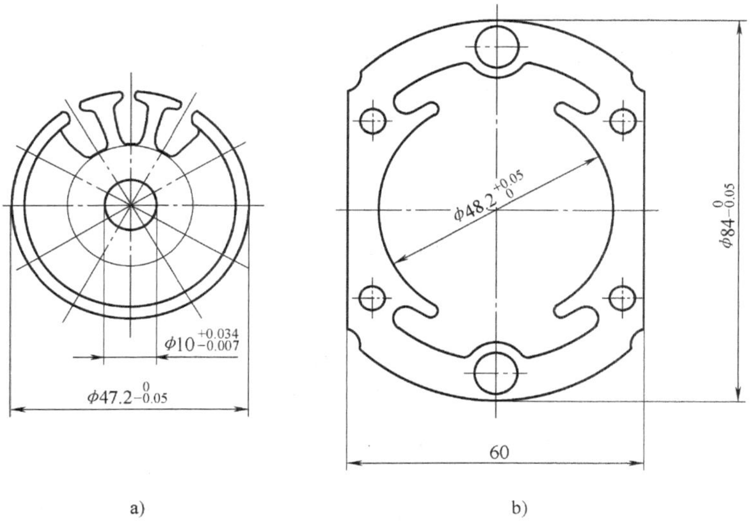

图 6-14　微电动机转子片与定子片简图

a）转子片　b）定子片

微电动机的定子片和转子片为大批量生产，故选用硅钢片卷料，采用自动送料装置送料，其送料精度达 ±0.05mm。为了进一步提高送料精度，在模具中还应使用导正销作精定位。

冲制件的排样设计如图 6-15 所示，排样图分 8 个工位，各工位的工序内容如下。

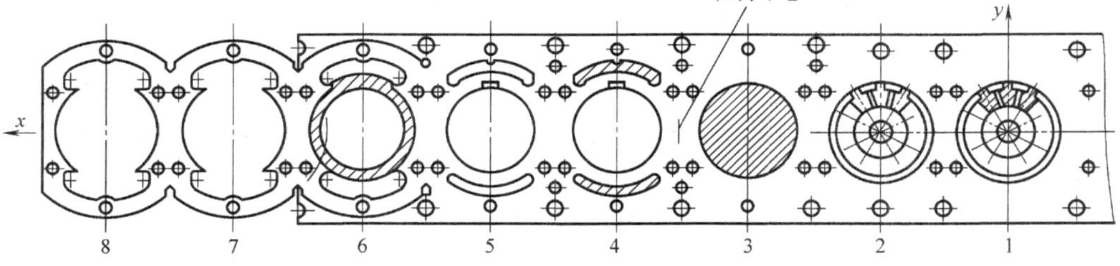

图 6-15　微电动机转子片和定子片排样图

工位 1：冲 2 个 ϕ8mm 的导正销孔；冲转子片各槽孔和中心轴孔 $\phi10^{+0.034}_{-0.007}$mm；冲定子片两端 4 个小孔的左侧 2 孔。

工位 2：冲定子片右侧 2 孔；冲定子片上下两端中间 2 孔；冲定子片角部 2 个工艺孔；转子片槽和 ϕ10mm 孔校平。

工位 3：转子片外径 $\phi47.2^{\ 0}_{-0.05}$mm 落料。

工位 4：冲定子片两端异形槽孔。

工位 5：空工位。

工位 6：冲定子片 $\phi48.2^{+0.05}_{\ 0}$mm 以及与异形槽孔连接部分。

工位 7：空工位。

工位 8：定子片切断。

排样图中进距为 60mm，与定子片宽度相等。转子片中间 ϕ10mm 的孔有较高的精度要求，12 个线槽孔要直接缠绕直径细、绝缘层薄的漆包线，不允许有明显的毛刺。为此，在工位 2 设置对 ϕ10mm 孔和 12 个线槽孔的校平工序。工位 3 完成转子片的落料。

定子片中的异形孔比较复杂，孔中有 4 个较狭窄的突出部分，整体式凹模中 4 个突出部位容易损坏。为此，把内形孔分为 2 个工位冲出，考虑到 $\phi48.2^{+0.05}_{\ 0}$mm 孔精度较高，应先冲两头长形孔，后冲中孔，同时将 3 个孔打通，完成内孔冲裁。若先冲中孔，后冲长形孔，则易引起中孔的变形。

工位 8 采取单边切断的方法，尽管切断处相邻两片毛刺方向不同，但不影响使用。

2. 模具结构

根据排样图，该模具为 8 工位级进模，进距为 60mm。模具的基本结构如图 6-16 所示。为保证冲制件的精度，采用了四导柱滚珠导向钢板模架。

该模具由上、下两部分组成。

（1）下模部分

1）凹模。凹模由凹模基体 2 和凹模镶块 21 等组成。凹模镶块共有 4 块，工位 1、2、3 为第 1 块，工位 4 为第 2 块，工位 5、6 为第 3 块，工位 7、8 为第 4 块。每块凹模镶块分别用螺钉和销钉固定在凹模基体上，保证模具的进距精度达 ±0.005mm。凹模材料为 Cr12MoV，淬火硬度 62～64HRC。

2）导料装置。在组合凹模的始末端均装有局部导料板，始端局部导料板 25 装在工位 1 前端，末端局部导料板 28 设在工位 7 以后，采用局部导料板的目的是避免带料送进过程中产生过大的阻力。中间各工位上设置了 4 组 8 个槽式浮顶销 27，其结构如图 6-17 所示。槽式浮顶销在导向的同时具有向上浮料的作用，使带料在运行过程中从凹模面上浮起一定的高度（约为 1.5mm），以利于带料运行。

3）校平组件。在下模工位 2 的位置设置了弹性校平组件 23，其目的是校平前一工位上冲出的转子片槽和 ϕ10mm 孔。校平组件中的校平凸模与槽孔形状相同，其尺寸比冲槽凸模周边大 1mm 左右，并以间隙配合装在凹模板内。为了提供足够的校平力，采用了碟形弹簧。

（2）上模部分

1）凸模。凸模高度应符合工艺要求，工位 3 的 ϕ47.2mm 的落料凸模 19 和工位 6 的 3 个凸模较大，应先进入冲裁工作状态，其余凸模均比其短 0.5mm，当大凸模完成冲裁后，再使小凸模进行冲裁，这样可防止小凸模折断。

模具中冲槽凸模 17，切废料凸模 6、7，冲异形孔凸模 20 都为异形凸模，无台阶。大一些的凸模采用螺钉紧固，冲异形孔凸模 20 呈薄片状孔，故采用销钉 14 吊装于凸模固定板 11 上。至于环形分布的 12 个冲槽凸模 17 是镶在带台阶的凸模座 16 上相应的 12 个孔内，并采用卡圈 15 固定。

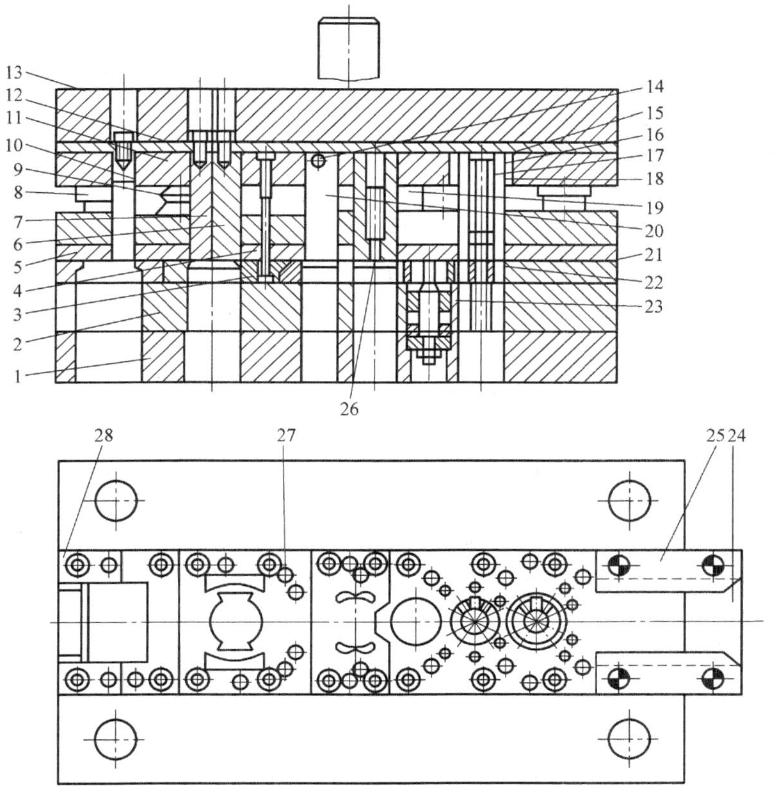

图 6-16　微电动机转子片与定子片多工位级进模

1—模座　2—凹模基体　3—导正销座　4—导正销　5—卸料板　6、7—切废料凸模　8—滚动导柱导套　9—碟形弹簧　10—切断凸模　11—凸模固定板　12—垫板　13—上模座　14—销钉　15—卡圈　16—凸模座　17—冲槽凸模　18—冲孔凸模　19—落料凸模　20—冲异形孔凸模　21—凹模镶块　22—冲槽凹模　23—弹性校平组件　24—承料板　25、28—局部导料板　26—弹性防粘拉杆　27—槽式浮顶销

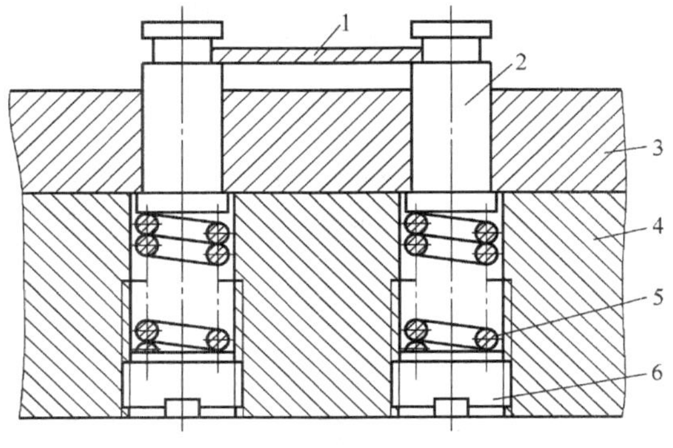

图 6-17　槽式浮顶销

1—带料　2—浮顶销　3—凹模　4—下模座　5—弹簧　6—螺纹堵

2）弹性卸料装置。由于模具中有细小凸模，为了防止细小凸模折断，需采用带辅助导向机构（即小导柱和小导套）的弹性卸料装置，使卸料板对小凸模进行导向保护。小导柱、导套的配合间隙一般为凸模与卸料板之间配合间隙的1/2。本模具由于间隙值都很小，因此模具中的辅助导向机构是共用的模架滚珠导向机构。

为了保证卸料板具有良好的刚性和耐磨性，并便于加工，卸料板共分为4块，每块板厚为12mm，材料为Cr12，并热处理淬硬至55～58HRC。各块卸料板均装在卸料板基体上，卸料板基体用45钢制作，板厚为20mm。因该模具所有的工序都是冲裁，卸料板的工作行程小，为了保证足够的卸料力，采用了6组相同的碟形弹簧作为弹性元件。

3）定位装置。模具的进距精度为±0.05mm，采用的自动送料装置精度为±0.005mm，为此，分别在模具的工位1、3、4、8上设置了4组共8个呈对称布置的导正销，以实现对带料的精确定位。导正销与固定板和卸料板的配合选用H7/h16。在工位8，带料上的导正销孔已被切除，此时可借用定子片两端ϕ6mm孔作导正销孔，以保证最后切除时的定位精度。在工位3转子片落料时，借用中心孔ϕ10mm进行导正。

4）防粘装置。防粘装置是指弹性防粘拉杆26及弹簧等，其作用是防止冲裁时分离的材料粘在凸模上，影响模具的正常工作，甚至损坏模具。工位3的落料凸模上均布了3个弹性防粘推杆，目的是使凸模上的导正销与落料的转子片分离，阻止转子片随凸模上升。

6.2 胀形模设计

胀形就是利用模具使板料拉伸变薄、局部表面积增大以获得零件形状和尺寸要求的加工方法。由于胀形时材料变形区受双向拉应力作用，所以加工时其主要问题是由于变形区材料变薄而胀破。胀形在冲压生产中有着广泛的应用。

从材料形状来分，胀形方法有平板坯料起伏胀形和空心毛坯胀形。平板坯料起伏胀形主要用于加强筋、花纹图案、标记等平板毛坯的局部成形。本章主要介绍空心毛坯的胀形。图6-18所示为胀形件实例。

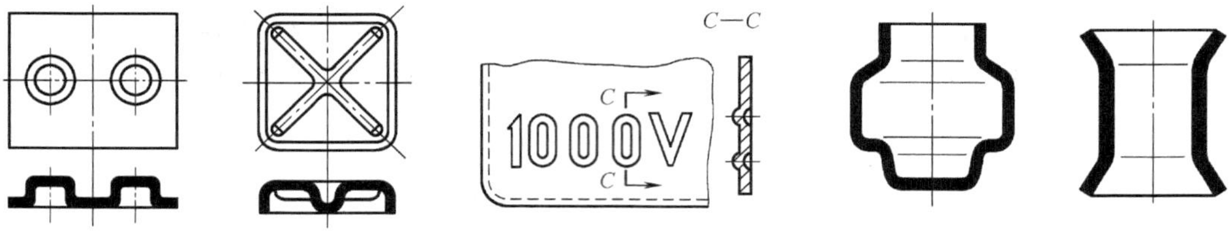

a)　　b)

图6-18　胀形件实例

a）平板坯料起伏胀形件　b）空心毛坯胀形件

6.2.1 胀形工艺分析

1. 空心毛坯的胀形

空心毛坯的胀形是将空心件或管状坯料胀出所需曲面的一种加工方法，俗称凸肚。它是使材料沿径向拉伸，将坯料向外扩张，胀出所需的凸起曲面，如壶嘴、波纹管、高压气瓶、球形容器、自行车三通接头等产品或零件。

2. 胀形方法

从所用的模具来分，胀形方法一般分为刚性模具胀形和柔性模具胀形两种。

1）图 6-19 所示为刚性模具胀形。该模具利用锥形芯轴将分瓣凸模顶开，使工序件胀出所需的形状。分瓣凸模 1 在向下移动时因锥形芯轴 2 的作用向外胀开，使毛坯 3 胀形成所需形状尺寸的零件。胀形结束后，分瓣凸模 1 在顶杆 4 的作用下复位，便可取出零件。刚性凸模分瓣数目越多，所得到的工件精度越高，但模具结构复杂，成本较高，并且很难得到精度较高的正确旋转体，因此，用分瓣凸模刚性模具胀形不宜加工形状复杂的零件。

2）图 6-20 所示为柔性模具胀形（即软模胀形）。该模具是利用橡胶（或聚氨酯橡胶）、液体、气体或钢丸等代替刚性凸模而进行胀形的。凸模 1 将力传递给液体、气体或橡胶等软体介质 4，软体介质再将力作用于毛坯 3 使之胀形并贴合于可以对开的凹模 2，从而得到所需形状尺寸的工件。软模胀形时材料的变形比较均匀，容易保证零件的精度，便于成形复杂的空心零件，所以在生产中广泛使用。但是，由于工序件经过多次拉深工序，有冷作硬化现象，故在胀形前应该进行退火（特别是不锈钢件），以回复金属的塑性，利于后续工序胀形。

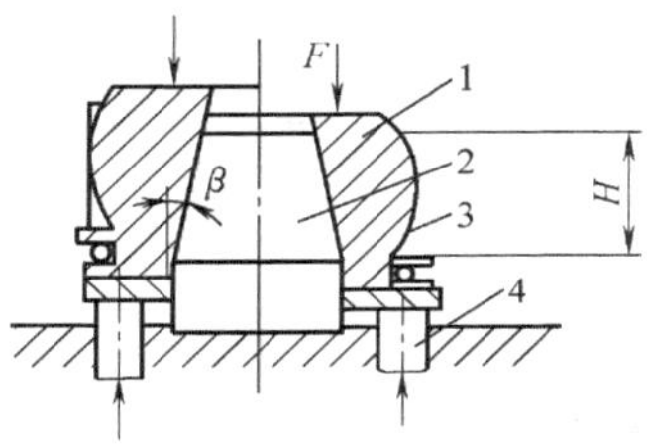

图 6-19　刚性模具胀形

1—分瓣凸模　2—芯轴　3—毛坯　4—顶杆

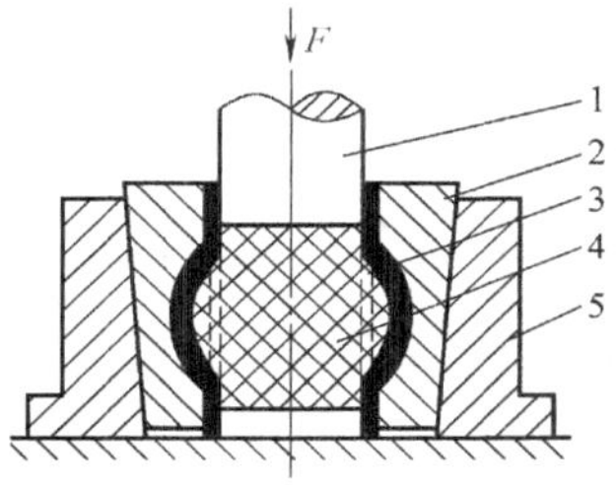

图 6-20　柔性模具胀形（软模胀形）

1—凸模　2—凹模　3—毛坯　4—软体介质　5—外套

3）图 6-21 所示为采用轴向压缩和高压液体联合作用的胀形方法。首先将管坯 4 置于下模 3 上，然后将上模 1 压下，再使两端的轴头 2 压紧管坯端部，继而由轴头中心孔通入高压液体，在高压液体和轴向压缩力的共同作用下产生胀形而获得所需形状的零件。用这种方法加工高压管接头、自行车管接头等有关零件效果很好。

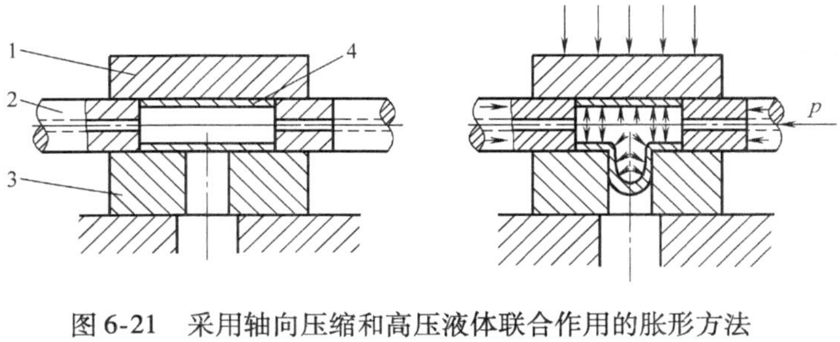

图 6-21　采用轴向压缩和高压液体联合作用的胀形方法

1—上模　2—轴头　3—下模　4—管坯

6.2.2　胀形工艺计算

1. 胀形力的计算

胀形时所需的胀形力 F 可按下式计算（估算）

$$F = pA \tag{6-2}$$

式中，p 为胀形单位面积压力（MPa）；A 为胀形面积（mm^2）。

胀形单位面积压力可以按下式计算

$$p = (1 \sim 1.15)\sigma_b \frac{2t}{d_{max}} \tag{6-3}$$

式中，σ_b 为材料的抗拉强度（MPa）；t 为材料的原始厚度（mm）；d_{max} 为胀形件的最大直径（mm）。

2. 胀形毛坯尺寸的计算

在图 6-22 中，空心坯料原始直径为

$$d_0 = \frac{d_{max}}{K} \tag{6-4}$$

式中，d_0 为空心坯料原始直径；d_{max} 为胀形后制件的最大直径；K 为胀形系数，见表 6-4 和表 6-5；

毛坯长度 L_0 可按下式近似计算

$$L_0 = L[1 + (0.3 \sim 0.4)\delta_\theta] + \Delta h \tag{6-5}$$

式中，L 为制件母线高度；δ_θ 为制件切向最大伸长率，$\delta_\theta = \frac{d_{max} - d_0}{d_0}$；$\Delta h$ 为修边余量，取 10 ~ 20 mm；0.3 ~ 0.4 为切向伸长而引起高度减小所需的系数。

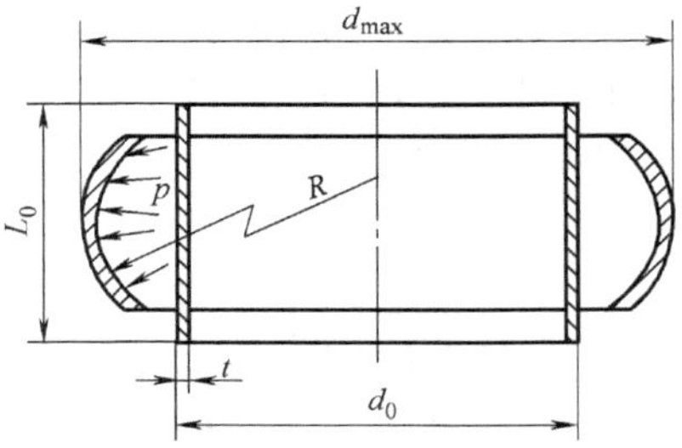

图 6-22　胀形后制件的最大直径

表 6-4　胀形系数 *K* 的近似数值

材料	坯料相对厚度(t/D)×100			
	0.45 ~ 0.35		0.32 ~ 0.28	
	未退火	退火	未退火	退火
10 钢	1.10	1.2	1.05	1.15
铝	1.2	1.25	1.15	1.2

表 6-5　铝管坯料的试验极限胀形系数 *K*

胀形方法	极限胀形系数	胀形方法	极限胀形系数
用橡胶的简单胀形	1.2 ~ 1.25	局部加热至 200 ~ 250℃时的胀形	2.0 ~ 2.1
用橡胶并对毛坯轴向加压的胀形	1.6 ~ 1.7	加热至 360℃用锥形凸模的端部胀形	~3.0

6.2.3　胀形模设计实例

零件名称：罩盖；

生产批量：中批量；

材料：10 钢；

料厚：0.5mm；

零件图：如图 6-23 所示。

1. 零件的工艺性分析

由零件图（图 6-23）可知，其侧壁是由空心毛坯胀形而成的，底部则由起伏而成形。

2. 工艺计算

（1）底部起伏成形的计算　起伏成形的许用高度由相关手册可查得 $H = 0.15d = 2.25$mm。此值大于工件底部起伏成形的实际高度，

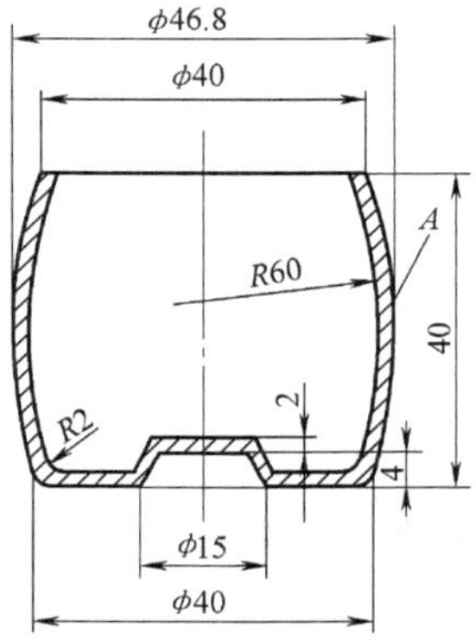

图 6-23　罩盖零件图

所以可一次起伏成形。钢件的 $K=200\sim300$。成形面积 A 可以计算出来。

依据起伏成形力公式进行计算得

$$F_{起}=KAt^2=250\times\frac{\pi}{4}\times15^2\times0.5^2\text{N}=11039\text{N}$$

（2）侧壁胀形的计算　根据式（6-4），胀形系数为

$$K=\frac{d_{max}}{d_0}=\frac{46.8\text{mm}}{39\text{mm}}=1.2$$

由表6-6查得极限胀形系数为1.24，因此该工件可一次胀形成形。

表6-6　极限胀形系数和切向许用伸长率

材料	厚度/mm	极限胀形系数 K_p	切向许用伸长率 δ_θ(%)
铝合金 3A21-M	0.5	1.25	25
纯铝　1070A、1060A(L1、L2)	1.0	1.28	25
纯铝　1050A、1035(L3、L4)	1.5	1.32	32
纯铝　1200、8A06(L5、L6)	2.0	1.32	32
黄铜　H62	0.5～1.0	1.35	35
黄铜　H68	1.5～2.0	1.40	40
低碳钢　08F	0.5	1.20	20
低碳钢　10、20	1.0	1.24	24
不锈钢	0.5	1.26	26

（3）胀形毛坯的计算　胀形时为了增加材料在圆周方向的变形程度，减小材料的变薄，毛坯两端一般不固定，使其自由收缩，因此毛坯长度 L_0 应比制件长度增加一定的收缩量。根据式（6-5）计算得

$$L_0=L[1+(0.3\sim0.4)\delta_\theta]+\Delta h$$

其中，L 为 $R60$mm 一段圆弧的长，则 $L=40.8$mm。

$$\delta_\theta=\frac{d_{max}-d_0}{d_0}=\frac{46.8-39}{39}=0.2$$

Δh 取10mm，则得

$$L_0=L(1+0.35\delta_\theta)+\Delta h=40.8(1+0.35\times0.2)\text{mm}+10\text{mm}=53.66\text{mm}$$

L_0 取整为54mm。

（4）侧壁胀形力的计算　软模胀形圆柱形空心件时，所需的单位压力 p 分下面两种情况计算。

两端不固定，允许毛坯轴向自由收缩时 $p=\dfrac{2t}{d_{max}}\sigma_b$

两端固定，毛坯不能收缩时 $p=2\sigma_b\left(\dfrac{t}{d_{max}}+\dfrac{t}{2R}\right)$

由手册可查得 $\sigma_b=430$MPa，采用两端不固定的情况，根据式（6-3），胀形单位面积压力为

$$p=\frac{2t}{d_{max}}\sigma_b=\frac{2\times0.5}{46.8}\times430\text{MPa}=9.2\text{MPa}$$

胀形力　$F_{胀}=pA=9.2\times\pi\times46.8\times40\text{N}=54078\text{N}$

总成形力　$F_{总}=F_{起}+F_{胀}=11.039\text{kN}+54.078\text{kN}=65.117\text{kN}$

3. 模具结构设计

胀形模采用聚氨酯橡胶进行软模胀形，为便于工件成形后取出，将凹模分为上、下两部分，上、下模用止口定位，单边间隙取0.05mm。侧壁靠橡胶的胀开成形，底部靠压包凸、凹模成形，凹模上、下两部分在模具闭合时靠弹簧压紧。罩盖胀形模如图6-24所示。

模具闭合高度为202mm，所需压力约为67kN，因此，选用设备时以模具尺寸为依据，选用250kN开式可倾压力机。

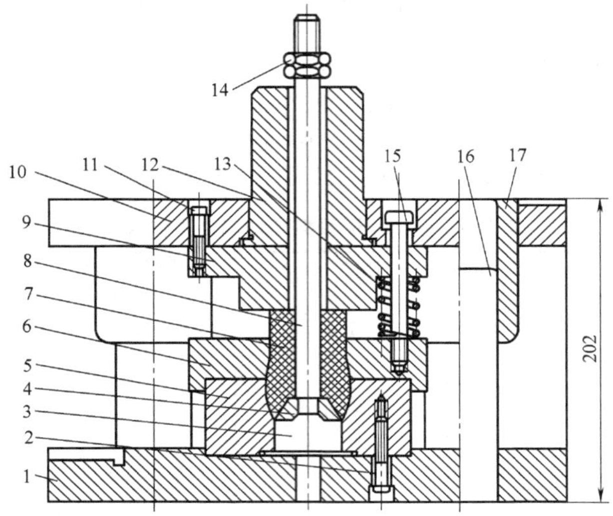

图6-24　罩盖胀形模

1—下模座　2、11—螺钉　3—压包凸模　4—压包凹模　5—胀形下模　6—胀形上模　7—聚氨酯橡胶　8—拉杆　9—上固定板　10—上模板　12—模柄　13—弹簧　14—螺母　15—拉杆螺钉　16—导柱　17—导套

6.3　翻边模设计

翻边是将制件的孔边缘或外边缘在模具的作用下翻出竖立或呈一定角度的直边。按其工艺特点，翻边形式可分为内孔翻边（图6-25a）和外缘翻边（图6-25b）两种。外缘翻边又可分为外凸外缘翻边和内凹外缘翻边。此外，根据竖边厚度的变化情况，可分为不变薄翻边和变薄翻边两种。

6.3.1　孔的翻边

1. 圆孔的翻边

（1）圆孔翻边的工艺性　如图6-26所示，要求如下：

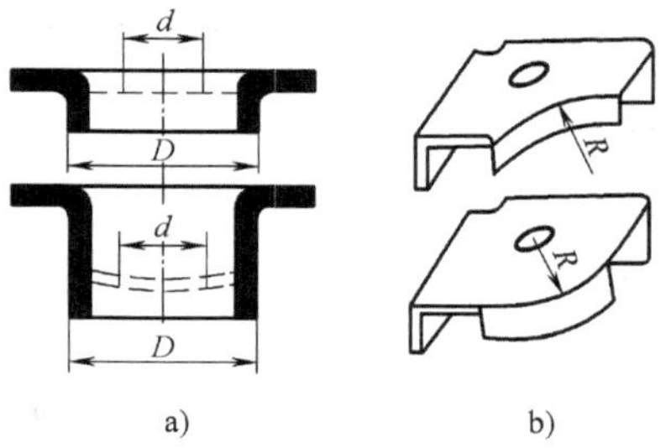

图6-25　翻边形式

a）内孔翻边　b）外缘翻边

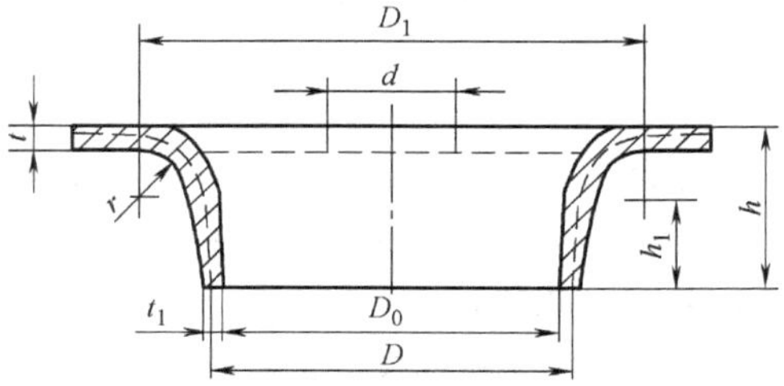

图6-26　平板毛坯翻边

① 翻边高度 $h > 1.5r$。

② 圆角半径 $r \geq (1 + 1.5t)$。

③ 凸缘宽度 $B \geq h$。

④ 翻边方向与冲孔方向相反时，翻边不易破裂。

（2）翻边系数　在圆孔翻边时，变形程度决定于毛坯预制孔直径与翻边直径之比，即翻边系数 K（图 6-26）为

$$K = d/D \tag{6-6}$$

当一次翻边能达到一定的翻边高度时，各种材料允许的翻边系数为一次翻边系数，见表 6-7 和表 6-8。

表 6-7　低碳钢的极限翻边系数 K

翻边方法	孔的加工方法	比值 d/t										
		100	50	35	20	15	10	8	6.5	5	3	1
球形凸模	钻后去毛刺	0.70	0.60	0.52	0.45	0.40	0.36	0.33	0.31	0.30	0.25	0.20
	用冲孔模冲孔	0.75	0.65	0.57	0.52	0.48	0.45	0.44	0.43	0.42	0.42	—
圆柱形凸模	钻后去毛刺	0.80	0.70	0.60	0.50	0.45	0.42	0.40	0.37	0.35	0.30	0.25
	用冲孔模冲孔	0.85	0.75	0.65	0.60	0.55	0.52	0.50	0.50	0.48	0.47	—

表 6-8　其他一些材料的极限翻边系数 K

退火的材料	翻边系数	
	K	K_{min}
白铁皮	0.70	0.65
黄铜 H62，t=0.5～6mm	0.68	0.62
铝，t=0.5～5mm	0.70	0.64
硬铝	0.89	0.80
软钢，t=0.25～2mm	0.72	0.68

第二次以后圆孔翻边工序的翻边系数为

$$K_2 = (1.15 \sim 1.2)K$$

式中，K 为表 6-7 和表 6-8 中查出的翻边系数。

（3）翻边的工艺计算

1）毛坯尺寸的计算。

在翻边工序之前，需在毛坯上预加工出工艺底孔，其大小应按翻边直径和翻边高度来计算。

预制孔直径为

$$d = D - 2(h - 0.43r - 0.72t) \tag{6-7}$$

翻边高度为

$$h = \frac{D}{2}\left(1 - \frac{d}{D}\right) + 0.43r + 0.72t = \frac{D}{2}(1 - K) + 0.43r + 0.72t \tag{6-8}$$

式中各符号如图 6-26 所示。

最大翻边高度为

$$h_{max} = \frac{D}{2}(1 - K_{min}) + 0.43r + 0.72t \tag{6-9}$$

当制件要求高度 $h > h_{max}$ 时，不能一次直接翻边成形，可采用加热翻边、多次翻边，或拉深后冲底孔再翻边的方法。

2）孔翻边次数的确定。如果制件翻边高度很大，计算所得的翻边系数小于表 6-7、表 6-8 中所列数值时，需多次翻边。

计算公式为

$$n = 1 + \frac{\lg K - \lg K_n}{\lg(1.2K_n)} \tag{6-10}$$

式中，n 为翻边次数；K 为翻边系数，按表 6-7、表 6-8 选取；K_n 为多次翻边系数，一般取 $K_n = (1.15 \sim 1.2)K$。

3）翻边力的计算。翻边力要比拉深力小得多，一般用圆柱形平底凸模进行翻边时，计算翻边力的公式为

$$F = 1.1\pi(D-d)t\sigma_s \tag{6-11}$$

式中，σ_s 为材料的屈服强度（MPa）。

无预制孔的翻边力比有预制孔的大 1.33 ~ 1.75 倍，凸模形状和凸、凹模间隙对翻边力有很大影响，如果用球形凸模或锥形凸模翻边时，所需的力略小于用上式计算的数值，降低 20% ~30%。

4）翻边凸凹模形状和尺寸。图 6-27 所示为几种常见的圆孔翻边凸模形状及主要尺寸。图 6-27a 所示为带有定位销、竖边直径为 10mm 以上的翻边凸模；图 6-27b 所示为没有定位销且零件处于固定位置上的翻边凸模；图 6-27c 所示为带有定位销，竖边直径为 10mm 以下的翻边凸模；图 6-27d 所示为带有定位销，竖边直径 <4mm，可同时冲孔和翻边的翻边凸模；图 6-27e 所示为无预制孔的、精度不高的翻边凸模。凹模圆角半径对翻边成形影响不大，取值一般为零件的圆角半径。

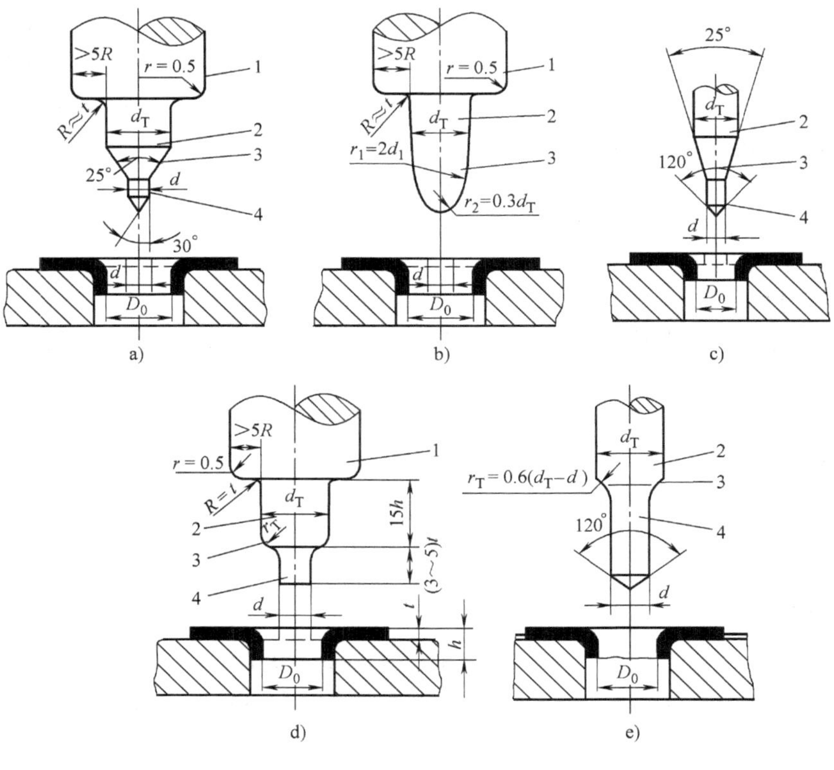

图 6-27　常见的圆孔翻边凸模形状和主要尺寸

1—凸肩　2—翻边凸模工作部分　3—倒圆　4—导正部分

5）翻边凸凹模间隙的计算。在平面毛坯上，冲孔的翻边和先拉深后冲孔的翻边所用的凸、凹模间隙值可按表 6-9 选取。

表 6-9　翻边时凸、凹模的间隙值　（单位：mm）

材料厚度	0.3	0.5	0.7	0.8	1.0	1.2	1.5	2.0
平面毛坯翻边	0.25	0.45	0.6	0.7	0.85	1.0	1.3	1.7
拉深后翻边	—	—	—	0.6	0.75	0.9	1.1	1.5

当翻边时内孔有尺寸精度要求时，尺寸精度由凸模保证。此时，按下式计算凸、凹模尺寸，即

$$D_T = (D_0 + \Delta)^{\ 0}_{-\delta_T} \tag{6-12}$$

$$D_A = (D_A + 2Z)^{+\delta_A}_{\ 0} \tag{6-13}$$

式中，D_T、D_A 分别为凸、凹模直径（mm）；δ_T、δ_A 分别为凸、凹模公差（mm）；D_0 为竖孔最小内径（mm）；Δ 为竖孔内径公差（mm），Z 为凸、凹模之间的单边间隙（mm）。

如果对翻边竖孔的外径精度要求较高时，凸、凹模之间应取小间隙，以便凹模对直壁外侧产生挤压作用，从而控制其外形尺寸。

2. 非圆孔的翻边

非圆孔翻边的变形性质比较复杂，它包括有圆孔翻边、弯曲、拉深等变形性质。对于非圆孔翻边的预制孔，可以分别按圆孔翻边、弯曲、拉深展开，然后用作图法把各展开线光滑连接即可，如图 6-28 所示。

在图 6-28 中，可分为 8 个部分，属于圆孔翻边性质的有 2、4、6、7 和 8，1 和 5 可看作简单的弯曲，而内凹弧 3 可视为拉深部分。

在非圆孔翻边中，由于变形性质不相同的各部分相互影响，对翻边和拉深均有利，因此翻边系数可取圆孔翻边系数的 85% ~90%，即

$$K' = (0.9 \sim 0.85)K$$

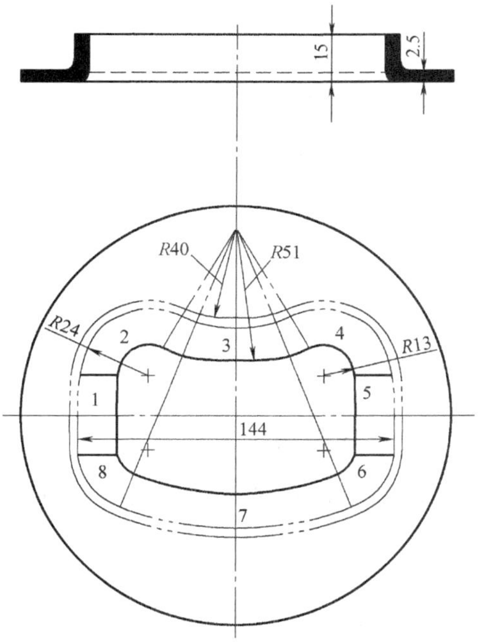

图 6-28　非圆孔的翻边

6.3.2　变薄翻边

对于翻边高度较大的制件，如果允许壁部变薄时，可以采用变薄翻边，用变薄翻边的方法既提高了生产率，又节约了材料。

变薄翻边预制孔尺寸的计算：

当 $r < 3$mm 时

$$d = \sqrt{\frac{d_3^2 t - d_3^2 h + d_1^2 h}{t}} \tag{6-14}$$

当 $r \geqslant 3$mm 时

$$d = \sqrt{\frac{d_1^2 h - d_3^2 h_1 + \pi r^2 D_1 - D_1^2 r}{h - h_1 - r}} \tag{6-15}$$

式中符号如图 6-29 所示。

翻边孔的外径为　　$d_3 = d_1 + 1.3t$

翻边高度一般为　　$h = (2 \sim 2.5)t$

对于中型孔的变薄翻边，一般是采用阶梯环形凸模在一次行程内对毛坯作多次变薄加工来达到产品的要求，如图 6-30 所示。

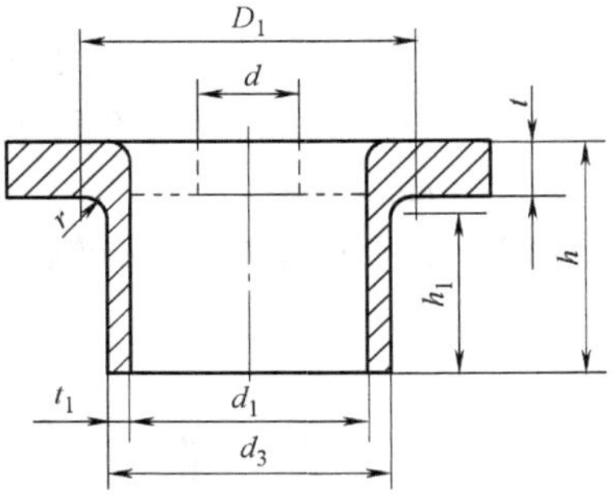

图 6-29　变薄翻边的尺寸计算

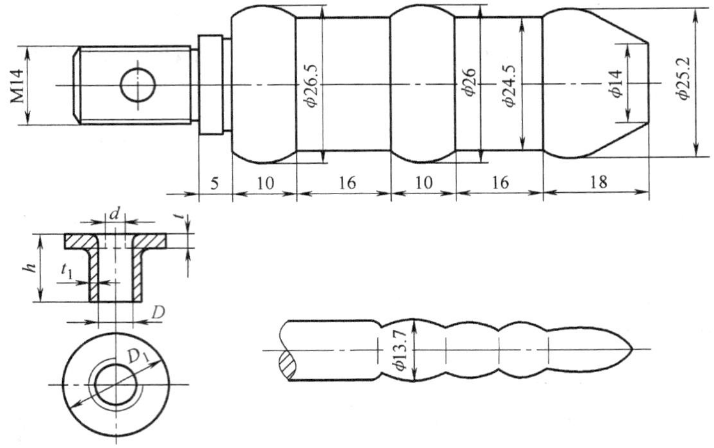

图 6-30　变薄翻边用阶梯形凸模及工件

图 6-30 所示为对黄铜件和铝件用阶梯凸模翻边的例子。其尺寸见表 6-10。

表 6-10　用阶梯凸模变薄翻边的尺寸　　（单位：mm）

材料	t	t_1	d	D	D_1	h
黄铜	2	0.8	12	26.5	33	15
铝	1.7	0.35	4	13.7	21	15

表中符号如图 6-30 所示。

6.3.3　外缘翻边

外缘翻边分为外凸外缘翻边与内凹外缘翻边两种，如图 6-31 所示。

1. 外凸外缘翻边

外凸外缘翻边是指沿着具有外凸形状的不封闭外缘翻边，如图 6-31a 所示。这种翻边的变形情况近似于浅拉深。

外凸外缘翻边的变形程度 ε_T 用下式表示，即

$$\varepsilon_T = \frac{b}{R+b} \qquad (6\text{-}16)$$

式中，b 为翻边的宽度；R 为翻边的外凸缘半径。

常用材料外凸（及内凹）外缘翻边的允许变形程度见表 6-11。

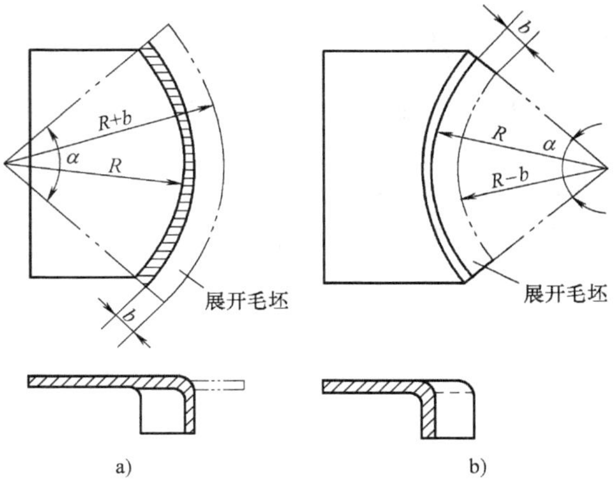

图 6-31　外缘翻边的两种形式

a）外凸外缘翻边　b）内凹外缘翻边

表 6-11　外凸外缘翻边时材料的允许变形程度

金属和合金的名称		变形程度 ε_T(%)		变形程度 ε_A(%)	
		橡皮成形	模具成形	橡皮成形	模具成形
铝合金	1035(M)[①]	25	30	6	40
	1035 硬	5	8	3	12
	3A21(M)	23	30	6	40
	3A21 硬	5	8	3	12
	5A02(M)	20	25	6	35
	5A02 硬	5	8	3	12
	2A12(M)	14	20	6	30
	2A12 硬	6	8	0.5	9
	2A11(M)	14	20	4	30
	2A11 硬	5	6	0	0
黄铜	H62 软	30	40	8	45
	H62 半硬	10	14	4	16
	H68 软	35	45	8	55
	H68 半硬	10	14	4	16
钢	10	—	38	—	10
	20	—	22	—	10
	12Cr18Ni9 软	—	15	—	10
	12Cr18Ni9 硬	—	40	—	10
	17Cr18Ni9	—	40	—	10

① M 表示退火状态。

2. 内凹外缘翻边

内凹外缘翻边是指沿着具有内凹形状的外缘翻边，如图 6-31b 所示。这种翻边的变化情况近似于圆孔翻边。内凹外缘翻边的变形程度 ε_A 用下式表示，即

$$\varepsilon_A = \frac{b}{R-b} \tag{6-17}$$

外缘翻边可用橡皮模成形，也可在普通模具上成形。用橡皮模成形对翻边没有压紧，故不产生拉深作用，但会使边缘产生有皱纹的弯曲，需要用手工修整去掉皱纹。

图 6-32 所示为在橡皮模内的各种翻边方法；图 6-33 所示为用普通模具进行的内外缘同时翻边。

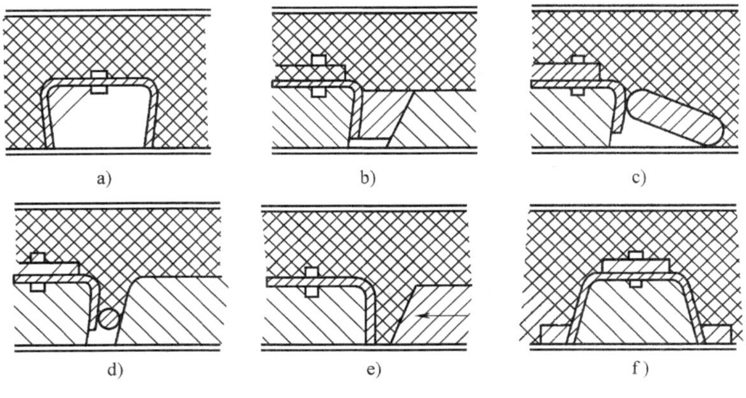

图 6-32　在橡皮模内的各种翻边方法

a）用橡皮　b）用楔块　c）用铰链压板　d）用棒　e）用活动楔块　f）用圈

当把不封闭的外缘翻边作为带有压边的单边弯曲时，翻边力可按下式计算，即

$$F = 1.25 L t \sigma_s K \tag{6-18}$$

式中，F 为外缘翻边所需的力（N）；L 为弯曲线长度（mm）；t 为料厚（mm）；σ_s 为零件材料的屈服强度（MPa）；K 为系数，取 0.2～0.3。

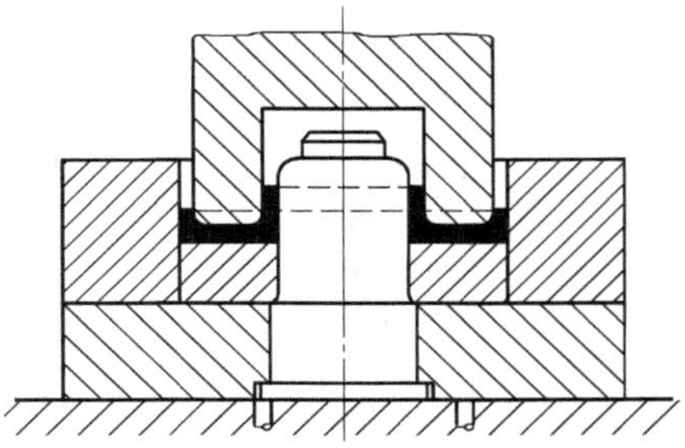

图 6-33　内外缘同时翻边

6.3.4　翻边模设计实例

零件名称：固定套；

生产批量：中批量；

材料：08 钢；

料厚：1mm；

零件图：如图 6-34 所示。

1. 零件的工艺性分析

由零件图可知，ϕ40mm 处由内孔翻边成形，ϕ80mm 是圆筒形拉深件，可一次拉深成形。工序安排为落料、拉深、冲预制孔、翻边等。翻边前为 ϕ80mm、高 15mm 的无凸缘圆筒形工件，如图 6-35 所示。

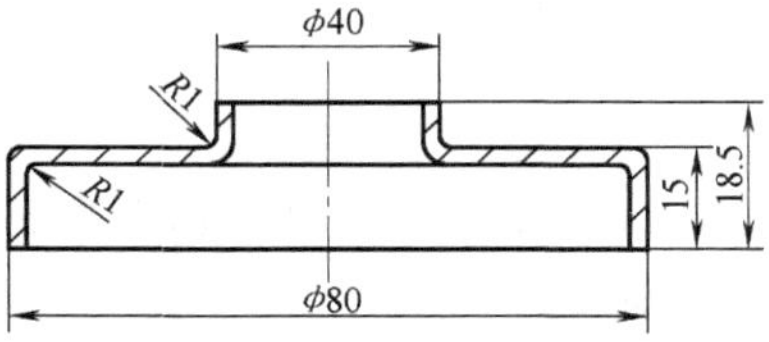

图 6-34　固定套零件图

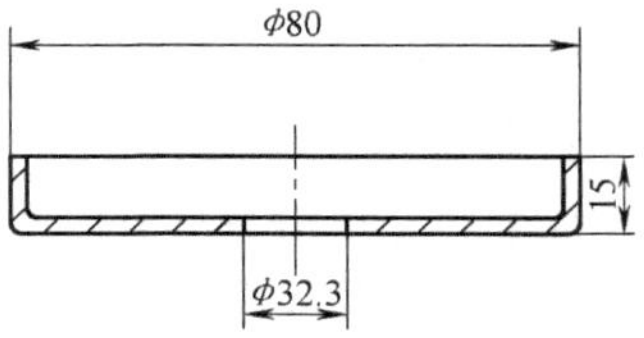

图 6-35　翻边前工序图

2. 固定套翻边件工艺计算

（1）平板毛坯内孔翻边时预制孔直径及翻边高度　在内孔翻边工艺计算中有两方面内容，①根据翻边零件的尺寸，计算毛坯预制孔的尺寸 d；②根据允许的极限翻边系数，校核一次翻边可能达到的翻边高度 H（图 6-36）。

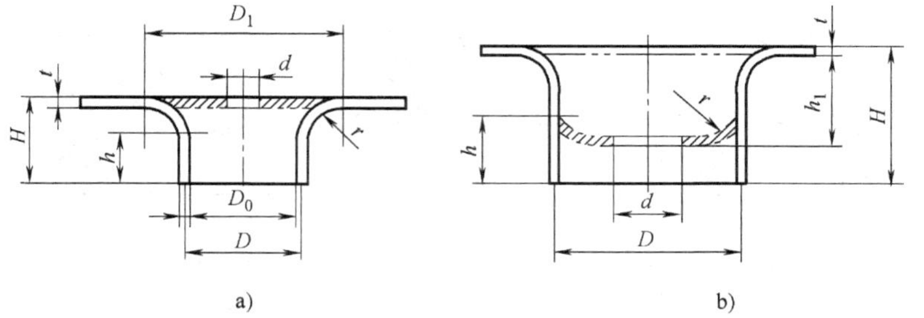

图 6-36　内孔翻边尺寸计算

a）平板毛坯翻边　b）在拉深件底部翻边

内孔的翻边预制孔直径 d 可以近似地按弯曲展开计算，即

$$d = D_1 - \left[\pi \left(r + \frac{t}{2} \right) + 2h \right] \tag{6-19}$$

本例可认为是平板毛坯内孔翻边，已知 $D=39\text{mm}$，$H=4.5\text{mm}$，则

$$D_1=D+2r+t=39\text{mm}+2\times1\text{mm}+1\text{mm}=42\text{mm}$$

$$h=H-r-t=4.5\text{mm}-1\text{mm}-1\text{mm}=2.5\text{mm}$$

则
$$d=D_1-\left[\pi\left(r+\frac{t}{2}\right)+2h\right]=42\text{mm}-\left[\pi\left(1+\frac{1}{2}\right)+2\times2.5\right]\text{mm}=32.3\text{mm}$$

内孔的翻边极限高度为

$$H_{max}=\frac{D}{2}(1-K_{min})+0.43r+0.72t$$

若在拉深件的底部冲孔翻边，其工艺计算过程是，先计算允许的翻边高度 h，然后按零件的要求高度 H 及 h 确定拉深高度 h_1 及预孔直径 d，允许的翻边高度为

$$h=\frac{D}{2}(1-K)+0.57\left(r+\frac{t}{2}\right)$$

预制孔直径 d 为

$$d=KD \text{ 或 } d=D+1.14\left(r+\frac{t}{2}\right)-2h$$

拉深高度为

$$h_1=H-h+r$$

（2）计算翻边系数

$$K=\frac{d}{D}=\frac{32.3}{39}=0.828$$

由表 6-7 可查得低碳钢的极限翻边系数为 0.65，小于所需的翻边系数 0.828，所以该零件可一次翻边成形。

（3）计算翻边力　由表 9-1 查得 $\sigma_s=196\text{MPa}$，根据式（6-11），翻边力为

$$F=1.1\pi(D-d)t\sigma_s=1.1\pi(39-32.3)\times1\times196\text{N}=4.536\text{kN}$$

3. 翻边模结构设计

内孔翻边模的结构与一般拉深模相似，不同的是翻边凸模圆角半径一般较大，经常做成球形或抛物面形，以利于变形。图 6-37 所示为几种常见圆孔翻边模的凸模形状和尺寸，其中图 6-37a 所示凸模可用于小孔翻边（竖边内径 $d\leqslant4\text{mm}$）；图 6-37b 所示凸模用于竖边内径 $d\leqslant10\text{mm}$ 的翻边；图 6-37c 所示凸模适用于 $d\geqslant10\text{mm}$ 的翻边；图 6-37d 所示凸模可对不用定位销的任意孔翻边。对于平底凸模，一般取 $r_T\geqslant4t$。

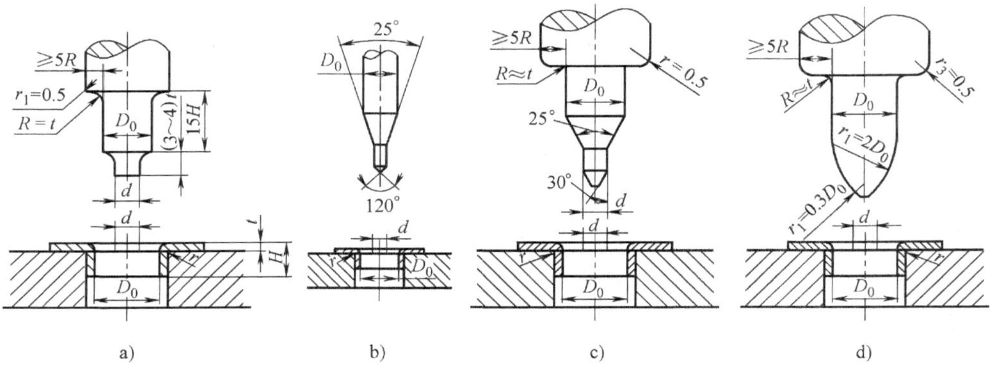

a)　b)　c)　d)

图 6-37　常见圆孔翻边模的凸模形状和尺寸

本例中为便于坯件定位，翻边模采用倒装结构，使用大圆角圆柱形翻边凸模，坯件孔套在定位销上定位，靠标准弹顶器压边，采用打料杆打下工件，选用后侧滑动导柱、导套模架。翻边模结构如图 6-38 所示。

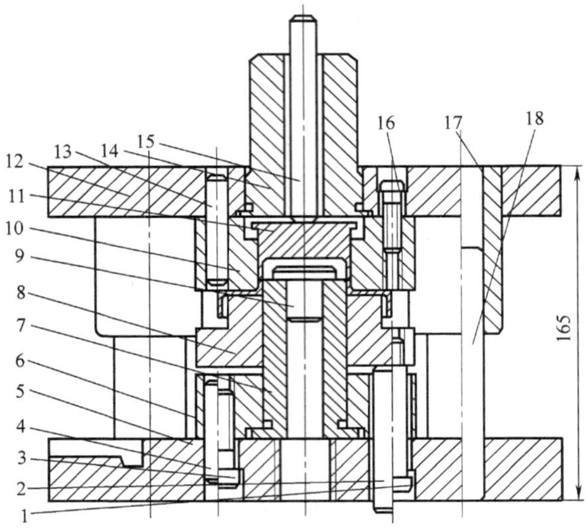

图 6-38　翻边模结构

1—卸料螺钉　2—顶杆　3、16—螺钉　4、13—销钉　5—下模座　6—翻边凸模固定板　7—翻边凸模　8—托料板　9—定位销　10—翻边凹模　11—打件器　12—上模座　14—模柄　15—打料杆　17—导套　18—导柱

根据模架尺寸和闭合高度选用 250kN 双柱可倾式压力机。

6.4　缩口模设计

缩口是在管坯或预先拉深好的圆筒形件的敞口处，通过缩口模将其口部直径缩小的一种冲压成形方法。缩口工艺在国防工业和民用工业中都有广泛的应用。例如子弹壳、炮弹壳、钢气瓶、自行车车架立管、钢管拉拔等的缩口加工。

与缩口相对应的工序是扩口工序。

6.4.1　缩口工艺分析

缩口的极限变形程度主要受失稳条件的限制。缩口变形程度用缩口系数 m 表示。

$$m=\frac{d}{D} \tag{6-20}$$

式中，d 为缩口后直径（mm）；D 为缩口前直径（mm）。

缩口系数的大小与材料的力学性能、料厚、模具形式与表面质量、制件缩口端边缘情况及润滑条件等有关。表 6-12 为各种材料的缩口系数。

当工件需要进行多次缩口时，其各次缩口系数的计算为：

首次缩口系数　$m_1=0.9m_{均}$　(6-21)

以后各次缩口系数　$m_n=(1.05\sim1.10)m_{均}$　(6-22)

式中，$m_{均}$ 为平均缩口系数。

表 6-12　各种材料的缩口系数 m

材料	平均缩口系数 $m_均$			支承形式		
	材料厚度			无支承	外支承	内外支承
	~0.5	>0.5~1	>1			
铝	—	—	—	0.68~0.72	0.53~0.57	0.27~0.32
硬铝(退火)	—	—	—	0.73~0.80	0.60~0.63	0.35~0.40
硬铝(淬火)	—	—	—	0.75~0.80	0.63~0.72	0.42~0.43
软钢	0.85	0.75	0.70~0.65	0.70~0.75	0.55~0.60	0.30~0.35
黄铜 H62、H68	0.85	0.8~0.7	0.70~0.65	0.65~0.70	0.50~0.55	0.27~0.32

6.4.2　缩口工艺计算

1. 缩口坯料尺寸

缩口后，工件高度发生变化。对于不同形状的缩口零件，其计算方法也有所不同。根据体积不变原理，得到几种不同形状零件的缩口前坯料高度尺寸计算公式。

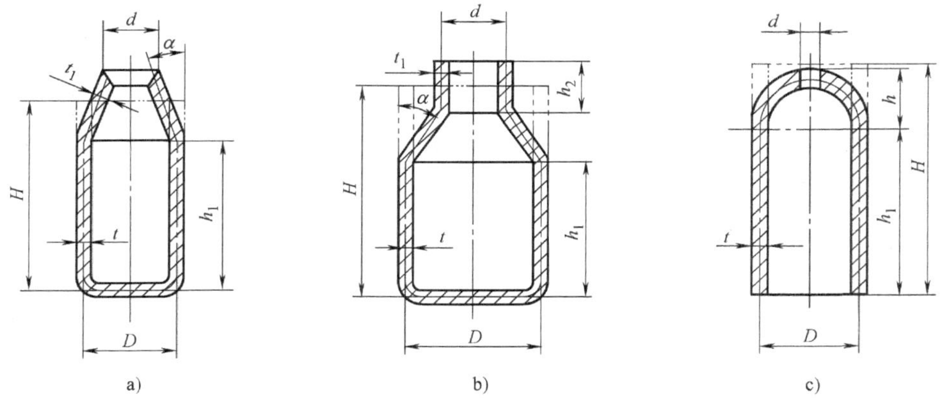

图 6-39　缩口形式

a) 斜口形式　b) 直口形式　c) 球面形式

图 6-39a 中

$$H=1.05\left[h_1+\frac{D^2-d^2}{8D\sin\alpha}\left(1+\sqrt{\frac{D}{d}}\right)\right] \tag{6-23}$$

图 6-39b 中

$$H=1.05\left[h_1+h_2\sqrt{\frac{d}{D}}+\frac{D^2-d^2}{8D\sin\alpha}\left(1+\sqrt{\frac{D}{d}}\right)\right] \tag{6-24}$$

图 6-39c 中

$$H=h_1+\frac{1}{4}\left(1+\sqrt{\frac{D}{d}}\right)\sqrt{D^2-d^2} \tag{6-25}$$

2. 缩口所需的压力

如图 6-40 所示，缩口成形时坯料所处的状态，分为无支承和有支承两类。

在无支承进行缩口时（图 6-40a），缩口力 F 可用下式进行计算，即

$$F=K\left[1.1\,\pi Dt_0\sigma_b\left(1-\frac{d}{D}\right)(1+\mu\cot\alpha)\frac{1}{\cos\alpha}\right] \tag{6-26}$$

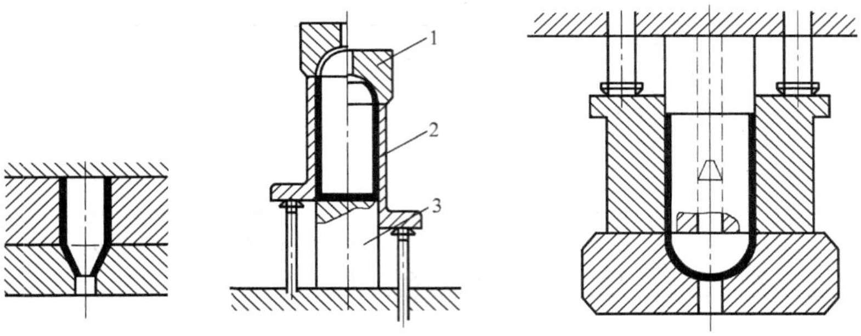

a)　　b)　　c)

图 6-40　缩口模结构

a）无支承缩口成形　b）有支承缩口成形　c）内外支承缩口成形

1—凹模　2—外支承　3—下支承

在有支承进行缩口时（图 6-40 b、c），缩口力 F 可用下式进行计算，即

$$F=K\left\{1.1\ \pi D t_0 \sigma_b\left(1-\frac{d}{D}\right)(1+\mu\cot\alpha)\frac{1}{\cos\alpha}+1.82\sigma_b t_1^2[d+R_A(1-\cos\alpha)]\frac{1}{R_A}\right\} \tag{6-27}$$

式中，t_0 为缩口前料厚；t_1 为缩口后料厚；D 为缩口前直径；d 为零件缩口部分直径；μ 为零件与凹模间的摩擦系数；σ_b为材料抗拉强度；α 为凹模圆锥半角；K 为速度系数，用普通冲床时，$K=1.15$；R_A 为凹模圆角半径。

6.4.3　缩口模设计实例

零件名称：气瓶；

生产批量：中批量；

材料：08 钢；

料厚：1mm；

零件图：如图 6-41a 所示。

1. 零件的工艺性分析

气瓶为带底的筒形缩口零件，可先采用拉深工艺制成圆筒形件，然后再进行缩口成形。

2. 工艺计算

（1）计算缩口系数　由图 6-41a 可知，$d=35$mm，$D=49$mm。则缩口系数为

$$m=\frac{d}{D}=\frac{35}{49}=0.71$$

因该工件为有底缩口件，所以只能采用外支承方式的缩口模具，查表 6-12 得缩口系数为 0.6，则该工件可一次缩口成形。

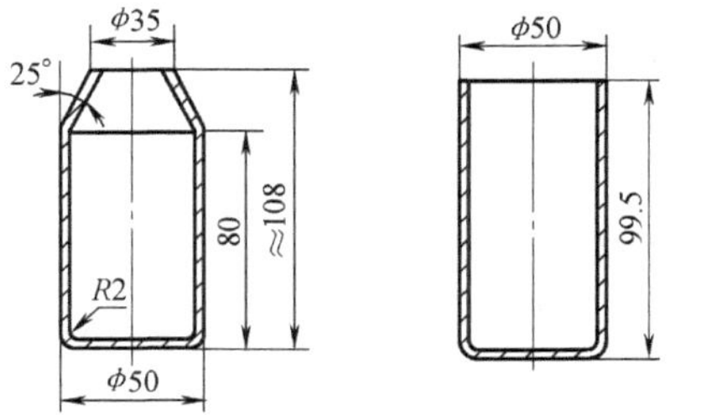

缩口件(产品)　　缩口毛坯(工序件)

a)　　b)

图 6-41　气瓶零件图

（2）计算缩口前毛坯高度　由图 6-41 可知，$h_1=79$mm，则毛坯高度为

$$H=1.05\left[h_1+\frac{D^2-d^2}{8D\sin\alpha}\left(1+\sqrt{\frac{D}{d}}\right)\right]$$

$$=1.05\times\left[79+\frac{49^2-35^2}{8\times49\times\sin25°}\times\left(1+\sqrt{\frac{49}{35}}\right)\right]\text{mm}=99.3\text{mm}$$

取 $H=99.5\text{mm}$。

（3）计算缩口力　已知 $\sigma_b=430\text{MPa}$，凹模与工件的摩擦系数 $\mu=0.1$，则缩口力 F 为

$$F=K\left\{1.1\pi Dt_0\sigma_b\left(1-\frac{d}{D}\right)(1+\mu\cot\alpha)\frac{1}{\cos\alpha}+1.82\sigma_b t_1^2[d+R_A(1-\cos\alpha)]\frac{1}{R_A}\right\}$$

$$=1.15\left\{1.1\times\pi\times49\times1\times430\times\left(1-\frac{35}{49}\right)(1+0.1\times\cot25°)\frac{1}{\cos25°}+1.82\right.$$

$$\left.\times430\times1[35+3(1-\cos25°)]\frac{1}{3}\right\}$$

$$=42.481\text{kN}$$

3. 缩口模结构设计

缩口模采用外支承一次成形，缩口凹模工作表面的表面粗糙度为 $R_a0.4\mu\text{m}$，采用后侧导柱、导套模架，导柱、导套加长为210mm。因模具闭合高度为275mm，则选用400 kN开式可倾式压力机。气瓶缩口模结构如图6-42所示。

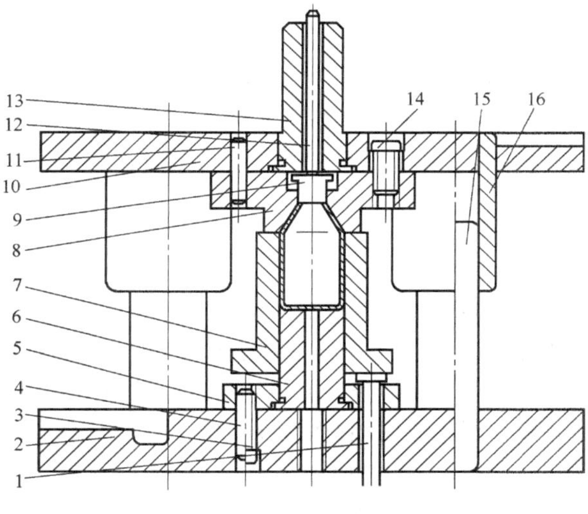

图6-42　气瓶缩口模结构

1—顶杆　2—下模座　3、14—螺钉　4、11—销钉　5—下固定板　6—垫板　7—外支承套　8—凹模　9—口型凸模　10—上模座　12—打料杆　13—模柄　15—导柱　16—导套

6.5 旋压

旋压是将平板或空心坯料固定在旋压机的模具上，在坯料随机床主轴转动的同时，用旋轮或擀棒加压于坯料，使其逐渐紧贴于模具，从而获得所要求的旋转机件。

旋压成形加工范围广，可以完成拉深、缩口、扩径、翻边及波纹成形等一般冲压难以完成的工序，如图6-43所示。旋压成形工艺常用手工操作，操作技术要求高，劳动强度大，产品质量不稳定，生产率低。适用于小、中批量生产。

旋压成形主要应用于铝、镁、钛、铜等有色金属及其合金与不锈钢的复杂中空回转体零件或

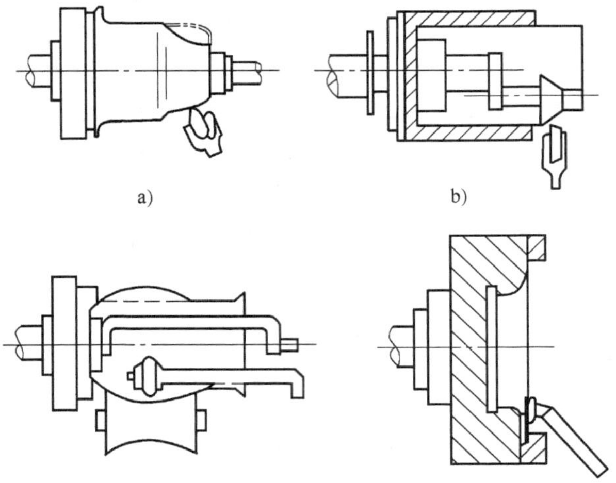

图 6-43　各种旋压成形方法
a）拉深　b）缩口　c）扩径　d）翻边

产品的生产，如水壶、厨具、容器及众多军工产品等。

旋压主要包括不变薄旋压（普通旋压）和变薄旋压（强力旋压）。下面对这两种旋压进行分析。

6.5.1　不变薄旋压

1. 不变薄旋压变形特点

坯料的厚度在旋压过程中不发生强制性变薄的旋压为不变薄旋压，又称为普通旋压。

旋压工作原理如图 6-44 所示。顶块 4 把料压紧在胎模 2 上，旋转时擀棒 6 与坯料 3 点接触并施加压力，由点到线、由线到面地反复擀碾，迫使坯料逐渐贴模而成形。坯料在擀棒的作用下，一方面局部产生塑性变形流动，另一方面坯料沿擀棒加压的方向倒伏。前种变形使坯料螺旋式地由内向外发展，使坯料切向收缩和径向延伸而最终成形。倒伏则使坯料容易失稳而产生皱折和振动。另外圆角处坯料容易变薄旋裂。旋压瞬间使坯料的局部点变形，所以可用较小的力加工尺寸大的制件。

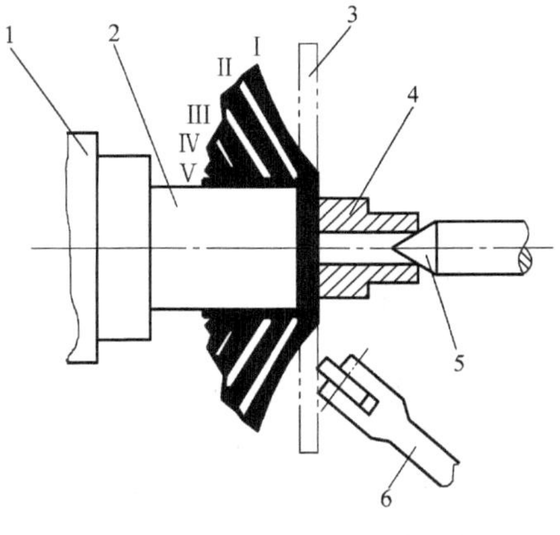

图 6-44　旋压成形
1—主轴　2—胎模　3—坯料　4—顶块
5—顶尖　6—擀棒或旋轮

由于加工中材料产生大片皱折，振动摇晃，失去稳定或撕裂，会妨碍旋压过程的进行，所以必须加以防止。进行旋压的基本要点是：

1）合理的转速。如果转速太低，坯料将在擀棒作用下翻腾起伏极不稳定，使旋压工作难以进行。转速太高，则材料与擀棒接触次数太多，容易使材料过度碾薄。合理转速一般是：软钢为 400 ~ 600r/min；铝为 800 ~ 1200r/min。当坯料直径较大，厚度较薄时取较小值，反之则取较大值。

2）合理的过渡形状。旋压操作首先应从坯料靠近模具底部圆角处开始，得出过渡形状。再经过擀坯料的外缘，使之变为浅锥形，得出过渡形状，这样做是因为锥形的抗压稳定性比平板高，材料不易起皱。后续的操作和前述相同，即先擀碾锥形件的内缘，使这部分材料贴模（过渡形状），然后再擀外缘（过渡形状）。这样多次反复擀碾，直到零件完全贴模为止。

3）合理加力。擀棒的加力一般凭操作者的经验，不能太大，否则容易起皱。同时擀棒着力点必须不断转移，使坯料均匀延伸。

2. 旋压系数

不变薄旋压的变形程度用旋压系素 m 来表示

$$m = d/D$$

式中，d 为工件的直径（工件为锥形件时，则为圆锥最小直径）；D 为坯料直径。

一次旋压的变形程度过大时，旋压中容易起皱，工件壁厚变薄严重，甚至破裂，故应限制其极限旋压系数。

极限旋压系数见表 6-13，当相对厚度 $(t/D) \times 100\% = 0.5$ 时取最大值，当 $(t/D) \times 100\% = 2.5$ 时取最小值。

表 6-13　极限旋压系数

制件形状	[m]
圆筒件	0.6 ~ 0.8
圆锥件	0.2 ~ 0.8

当工件需要的变形程度比较大时（即 m 较小时），便需要多次旋压。多次旋压是由连续几道工序在不同尺寸的旋压模具上进行，并且都以底部直径相同的锥形过渡。

6.5.2　变薄旋压

1. 变薄旋压的工艺过程

变薄旋压工艺主要包括剪切旋压（锥形件的变薄旋压）和挤出旋压（筒形件的变薄旋压），如图 6-45 所示。前者用于加工锥形、抛物线形和半球形等异形件，后者用于筒形件和管形件的加工。

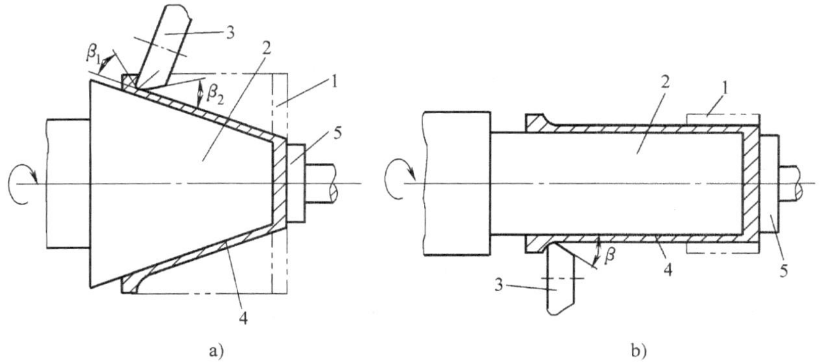

图 6-45　剪切旋压和挤出旋压

a）剪切旋压　b）挤出旋压

1—毛坯　2—成形芯模　3—旋轮　4—制品　5—压杆

变薄旋压如图 6-45 所示，毛坯 1 被夹紧在压杆 5 与成形芯模 2 之间并随主轴一起旋转，旋轮 3 向毛坯作横向程控，按仿形系统预定的轨迹移动，旋轮与成形芯模之间保持一定的间隙，此时，旋轮对毛坯在旋转过程中逐点加力使其产生轴向变形，壁厚减薄，最后紧贴于成形芯模上，成为所需形状的制品。

2. 变形程度

变薄旋压变形程度用变薄率 φ 来表示，计算公式为

$$\varphi\left(\frac{t_0-t_n}{t_0}\right)\times100\%=\left(1-\frac{t_n}{t_0}\right)\times100\%$$

或

$$\varphi=\left(1-\sin\frac{\alpha}{2}\right)\times100\%$$

式中，t_0 为毛坯厚度；t_n 为旋压后壁厚；α 为芯模锥角。

极限变薄率 φ_{max} 是衡量材料可旋压性的指标。变薄旋压时各种材料的变薄率见表 6-14。

表 6-14　变薄旋压的变薄率

材料	$\alpha/2$	φ(%)	φ_{max}(%)
铝	8°30′	83.7	85
硬铝合金	13°30′	42.2	76
黄铜(硬)	11°30′	68	80
黄铜(半硬)	15°40′	56	73
黄铜(软)	9°54′	63.5	
纯铜	15°	76.1	
不锈钢	15°	62.5	

3. 变薄旋压的主要特点

与不变薄旋压相比，变薄旋压有如下特点：

1）变薄旋压在加工过程中坯料凸缘不产生收缩变形，因此无凸缘起皱的问题，也不受坯料相对厚度的限制。不变薄旋压通常限于有色金属零件及变形程度较小的钢零件加工。变薄旋压则不受其限制，可以一次旋压出相对深度较大的零件。

2）变薄旋压是局部变形，变形力比坯料整体冷挤成形的压力小。

3）变薄旋压后，材料晶粒紧密细化，提高了制件强度，表面质量也变好，表面粗糙度 *Ra* 值可达 0.4μm。

4）变薄旋压一般使用变薄旋压机，其功率较大，刚度要求也较高。

6.6　校形与压印

6.6.1　校形

校形包括校平与整形，属于修整性的成形工艺，一般都是在冲裁、弯曲、拉深等冲压工序之后进行的。校形的目的是为了把冲压件的平面度、圆角半径或某些形状尺寸修整到合格的要求。

校平和整形工序具有以下特点：

1）校形模具精度高。这是因为校形后工件的精度要求较高。

2）工序件塑性变形小。校形只在工序件的局部位置产生不大的塑性变形，以达到提高冲制件形状和尺寸精度的目的。

3）主要解决回弹问题。由于校形属于精加工，故解决好制件回弹是主要问题。校形时需要在压力机到达下极限位置时对工序件施加校正力。校形设备最好为精压机或刚度较好并装有过载

保护装置的机械压力机。

1. 校平

把不平整的制件放入模具内压平的校形称为校平，主要用于消除或减少制件的平面度误差。校平通常是在冲裁工序后进行的。

根据板料的厚度和对表面的要求，可以采用光面模校平或齿形模校平。

(1) 校平模类型

1) 光面模。光面模用于薄料且表面不允许有压痕的制件。光面校平模如图 6-46 所示。

2) 细齿模。图 6-47a 所示的细齿校平模用于材料较厚且表面允许有压痕的工件。齿形在平面上呈正方形或菱形。齿尖磨钝，上、下模的齿尖相互叉开。

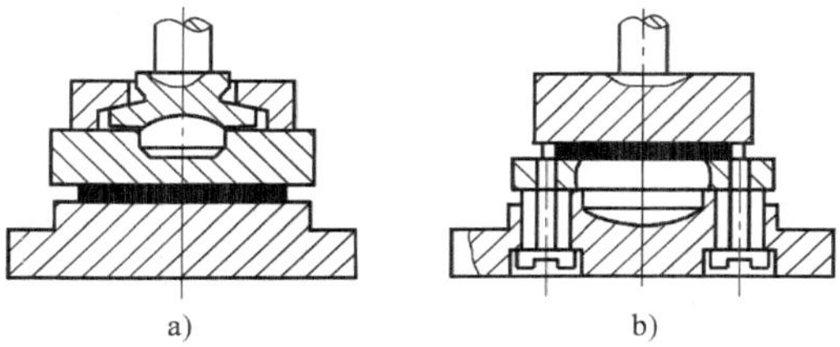

图 6-46　光面校平模

a) 浮动上模　b) 浮动下模

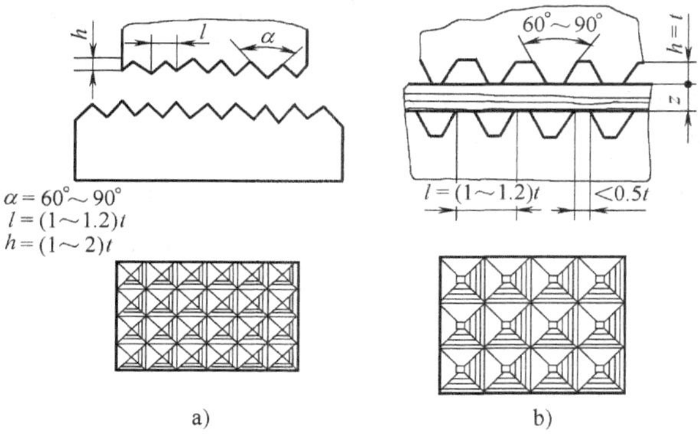

图 6-47　齿形模

a) 细齿　b) 粗齿

3) 粗齿模。图 6-47b 所示的粗齿校平模用于薄料以及铝、铜等有色金属，工件不允许有较深的压痕。齿顶有一定的宽度。

(2) 校平力的计算　校平力按下式计算，即

$$F = Ap \tag{6-28}$$

式中，F 为校平力 (N)；A 为工作校平面积 (mm^2)；p 为单位校平力 (MPa)。

对于软钢或黄铜，p 取值为：

①光面模，$p = 50 \sim 100$MPa；

②细齿模，$p = 100 \sim 200$MPa；

③粗齿模，$p = 200 \sim 300$MPa。

2. 整形

整形是提高零件形状和尺寸精度的冲压方法。整形模和前工序成形模相似，只是模具工作部分的精度更高，表面粗糙度值更小，圆角半径和间隙较小。

(1) 整形力的计算　整形时要在压力机下极限位置对材料进行刚性卡压，故应选用精压机或有过载保护装置的刚度较好的机械压力机。整形力为

$$F = Ap \tag{6-29}$$

式中，F 为整形力 (N)；A 为整形的投影面积 (mm^2)；p 为整形的单位压力 (MPa)。

对于敞开型制件整形，取 $p = 50 \sim 100$MPa；对于底面、侧面减小圆角半径的整形，取 $p = 150 \sim 200$MPa。

（2）整形类型

1）弯曲件的整形

① 压校法。坯料沿长度方向无约束，整形区的变形特点与弯曲时相似，坯料内部应力状态性质变化不大，故整形效果一般。

② 镦校法。弯曲件整形常采用镦校法，如图 6-48 所示。镦校前半成品的长度略大于零件长度，以保证校形时材料处于三向压应力状态，镦校后在材料厚度方向上压应力分布较均匀、回弹减小，从而能获得较高的尺寸精度。但带孔的零件和宽度不等的弯曲件不宜用镦校整形。

2）拉深件的整形。直壁拉深件筒壁整形时，常用变薄拉深的方法把模具间隙取小，为（0.9～0.95）t，而取较大的拉深系数，把最后一道拉深和整形合为一道工序。

对带凸缘的拉深件，较小凸缘圆角半径的整形则要求外部向圆角部分补充材料。工艺设计时，如果圆角半径变化大，可以使半成品高度大于零件高度，整形时从直壁部分获得材料补充，如图 6-49a 所示。如果半成品高度与零件高度相等，也可以让凸缘边收缩，以获得材料补充。但当凸缘边直径过大时，整形过程中无法收缩，这时只能靠根部及附近材料变薄来补充，如图 6-49b 所示，从变形特点看，这相当于变形不大的胀形，因而整形精度高，但变形部位材料伸长量不得大于 2%～5%，否则，校形时零件会破裂。

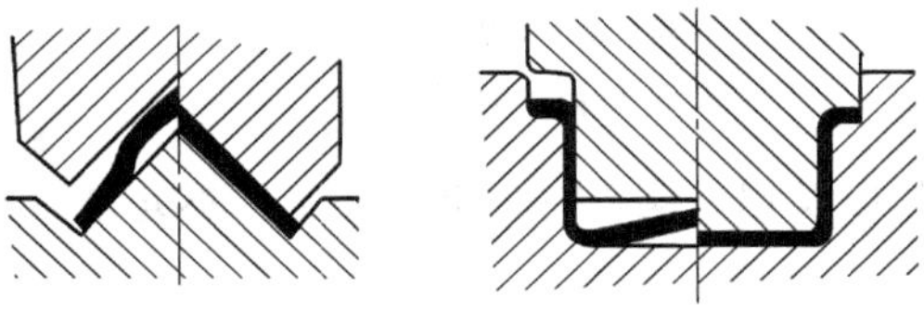

图 6-48　弯曲件的镦校

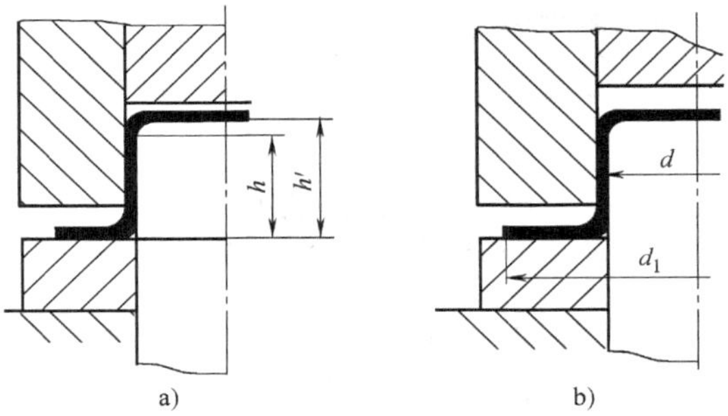

图 6-49　拉深件的整形

较小底部圆角的整形，也可以采用半成品高度略大于成品高度的办法或使圆角部分胀形的办法来达到整形的目的。

6.6.2　压印

压印是将材料放在上、下模之间，在压力作用下使其材料厚度发生变化，并将挤压处的材料充满在有起伏细纹的模具型腔凸、凹处，而在工件表面得到形状起伏鼓凸及字样或花纹的一种冲压成形方法。如硬币、纪念章等表面的压印加工。

压印工作大多在封闭的型腔内进行，以免金属受压后被挤出模外，如图 6-50 所示。而对于较大的压印工件，可利用敞开的模型压制，如图 6-51 所示。

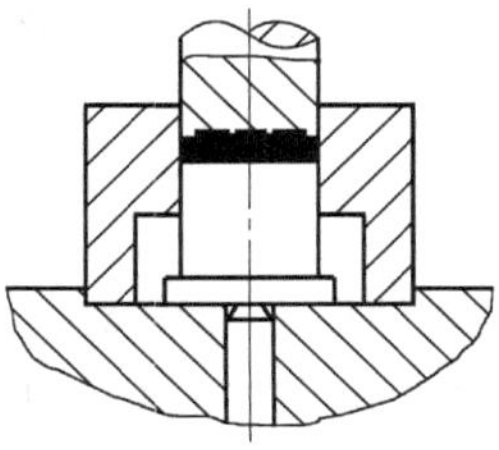

图 6-50　封闭式压印模

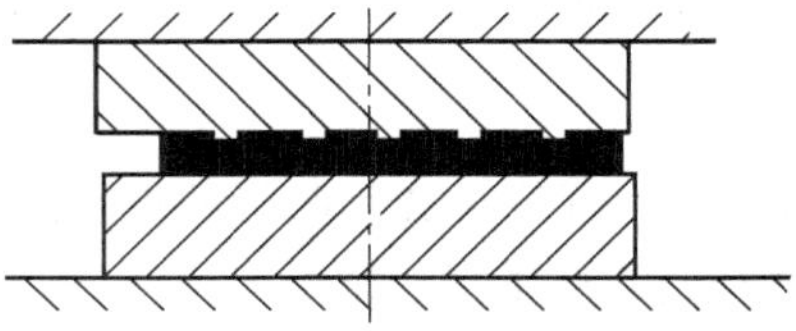

图 6-51　开式压印模

6.7　冷挤压

冷挤压是在常温下对挤压模模腔内的金属施加强大的压力，使之从模孔或凸、凹模间隙中挤出而获得所需要的尺寸、形状及一定性能的零件的一种加工方法，也是一种依赖材料的塑性变形来获得所需形状零件的一种特殊的成形加工工序。冷挤压是在室温条件下进行的，不需要对毛坯进行加热。

冷挤压是机械制造工艺中的少、无切屑加工工艺之一。在实际生产中，这种加工方法得到越来越广的应用。

6.7.1　冷挤压分类及设计要点

1. 冷挤压的分类

根据冷挤压时金属材料的流动方向与凸模运动方向的关系，将其分为以下几类。

(1) 正挤压　挤压时，金属的流动方向与凸模运动方向正好一致，这种挤压称为正挤压。正挤压可以利用实心或空心坯料制造各种形状的实心和空心的零件，正挤压如图 6-52 所示。

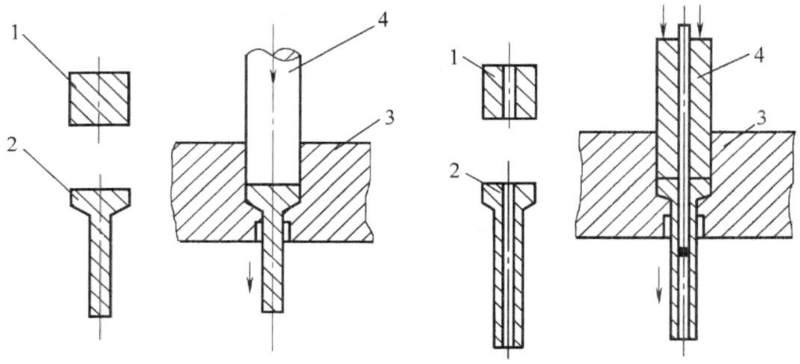

图 6-52　正挤压示意图

1—坯料　2—挤压件　3—凹模　4—凸模

(2) 反挤压　挤压时，金属的流动方向与凸模运动方向恰好相反。反挤压可以加工各种形状的杯形零件和空心零件，反挤压如图 6-53 所示。

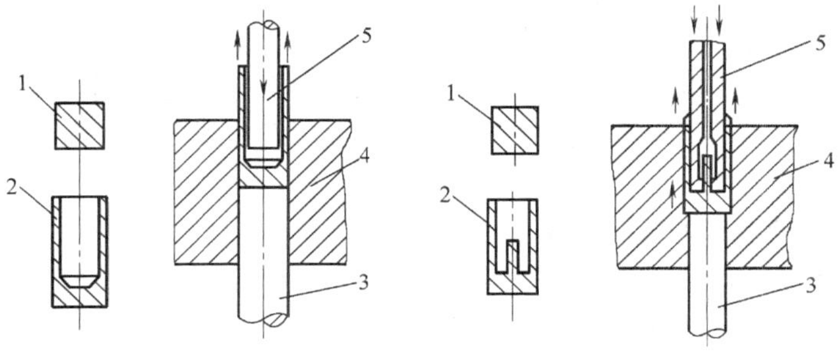

图 6-53　反挤压示意图

1—坯料　2—挤压件　3—顶杆　4—凹模　5—凸模

(3) 复合挤压　挤压时，金属朝凸模运动方向和运动相反方向同时流动。复合挤压可以制造各种带有凸起的复杂形状的空心零件，如图 6-54 所示。

以上三种挤压方式的金属流动方向与凸模运动方向都互为平行，故称为轴向挤压。

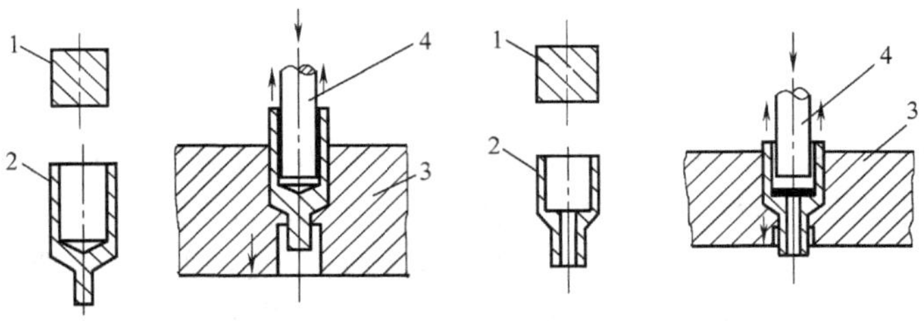

图 6-54　复合挤压

1—坯料　2—挤压件　3—凹模　4—凸模

(4) 径向挤压　径向挤压又称横向挤压，即挤压时，金属的流动方向与凸模的运动方向垂直，可分为离心挤压和向心挤压两种。径向挤压主要用于制造带凸缘的零件，径向挤压如图 6-55 所示。

轴向挤压与径向挤压联合的加工方法常称为镦挤法。采用镦挤法使冷挤压工艺的应用范围进一步扩大，镦挤法能成形较为复杂的零件，可挤压出以单独的轴向或径向冷挤压难以成形的零件。

2. 特点及应用

1) 坯料塑性变形大、变形抗力大。由于挤压坯料处于很大的静压力作用下，因而塑性变形大，所需的变形抗力也大。

2) 挤压质量高。冷挤压件的尺寸公差一般可达到 IT7，表面粗糙度 Ra 可达 1.6 ~ 0.2μm，在一般情况下可以不要切削加工即可满足要求。由于在挤压过程中材料有加工硬化现象并使内部组织更加致密，零件的强度、刚度也较好。因此，冷挤压件可以用一般的钢材代替贵重钢材来进行加工。

3) 生产率高。与切削加工相比，冷挤压的生产率提高了几十倍甚至百倍以上。

4) 节约原材料。冷挤压属于少屑或无屑加工，材料利用率可达 70% ~ 95%。

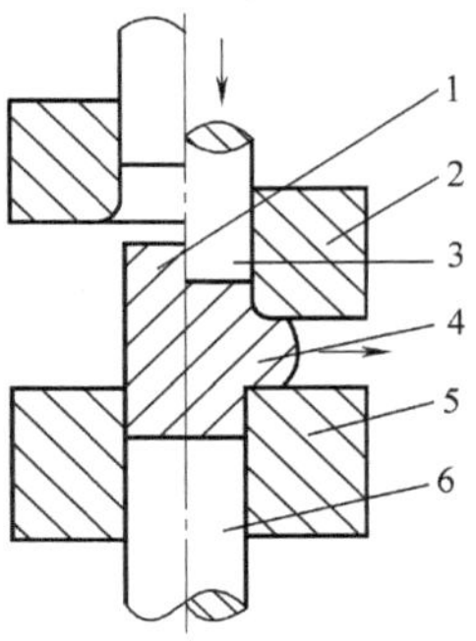

图 6-55　径向挤压

1—坯料　2—上模　3—凸模　4—挤压件　5—下模　6—顶杆

应用冷挤压生产制品有明显的经济效果。如汽车活塞销采用冷挤压代替原来的切削加工，材料利用率由 40% 提高到 80%，生产率提高两倍，成本降低 37%，力学性能提高 20% ~ 100%，疲劳寿命是原来的 3.5 倍。对于形状复杂、尺寸小、要求高，用切削加工无法达到要求的零件，采用冷挤压就比较容易达到要求。

冷挤压在机械、电子、电器、仪表、轻工、航天、兵器等工业部门得到越来越广泛的应用。新的挤压方法不断出现，用于冷挤压的材料也由有色金属发展到黑色金属，并在不断扩大，制品的重量也不断增加。

3. 采用冷挤压必须解决的主要问题

冷挤压时，为了使被挤压的材料产生塑性变形流动，模具须承受巨大的反作用力。为顺利实施冷挤压工艺，必须考虑和解决以下几方面的问题：

1) 选用适合于冷挤压加工的材料。

2) 采用正确、合理的冷挤压工艺方案。

3) 选用合理的毛坯软化热处理方案。

4) 采用合理的毛坯表面处理方法及选用最理想的润滑剂。

5) 设计并制造适合冷挤压特点的模具结构，保证成品达到所要求的质量，同时还应保证模具有较长的工作寿命、较高的生产率和安全可靠性。

6）选择合适的制作冷挤压模具的材料及合适的热处理工艺规范。

7）选择适合于冷挤压工艺特点的机器与设备。

4. 冷挤压设计要点

（1）冷挤压的变形程度及极限变形程度　冷挤压变形程度可以用下面三种方法来确定。

1）断面变化率

$$\psi = \frac{A_0 - A}{A_0} \times 100\% \tag{6-30}$$

2）挤压比

$$R = \frac{A_0}{A} \tag{6-31}$$

3）对数挤压比

$$\phi = \text{In}\frac{A_0}{A} \tag{6-32}$$

式中，A_0 为坯料横截面积；A 为挤压件横截面积。

冷挤压极限变形程度是指在模具强度允许条件下保持模具具有一定寿命的一次挤压变形程度。影响极限变形程度的因素很多，主要有两个方面：一是模具本身许用的单位压力（承载能力），目前，模具钢的单位挤压力一般不宜超过 2500～3000MPa；另一方面是挤压金属产生塑性变形所需的单位挤压力，这取决于金属的性质、挤压方式、变形程度、模具工作部分的几何形状、坯料表面处理与润滑等。表 6-15 为部分有色金属的极限变形程度。

表 6-15　有色金属一次挤压的极限变形程度

金属名称	断面变化率 ψ（%）		备注
铅、锡、锌、铝、防锈铝、无氧铜等软金属	正挤	95～99	低强度的金属取上限；高强度的金属取下限
	反挤	90～99	
硬铝、纯铜、黄铜、镁	正挤	90～95	
	反挤	75～90	

（2）冷挤压材料与坯料准备　目前可用于冷挤压的金属材料主要是有色金属及其合金、纯铁、碳素钢、低合金钢、不锈钢，对于钛合金也可进行冷挤压。随着冷挤压技术的发展和新模具材料的应用，可用于冷挤压的金属材料也在不断增多。

冷挤压坯料的截面形状应尽量与挤压件轮廓形状相同，并与挤压模型腔吻合，以便定位。坯料横截面尺寸的确定原则是：坯料外径一般比凹模尺寸小 0.1～0.2mm 为宜，以便坯料放入凹模；坯料内径一般比挤压件内径（或芯轴直径）小 0.01～0.05mm。当挤压件内孔表面粗糙度要求不高时，坯料内孔也可以比挤压件内孔大 0.1～0.2mm。坯料高度 H 可按体积不变原理，由坯料体积 V_0 与坯料横截面积 A 求得。

为降低冷挤压时模具与坯料间的摩擦力，应对坯料进行表面处理和润滑处理。如碳素钢和合金结构钢通常采用磷化处理；不锈钢采用草酸盐处理；硬铝采用氧化、磷化、氟硅化处理。经表面处理后再进行一定的润滑处理即可进行挤压，各种材料的润滑剂是不同的，润滑剂的选用可参考有关手册。

由于冷挤压金属变形程度大，冷作硬化严重，所以应根据冷作硬化的程度在工序间适当安排软化处理。

（3）冷挤压力与挤压成形设备　挤压力与挤压金属性能、挤压方式、变形程度、模具工作零件几何形状及参数、毛坯相对高度和毛坯与润滑等多种因素有关。由于影响挤压力的因素较为复杂，要准确地确定挤压力目前还有困难，因此，在实际工作中通常采用近似计算和图解法确定挤压力的大小。挤压力图可查阅相关设计手册。

冷挤压时的单位压力和工作行程都很大，冷挤压件的精度要求又很高，因而对冷挤压使用的压力机提出了一些特殊的要求，如能量大、刚度好、导向精度高、具备顶出机构和过载保护装置等。

用于冷挤压的压力机主要有两种：一种是机械压力机，其中偏心齿轮式机械压力机适应于工作行程较大的冷挤压，而肘杆式和拉力肘杆式压力机只适应于工作行程较小的挤压。另一种是液压机，液压机工作行程较大，但生产率较低。

特别要注意的是：由于冷挤压工作行程大，在选择挤压机时应使冷挤压的压力行程曲线在压力机的许用载荷曲线内。

（4）预应力组合凹模　冷挤压从理论上来说可以达到很大的变形程度，但变形程度大时，单位挤压力也很大，会显著降低模具的寿命，如果单位挤压力超过模具强度所许可的范围，则造成模具早期破坏。所以，为提高模具的强度，特别是凹模的强度，冷挤压的凹模都采用预应力组合凹模结构，预应力组合凹模是在凹模外壁加上一层或多层预应圈。理论分析证明，对于同一尺寸的凹模，两层组合凹模的强度是整体式凹模的 1.3 倍，三层组合凹模的强度是整体式凹模的 1.8 倍，因此当单位挤压力较小时，采用整体式凹模；当单位挤压力较大时，则采用两层或多层组合凹模，如图 6-56 所示。经验表明，三层组合凹模是最好的结构形式，进一步增加层数，可以使凹模应力更趋于均匀，但加大了制造和装配的难度。

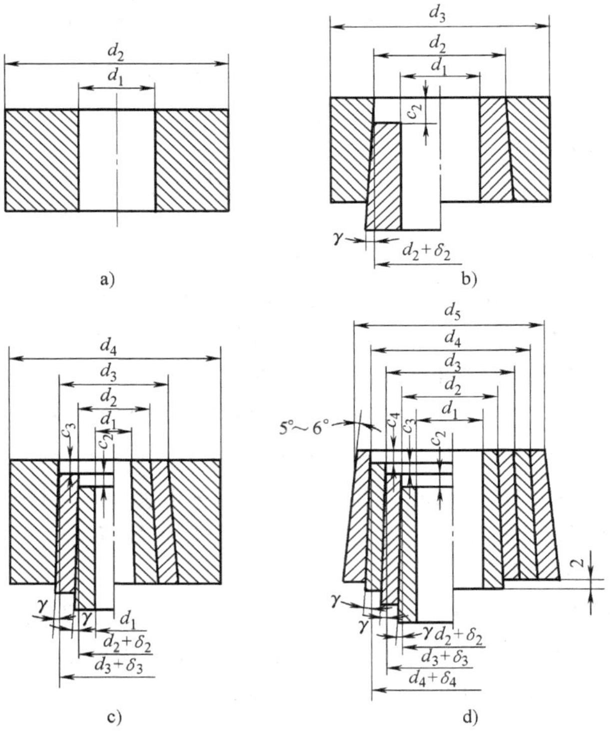

图 6-56　冷挤压凹模结构

a）整体式凹模　b）、c）、d）预应力组合凹模

预应力组合凹模各层直径与过盈可以通过计算法确定，也可以参照表 6-16 确定，最多不超过 3 层。

表 6-16　组合凹模预应力圈的直径与过盈量

预应力圈层数	预应力圈直径				过盈量	
	d_2	d_3	d_4	d_5	δ_2	δ_3
1(即两层凹模)	$(2\sim3)d_1$	$2d_2$			$0.008d_2$	
2(即三层凹模)	$1.6d_1$	$1.6d_2$	$1.6d_3$		$0.01d_2$	$0.006d_3$

组合凹模的内层采用合金工具钢；中层可用 5CrNiMo、40Cr、35CrMoA；外层可用 5CrNiMo、40Cr、35CrMoA、30CrMnSiA、45 钢。中层热处理后硬度为 45 ~ 47HRC，外层为 40 ~ 42HRC，这样既保证了较高的强度又有较好的韧性。

6.7.2　冷挤压模典型结构

冷挤压模具必须适用冷挤压金属变形特点和强大的冷挤压力对模具提出的要求。例如：模具工作部分的形状、尺寸参数及表面粗糙度应有利于金属塑性变形，有利于减小挤压力；模具应具有足够的强度和刚度，有良好的导向装置；应选用适合冷挤压用的模具材料及热处理工艺规范；结构上还应注意易损件拆卸、更换、安装方便以及通用性等。

冷挤压模具的结构形式很多，按冷挤压方式分有正挤压模、反挤压模、复合挤压模及其他冷挤压模；按通用性分有通用冷挤压模和专用冷挤压模；按调整的可能性分有可调式冷挤压模和不可调式冷挤压模。一般采用可调式冷挤压模和通用冷挤压模。

1. 典型的正挤压模具

图 6-57 所示的钛合金六角法兰面自锁螺母挤压模结构是典型的正挤压模具结构，此模具的主要特点是：

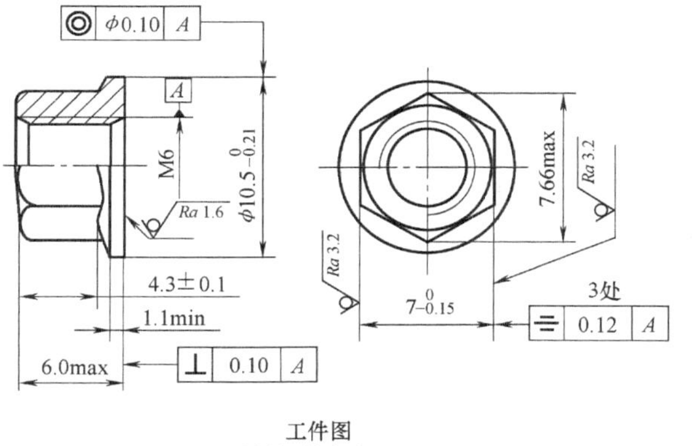

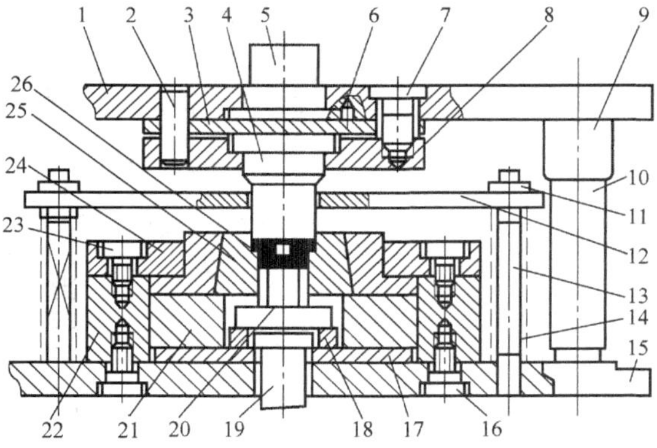

图 6-57　钛合金六角法兰面自锁螺母挤压模结构

1—上模板　2—销钉　3—上垫板　4—上凸模　5—模柄　6—止转销　7—螺钉　8—上凸模固定板　9—导套　10—导柱　11—螺母　12—卸料板　13—卸料螺栓　14—弹簧　15—下模板　16—螺钉　17—下垫板　18—下凸模垫板　19—顶杆　20—下凸模　21—凹模垫板　22—凹模固定套　23—螺钉　24—压板　25—组合凹模　26—制件

1）本模具采用一级精度间隙配合导柱导套模架。

2）上凸模 4 与组合凹模 25 的同心度由制造精度来保证，并以销钉定位。

3）考虑挤压结束后，滑块返回时，挤压件有被上凸模带上去的可能性，采用了由卸料板 12、卸料螺栓 13 及弹簧 14 组成的卸料装置进行卸料。

4）同样考虑挤压件被挤死在组合凹模型腔内，故采用由下凸模垫板 18、顶杆 19、下凸模

20 及设备顶出机构组成的顶件装置实现退料。

2. 典型的反挤压模具

典型的反挤压模具结构如图 6-58 所示，此模具的主要特点是：

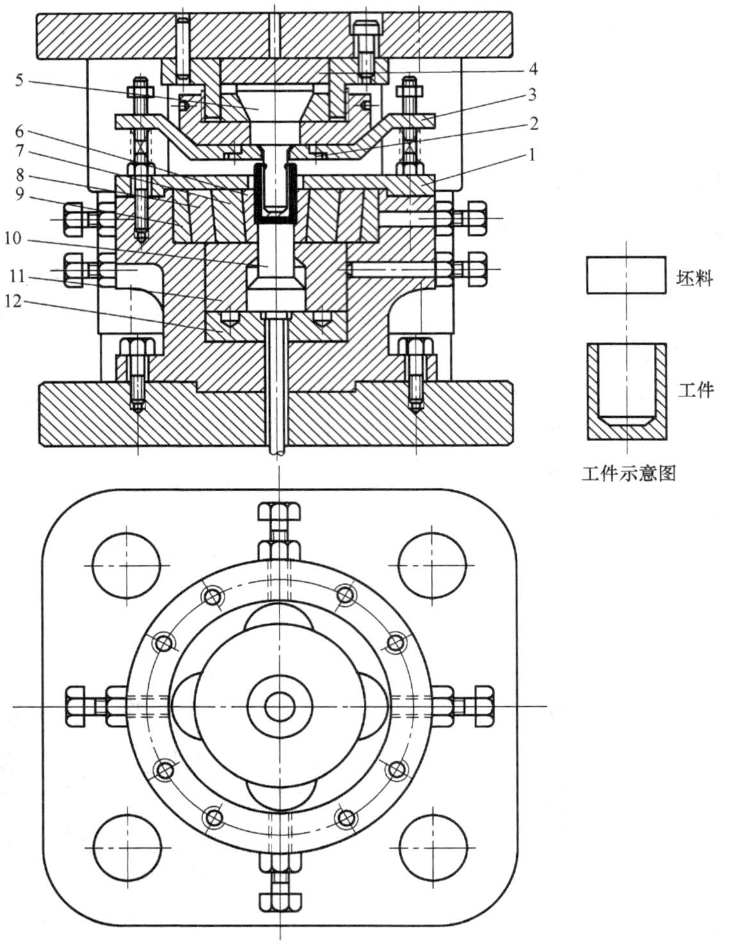

图 6-58　反挤压模具

1—压板　2—卸件板　3—卸件器　4—垫板　5—凸模　6—凹模　7—组合凹模中圈　8—组合凹模外圈　9—月牙形板　10—顶件器　11—垫块　12—垫板

1）采用了通用模架。更换凸模、组合凹模等零件，可反挤不同的挤压件，还可进行正挤压、复合挤压。

2）凸、凹模同轴度可以调整。即通过螺钉和月牙形板调整凹模的位置，以保证凸、凹模同轴度。同时也可以依靠月牙形板和压板 1 压紧定位，以防挤压过程中凹模位移。

3）凹模为预应力组合凹模结构，能承受大的单位挤压应力。

4）对于黑色金属反挤压，其挤压件可能箍在凸模上，因而设置了卸料装置，卸料板做成弯形是为了减少凸模长度。但挤压件容易留在凹模内，故又设置了顶件装置（顶件器）。

5）因黑色金属挤压力很大，所以凸模上端和顶件器下端做成锥度，以扩大支承面积，并加装了厚垫板。

第2篇　冷冲压模具设计题选与常用标准零部件及技术资料

第7章　冷冲压模具课程设计与毕业设计参考题目及结构图

7.1　冲裁模

7.1.1　导板导向冲孔模（图7-1、表7-1）

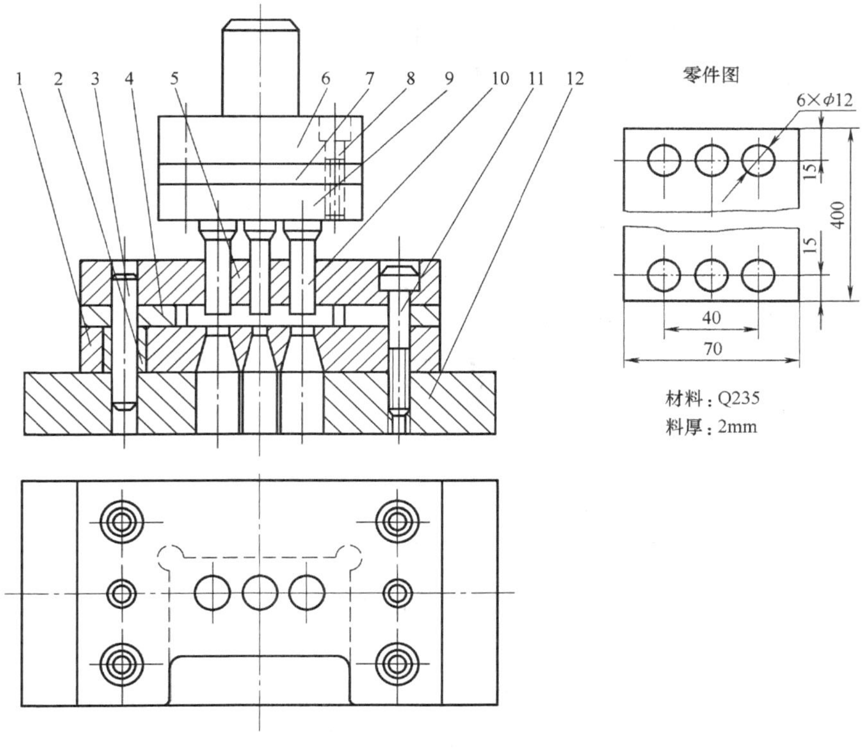

图7-1　导板导向冲孔模

表 7-1　模具主要零部件

序号	零部件名称	数量	材料	硬度 HRC	序号	零部件名称	数量	材料	硬度 HRC
1	凹模	1	Cr12	60～64	7	垫板	1	45	43～48
2	柱销套	2	45	43～48	8	螺钉	4	35	
3	圆柱销	2	45	43～48	9	凸模固定板	1	45	
4	定位板	1	45	43～48	10	凸模	3	T10A	58～62
5	导板	1	45	43～48	11	螺钉	4	35	
6	上模板	1	Q235A		12	下模板	1	Q235A	

7.1.2　偏心盘冲孔模（图 7-2、表 7-2）

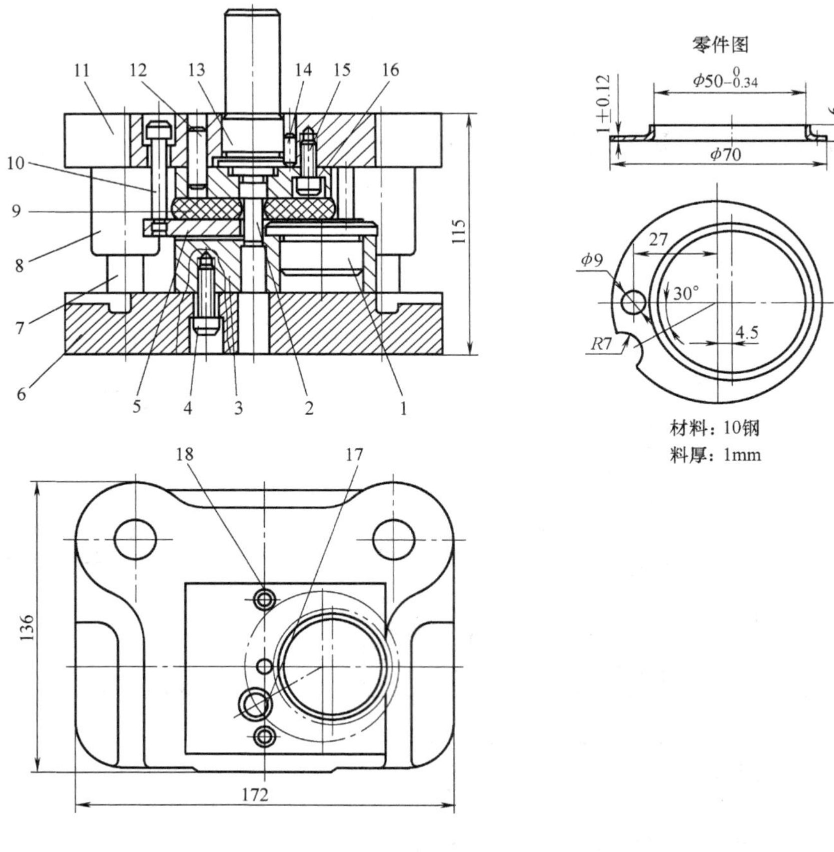

图 7-2　偏心盘冲孔模

说明

本模具为筒形件凸缘上冲孔模。工件以内孔 ϕ50mm 和圆弧槽 R7mm 分别在定位销 1 和 17 上定位，弹性卸料装置在凸模下行冲孔时可将工件压紧，以保证冲件平整，凸模回程时又起卸料作用。冲孔废料直接从凹模孔内推出。定位销 1 的右边缘与凹模板外侧平齐，可使工件定位时右凸缘悬于凸模板以外，以便于取出工件。

此模具结构简单，操作方便，适用于批量生产。

表 7-2　模具主要零部件

序号	零部件名称	数量	材料	硬度 HRC	序号	零部件名称	数量	材料	硬度 HRC
1,17	定位销	1,1	45	43 ~ 48	9	橡胶块	1	橡胶体	
2	凸模	1	T10A	58 ~ 62	10	卸料螺钉	4	35	
3	凹模	1	T10A	60 ~ 64	11	上模座	1	HT200	
4,15	螺钉	4,4	35		12,18	销钉	2,2	45	43 ~ 48
5	卸料板	1	Q235A		13	模柄	1	Q235	
6	下模座	1	HT200		14	防转销	1	45	43 ~ 48
7	导柱	2	20 钢渗碳	58 ~ 62	16	凸模固定板	1	45	
8	导套	2	20 钢渗碳	58 ~ 62					

7.1.3　冲侧孔模（图 7-3、表 7-3）

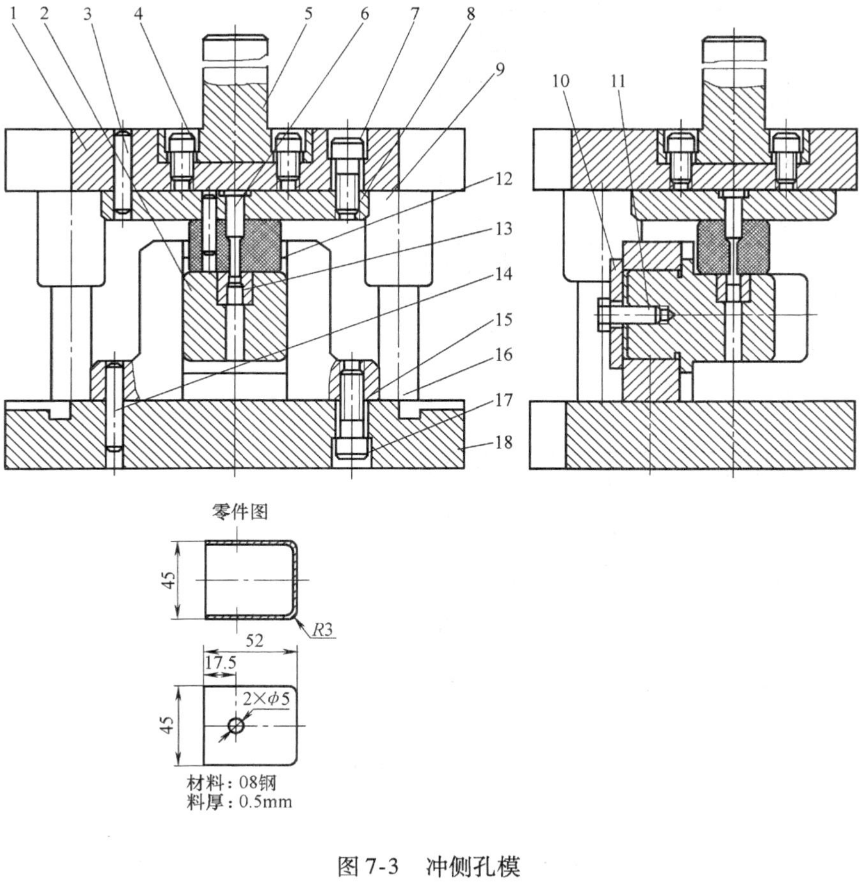

图 7-3　冲侧孔模

表 7-3　模具主要零部件

序号	零部件名称	数量	材料	硬度 HRC	序号	零部件名称	数量	材料	硬度 HRC
1	上模座	1	HT200		10	垫圈	1	Q235A	
2	凹模支架	1	45		11	螺钉	1	35	
3	圆柱销	2	45	43 ~ 48	12	橡胶弹性体	1	橡胶体	
4	螺钉	4	35		13	凹模	1	CrWMn	60 ~ 64
5	凸缘模柄	1	Q235A		14	圆柱销	2	45	43 ~ 48
6	凸模	1	Cr12	58 ~ 62	15	支座	1	Q235A	
7	螺钉	4	35		16	导柱	2	20 钢渗碳	58 ~ 62
8	垫板	1	45	43 ~ 48	17	螺钉	3	35	
9	导套	2	20 钢渗碳	58 ~ 64	18	下模座	1	HT200	

7.1.4　锤头板落料模（图 7-4、表 7-4）

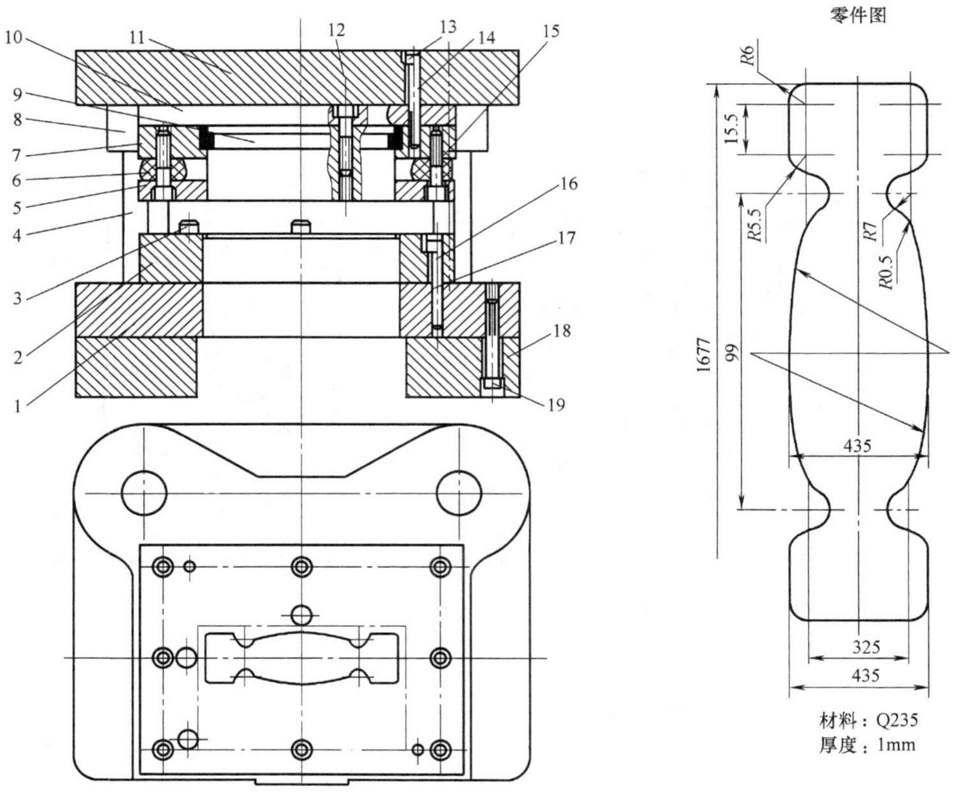

图 7-4　锤头板落料模

说明

本模具为导柱导套落料模。由于本模具零件尺寸较大，所以模具所需工作台面较大，所选设备为闭式压力机。若模具闭合高度不够，则可在下模座底面增加垫块以满足设备的装模高度。

表7-4 模具主要零部件

序号	零部件名称	数量	材料	硬度HRC	序号	零部件名称	数量	材料	硬度HRC
1	下模座	1	HT200		10	垫板	1	45	43~48
2	凹模	1	Cr12	60~64	11	上模座	1	HT200	
3	活动挡料销	3	45	43~48	12	螺钉	2	35	
4	导柱	2	20钢渗碳	58~62	13	螺钉	4	35	
5	卸料板	1	45	43~48	14	销钉	2	45	43~48
6	橡胶	1	橡胶体		15	卸料螺钉	8	35	
7	凸模固定板	1	45		16	销钉	2	45	43~48
8	导套	2	20钢渗碳	58~62	17,19	螺钉	4,4	35	
9	凸模	1	Cr12	58~62	18	垫块	2	Q235A	

7.1.5 导柱导向式落料模（图7-5、表7-5）

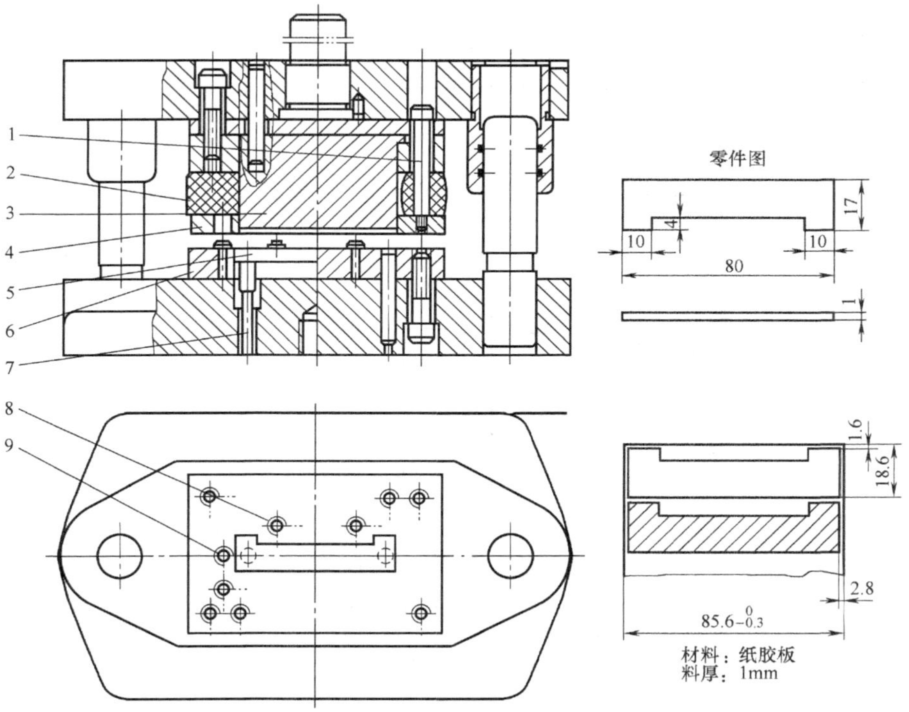

图7-5 导柱导向式落料模

表7-5 模具主要零部件

序号	零部件名称	数量	材料	硬度HRC	序号	零部件名称	数量	材料	硬度HRC
1	卸料螺钉	2	35		6	凹模	1	T10A	60~62
2	卸料塑胶块	1	塑胶体		7	顶杆	1	45	43~48
3	凸模	1	T10A	58~62	8	挡料销	2	45	43~48
4	卸料板	1	45		9	导料销	1	45	43~48
5	顶板	1	45	43~48					

7.1.6　弹性卸料落料模（图 7-6、表 7-6）

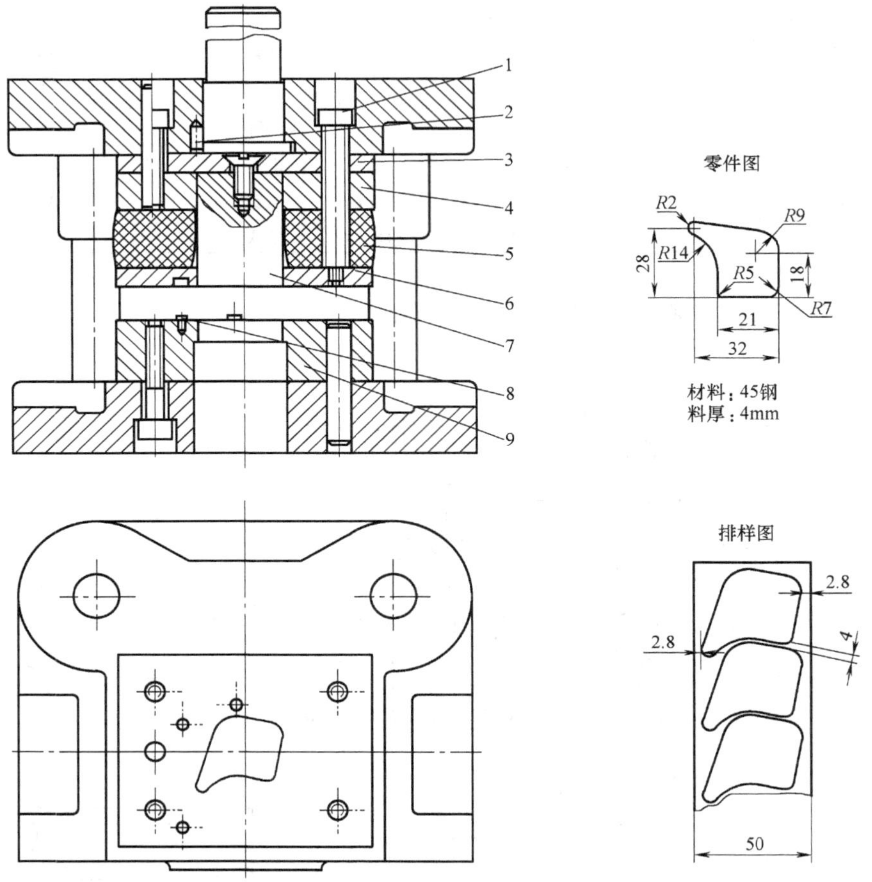

图 7-6　弹性卸料落料模

表 7-6　模具主要零部件

序号	零部件名称	数量	材料	硬度 HRC	序号	零部件名称	数量	材料	硬度 HRC
1	卸料螺钉	4	35		6	卸料板	1	45	43 ~ 48
2	圆柱销	1	45	43 ~ 48	7	凸模	1	Cr12	58 ~ 62
3	垫板	1	45	43 ~ 48	8	挡料销	3	45	43 ~ 48
4	凸模固定板	1	45		9	凹模	1	CrWMn	60 ~ 64
5	聚氨酯弹性块	1	聚氨酯体						

7.1.7　聚氨酯橡胶落料模（图 7-7、表 7-7）

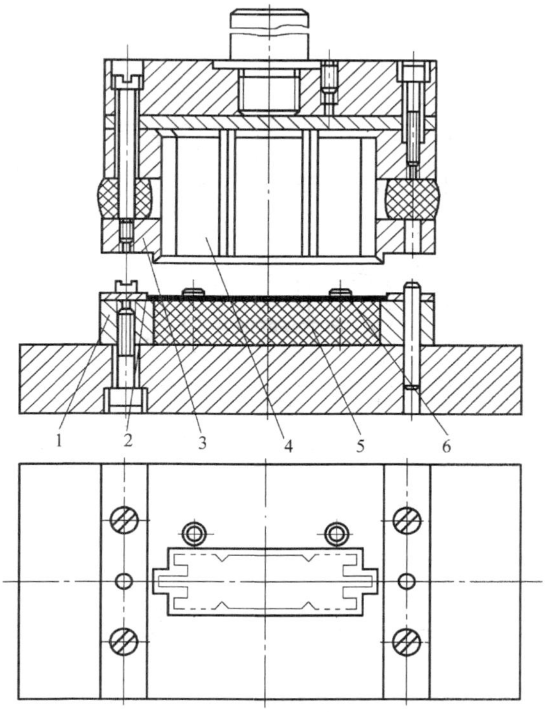

零件图

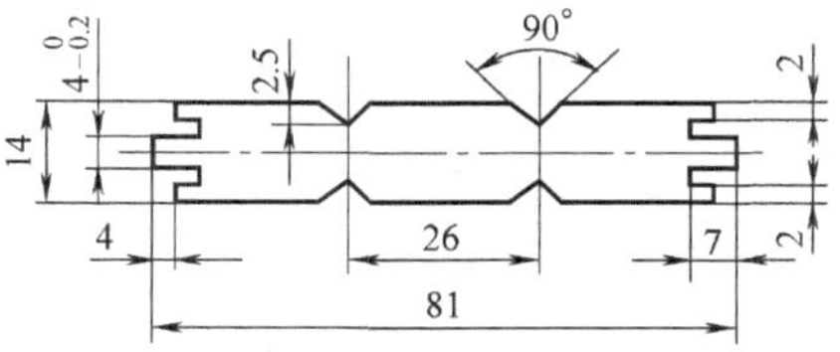

材料：H62-M　　料厚：0.4mm

图 7-7　聚氨酯橡胶落料模

说明

本模具冲裁时聚氨酯模垫 5 始终把毛坯压住，故冲出的工件很平整。因为聚氨酯模垫紧贴凸模 4 周围，故可获得无间隙冲裁，这对薄料冲裁是十分有利的。由于本工件材料较薄且形状复杂，故采用了台阶压板，以集中压力，提高压料效果。柱销伸出 4～6mm，使对模方便。

表 7-7　模具主要零部件

序号	零部件名称	数量	材料	硬度 HRC	序号	零部件名称	数量	材料	硬度 HRC
1	模腔	1	Q235A		4	凸模	1	T10A	58～62
2	定位板	1	45	43～48	5	聚氨酯模垫	1	聚氨酯	
3	台阶压板	1	45	43～48	6	挡料销	2	45	43～48

7.1.8 方盒剖切模（图 7-8、表 7-8）

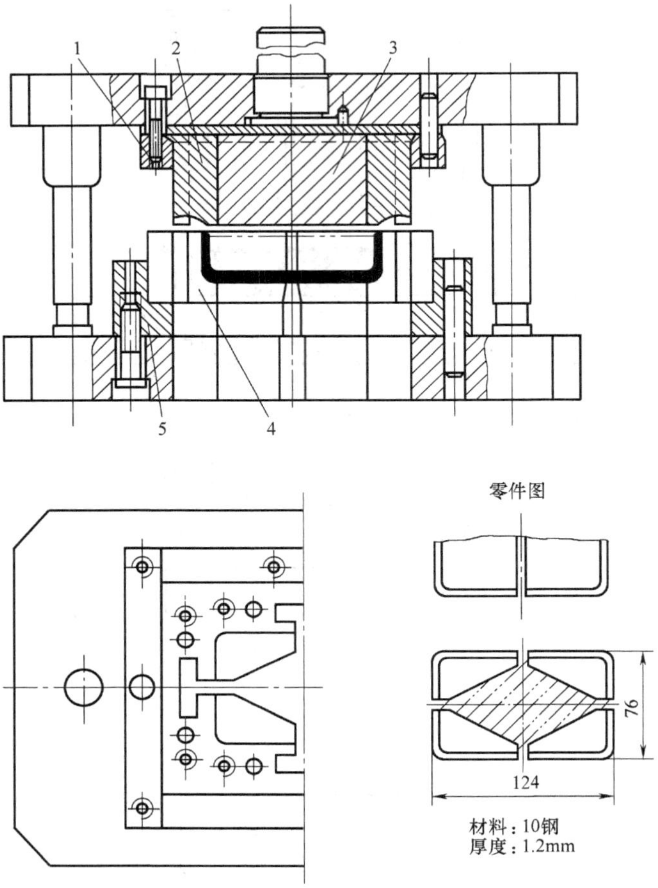

图 7-8 方盒剖切模

说明

本模具是将已成形拉深件切成所需工件的剖切模。剖切时要将拉深件的底部、侧壁分离（即对水平、垂直两个方向的材料分离）。但凸模只作上、下往复运动，这样凸模刃口要有一定形状，才能使材料逐渐分离时工件不变形。凸、凹模采用镶拼结构，制造简单。

表 7-8 模具主要零部件

序号	零部件名称	数量	材料	硬度 HRC	序号	零部件名称	数量	材料	硬度 HRC
1	凸模固定板	1	45		4	凹模	1	Cr12	60 ~ 64
2	凸模 Ⅰ	1	Cr12	58 ~ 62	5	凹模固定板	1	45	
3	凸模 Ⅱ	1	Cr12	58 ~ 62					

7.1.9　角钢切断模（图 7-9、表 7-9）

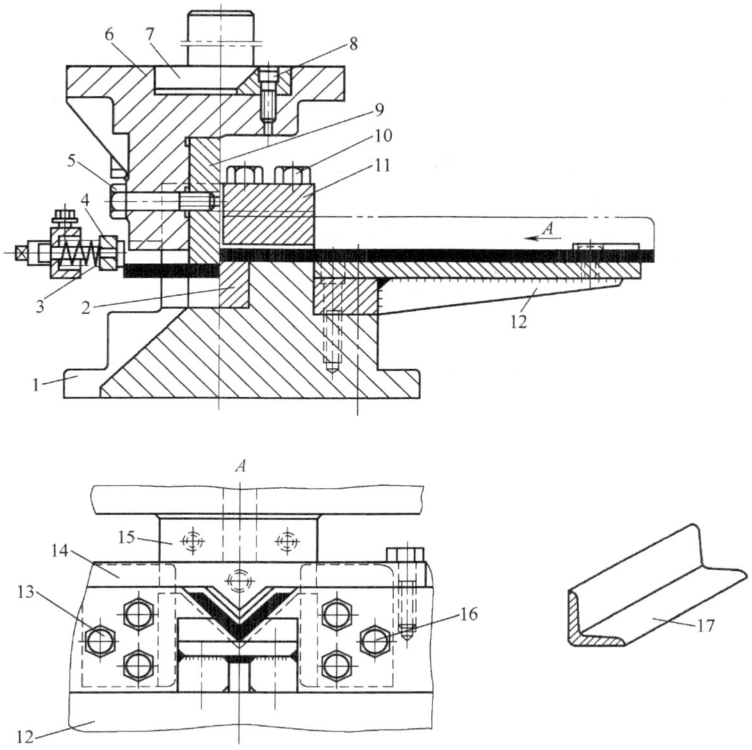

图 7-9　角钢切断模

说明

本模具适用于金属型材角钢的切断。

冲裁前将角钢放置在定位板上，由可调挡料器 4 控制切断长度。冲裁时，凸模 9 在两个淬硬的导向块 14 内滑动，导向块可防止凸模受力后偏斜，损坏凸模。夹紧块 11 预防角钢在切断时歪动。

表 7-9　模具主要零部件

序号	零部件名称	数量	材料	硬度 HRC	序号	零部件名称	数量	材料	硬度 HRC
1	下模座	1	Q235A		10	螺钉	4	35	
2	凹模刃口镶块	1	Cr12	60 ~ 64	11	夹紧块	1	45	43 ~ 48
3	弹簧	1	65Mn	44 ~ 50	12	承料架	1	Q235A	
4	挡料器	1 组			13	螺钉	3	35	
5	螺钉	3	35		14	导向块	2	45	43 ~ 48
6	上模座	1	Q235A		15	凸模座	1	45	43 ~ 48
7	模柄	1	Q235A		16	螺钉	3	45	
8	螺钉	4	35		17	切断角钢			
9	凸模刃口镶块	1	Cr12	58 ~ 62					

7.1.10　摩托车从动链轮精冲模（图 7-10、表 7-10）

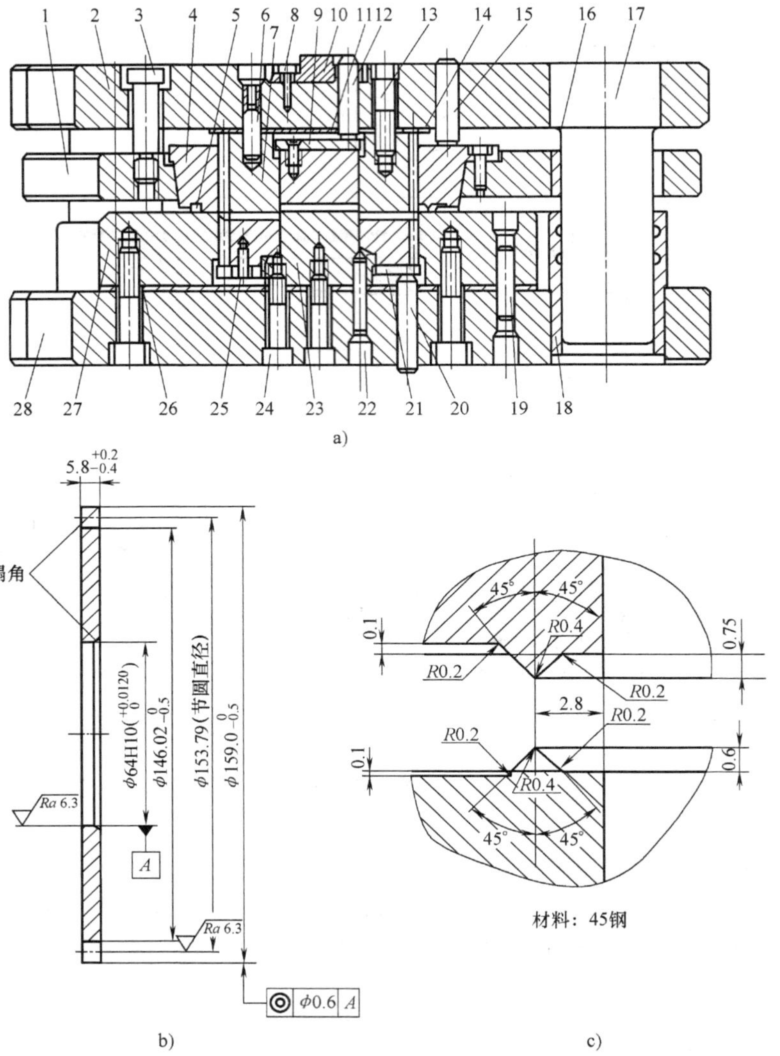

图 7-10　摩托车从动链轮精冲模

表 7-10　模具主要零部件

序号	零部件名称	数量	材料	硬度 HRC	序号	零部件名称	数量	材料	硬度 HRC
1	中模板	1	Q235A		14	垫板	1	45	43～48
2	上模座	1	HT200		15	打杆	1	45	43～48
3	卸料螺钉	1	45	43～48	16	导套	1	20 钢渗碳	58～62
4	齿圈压板	1	45	43～48	17	导柱	1	20 钢渗碳	58～62
5	挡料钉	1	45	43～48	18	导套	2	20 钢渗碳	58～62
6,19	销钉	1,1	45	43～48	20	顶杆	1	45	43～48
7	凸凹模	1	Cr12	58～62	21	销钉	1	45	43～48
8,25	螺钉	1,1	35		22	凸模	1	T10A	58～62
9	推板垫块	4	45	43～48	23	推板	1	45	43～48
10	模柄	1	Q235A		24	螺栓	2	35	
11	推板	1	45	43～48	26	凹模	2	T10A	60～64
12	打杆	1	45	43～48	27	下模板	1	Q235A	
13	螺钉	1	35		28	下模座	1	HT200	

7.2　弯曲模

7.2.1　开式弯曲件常用弯曲模（图 7-11、表 7-11）

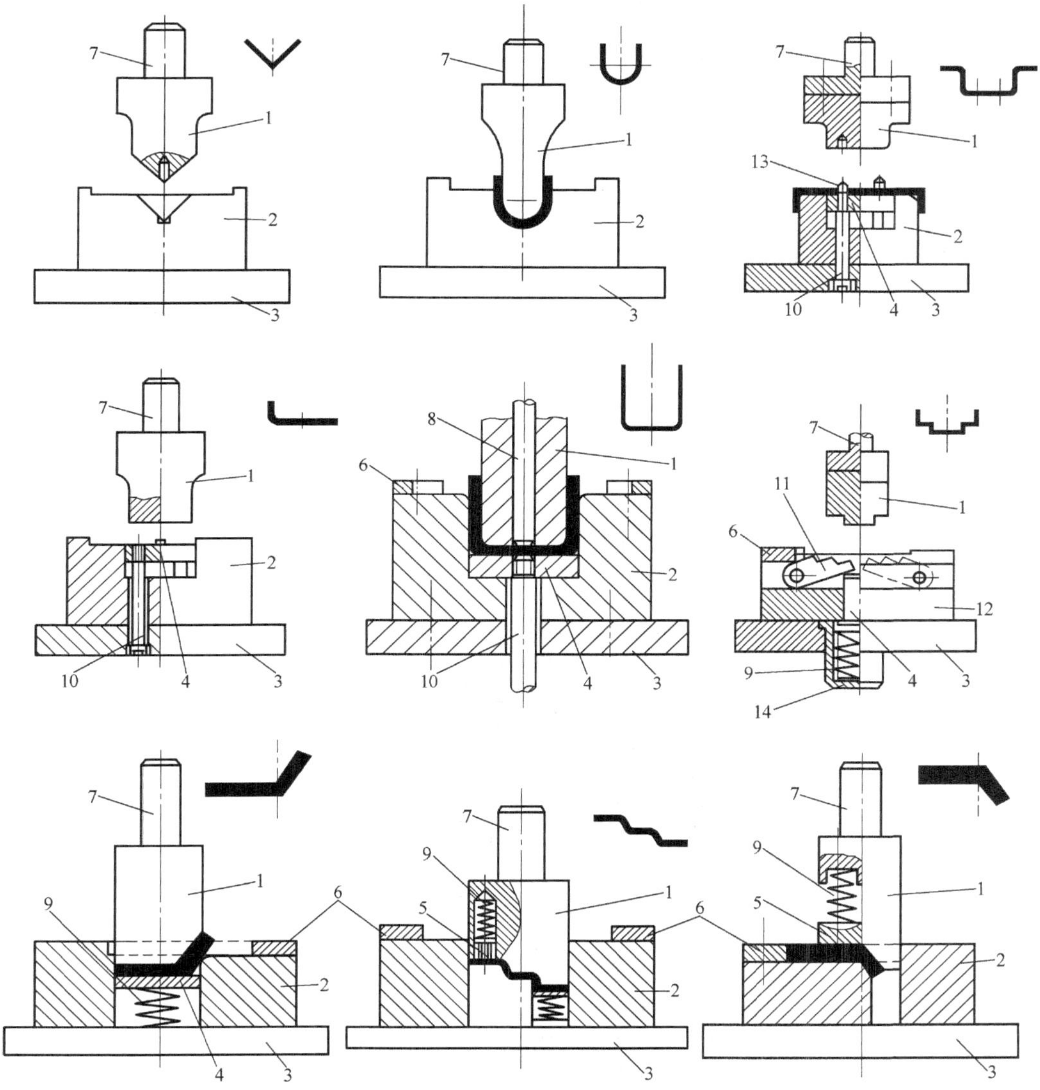

图 7-11　开式弯曲件常用弯曲模

说明

开式弯曲件常用单工序弯曲模的主要结构类型如上图。这类弯曲模都是无芯弯曲的结构，构造简单、构成零件较少。虽然精度要求较高的开式弯曲件在大量生产时也有用模架的，但并不多见。当然，随着开式弯曲件形状及弯曲角的变化，还有更多的弯曲结构形式，但大多与上图所示结构类似。

表 7-11 模具主要零部件

序号	零部件名称	数量	材料	硬度 HRC	序号	零部件名称	数量	材料	硬度 HRC
1	弯曲凸模	1	T10A	58 ~ 62	8	卸件杆	1	T8A	54 ~ 58
2	弯曲凹模	1	T10A	58 ~ 62	9	弹簧	1	65Mn	44 ~ 50
3	下模座	1	HT200		10	顶杆	1	T8A	54 ~ 58
4	顶件器	1	T8A	54 ~ 58	11	摆动块	2	T10A	58 ~ 62
5	压料器(板)	1	T8A	54 ~ 58	12	垫板	1	45	43 ~ 48
6	定位板	1	45	43 ~ 48	13	定位销	2	45	43 ~ 48
7	模柄	1	Q235A		14	壳体	1	Q235A	

7.2.2 侧板弯曲模（图 7-12、表 7-12）

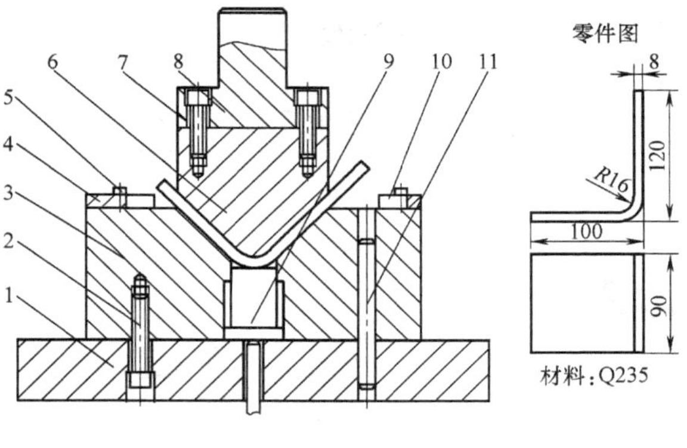

图 7-12 侧板弯曲模

表 7-12 模具主要零部件

编号	零部件名称	数量	材料	硬度 HRC	编号	零部件名称	数量	材料	硬度 HRC
1	下模座	1	Q235A		6	凸模	1	T10A	58 ~ 62
2,5,7	螺钉	12	35		8	模柄	1	Q235A	
3	凹模	1	T10A	60 ~ 64	9	顶件板	1	45	43 ~ 48
4,10	定位板	2	45	43 ~ 48	11	销钉	2	45	43 ~ 48

7.2.3　底座弯曲模（图 7-13、表 7-13）

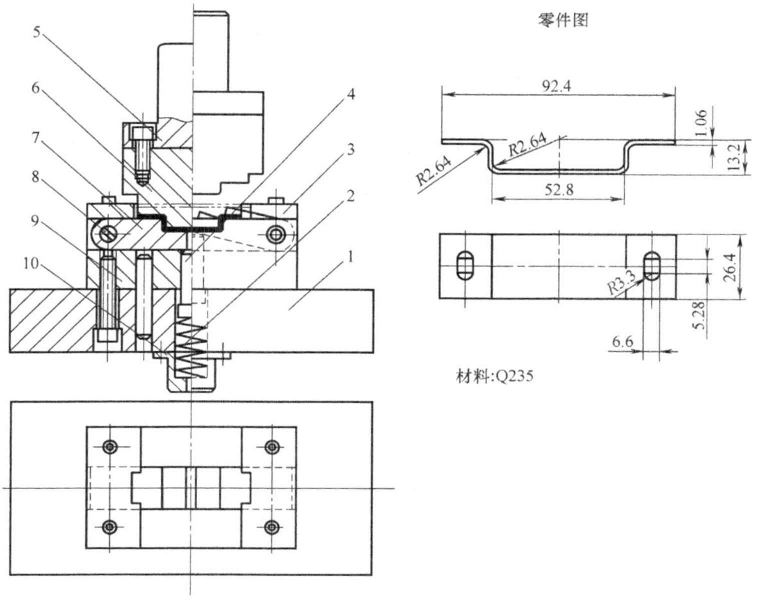

图 7-13　底座弯曲模

表 7-13　模具主要零部件

编号	零部件名称	数量	材料	硬度 HRC	编号	零部件名称	数量	材料	硬度 HRC
1	下模座	1	Q235A		6	凸模	1	T10A	58~62
2	弹簧	1	65Mn	44~50	7	摆动凹模	2	T10A	62~64
3	定位板	2	45	43~48	8	轴销	2	T8	54~58
4	顶柱	1	45	43~48	9	凹模支架	1	45	43~48
5	模柄	1	Q235A		10	弹簧座	1	Q235A	

7.2.4　Z 形件弯曲模（图 7-14、表 7-14）

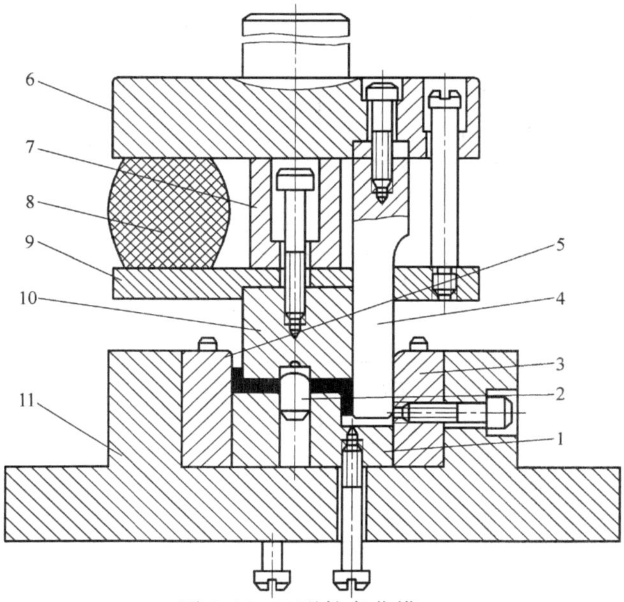

图 7-14　Z 形件弯曲模

说明

本模具为Z形件一次弯曲模。该模具有两个凸模进行顺序弯曲。定位销2和顶板1能防止坯料的偏移。反侧压块3的作用是克服上、下模之间水平方向的错移力，同时也为顶板导向，防止其窜动。在冲压前活动凸模10在橡胶块8的作用下与凸模4端面平齐。冲压时活动凸模与顶板1将坯料压紧，由于橡胶块8产生的弹压力大于顶板1下方缓冲器所产生的弹顶力，推动顶板下移使坯料左端弯曲。当顶板接触下模座11后，橡胶块8被压缩，而凸模4相对于活动凸模10继续下移将坯料右端弯曲成形。当压块7与上模座6相碰时，整个工件得到校正。

表7-14　模具主要零部件

序号	零部件名称	数量	材料	硬度HRC	序号	零部件名称	数量	材料	硬度HRC
1	顶板	1	45	43～48	7	压块	1	Q235A	
2	定位销	1	45	43～48	8	橡胶块	1	橡胶体	
3	反侧压块	1	45	43～48	9	凸模固定板	1	45	43～48
4	凸模	1	T10A	58～62	10	活动凸模	1	T10A	58～62
5	凹模	1	T10A	60～64	11	下模座	1	Q235A	
6	上模座	1	Q235A						

7.2.5　转动轴弯曲模（图7-15、表7-15）

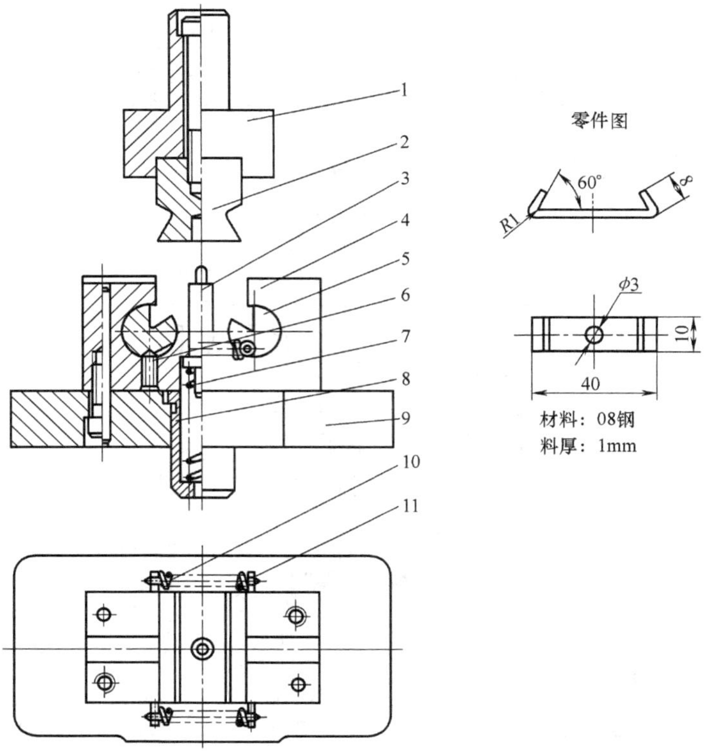

图7-15　转动轴弯曲模

表7-15　模具主要零部件

序号	零部件名称	数量	材料	硬度 HRC	序号	零部件名称	数量	材料	硬度 HRC
1	带柄矩形上模座	1	Q235A		7	弹簧	1	65Mn	44～50
2	上模	1	T10A	58～62	8	弹簧支座	1	45	43～48
3	顶杆	1	45	43～48	9	下模座	1	Q235A	
4	凹模支架	1	45		10	弹簧	2	65Mn	44～50
5	转动轴形凹模	2	T10A	60～64	11	弹簧轴	4	45	43～48
6	定位螺钉	2	35						

7.2.6　六处90°角弯角件复合弯曲模（图7-16、表7-16）

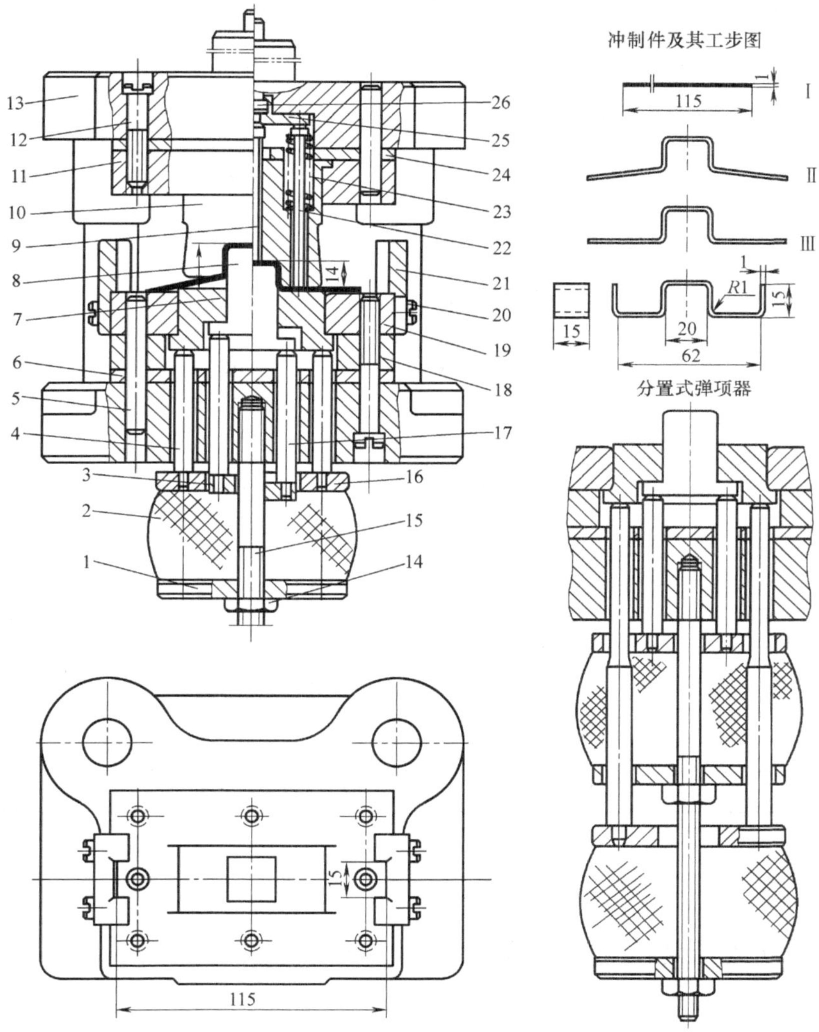

制件名称：六处90°角弯角件
生产批量：中批量
材料：08钢
料厚：1mm

图7-16　六处90°角弯角件复合弯曲模

说明

上图为一次弯曲成形复合模。在压力机滑块一次行程中，由里到外，用 3 个工步弯曲成形。模具结构主要特点是：

① 首先弯曲的┌┐形，进行弹压校形，不考虑回弹。

② 最后一次弯出双边┌┐形，在弯曲凸模上制出回弹角，使凸模直角处 $\alpha < 90°$。

③ 该模具采用滑动导向后侧导柱模架下弹顶弹压校正。

④ 下模座下的弹顶器分两级反顶弹压，确保各次校正弯曲。

⑤ 弯曲成形的工件如卡在凸模上，凸模上装的内置卸件器会在打料杆驱动下将工件卸下。

表 7-16　模具主要零部件

序号	零部件名称	数量	材料	硬度 HRC	序号	零部件名称	数量	材料	硬度 HRC
1	托盘	1	Q275A		14	螺母	2	35	
2	橡胶	1	橡胶体		15	拉杆	1	Q275A	
3	内顶杆	2	T7A	54 ~ 58	16	推盘	1	Q275A	
4	外顶杆	2	T7A	54 ~ 58	17	内顶杆	2	T7A	54 ~ 58
5	圆柱销	2	45	43 ~ 48	18	空心垫板	1	Q235A	
6	垫板	1	45	43 ~ 48	19	凹模	1	CrWMn	56 ~ 60
7	顶件器	1	T7A	54 ~ 58	20	螺钉	2	35	
8	凸模	1	CrWMn	56 ~ 60	21	定位块	2	45	43 ~ 48
9	卸料杆	4	T7A	54 ~ 58	22	卸件杆	1	T7A	54 ~ 58
10	弯曲上模	1	CrWMn	56 ~ 60	23	弹簧	2	65Mn	44 ~ 50
11	固定板	1	45		24	垫板	1	45	43 ~ 48
12	螺钉	1	35		25	推板	1	45	43 ~ 48
13	上模座	1	HT200		26	打料杆	1	45	43 ~ 48

7.3　拉深模

7.3.1　无导向无压边圈首次拉深模（图 7-17、表 7-17）

说明

高圆筒拉深件的首次拉深、变薄拉深件的杯形坯件等，都可采用下图所示的无导向敞开式、不用压边圈、首次拉深的拉深模结构。这种拉深模制造简便、成本低、使用广泛。缺点是安装调校要求高。

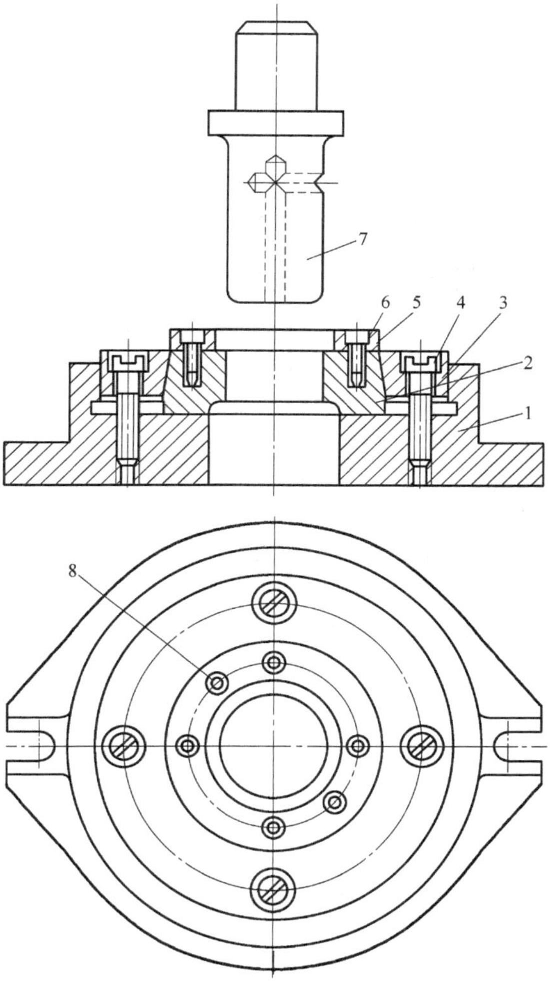

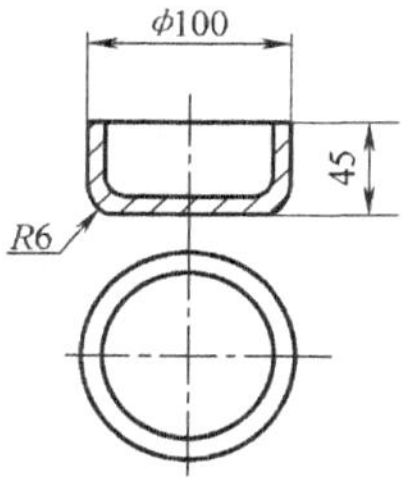

图 7-17　无导向无压边圈首次拉深模

上面模具冲压制件为筒形件，生产为中批量，送料方式为手工。

表 7-17　模具主要零部件

序号	零部件名称	数量	材料	硬度 HRC	序号	零部件名称	数量	材料	硬度 HRC
1	通用模座	1	HT200		5	定位板	1	45	43～48
2	模芯凹模	1	T10A	58～62	6	螺钉	4	35	
3	压圈	1	45	43～48	7	凸模	1	T10A	56～60
4	螺钉	4	35		8	圆柱销	2	45	43～48

7.3.2　二次拉深模（图 7-18、表 7-18）

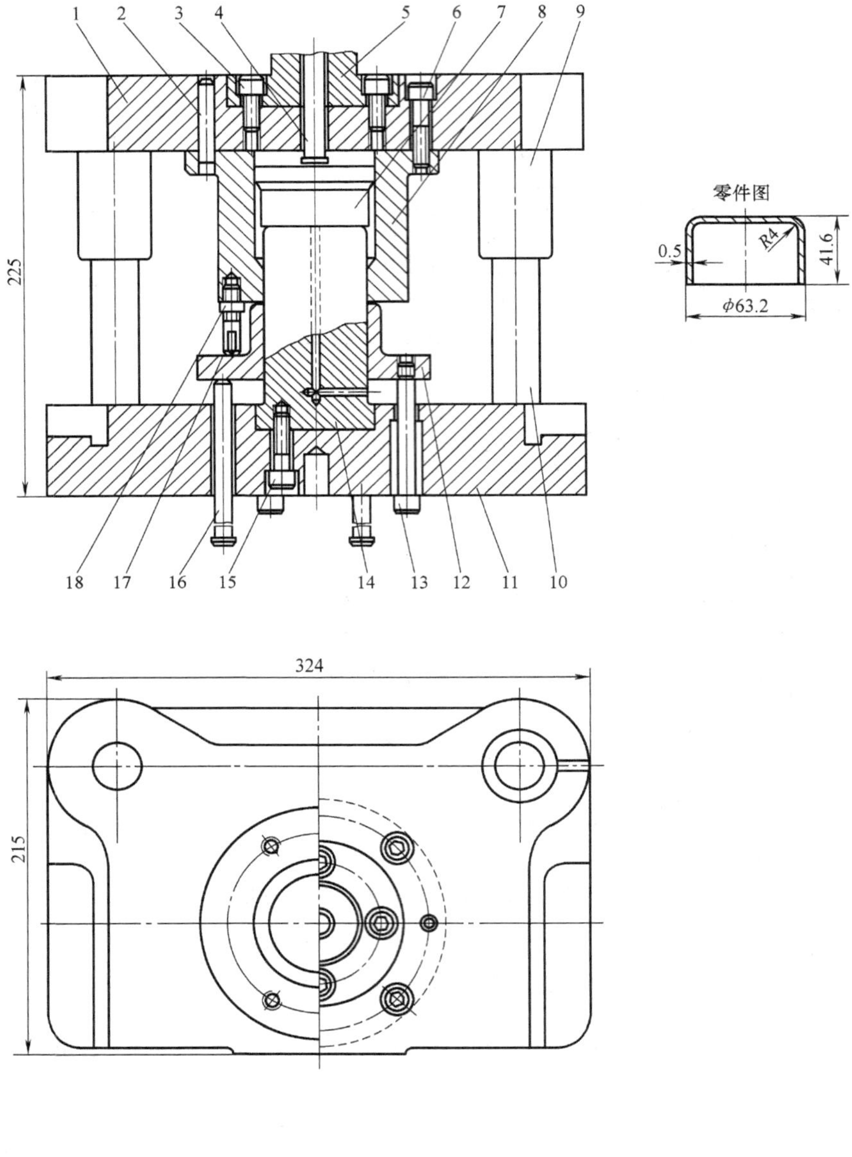

图 7-18　二次拉深模

说明

本模具是二次拉深模具。毛坯件套在件 12 上定位，用件 17 使件 8 和件 12 之间保持一个材料厚度的间隙，以免工件受力过大，材料被压薄而开裂。

表 7-18　模具主要零部件

序号	零部件名称	数量	材料	硬度 HRC	序号	零部件名称	数量	材料	硬度 HRC
1	上模板	1	HT200		10	导柱	2	20 钢渗碳	58 ~ 62
2	销钉	2	45	43 ~ 48	11	下模板	1	HT200	
3	螺钉	4	35		12	压边圈	1	45	43 ~ 48
4	打杆	1	45	43 ~ 48	13	卸料螺钉	3	35	
5	模柄	1	Q235A		14	凸模	1	T10A	58 ~ 62
6	螺钉	4	35		15	螺钉	3	35	
7	打料块	1	45	43 ~ 48	16	顶杆	3	45	43 ~ 48
8	凹模	1	T10A	60 ~ 64	17	限位螺栓	3	45	43 ~ 48
9	导套	2	20 钢渗碳	58 ~ 62	18	螺母	3	35	

7.3.3　不等边盒形件拉深模（图 7-19、表 7-19）

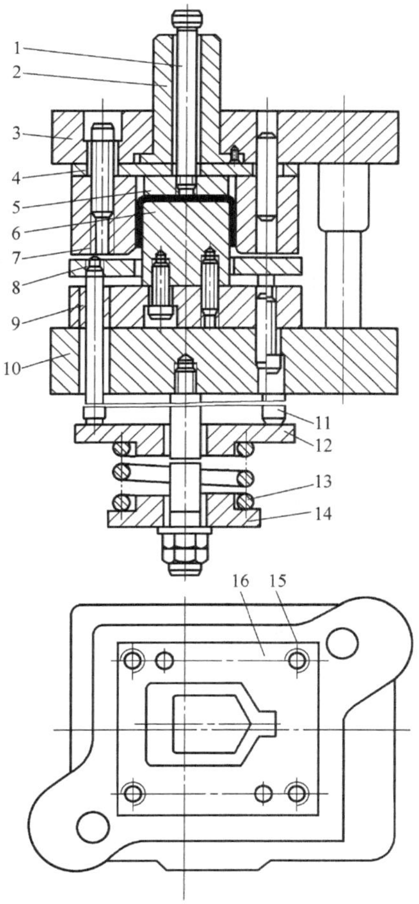

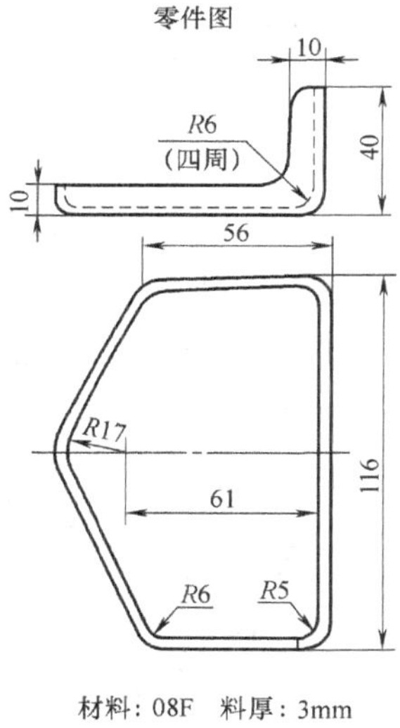

图 7-19　不等边盒形件拉深模

说明

本模具设计要点如下：

① 在零件结构允许的条件下，将短边处的圆角半径适当减小，从而相应减小对应短边的凸模圆角半径，以增大短边的流动阻力，阻止其滑移。

② 使短边处的凹模圆角半径较多的小于长边处的凹模圆角半径，使零件短边在拉深初始阶段，就先于长边有一较大的变形。实际上也减小了短边处的凸、凹模间隙，有利于阻止滑移。

③ 将对应短边的凸、凹模之间的间隙减小，加大该处材料的挤薄成形，以阻止滑移。

④ 模具定位板的厚度应略高于零件的料厚。

表 7-19　模具主要零部件

序号	零部件名称	数量	材料	硬度 HRC	序号	零部件名称	数量	材料	硬度 HRC
1	推杆	1	45	43～48	8	卸料板	1	45	43～48
2	模柄	1	Q235A		10	下模座	1	HT200	
3	上模座	1	HT200		11	卸料螺杆	3	45	43～48
4,9	垫板	1,1	45	43～48	12,14	托板	1,1	Q235A	
5	推板	1	45	43～48	13	弹簧	1	65Mn	44～50
6	凸模	1	T10A	58～62	15	螺钉	4	35	
7	凹模	1	T10A	60～64	16	定位板	1	45	43～48

7.3.4　引出环反拉深模（图 7-20、表 7-20）

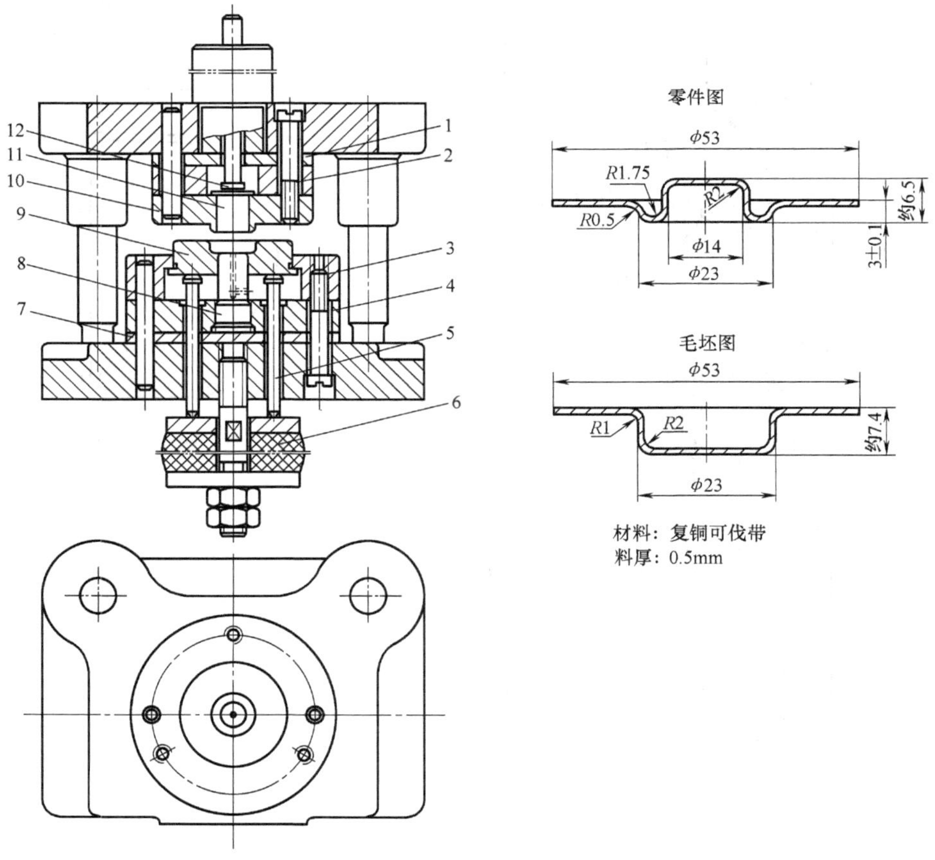

图 7-20　引出环反拉深模

说明

模具开始工作时，毛坯件用凹模 9 的外形定位。冲压时，凸凹模 10 与凹模 9 压住毛坯件，凸模 8 进入凸凹模 10 的孔中，将工件反向拉深成形。工件由顶板 11 推出。

表 7-20　模具主要零部件

序号	零部件名称	数量	材料	硬度 HRC	序号	零部件名称	数量	材料	硬度 HRC
1	垫板	1	45	43～48	7	垫板	1	45	43～48
2	垫板	1	45	43～48	8	凸模	1	T10A	58～62
3	固定板	1	45		9	凹模	1	T10A	60～64
4	固定板	1	45		10	凸凹模	1	Cr12MoV	58～62
5	顶杆	3	45	43～48	11	顶板	1	45	43～48
6	橡胶	1	橡胶体		12	打杆	1	45	43～48

7.4　成形模

7.4.1　衬套翻边模（图 7-21、表 7-21）

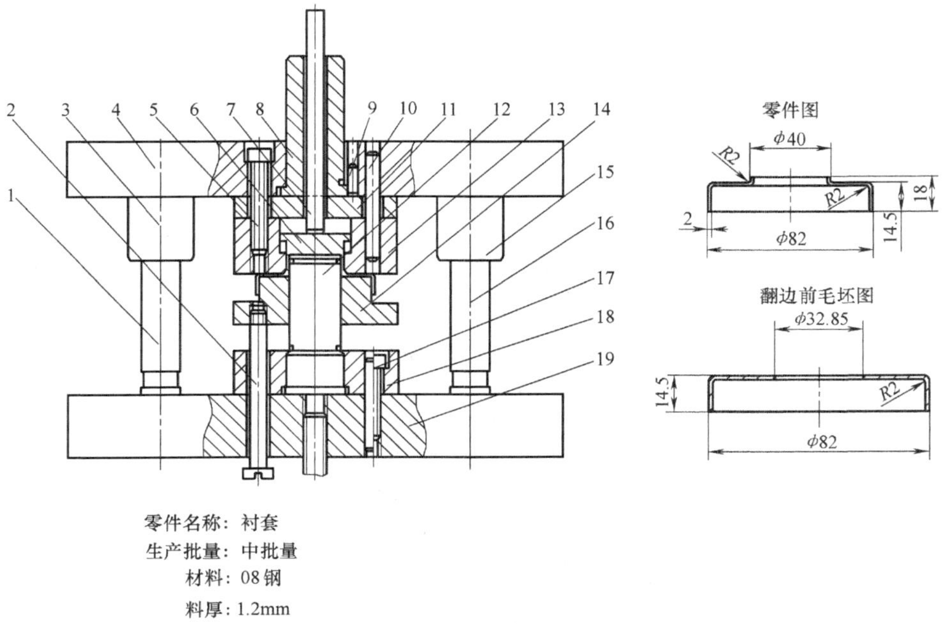

图 7-21　衬套翻边模

表 7-21　模具主要零部件

序号	零部件名称	数量	材料	硬度 HRC	序号	零部件名称	数量	材料	硬度 HRC
1,16	导柱	1,1	20 钢渗碳	58 ~ 62	10	销钉	2	45	43 ~ 48
2	顶料杆	3	45	43 ~ 48	11	凹模垫板	1	45	43 ~ 48
3,15	导套	1,1	20 钢渗碳	58 ~ 62	12	凸模	1	T10A	58 ~ 62
4	上模座	1	HT200		13	凹模	1	T10A	60 ~ 64
5	螺钉	4	35		14	压料板	1	45	43 ~ 48
6	推件板	1	45	43 ~ 48	17	销钉,螺钉	2,4	35	
7	推杆	1	45	43 ~ 48	18	凸模固定板	1	45	
8	模柄	1	Q235		19	下模座	1	HT200	
9	防转销	1	45	43 ~ 48					

7.4.2　压盖翻边模（图 7-22、表 7-22）

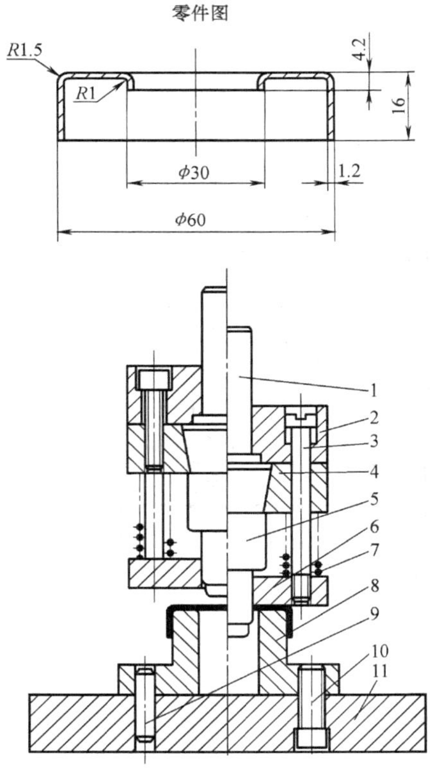

图 7-22　压盖翻边模

表 7-22　模具主要零部件

序号	零部件名称	数量	材料	硬度 HRC	序号	零部件名称	数量	材料	硬度 HRC
1	模柄	1	Q235A		7	弹簧	4	65Mn	44 ~ 50
2	上模板	1	Q235A		8	凹模	1	T10A	60 ~ 64
3	卸料螺钉	4	35		9	销钉	3	45	43 ~ 48
4	凸模固定板	1	45		10	螺钉	3	35	
5	凸模	1	T10A	58 ~ 62	11	下模板	1	Q235A	
6	压边圈	1	45	43 ~ 48					

7.4.3　灯罩缩口模（图 7-23、表 7-23）

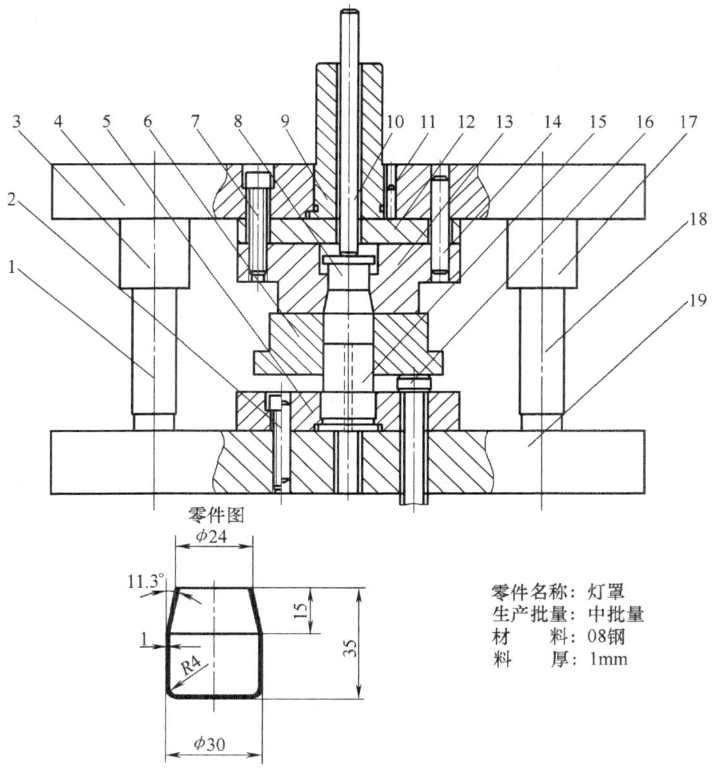

图 7-23　灯罩缩口模

表 7-23　模具主要零部件

序号	零部件名称	数量	材料	硬度 HRC	序号	零部件名称	数量	材料	硬度 HRC
1,18	导柱	1,1	20 钢渗碳	58 ~ 62	10	打杆	1	45	43 ~ 48
2	销钉,螺钉	2,4	45,35		11	防转销	1	45	43 ~ 48
3,17	导套	1,1	20 钢渗碳	58 ~ 62	12	凹模垫板	1	45	43 ~ 48
4	上模座	1	HT200		13	固定凹模	2	T10A	60 ~ 64
5	凸模固定板	1	Q235A		14	销钉	1	45	43 ~ 48
6	活动凹模	1	T10A	60 ~ 64	15	凸模	1	T10A	58 ~ 62
7	螺钉	4	35		16	顶杆	3	45	43 ~ 48
8	推件板	1	45	43 ~ 48	19	下模座	1	HT200	
9	模柄	1	Q235A						

7.4.4 瓶体聚氨酯胀形模（图 7-24、表 7-24）

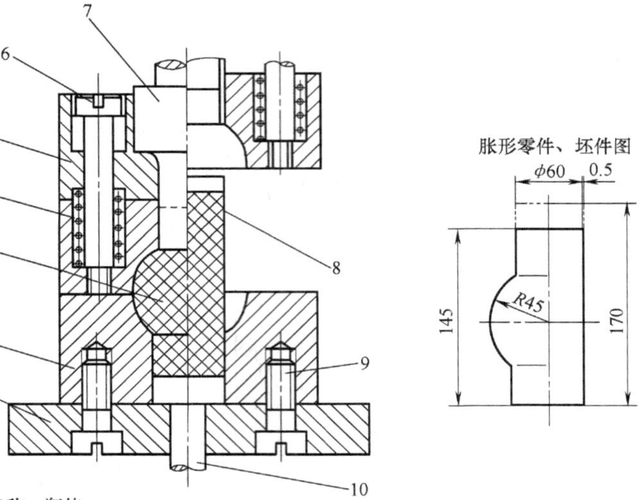

零件名称：瓶体
生产批量：中批量
材　　料：H68
料　　厚：0.5mm
送料方式：手工

图 7-24　瓶体聚氨酯胀形模

表 7-24　模具主要零部件

序号	零部件名称	数量	材料	硬度 HRC	序号	零部件名称	数量	材料	硬度 HRC
1	下模座	1	Q235A		6	卸料螺钉	4	35	
2	下凹模体	1	T8A	54～58	7	凸模	1	T8A	58～62
3	橡胶	1	聚氨酯	>80HS(A)	8	坯件	1	H68	
4	弹簧	4	65Mn	44～50	9	螺钉	4	35	58～62
5	上凹模体	1	T8A	54～58	10	顶杆	1	45	43～48

7.5 复合模

7.5.1 正装复合模（图 7-25、表 7-25）

表 7-25　模具主要零部件

序号	零部件名称	数量	材料	硬度 HRC	序号	零部件名称	数量	材料	硬度 HRC
1	落料凹模	1	T10A	60～64	7	打板	1	45	43～48
2	推板	1	45	43～48	8	防转销	1	35	
3	定位销	2	45	43～48	9	凸凹模	2	Cr12MoV	60～64
4	冲孔凸模	1	T10A	58～62	10	套压卸料板	4	45	43～48
5	推杆	1	45	43～48	11	顶杆	2	45	43～48
6	推板	1	45	43～48	12	挡料销	1	45	43～48

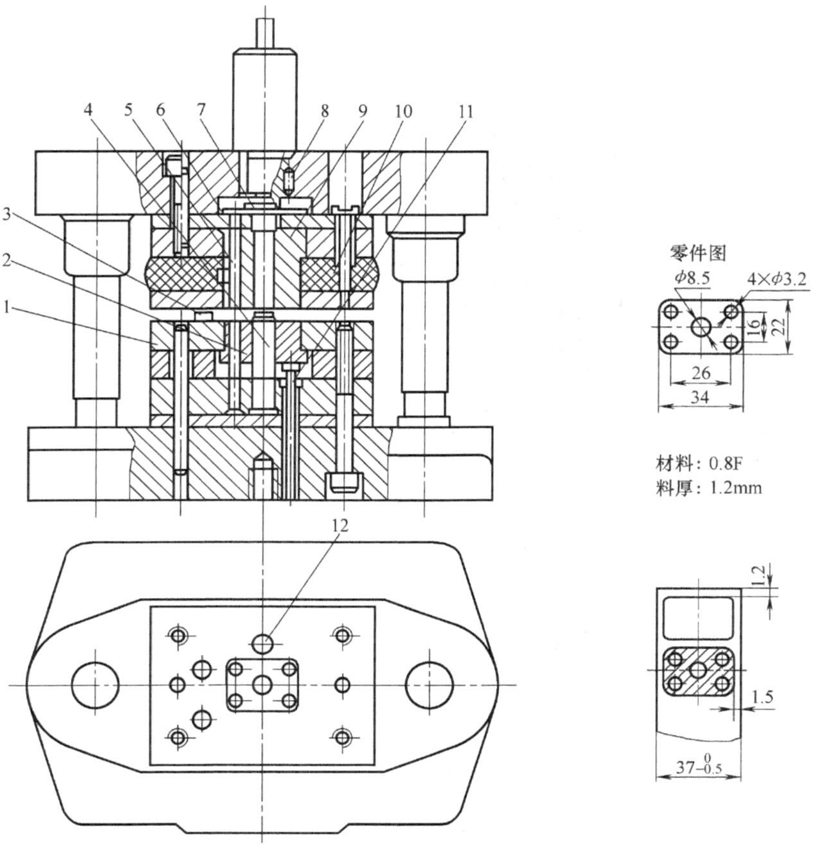

图 7-25　正装复合模

7.5.2　倒装复合模（图 7-26、表 7-26）

表 7-26　模具主要零部件

序号	零部件名称	数量	材料	硬度 HRC	序号	零部件名称	数量	材料	硬度 HRC
1	导柱	2	20 钢渗碳	58～62	12,15	螺钉	1,1	35	
2	下模座	1	HT200		13	压板	3	45	43～48
3	下固定板	2	45		14	橡胶	1	橡胶体	
4	凸凹模	1	Cr12MoV	58～62	16	上固定板	1	45	
5	弹压卸料板	1	45	43～48	17	中垫板	1	45	43～48
6	伸缩挡料销	2	45	43～48	18	落料凹模	1	T10A	60～64
7	上模座	1	HT200		19	导套	2	20 钢渗碳	58～62
8	上垫板	1	45	43～48	20	顶杆	1	45	43～48
9	左浮动模柄	1	Q235A		21	推板	1	45	43～48
10	右浮动模柄	1	Q235A		22	螺钉	1	35	
11	浮动模柄	1	Q235A		23	冲孔凸模	1	T10A	58～62

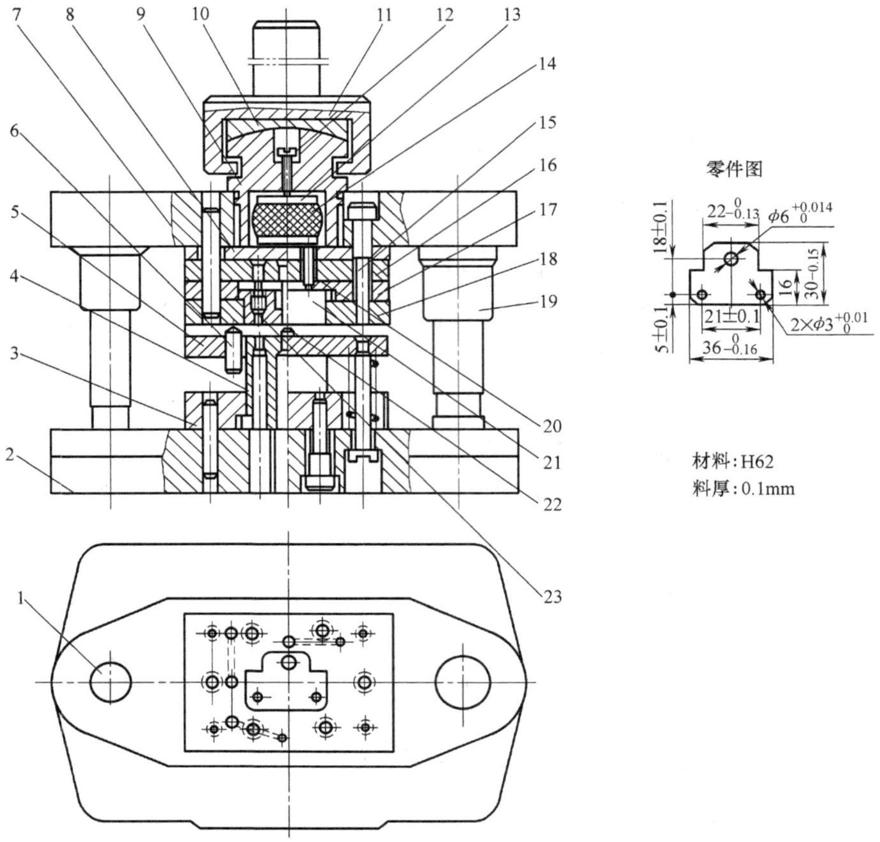

图 7-26　倒装复合模

7.5.3　冲孔、翻边复合模（图 7-27、表 7-27）

说明

本模具适用于翻边高度较高，需拉深后再翻边的冲压件。将拉深后的毛坯套在件 3 上定位。件 3 和件 6 将毛坯冲孔，上模继续下行，件 4 与件 19 压边，件 3 和件 4 完成工件上部的翻边。

表 7-27　模具主要零部件

序号	零部件名称	数量	材料	硬度 HRC	序号	零部件名称	数量	材料	硬度 HRC
1	凹模固定板	1	45	43 ~ 48	10	垫板	1	45	43 ~ 48
2	导板	1	45		12	推板	1	45	43 ~ 48
3	凸凹模	1	Cr12MoV	58 ~ 62	13	模柄	1	Q235	
4	翻边凹模	1	Cr12MoV	58 ~ 62	15	销钉	2	45	43 ~ 48
5	带肩推板	1	45	43 ~ 48	16	翻边凹模固定板	1	45	
6	冲孔凸模	1	Cr12MoV	58 ~ 62	17	上模板	1	HT200	
7	凸模固定板	1	45		18	导套	2	20 钢渗碳	58 ~ 62
8,14	推杆	3,1	45	43 ~ 48	19	压边圈	1	45	43 ~ 48
9,11	螺钉	4,3	35		20	垫板	1	45	43 ~ 48

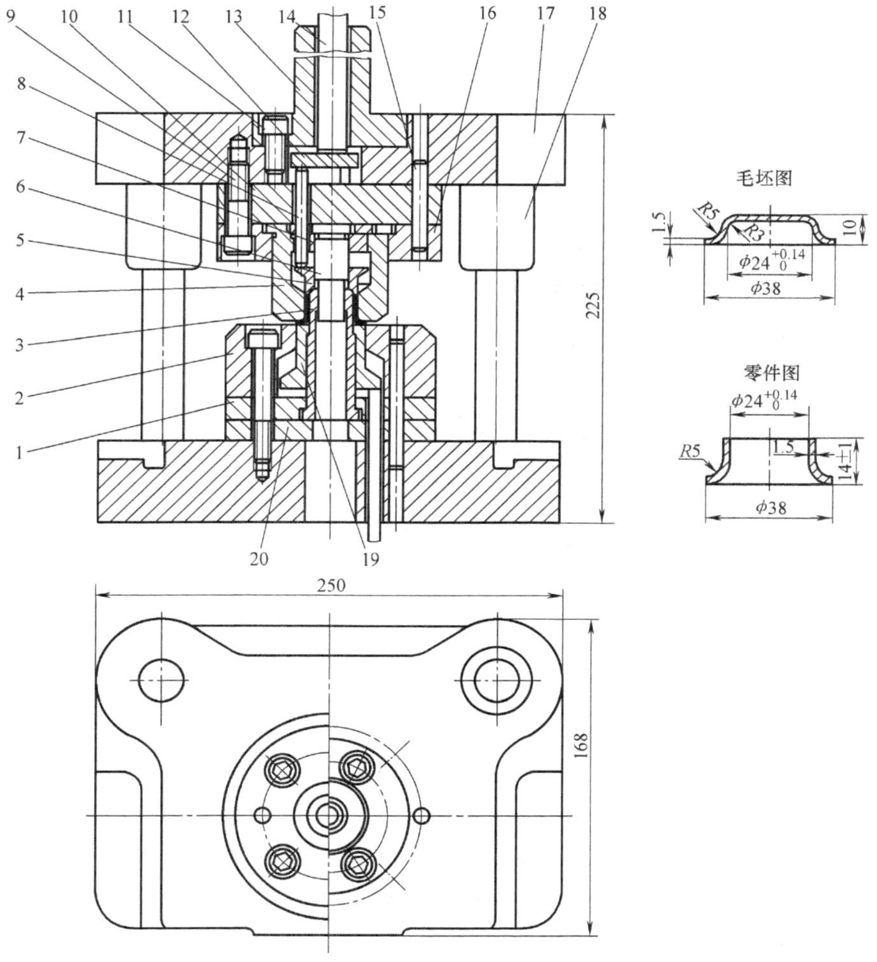

图 7-27　翻边复合模

7.5.4　落料、拉深、冲孔复合模（图 7-28、表 7-28）

表 7-28　模具主要零部件

序号	零部件名称	数量	材料	硬度 HRC	序号	零部件名称	数量	材料	硬度 HRC
1	下模座	1	HT200		12	推板	1	45	43 ~ 48
2	螺钉	4	35		13	推杆	3	45	43 ~ 48
3	挡料螺栓	2	45	43 ~ 48	14	卸料螺钉	4	35	
4	弹簧	4	65Mn	44 ~ 50	15	冲孔凸模	1	T10A	58 ~ 62
5	卸料板	1	45	43 ~ 48	16	打料板	1	45	43 ~ 48
6	凸凹模固定板	1	45		17	落料凹模	1	T10A	60 ~ 64
7	垫板	1	45	43 ~ 48	18	凸凹模	1	Cr12MoV	58 ~ 62
8	上模座	1	HT200		19	推杆	3	45	43 ~ 48
9	销钉	2	45	43 ~ 48	20	盖板	1	Q235A	
10	凸凹模	1	Cr12MoV	58 ~ 62	21	压边圈	1	T8A	54 ~ 58
11	凸模固定板	1	45		22	凸凹模固定板	1	45	43 ~ 48

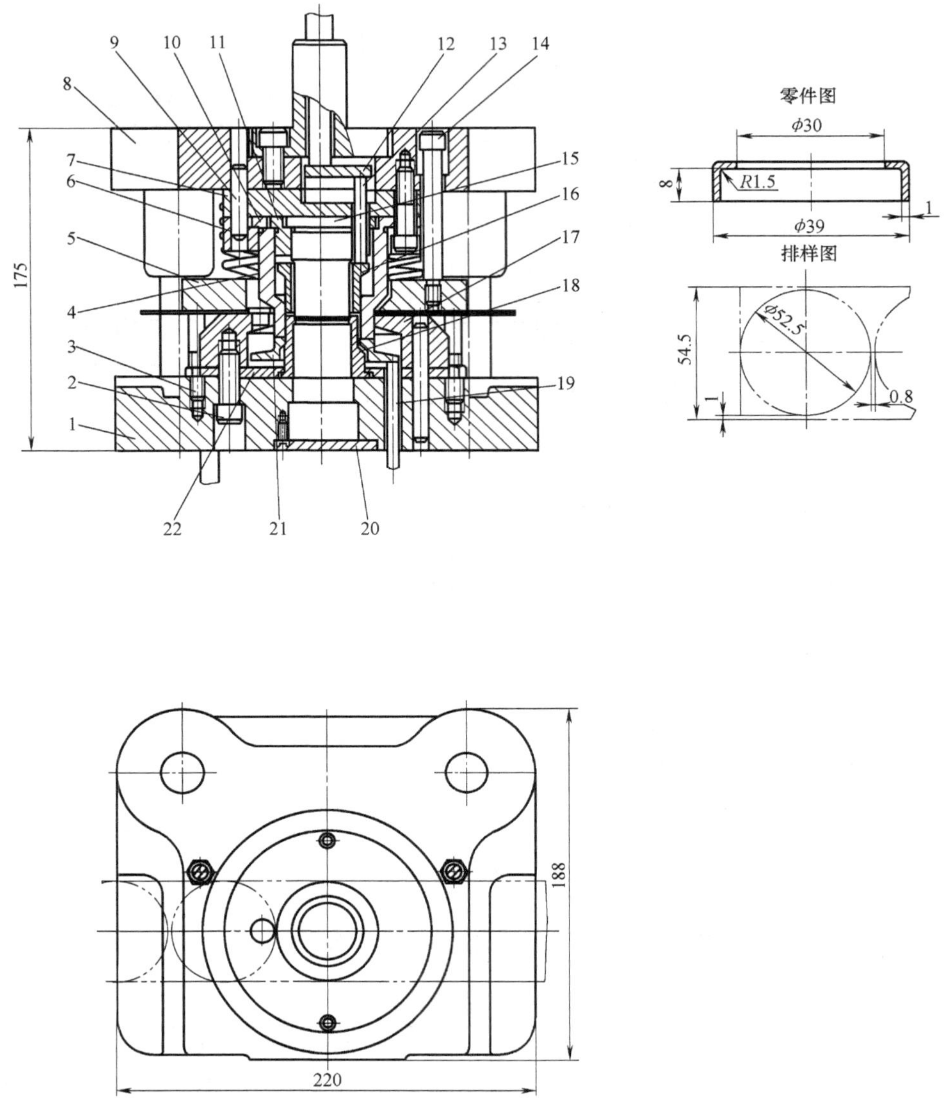

图 7-28　落料、拉深、冲孔复合模

说明

本模具将落料、拉深、冲孔三道工序合在一套模具内完成。因模架下方设有弹顶器，故在模架下开有纵向槽，并用件 20 封口，工作中随时将冲孔废料向后捅出。

7.5.5　落料、冲孔、翻边复合模（图7-29、表7-29）

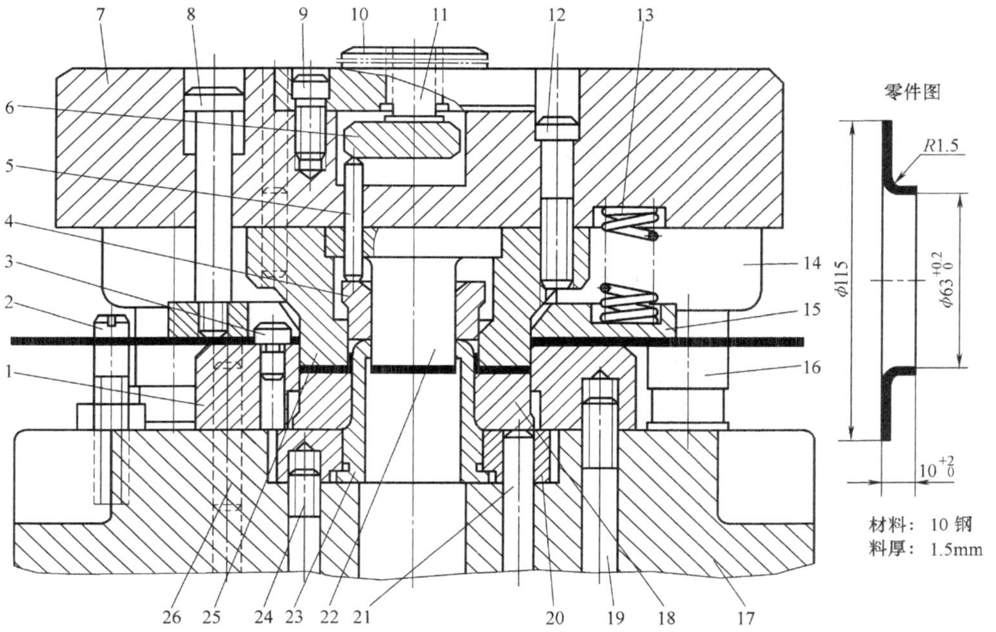

图7-29　落料、冲孔、翻边复合模

说明

图示为用板裁条料，经落料、冲孔、翻边三个工步复合冲压一模成形，冲制宽凸缘翻边件用的正装结构复合模的典型结构形式。

该冲裁模采用标准的滑动导向后侧导柱模架。因冲压材料厚度 $t=1.5\mathrm{mm}$，冲裁间隙 $C=5\%t=0.075\mathrm{mm}$，所以选用II级精度模架就可满足导向要求。

表7-29　模具主要零部件

序号	零部件名称	数量	材料	硬度HRC	序号	零部件名称	数量	材料	硬度HRC
1	落料凹模	1	Cr12MoV	62～64	14	导套	2	20钢渗碳	58～62
2	导料销	2	T7A	54～58	15	卸料板	1	Q275A	
3	固定挡料销	1	T7A	54～58	16	导柱	2	20钢渗碳	58～62
4	卸件器	1	T7A	54～58	17	下模座	1	HT200	
5	顶杆	3	T7A	54～58	18	顶件器	1	T7A	54～58
6	推板	1	45	43～48	19	螺钉	4	Q235A	
7	上模座	1	HT200		20	下固定板	1	45	
8,9	内六角螺钉	4,4	Q235A		21	顶杆	3	T7A	54～58
10	模柄	1	Q235A		22	冲孔凸模	1	Cr12MoV	58～62
11	打料杆	1	45	43～48	23	翻边凸模	1	Cr12MoV	62～64
12,24	内六角螺钉	4,3	Q235A		25	凸凹模	1	Cr12MoV	58～62
13	弹簧	4	65Mn	44～50	26	圆柱销	2	45	43～48

7.5.6 一模多件套筒式冲模（图 7-30、表 7-30）

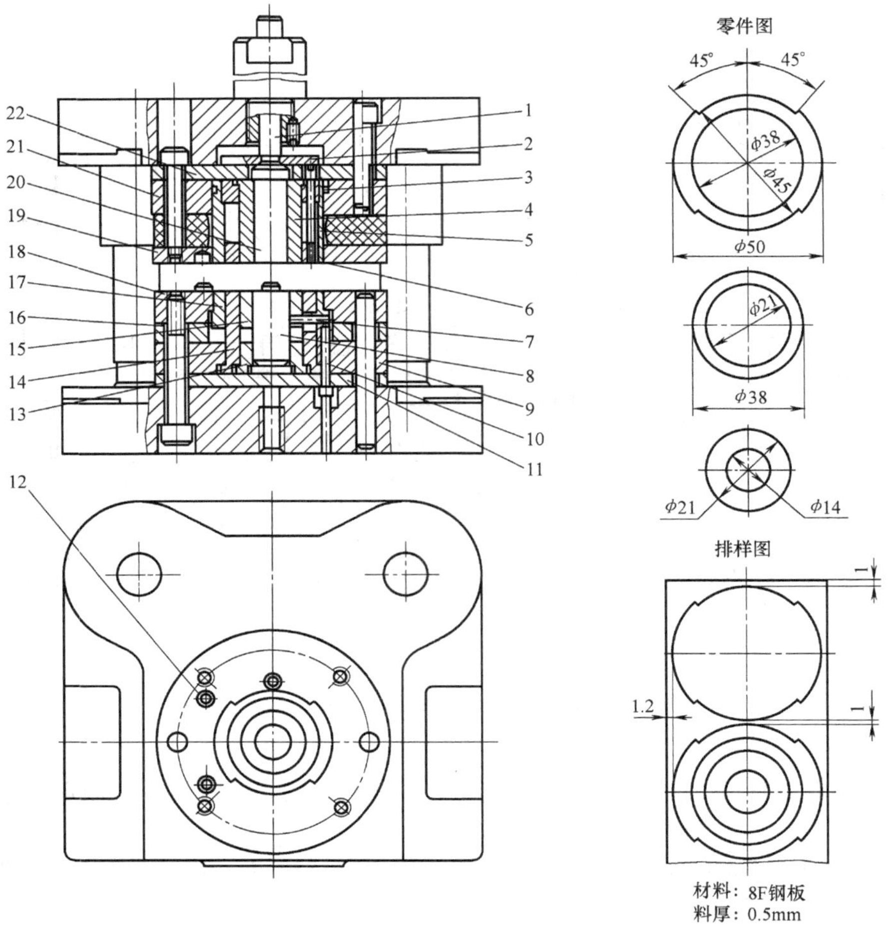

图 7-30　一模多件套筒式冲模

说明

本模具可同时冲裁出多个圆形零件，其凸模、凹模均采用套筒式镶合结构。在件 14 的筒壁上开三个长圆孔，用件 7 将内外顶料块件 15 和件 17 联接起来，以便将工件顶出。件 5 的上端加工有环形槽，将件 3 半环形键镶入，用于固定件 5。

表 7-30　模具主要零部件

序号	零部件名称	数量	材料	硬度 HRC	序号	零部件名称	数量	材料	硬度 HRC
1	打杆	1	45	43～48	12	定位销	3	45	43～48
2	打板	1	45	43～48	13	衬套	1	45	43～48
3	半环形键	2	45	43～48	14	凸凹模	1	Cr12MoV	58～62
4	凸凹模	1	Cr12MoV	58～62	15	顶料块	1	45	43～48
5	凸模	1	Cr12	58～62	16	中间垫板	1	45	43～48
6	打料板	1	45	43～48	17	顶料块	1	45	43～48
7	连接销	3	45	43～48	18	凹模	1	Cr12	60～64
8	凸模	1	Cr12	58～62	19	卸料板	1	45	43～48
9	固定板	1	45		20	打杆	1	45	43～48
10	顶杆	4	45	43～48	21	固定板	1	45	
11	下垫板	1	45	43～48	22	上垫板	1	45	43～48

7.6 级进模

7.6.1 手柄落料、冲孔级进模（图 7-31、表 7-31）

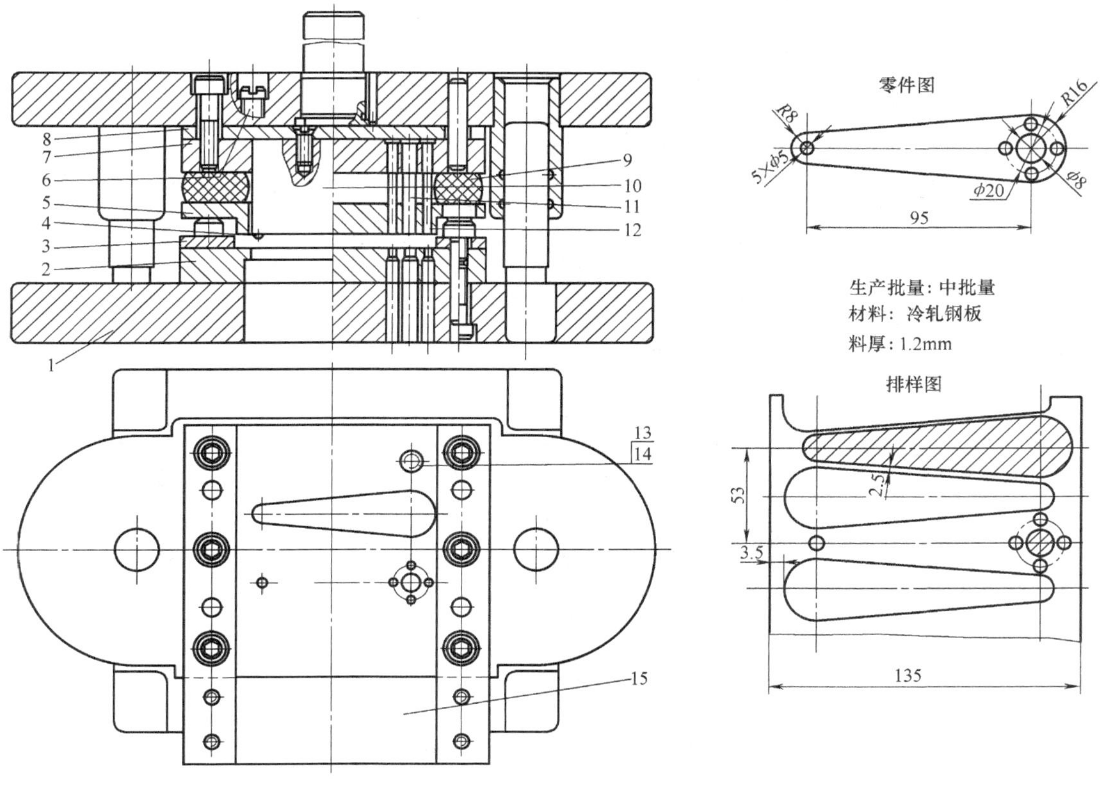

图 7-31 手柄落料、冲孔级进模

说明

本模具是只有两个工步的级进模。用件 13 定位，用件 4 导正。件 14 使件 13 具有弹性，以免影响模具闭合。条料毛坯依次冲裁一遍后，翻转过来再冲裁第二遍，在第一遍冲裁后的间隙中，冲裁出第二部分 2 件。

表 7-31 模具主要零部件

序号	零部件名称	数量	材料	硬度 HRC	序号	零部件名称	数量	材料	硬度 HRC
1	下模板	1	HT200		9	弹性橡胶体	足量	橡胶体	
2	矩形凹模	1	Cr12	60～64	10	外形凸模	1	Cr12	58～62
3	导料板	2	45	43～48	11	冲大孔凸模	1	Cr12	58～62
4	定位钉	1	T8	50～54	12	冲小孔凸模	5	Cr12	58～62
5	矩形卸料板	1	45	43～48	13	活动挡料销	1	T8	50～54
6	卸料螺钉	4	35		14	弹簧	1	65Mn	44～50
7	凸模固定板	1	45		15	承料板	1	Q235	
8	矩形垫板	1	45	43～48					

7.6.2　固定卸料板冲孔、落料级进模（图 7-32、表 7-32）

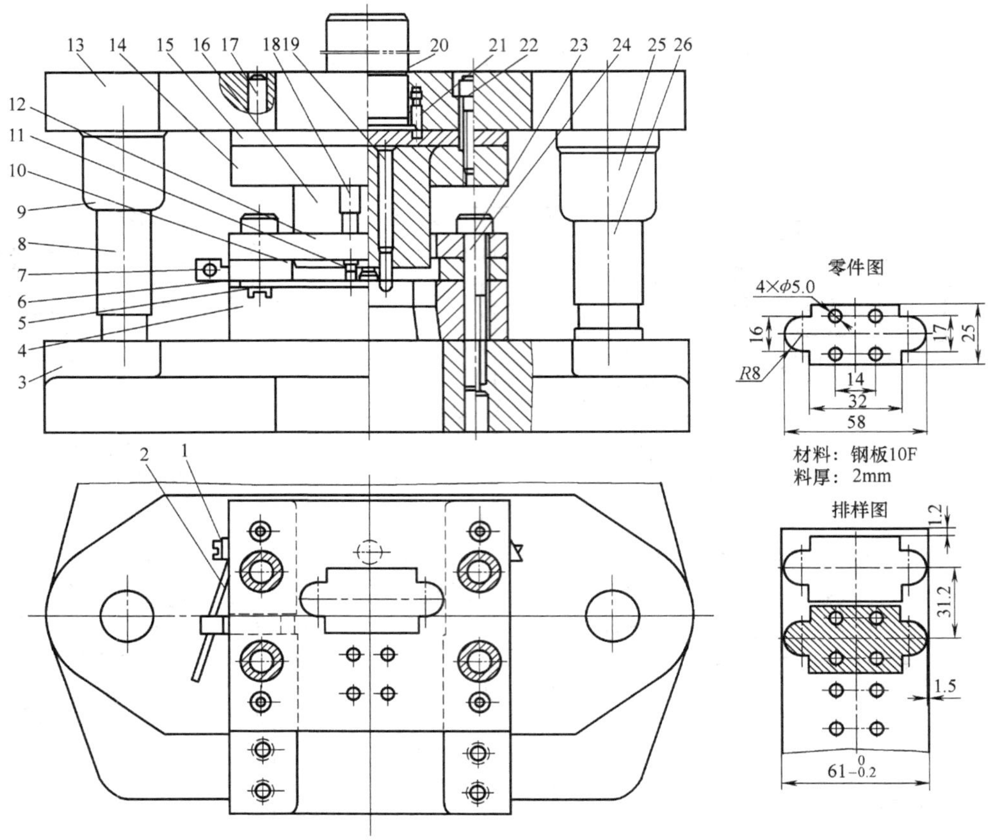

图 7-32　固定卸料板冲孔、落料级进模

表 7-32　模具主要零部件

序号	零部件名称	数量	材料	硬度 HRC	序号	零部件名称	数量	材料	硬度 HRC
1	螺钉	1	35		14	凸模固定板	1	45	
2	弹簧	1	65Mn	44～50	15	垫板	2	45	43～48
3	下模座	1	HT200		16	凸模	1	Cr12	58～62
4	凹模	1	Cr12	60～64	17	销钉	1	45	43～48
5	螺钉	1	35		18	冲孔凸模	2	Cr12	58～62
6	承料板	1	45	43～48	19	导正销	1	45	43～48
7	始用挡块	1	45	43～48	20	模柄	1	Q235A	
8	导柱	1	20 钢渗碳	58～62	21	止转销	1	45	43～48
9	导套	1	20 钢渗碳	58～62	22	螺钉	1	35	
10	导料板	1	45	43～48	23	弹性校正组件	1		
11	导正销	3	45	43～48	24	螺钉	2	35	
12	固定卸料板	1	45	43～48	25	导套	1	20 钢渗碳	58～62
13	上模座	1	HT200		26	导柱	1	20 钢渗碳	58～62

7.6.3　黄铜管帽拉深多工位级进模（图 7-33、表 7-33）

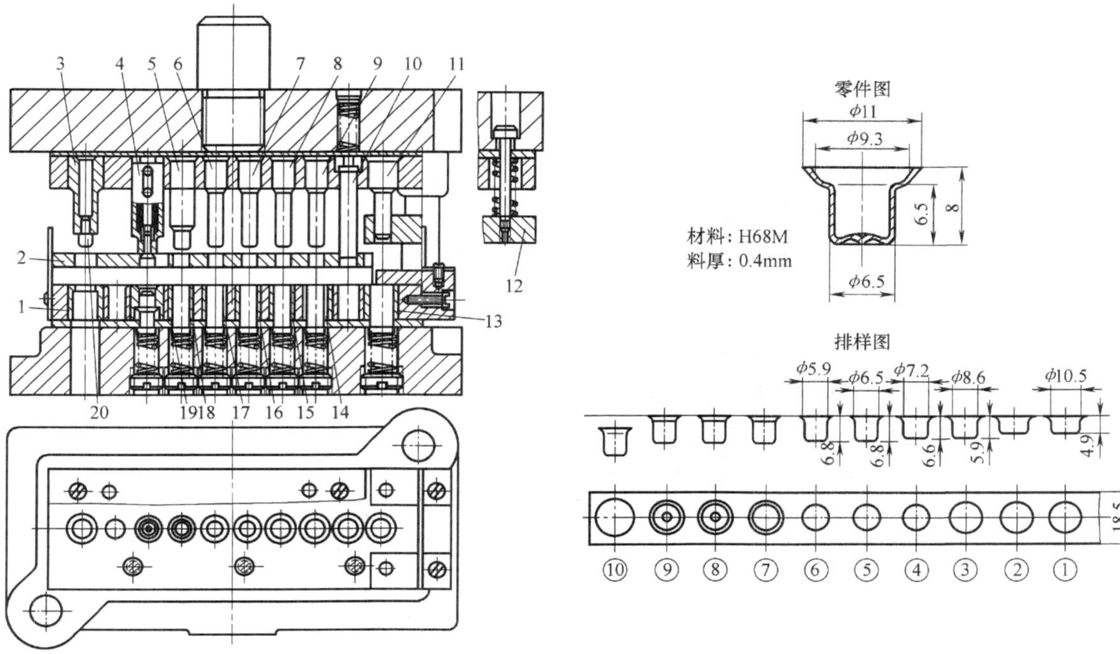

图 7-33　黄铜管帽拉深多工位级进模

说明

本模具采用无工艺切口整条带料连续拉深，第 1、3、4、5、6 工位为拉深，7、8 工位为成形，10 工位为落料，2、9 工位为空步。

第一工位首次拉深用弹性压板 12，以后各工位采用固定卸料板 2。第 2 工位为空位，加一活动压料杆 10，可避免拉深过程中带料滑移和翘起。落料时用导正销 20 导向。

凹模采用镶套结构。带料送进采用自动送料机构。

表 7-33　模具主要零部件

序号	零部件名称	数量	材料	硬度 HRC	序号	零部件名称	数量	材料	硬度 HRC
1	落料凹模	1	Cr12	62～64	11	拉深凸模	1	Cr12	58～62
2	固定卸料板	1	45	43～48	12	弹性压板	1	45	43～48
3	落料凸模	1	Cr12	62～64	13	拉深凹模	1	Cr12	58～62
4	成形凸模	1	Cr12	62～64	14	拉深凹模	1	Cr12	58～62
5	成形凸模	1	Cr12	62～64	15	拉深凹模	1	Cr12	58～62
6	拉深凸模	1	Cr12	58～62	16	拉深凹模	1	Cr12	58～62
7	拉深凸模	1	Cr12	58～62	17	拉深凹模	1	Cr12	58～62
8	拉深凸模	1	Cr12	58～62	18	拉深凹模	1	Cr12	58～62
9	拉深凸模	1	Cr12	58～62	19	拉深凹模	1	Cr12	58～62
10	活动压料杆	1	45	43～48	20	导正销	1	45	43～48

7.6.4 电位器接线片多工位级进模（图 7-34、表 7-34）

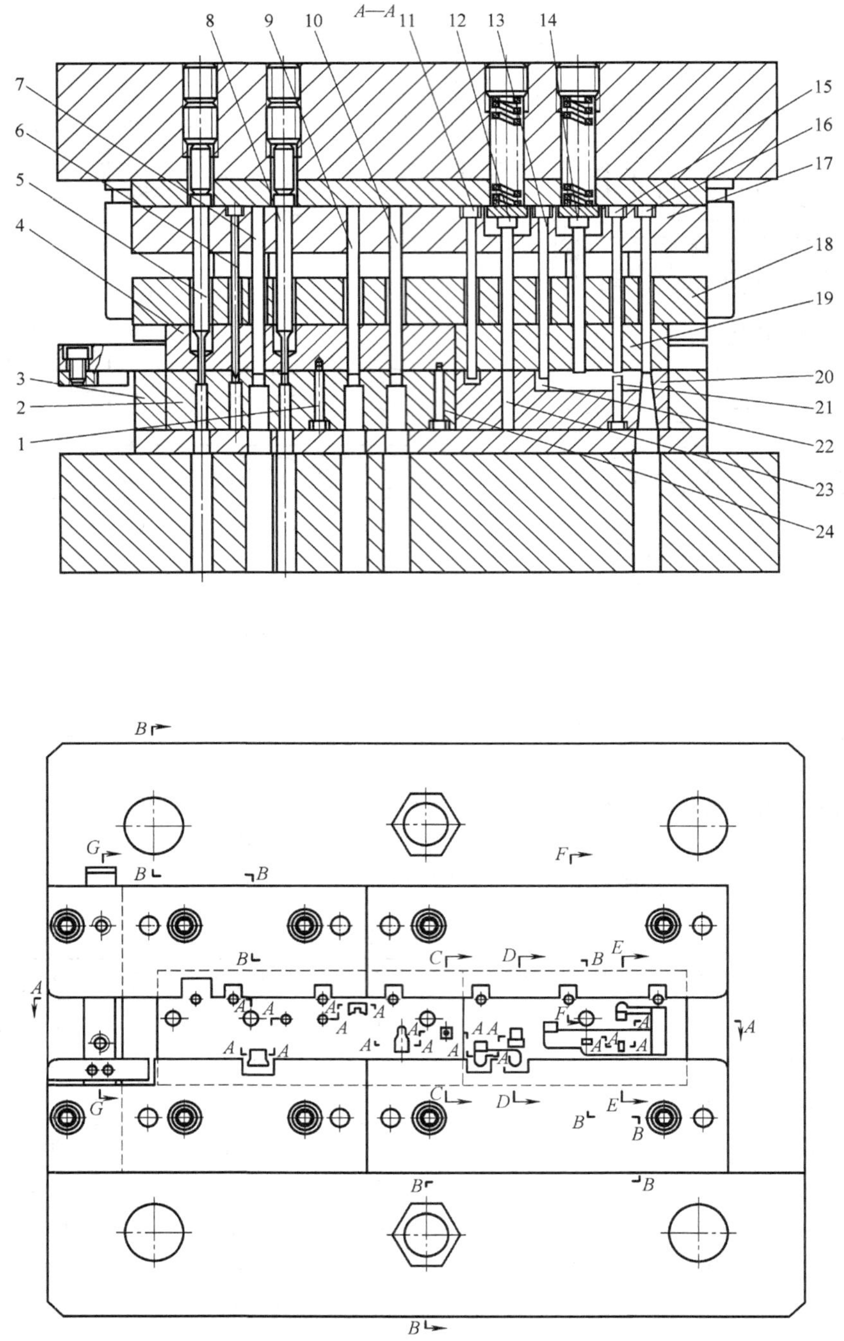

图 7-34　电位器接线片多工位级进模

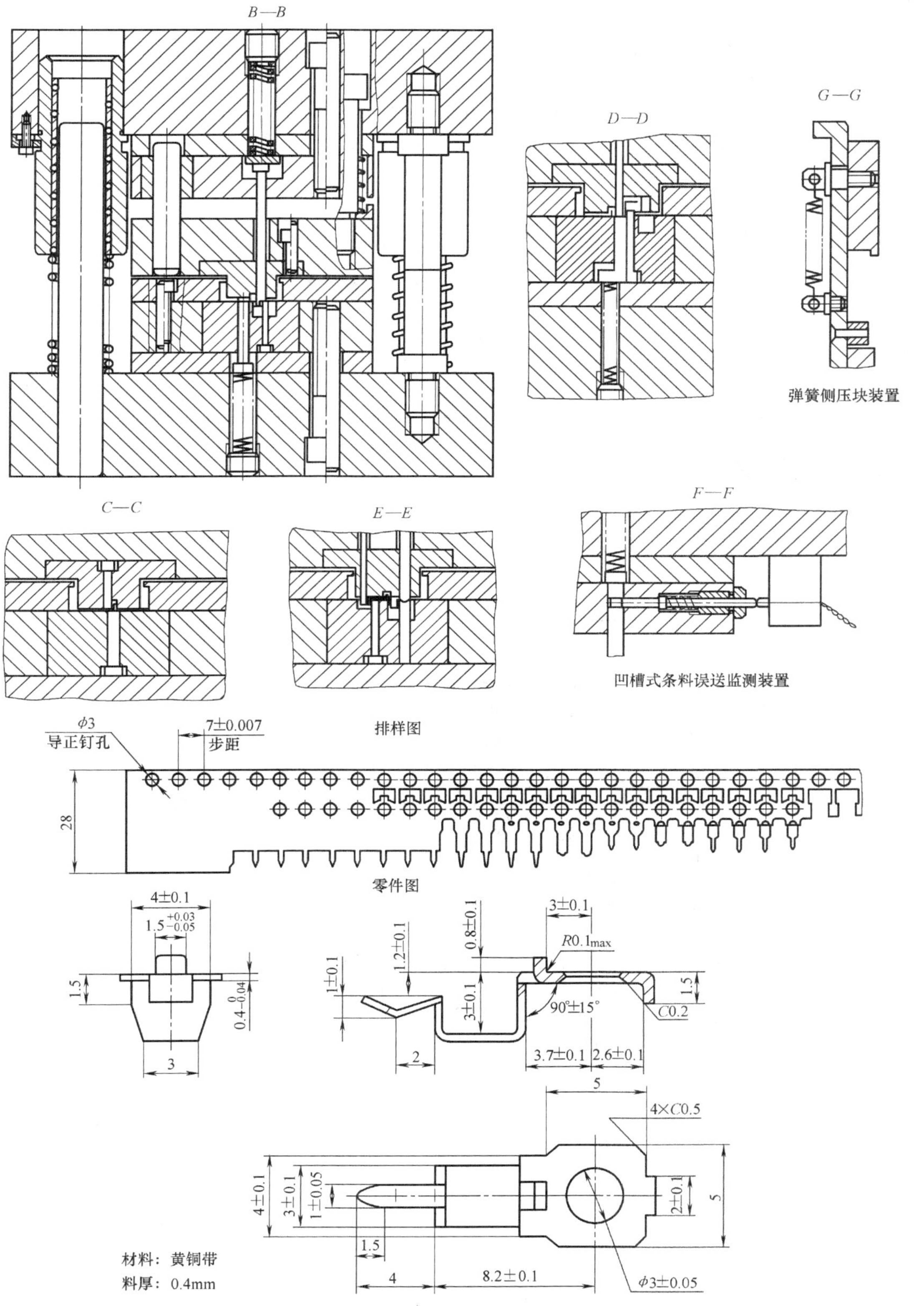

图 7-34　电位器接线片多工位级进模（续）

说明

本模具适用于多角弯曲冲压件的大批量生产。模具采用单侧浮料，带有导向系统的卸料板对细小凸模起到了保护作用。

表 7-34　模具主要零部件

序号	零部件名称	数量	材料	硬度 HRC	序号	零部件名称	数量	材料	硬度 HRC
1	挤压凸模	1	Cr12	58～62	13	弯曲凸模	1	Cr12	58～62
2	凹模镶块	1	Cr12	62～64	14	弯曲凸模	1	Cr12	58～62
3	凸模固定板	1	45		15	弯曲凸模	1	Cr12	58～62
4	卸料板镶块	1	T7A	52～56	16	落料凸模	1	Cr12	58～62
5	冲导正钉孔凸模	1	Cr12	58～62	17	凸模固定板	1	45	
6	导正钉	6	T7A	52～56	18	卸料板基体	1	45	
7	凸模	1	Cr12	58～62	19	卸料板镶块	1	T7A	52～56
8	冲孔凸模	1	Cr12	58～62	20	凹模镶块	1	Cr12	62～64
9	凸模	1	Cr12	58～62	21	弯曲凹模	1	Cr12	62～64
10	凸模	1	Cr12	58～62	22	弯曲凹模	1	Cr12	62～64
11	弯曲凸模	1	Cr12	58～62	23	弯曲凹模	1	Cr12	62～64
12	弯曲凸模	1	Cr12	58～62	24	弯曲凸模	1	Cr12	58～62

7.7　冷挤压模

7.7.1　正挤压模（图 7-35、表 7-35）

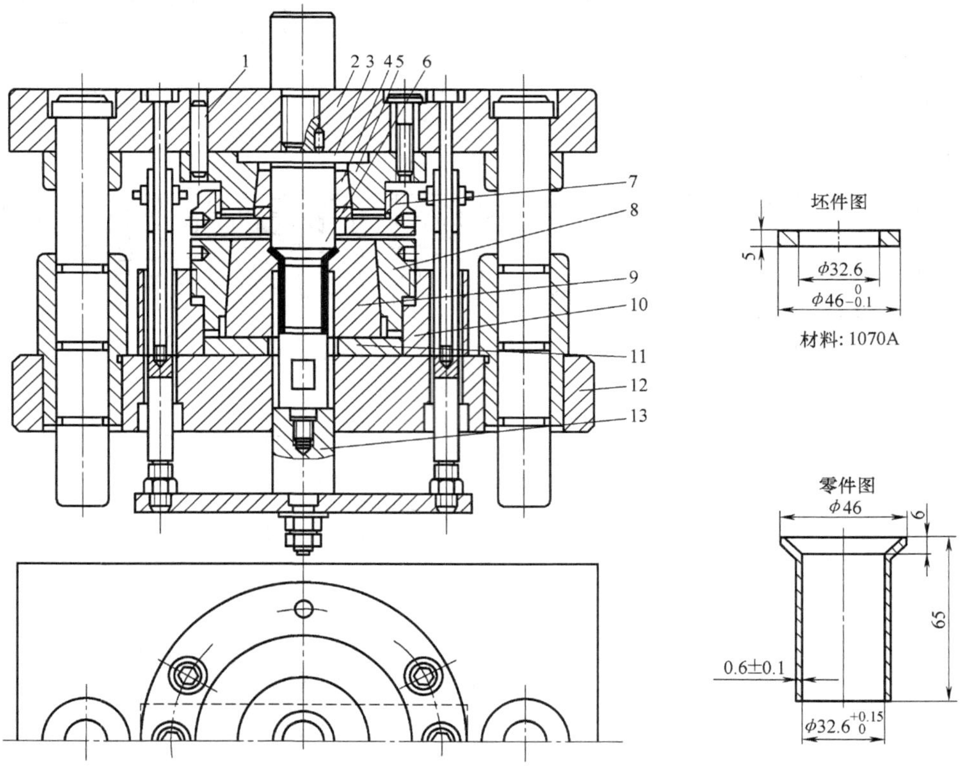

图 7-35　正挤压模

说明

本图系典型的正挤压模具结构图，其主要特点是：

① 采用通用模架，可通过更换凸、凹模挤压不同的冷挤压件。凸模 6 通过弹性夹头 4、凸模固定圈 5 和紧固圈 7 固定；凹模 9 通过凹模固定圈 10 和紧固圈 8 固定，凹模固定圈与紧固圈用 H7/k6 配合。

表 7-35　模具主要零部件

序号	零部件名称	数量	材料	硬度 HRC	序号	零部件名称	数量	材料	硬度 HRC
1	定位销	2	45	43 ~ 48	7,8	紧固圈	1,1	45	43 ~ 48
2	上模板	1	45		9	凹模	1	Cr12	58 ~ 62
3	垫板	1	T7A	54 ~ 58	10	凹模固定圈	1	45	
4	弹性夹头	1	65Mn	44 ~ 50	11	垫板	1	T7A	54 ~ 58
5	凸模固定圈	1	45		12	下模座	1	45	
6	凸模	1	CrWMn	56 ~ 60	13	顶杆	1	T7A	54 ~ 58

② 以导套导柱导向，为增加导柱长度，一般将导柱固定于上模。导套导柱以 H7/h6 配合。

③ 挤压件留在凹模中，采用拉杆式顶出装置通过顶杆 13 将挤压件顶出，卸件可靠。

④ 上、下模座采用中碳钢制作；凸、凹模分别用较厚的淬硬垫板支承。

7.7.2　铝合金外壳反挤压模（图 7-36、表 7-36）

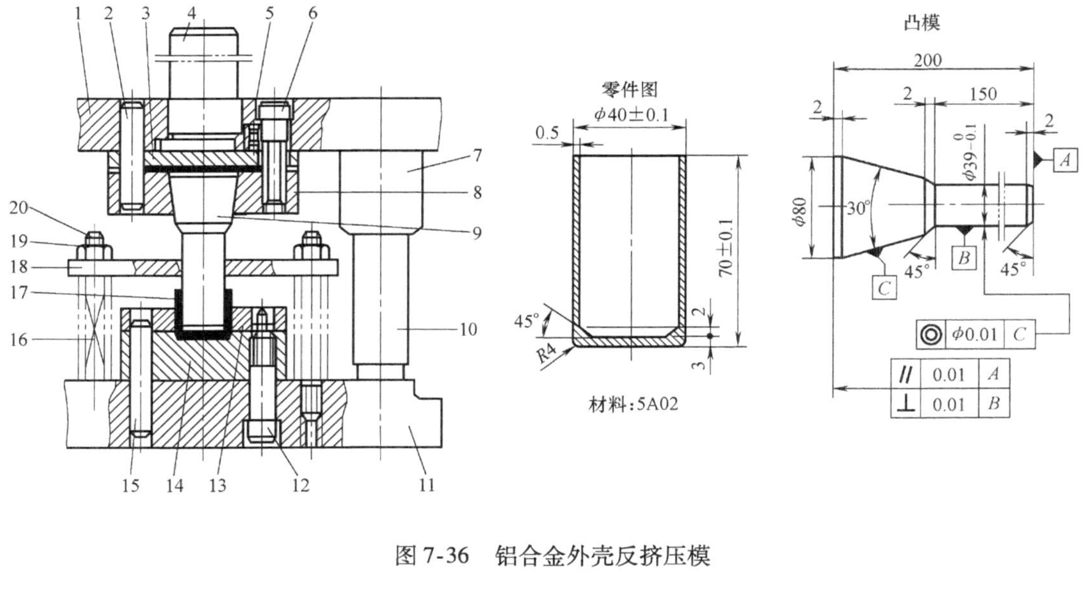

图 7-36　铝合金外壳反挤压模

说明

本模具采用一级精度间隙配合导柱导套模架。坯料放入凹模 14 内，压力机滑块下行时，凸模 9 对坯料进行反挤压，变形结束后，滑块向上返回，卸料装置将挤压件卸下。

凸模 9 与凹模 14 的同心度由制造精度保证，并以销钉固定。凸模 9 的上端面衬以淬硬的上垫板 3，以防止模板 1 的压塌。

防锈铝合金 LF2 毛坯的润滑剂采用 100% 蓖麻油。

表 7-36　模具主要零部件

序号	零部件名称	数量	材料	硬度 HRC	序号	零部件名称	数量	材料	硬度 HRC
1	上模板	1	45		10	导柱	1	20 钢渗碳	58 ~ 62
2,15	销钉	2,2	45	43 ~ 48	11	下模板	1	45	
3	上垫板	1	T7A	54 ~ 58	13	下压圈	1	45	
4	模柄	1	Q235A		14	凹模	2	Cr12	58 ~ 62
5	止转螺钉	2	45	43 ~ 48	16	弹簧	4	65Mn	44 ~ 50
6,12	螺钉	4,4	45		17	制件	1	5A02	
7	导套	2	20 钢渗碳	58 ~ 62	18	卸料板	1	T7A	54 ~ 58
8	上压圈	1	45		19	螺母	1	35	
9	凸模	1	CrWMn	56 ~ 60	20	卸料螺栓	4	35	

第 8 章　冷冲压模具设计常用标准零部件

按冷冲模零部件的功能分，组成冷冲模的零件主要有两大类。工艺结构零件：工作零件（凸模、凹模、凸凹模、镶件及拼块等）；定位零件（挡料销、导正销、导尺、导板、定位销、定位板、侧压板及侧刃等）；压、卸料及出件零件（卸料螺钉、卸料板、齿圈压板、压料板、顶件器及推件器等）。辅助结构零件：导向零件（导柱、导套、导板、钢球及钢球保持圈等）；固定零件（上模座、下模座、模柄、凸模固定板、垫板及限制器等）；标准紧固件及其他零件（螺钉、螺栓、销钉、键及斜楔等）。

8.1　凸模、凹模

8.1.1　圆凸模

模具行业标准（JB）中规定了多种圆凸模，本书中给出圆柱头直杆圆凸模和圆柱头缩杆圆凸模两种结构的有关参数，见表 8-1 和表 8-2。其中圆柱头缩杆圆凸模有中间过渡部分，刚度较好，适于细小的凸模。

8.1.2　圆凹模

圆凹模尺寸都不大，主要作为镶嵌件使用。主要用于冲孔，其冲裁料厚一般小于 2mm。见表 8-3。一般以 H7/m6 或 H7/n5 的配合关系将圆凹模压入凹模固定板，再将固定板用螺钉和销钉固定在模座上。根据安装固定方式分为直身（A 型）圆凹模和带肩（B 型）圆凹模。线切割时异形凹模镶件的尺寸可以参考此圆凹模尺寸。

表 8-1　冲模圆柱头直杆圆凸模（摘自 JB/T 5825—2008）　　（单位：mm）

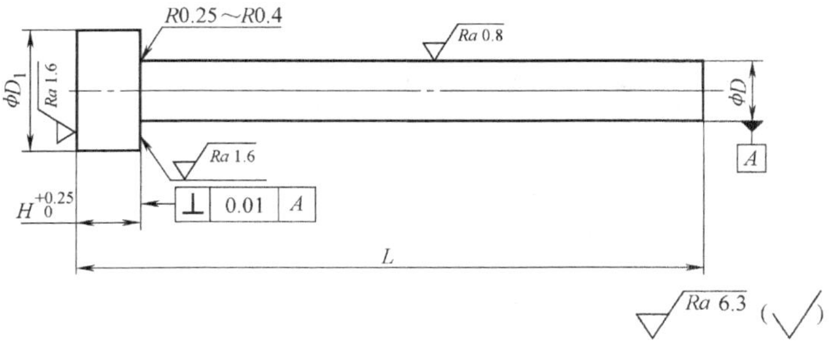

未注表面粗糙度为 R_a6.3μm。

标记示例：D=6.3mm、L=80mm 的圆柱头直杆圆凸模标记为

（续）

圆柱头直杆圆凸模　6.3×80　JB/T 5825—2008

D m5	H	$D_{1}\,{}_{-0.25}^{0}$	$L_{0}^{+1.0}$	D m5	H	$D_{1}\,{}_{-0.25}^{0}$	$L_{0}^{+1.0}$
1.0	3.0	3.0	45,50,56,63,71,80,90,100	5.0	5.0	8.0	45,50,56,63,71,80,90,100
1.05							
1.1				5.3		9.0	
1.2				5.6			
1.25				6.0			
1.3				6.3		11.0	
1.4				6.7			
1.5				7.1			
1.6				7.5			
1.7		4.0		8.0			
1.8				8.5		13.0	
1.9				9.0			
2.0				9.5			
2.1		5.0		10.0			
2.2							
2.4				10.5		16.0	
2.5				11.0			
2.6				12.0			
2.8				12.5			
3.0				13.0			
3.2		6.0		14.0		19.0	
3.4				15.0			
3.6				16.0			
3.8							
4.0		7.0		20.0		24.0	
4.2				25.0		29.0	
4.5				32.0		36.0	
4.8				36.0		40.0	

注：1. 材料由制造者选定，推荐采用 Cr12MoV、Cr12、Cr6WV、CrWMn。
2. 硬度要求：Cr12MoV、Cr12、CrWMn 刃口 58～62HRC，头部固定部分 40～50HRC；Cr6WV 刃口 56～60HRC，头部固定部分 40～50HRC。
3. 其他应符合 JB/T 7653—2008 的规定。
4. 标记应包括以下内容：①圆柱头直杆圆凸模；②凸模刃口直径 d，单位为 mm；③凸模长度 L，单位为 mm；④本标准代号，即 JB/T 5825—2008。

表 8-2　冲模圆柱头缩杆圆凸模（摘自 JB/T 5826—2008）　（单位：mm）

表面粗糙度以微米为单位

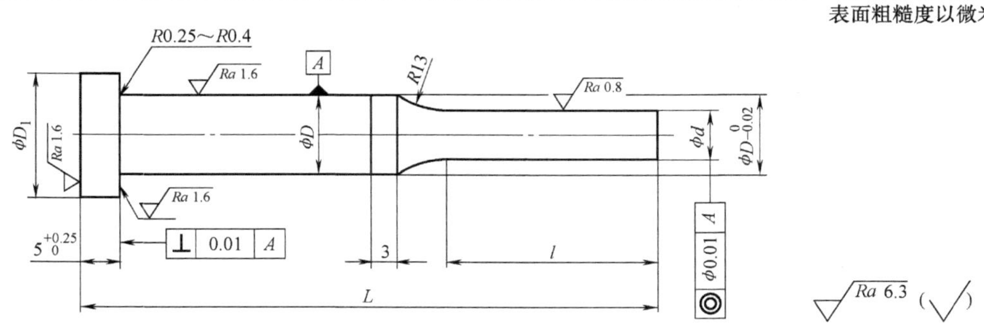

未注表面粗糙度为 $R_{a}6.3\mu m$。
标记示例：$D=5mm$、$d=2mm$、$L=56mm$ 的圆柱头缩杆圆凸模标记为

（续）

圆柱头缩杆圆凸模　5×80×56　JB/T 5826—2008				
D m5	d		D_1	L
	下限	上限		
5	1	4.9	8	40,50,56,63,71,80,90,100
6	1.6	5.9	9	
8	2.5	7.9	11	
10	4	9.9	13	
13	5	12.9	16	
16	8	15.9	19	
20	12	19.9	24	
25	16.5	24.9	29	
32	20	31.9	36	
36	25	35.9	40	

注：1. 刃口长度 l 由制造者自行选定。
2. 材料由制造者选定，推荐采用 Cr12MoV、Cr12、Cr6WV、CrWMn。
3. 硬度要求：Cr12MoV、Cr12、CrWMn 刃口 58～62HRC，头部固定部分 40～50HRC；Cr6WV 刃口 56～60HRC，头部固定部分 40～50HRC。
4. 其他应符合 JB/T 7653—2008 的规定。
5. 标记应包括以下内容：①圆柱头缩杆圆凸模；②凸模杆直径 D，单位为 mm；③凸模刃口直径 d，单位为 mm；④凸模长度 L，单位为 mm；⑤本标准代号，即 JB/T 5826—2008。

表 8-3　冲模的圆凹模（摘自 JB/T 5830—2008）　　（单位：mm）

表面粗糙度以微米为单位

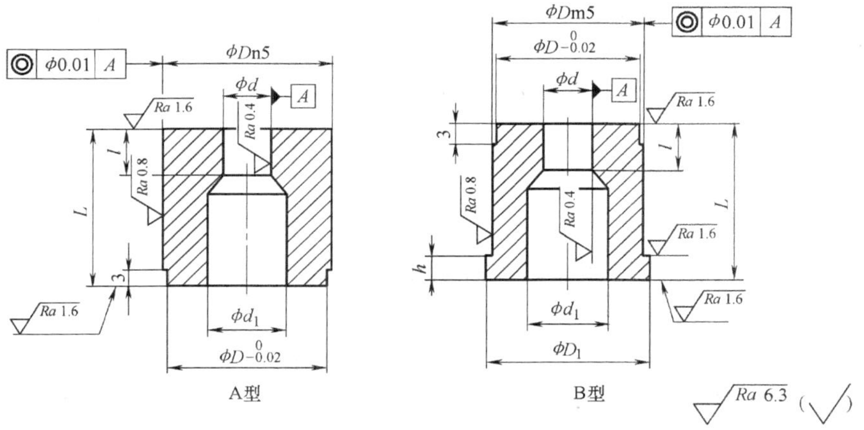

未注表面粗糙度为 $R_a 6.3\mu m$。

标记示例　$D=5mm$、$d=1mm$、$L=16mm$、$l=2mm$ 的 A 型圆凹模的标记为　圆凹模　A5×1×16×2　JB/T 5830—2008

D	d H8	$L^{+0.5}_{0}$						$D_{1\ -0.25}^{\ 0}$	$h^{+0.25}_{0}$	l			d_1 max
										选择范围			
		12	16	20	25	32	40			min	标准值	max	
5	1,1.1,1.2,…,2.4	×	×	×	×	—	—	8	3	—	2	4	2.8
6	1.6,1.7,1.8,…,3	×	×	×	×	—	—	9	3	—	3	4	3.5
8	2,2.1,2.2,…,3.5	×	×	×	×	×	—	11	3	—	4	5	4.0
10	3,3.1,3.2,…,5	×	×	×	×	×	—	13	3	—	4	8	5.8
13	4,4.1,4.2,…,7.2	—	—	×	×	×	×	16	5	—	5	8	8.0

（续）

D	d H8	$L^{+0.5}_{0}$						$D_{1}{}^{0}_{-0.25}$	$h^{+0.25}_{0}$	l			d_1 max
										选择范围			
		12	16	20	25	32	40			min	标准值	max	
16	6,6.1,6.2,…,8.8	—	—	×	×	×	×	19	5	—	5	8	9.5
20	7.5,7.6,7.7,…,11.3	—	—	×	×	×	×	24	5	5	8	12	12.0
25	11,11.1,11.2,…,16.6	—	—	×	×	×	×	29	5	5	8	12	17.3
32	15,15.1,15.2,…,20	—	—	×	×	×	×	36	5	5	8	12	20.7
40	18,18.1,18.2,…,27	—	—	×	×	×	×	44	5	5	8	12	27.7
50	26,26.1,26.2,…,36	—	—	×	×	×	×	44	5	5	8	12	37.0

注：1. d 的增量为 0.1mm。

2. 作为专用的凹模，工作部分可以在 d 的公差范围内加工成锥孔，而上表面具有最小直径。

3. 材料由制造者选定，推荐采用 Cr12MoV、Cr12、Cr6WV、CrWMn。

4. 硬度 58～62HRC。

5. 其他应符合 JB/T 7653—2008 的规定。

6. 标记应包括以下内容：①圆凹模；②凹模类型 A、B；③凹模外径 D，单位为 mm；④凹模内径 d，单位为 mm；⑤凹模总长度 L，单位为 mm；⑥凹模刃口长度 l，单位为 mm，⑦本标准代号，即 JB/T 5830—2008。

8.2　冲模模板

除了标准圆凹模和非标准凹模镶嵌件外，还有一种板状凹模，由矩形或圆形的凹模板开设所需要的凹模孔而成。国家标准对矩形和圆形的凹模板尺寸进行了规范，工程实践中大多使用矩形板凹模，在圆形件的落料和冲压中采用圆形凹模板，故在此仅列出矩形板凹模和圆形凹模标准。因为固定板、垫板和卸料板等规格与凹模板类似，只是厚度上有差异，所以在此参照冷冲模典型组合中各种规格模板中的螺钉销钉数量、规格和孔间距等尺寸，全部综合起来编成表格，有利于学生在设计时进行参考。模板规格见表 8-4 和表 8-5。

8.2.1　矩形模板

矩形模板及孔位参考尺寸见表 8-4。

表 8-4　矩形模板及孔位参考尺寸　　（单位：mm）

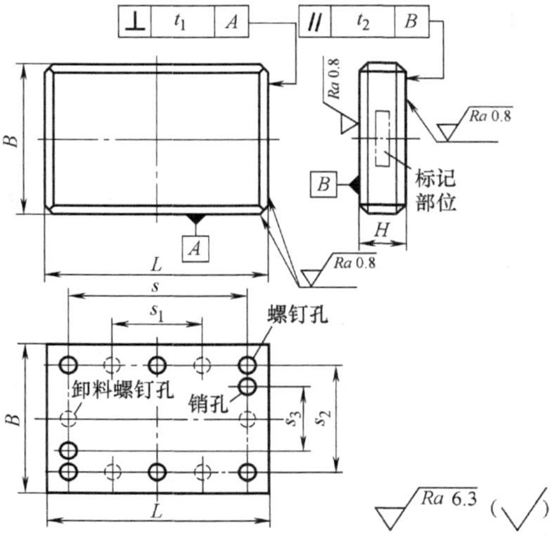

矩形凹板板（JB/T 7643.1—2008）、矩形固定板（JB/T 7643.2—2008）

矩形垫板（JB/T 7643.3—2008）矩形垫板侧面无垂直度要求

凹模板：T10A、Cr12、9Mn2V、Cr12MoV、CrWMn

固定板：45、Q235A

垫板：45、T10A

卸料板：45、Q235、Q275

技术条件：按 JB/T 7653—2008 的规定。

标记实例：

（1）长度 L = 125mm，宽度 B = 100mm，厚度 H = 20mm，材料为 T10A 的矩形凹模板：矩形凹模板：125 × 100 × 20—T10A JB/T 7643.1—2008

（2）长度 L = 125mm，宽度 B = 100mm，厚度 H = 20mm（或 8mm），材料为 45 钢的矩形固定板（或矩形垫板）：

矩形固定板（或垫板）：125 × 100 × 20（或 8）—45 钢 JB/T 7643.2（或 JB/T 7643.3）—2008

（续）

L	*B*	*H*(选用尺寸)				螺钉销钉间距				螺钉	螺钉
		凹模板	固定板	垫板	卸料板	s	s_1	s_2	s_3	数量×规格	数量×规格
63	50	10~20	10~28	4	8	47	23	34	14	4×M5	2×5
63	63					47	23	47	23	4×M5	2×6
80	63	12~22	12~32	6	10	62	36	45	21	4×M6	2×6
100	63					82	50				
80	80		10~36			56	28	56	28	4×M8	2×8
100	80					76	40				
125	80		12~32			101	65				
250	80	16~22	16~32	8,10	14	226				6×M8	2×8
315	80					291					
100	100	12~22	12~40	6	10	76	40	76	40	4×M8	2×8
125	100	14~25		6,8	12	101	65				
160	100	16~28	16~40		14	136	70			6×M8	2×8
200	100	16~32				176	100				
315	100	18~25		8,10,12	16	291				8×M8	2×8
400	100		20~40		20	376				10×M8	2×8
125	125	14~25	12~40	6	12	95	55	95	55	4×M10	2×10
160	125	16~28	16~40	6	14	130	70				
200	125		16~45	8		170	100			6×M8	
250	125	16~32		8,10,12	16	220	130			6×M10	
355	125	18~25	16~40		20	325				8×M10	
500	125				22	470				10×M10	
160	160	16~32	16~45	8,10	16	124	60	124	60	4×M12	2×12
200	160					164	90				
250	160	18~36	20~45	8,10,12	18	214	130			6×M12	
500	160	20~28	20~40	10,12,16	22	464				10×M12	
200	200	18~36	16~36	8,10	18	164	90	164	90	6×M12	
250	200		20~45			214	130				
315	200	20~40	20~32		20	279	175				
630	200	22~32	24~40	10,12,16	24	592				12×M12	
250	250	20~40	16~36	10,12	20	214	130	214	130	6×M12	
315	250	22~45	16~45		22	279	175				
400	250	20~36	20~40	10,12,16	24	363	242			8×M12	
315	315	22~40	20~40	12,16,20	24	279	175	273	160	6×M14	2×14
400	315	25~45	24~36		28	357	250			8×M14	
500	315		24~45			456	342			10×M14	
630	315	28~45	28~45		30	585	468			12×M14	
400	400	22~40	24~40			357	250	358	200	8×M14	
500	400	25~45	28~40			456	342			10×M14	
630	400	28~45	32~45			585	468			12×M14	

注：1. 凹模板 H 系列数值：10，12，14，16，18，20，22，25，28，32，36，40，45；

固定板 H 系列数值：10，12，16，20，24，28，32，36，40，45；

垫板 H 系列数值：6，8，10，12，16，20。

2. 各螺钉、销钉孔距的排布：模板在 6 颗螺钉连接时，s_1 代表卸料螺钉间的间距，连接螺钉在 6 颗以上时（8、10、12 颗），各螺钉在 s 的间距内均布，各卸料螺钉在连接螺钉之间进行均布，销钉可以布置模板两端，也可以布置在各连接螺钉之间，要视其位置是否合适来确定——编者注。

8.2.2 圆形模板

圆形模板及孔位参考尺寸见表 8-5。

表 8-5 圆形模板及孔位参考尺寸 （单位：mm）

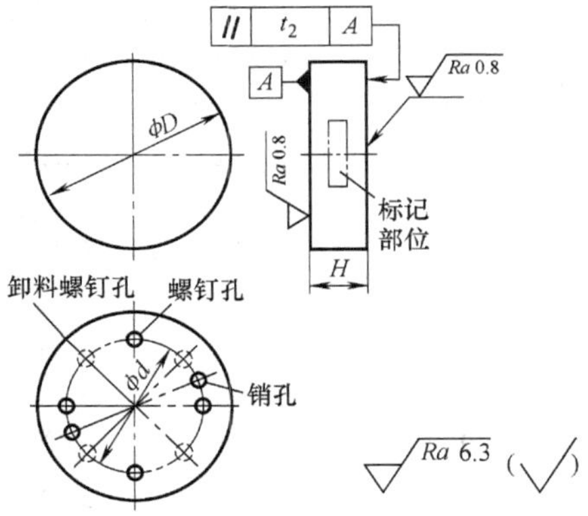

凹模板：T10A、Cr12、9Mn2V、Cr12MoV、CrWMn
固定板：45 硬度：(28～32)HRC
垫板：45、T10A 硬度：(45～50)HRC、(50～55)HRC
卸料板：45、Q235、Q275
技术条件：按 JB/T 7653—2008 的规定。
标记实例：
(1) D = 100mm，H = 20mm 的圆形凹模板：圆形凹模板：100 × 20 JB/T 7643.4—2008
(2) D = 100mm，H = 20mm（或 8mm）圆形固定板（或圆形垫板）：
圆形固定板（或垫板）：100 × 20（或 8）JB/T 7643.5（或 JB/T 7643.6）—2008

<table>
<tr><th rowspan="2">D</th><th colspan="4">H(选用尺寸)</th><th>分布圆直径</th><th>螺钉</th><th>卸料螺钉</th><th>销钉</th></tr>
<tr><th>凹模板</th><th>固定板</th><th>垫板</th><th>卸料板</th><th>φd</th><th>数量×直径</th><th>数量×直径</th><th>数量×直径</th></tr>
<tr><td>63</td><td>10～20</td><td>10～25</td><td rowspan="3">6</td><td>6,8</td><td>47</td><td>3×M5</td><td>3×M5</td><td>2×5</td></tr>
<tr><td>80</td><td rowspan="2">12～22</td><td>10～36</td><td rowspan="2">8,10</td><td>56</td><td rowspan="2">3×M8</td><td rowspan="2">3×M8</td><td rowspan="2">2×8</td></tr>
<tr><td>100</td><td rowspan="2">12～40</td><td>76</td></tr>
<tr><td>125</td><td>14～25</td><td>6,8</td><td>10,12</td><td>95</td><td>3×M10</td><td>3×M10</td><td>2×10</td></tr>
<tr><td>160</td><td>16～32</td><td>16～45</td><td rowspan="2">8,10</td><td>14,16</td><td>124</td><td rowspan="2">4×M12</td><td rowspan="2">4×M12</td><td rowspan="2">2×12</td></tr>
<tr><td>200</td><td>18～36</td><td rowspan="3">16～36</td><td>16,18</td><td>164</td></tr>
<tr><td>250</td><td>20～40</td><td>10,12</td><td>18,20</td><td>214</td><td>6×M12</td><td>4×M12</td><td>2×12</td></tr>
<tr><td>315</td><td>20～45</td><td>—</td><td>20,22</td><td>279</td><td>6×M12</td><td>4×M12</td><td>2×12</td></tr>
</table>

注：凹模板 H 系列数值：10，12，14，16，18，20，22，25，28，32，36，40，45。
固定板 H 系列数值：10，12，16，20，25，32，36，40，45。
垫板 H 系列数值：6，8，10，12。

8.3 模柄

中小型模具一般是通过模柄将上模固定在压力机滑块上。模柄是作为上模与压力机滑块连接的零件。《冲模模柄》标准规定模柄有压入式模柄、旋入式模柄、凸缘模柄、槽形模柄、浮动模柄和推入式活动模柄。限于篇幅，本章仅介绍前 3 种和第 5 种模柄的标准，基本满足学生设计的需要。其他模柄的特征和使用可参看相关设计手册。

8.3.1 冲模压入式模柄

压入式模柄装配后，模柄轴线与上模座有很好的垂直度，长期使用稳定可靠，模柄不会松动（可加骑缝销防转）。适用于各种中、小型冲模，是最常用的模柄。该模柄的结构形式和尺寸规格见表 8-6。

8.3.2 冲模旋入式模柄

旋入式模柄通过螺纹与上模座连接，并加螺钉防止松动。这种模具拆装方便，但模柄轴线与上模座的垂直度较差，多用于有导柱的中、小型冲模。该模柄的结构形式和尺寸规格见表 8-7。

表 8-6　压入式模柄（摘自 JB/T 7646.1—2008）　　（单位：mm）

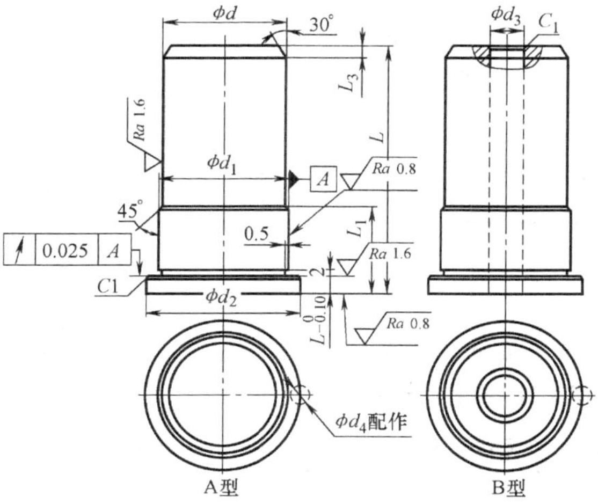

材料：Q235A、45钢
技术条件：按JB/T 7653—2008的规定。
标记示例：
d=32mm、L=80mm的A型压入式模柄：
模柄　A32×80　JB/T 7646.1—2008

Ra 6.3 （√）

d(js10)		d_1(m6)		d_2	L	L_1	L_2	L_3	d_3	d_4(H7)	
公称尺寸	极限偏差	公称尺寸	极限偏差							公称尺寸	极限偏差
20	±0.042	22	+0.021 +0.008	29	60～70	L-40	4	2	7	6	+0.012 0
25		26		33	65～80	L-45		2.5			
32	±0.050	34	+0.025 +0.009	42	80～95	L-55	5	3	11		
40		42		50	100～120	L-70	6	4			
50		52	+0.030 +0.011	61	105～130	L-70	8	5	15	8	+0.015 0
60	±0.060	62		71	115～145	L-75					

注：L 系列数值为 60，65，…，145（增量为 5）。

表 8-7　旋入式模柄（摘自 JB/T 7646.2—2008）　　（单位：mm）

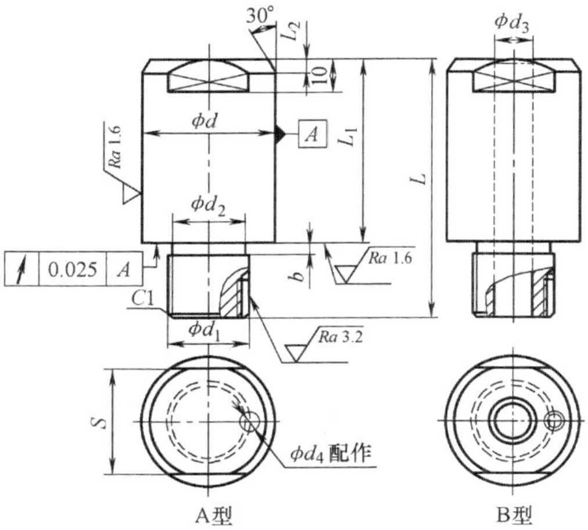

Ra 6.3 （√）

材料：Q235A、45 钢。
技术条件：按 JB/T 7653—2008 的规定。
标记示例：
d = 32mm 的 A 型旋入式模柄：
模柄 A 32JB/T 7646.2—2008

（续）

d(js10) 公称尺寸	d(js10) 极限偏差	d_1	L	L_1	L_2	S	d_2	d_3	d_4	b	C
20	±0.042	M16×1.5	58	40	2	17	14.5	11	M6	2.5	1
25			68	45	2.5	21					
32	±0.050	M20×1.5	79	56	3	27	18.0			3.5	1.5
40		M24×1.5	91	68	4	36	21.5				
50		M30×2.0			5	41	27.5	15	M8	4.5	2
60	±0.060	M36×2.5	100	73		50	33.5				

8.3.3　冲模凸缘模柄

凸缘模柄用 3～4 个螺钉紧固于上模座，模柄的凸缘与上模座的窝孔采用 H7/js6 过渡配合，多用于较大型模具。该模柄的结构形式和尺寸规格见表 8-8。

表 8-8　凸缘模柄结构形式和尺寸规格（摘自 JB/T 7646.3—2008）　（单位：mm）

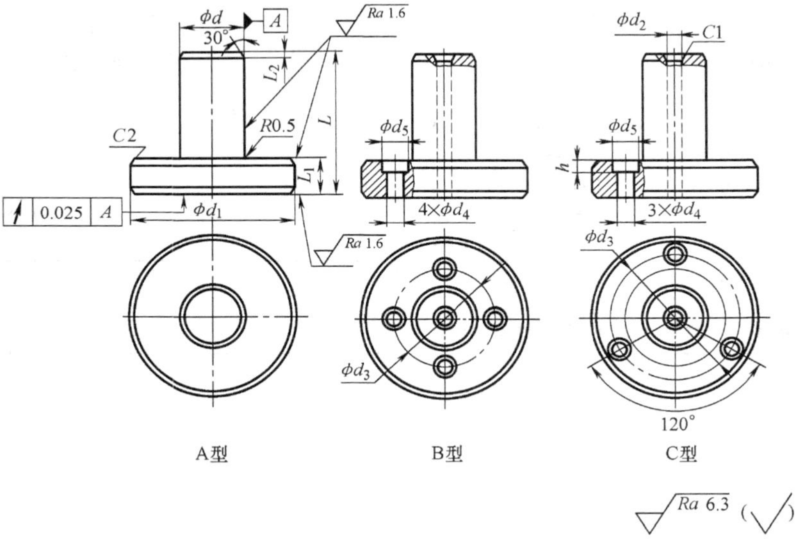

材料：Q235A、45 钢。
技术条件：按 JB/T 7653—2008 的规定。
标记示例：
d＝40mm 的 A 型凸缘模柄：
模柄 A 40 JB/T 7646.3—2008

公称尺寸 d	极限偏差 js10	d_1	L	L_1	L_2	d_2	d_3	d_4	d_5	h
20	±0.042	67	58	18	2	11	44	9	15	9
25		82	63		2.5		55			
32	±0.050	97	79	23	3		65			
40		122	91		4		81			
50		132			5	15	91	11	18	11
60	±0.060	142	96				101	13	22	13
70		152	100				110			

8.3.4　冲模浮动模柄

浮动模柄的主要特点是压力机的压力通过凹球面模柄和凸球面垫块传递到上模，以消除压力机导向误差对模具导向精度的影响，主要用于硬质合金模等精密导柱模。

该模柄的结构形式和尺寸规格见表 8-9。

表 8-9　浮动模柄结构形式和尺寸规格（摘自 JB/T 7646.5—2008）　（单位：mm）

表面粗糙度以微米为单位

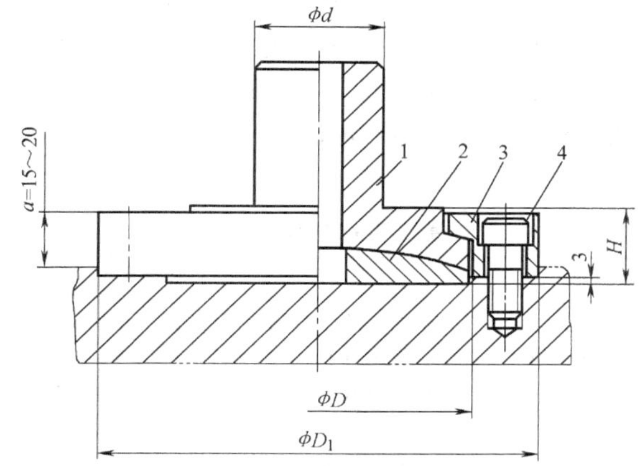

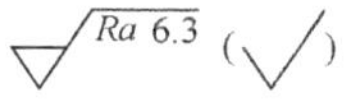

1—凹球面模柄　2—凸球面垫块　3—锥面压圈　4—螺钉

未注表面粗糙度为 R_a6.3μm。

标记示例：$d=40$mm、$D=85$mm、$D_1=120$mm 的浮动模柄标记为

浮动模柄　40×85×120　JB/T 7646.5—2008

公称尺寸				锥面压圈	凹球面模柄	凸球面垫块	螺钉
d	D	D_1	H				
25	46	74	21.5	74	25×24	46	M6×20
	50	80		80	25×48	50	
32	55	90	25	90	30×53	55	M8×25
	65	100		100	30×63	65	
	75	110	25.5	110	30×73	75	
	85	120	27	120	30×83	85	
40	65	100	25	100	40×63	65	
	75	110	25.5	110	40×73	75	
	85	120	27	120	40×83	85	
		130		130			M10×30
	95	140		140	40×93	95	
	105	150	29	150	40×103	105	
50	85	130	27	130	50×83	85	
	95	140		140	50×93	95	
	105	150	29	150	50×103	105	
	115	160		160	50×113	115	
	120	170	31.5	170	50×118	120	M12×30
	130	180		180	50×128	130	

注：1. 螺钉数量，当 $D_1 \leqslant 100$mm 时为 4 件，当 $D_1>100$mm 时为 6 件。

2. 标记应包括以下内容：①浮动模柄；②模柄直径 d，单位为 mm；③球面垫块直径 D，单位为 mm；④锥面压圈外径 D_1，单位为 mm；⑤本标准代号，即 JB/T 7646.5—2008。

8.4 模架、模座

根据导向形式的不同，冷冲模模架有导柱模模架和导板模模架两种。通常使用的冲模模架即指导柱模模架。导柱模模架由上、下模座和导柱、导套组成。导板模模架是一种无上模座的专用模座，导板（安装导套后）装在下模座的导柱上，冲压时对上模的凸模进行导向。根据模架导向用的导柱和导套间的配合性质不同，可分为滑动导向模架和滚动导向模架两大类。

导柱模模架的类别、形式和用途见表 8-10。

表 8-10　导柱模模架的类别、形式和用途

<table>
<tr><th colspan="2">模架类别</th><th>模　　架</th><th colspan="2">功能及用途</th></tr>
<tr><td rowspan="9">铸铁模架</td><td rowspan="5">滑动导向</td><td>对角导柱模架 GB/T 2851—2008</td><td colspan="2">模座对角中心线装有前(左侧)、后(右侧)导柱。冲压时受力平衡，上模座沿导柱运动平稳。适用于纵向或横向送料，使用面宽，常用于级进模或复合模，凹模周界范围(mm×mm)：63×50～500×500</td></tr>
<tr><td>后侧导柱模架 GB/T 2851—2008</td><td colspan="2">两导柱安装于模座后侧，可用于冲压较宽材料，且可用边角料。送料及操作方便，可纵向或横向送料。因有弯曲力矩，上模座沿导柱运动不平稳。主要用于一般精度要求的冲模，不宜用于大型模具。凹模周界范围(mm×mm)：63×50～400×250</td></tr>
<tr><td>中间导柱模架 GB/T 2851—2008</td><td colspan="2">两导柱安装于模座横向中心线上，仅适用于纵向送料。上模座沿导柱运动平稳，导向精度高。常用于弯曲模或复合模。凹模周界范围(mm×mm)：63×50～500×500</td></tr>
<tr><td>中间导柱圆形模架
GB/T 2851—2008</td><td colspan="2">常用于电动机行业冲模或冲压圆形制件的冲模。其余同中间导柱模架。凹模周界范围(mm×mm)：63～630</td></tr>
<tr><td>四导柱模架 GB/T 2851—2008</td><td colspan="2">模架受力平衡，导向精度高。适用于大型制件、精度很高的冲模，以及大批量生产的自动冲压生产线上的冲模。凹模周界范围(mm×mm)：160×125～630×400</td></tr>
<tr><td rowspan="4">滚动导向</td><td>对角导柱模架 GB/T 2852—2008</td><td>凹模周界范围(mm×mm)：80×63～250×200</td><td rowspan="4">滚动导向模架的导向精度高、运动刚性好，使用寿命长。主要用于高精度、高寿命的硬质合金冲模、高速高精度级进冲模等</td></tr>
<tr><td>中间导柱模架 GB/T 2852—2008</td><td>凹模周界范围(mm×mm)：80×63～250×200</td></tr>
<tr><td>四导柱模架 GB/T 2852—2008</td><td>凹模周界范围(mm×mm)：160×125～400×250</td></tr>
<tr><td>后侧导柱模架 GB/T 2852—2008</td><td>凹模周界范围(mm×mm)：80×63～200×160</td></tr>
<tr><td rowspan="8">钢板模架</td><td rowspan="4">滑动导向</td><td>后侧导柱模架 GB/T 23565.1—2009</td><td colspan="2">钢板模架具有强度高、加工工艺性较好等特点，但比铸铁模架稍贵。目前在精密模具中使用较多。凹模周界范围(mm×mm)：100×80～500×250</td></tr>
<tr><td>对角导柱模架 GB/T 23565.2—2009</td><td colspan="2">凹模周界范围(mm×mm)：100×80～800×400</td></tr>
<tr><td>中间导柱模架 GB/T 23565.3—2009</td><td colspan="2">凹模周界范围(mm×mm)：100×100～630×400</td></tr>
<tr><td>四导柱模架 GB/T 23565.4—2009</td><td colspan="2">凹模周界范围(mm×mm)：160×100～1000×630</td></tr>
<tr><td rowspan="4">滚动导向</td><td>后侧导柱模架 GB/T 23563.1—2009</td><td colspan="2">凹模周界范围(mm×mm)：100×80～500×250</td></tr>
<tr><td>对角导柱模架 GB/T 23563.2—2009</td><td colspan="2">凹模周界范围(mm×mm)：100×80～800×400</td></tr>
<tr><td>中间导柱模架 GB/T 23563.3—2009</td><td colspan="2">凹模周界范围(mm×mm)：100×100～630×400</td></tr>
<tr><td>四导柱模架 GB/T 23563.4—2009</td><td colspan="2">凹模周界范围(mm×mm)：160×100～1000×630</td></tr>
</table>

限于篇幅，本章只介绍铸铁滑动导向的模架和相应的模座。

8.4.1　冲模滑动导向模架

1. 对角导柱模架、后侧导柱模架和中间导柱圆形模架（表 8-11）

表 8-11　对角导柱模架、后侧导柱模架和中间导柱圆形模架（摘自 GB/T 2851—2008）

（单位：mm）

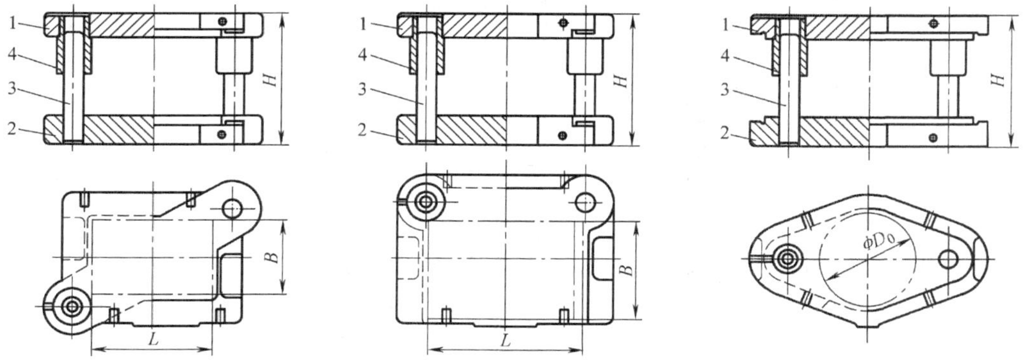

a) 对角导柱模架　b) 后侧导柱模架　c) 中间导柱圆形模架

1—上模座　2—下模座　3—导柱　4—导套

技术条件：按 JB/T 8050—2008 的规定。

标记示例：$L=250$mm，$B=200$mm，闭合高度 $H=(200\sim245)$mm，Ⅰ级精度的冲模滑动导向对角导柱模架：

滑动导向模架　对角导柱　250×200×(200～245)　Ⅰ　GB/T 2851—2008

凹模周界 $L\times B$ 或 D_0			闭合高度（参考）H		零件件号（数量）、名称、标准编号及规格							
					1(1)	2(1)	3(1)			4(1)		
					上模座	下模座	导柱 GB/T 2861.1			导套 GB/T 2861.3		
					GB/T 2855							
L	B	D_0	最小	最大	厚度		直径		长度	内径		长度×（压配）长度
63	50	—	100，100	115，125	20	25	16	18	90，100	16	18	60×18
			110，120	130，140	25	30			100，110			65×23
63	63	63	100，110	115，125	20	25			90，100			60×18
			110，120	130，140	25	30			100，110			65×23
80		—	110，130	130，150	25	30	18	20	100，120	18	20	65×23
			120，140	145，165	30	40			110，130			70×28
100			110，130	130，150	25	30			100，120			65×23
			120，140	145，165	30	40			110，130			70×28
80	80	80	110，130	130，150	25	30	20	22	100，120	20	22	65×23
			120，140	145，165	30	40			110，130			70×28
100		—	110，130	130，150	25	30			100，120			65×23
			120，140	145，165	30	40			110，130			70×28
125			110，130	130，150	25	30			100，120			65×23
			120，140	145，165	30	40			110，130			70×28
100	100	100	110，130	130，150	25	30			100，120			65×23
			120，140	145，165	30	40			110，130			70×28
125	100	—	120，140	150，165	30	35	22	25	110，130	22	25	80×28
			140，160	170，190	35	45			130，150			80×33
160			140，160	170，190	35	40	25	28	130，150	25	28	85×33
			160，190	195，225	40	50			150，180			90×38
200			140，160	170，190	35	40			130，150			85×33
			160，190	195，225	40	50			150，180			90×38

（续）

凹模周界 $L \times B$ 或 D_0			闭合高度（参考）H		零件件号（数量）、名称、标准编号及规格							
					1(1)	2(1)	3(1)			4(1)		
					上模座 GB/T 2855	下模座 GB/T 2855	导柱 GB/T 2861.1			导套 GB/T 2861.3		
L	B	D_0	最小	最大	厚度		直径		长度	内径		长度×（压配）长度
125	125	125	120,140	150,165	30	35	22	25	110,130	22	25	80×28
			140,160	170,190	35	45			130,150			85×33
160		—	140,160	170,190	35	40	25	28	130,150	25	25	85×33
			170,190	205,225	40	50			160,180			95×38
200			140,160	170,190	35	40			130,150			85×38
			170,190	205,225	40	50			160,180			95×38
250			160,180	200,220	40	45	28	32	150,170	28	32	100×38
			190,210	235,255	45	55			180,200			110×43
160	160	160	160,180	200,220	40	45			150,170			100×38
			190,210	235,255	45	55			180,200			110×43
200		—	160,180	200,220	40	45			150,170			100×38
			190,210	235,255	45	55			180,200			110×43
250			170,200	210,240	45	50	32	35	160,190	32	35	105×43
			200,220	245,265	50	60			190,210			115×48
200	200	200	170,200	210,240	45	50			160,190			105×43
			200,220	245,265	50	60			190,210			115×48
250		—	170,200	210,240	45	50			160,190			105×43
			200,220	245,265	50	60			190,210			115×48
315			190,220	230,260	45	55	35	40	180,210	35	40	115×43
			210,240	255,285	50	65			200,230			125×48
250	250	250	190,220	230,260	45	55			180,210			115×43
			210,240	255,285	50	65			200,230			125×48
315		—	215,245	250,280	50	60	40	45	200,230	40	45	125×48
			245,275	290,320	55	70			230,260			140×53
400			215,245	250,280	50	60			200,230			125×48
			245,275	290,320	55	70			230,260			140×53
315	315	315	215,245	250,280	50	60	45	50	200,230	45	50	125×48
			245,275	290,320	55	70			230,260			140×53
400		—	245,275	290,315	55	65			230,260			140×53
			275,305	320,350	60	75			260,290			150×58
500			245,275	290,315	55	65			230,260			140×53
			275,305	320,350	60	75			260,290			150×58
400	400	400	245,275	290,315	55	65	45	50	230,260	45	50	140×53
			275,305	320,350	60	75			260,290			150×58
630		—	240,270	280,305	55	65	50	55	220,250	50	55	150×53
			270,300	310,340	65	80			250,280			160×63
500	500	500	260,290	300,325	55	65			240,270			150×53
			290,320	330,360	65	80			270,300			160×63
—		630	270,300	310,340	60	70	55	60	250,280	55	60	160×58
			310,340	350,380	75	90			290,320			170×73

注：1. 上、下模座规格为凹模周界×厚度，导柱规格为直径×长度，导套规格为内径×长度×（压配）长度。
2. 上、下模座标准编号分别为 GB/T 2855.1—2008 和 GB/T 2855.2—2008。
3. 后侧导柱模架两对导柱、导套规格相同，就按件 3 与件 4 的尺寸，其余模架两对导柱、导套规格不同，按表中数值各选 1 件。
4. 后侧导柱模架凹模周界范围最大为 400mm×250mm。
5. 同一行参数中标注相同个数的数字，其数值分别一一对应，如 $L \times B = 630 \times 400$。

2. 中间导柱模架（表 8-12）

表 8-12　中间导柱模架（摘自 GB/T 2851—2008）　（单位：mm）

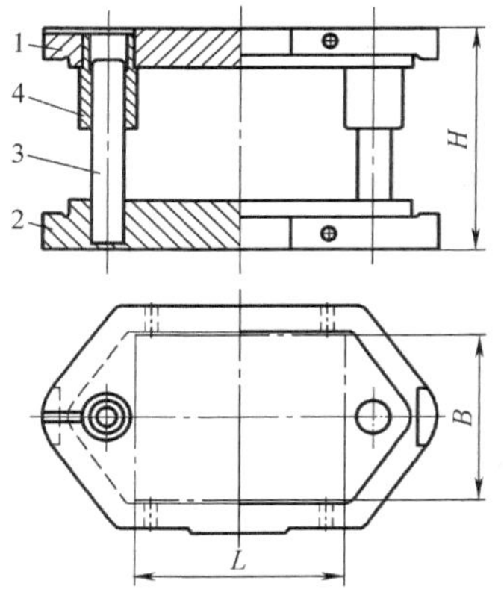

技术条件：按 JB/T 8050—2008 规定。

标记示例：L = 250mm，B = 200mm，闭合高度 H =（200 ~ 245）mm，Ⅰ级精度的冲模滑动导向中间导柱模架：

滑动导向模架　中间导柱　250mm × 200mm ×（200 ~ 245）mm　Ⅰ　GB/T 2851—2008

1—上模座　2—下模座　3—导柱　4—导套

凹模周界 $L \times B$		闭合高度（参考）H		零件件号（数量）、名称、标准编号及规格							
				1(1)	2(1)	3(2)			4(2)		
				上模座	下模座	导柱 GB/T 2861.1			导套 GB/T 2861.3		
				GB/T 2855							
L	B	最小	最大	厚度		直径		长度	内径		长度 ×（压配）长度
63	50	100,110	115,125	20	25	16	18	90,100	16	18	60 × 18
		110,120	130,140	25	30			100,110			65 × 23
63	63	100,110	115,125	20	25			90,100			60 × 18
		110,120	130,140	25	30			100,110			65 × 23
80		110,130	130,150	25	30	18	20	100,120	18	20	65 × 23
		120,140	145,165	30	40			110,130			70 × 28
100		110,130	130,150	25	30			100,120			65 × 23
		120,140	145,165	30	40			110,130			70 × 28
80	80	110,130	130,150	25	30	20	22	100,120	20	22	65 × 23
		120,140	145,165	30	40			110,130			70 × 28
100		110,130	130,150	25	30			100,120			65 × 23
		120,140	145,165	30	40			110,130			70 × 28
125		110,130	130,150	25	30			100,120			65 × 23
		120,140	145,165	30	40			110,130			70 × 28
140		120,140	150,165	30	35			110,130			80 × 28
		140,160	170,190	35	45			130,150			80 × 33
100	100	110,130	130,150	25	30			100,120			65 × 23
		120,140	145,165	30	40			110,130			70 × 28
125		120,140	150,165	30	35	22	25	110,130	22	25	80 × 28
		140,160	170,190	35	45			130,150			80 × 33
140		120,140	150,165	30	35			110,130			80 × 28
		140,160	170,190	35	45			110,130			80 × 33
160		140,160	170,190	35	40	25	28	130,150	25	28	85 × 33
		160,190	195,225	40	50			150,180			90 × 38
200		140,160	170,190	35	40			130,150			85 × 33
		160,190	195,225	40	50			150,180			90 × 38

（续）

凹模周界 L×B		闭合高度（参考）H		零件件号（数量）、名称、标准编号及规格							
				1(1)	2(1)	3(2)			4(2)		
				上模座	下模座	导柱 GB/T 2861.1			导套 GB/T 2861.3		
				GB/T 2855							
L	B	最小	最大	厚度		直径		长度	内径		长度×（压配）长度
125	125	120,140	150,165	30	35	22	25	110,130	22	25	80×28
		140,160	170,190	35	45			130,150			85×33
140		140,160	170,190	35	40	25	28	130,150	25	28	85×33
		160,190	195,225	40	50			130,150			90×33
160		140,160	170,190	35	40			130,150			85×33
		170,190	205,225	40	50			160,180			95×38
200		140,160	170,190	35	40			130,150			85×33
		170,190	205,225	40	50			160,180			95×38
250	125	160,180	200,220	40	45	28	32	150,170	28	32	100×38
		190,210	235,255	45	55			180,200			110×43
250	200	170,200	210,240	45	50	32	35	160,190	43	48	105×43
		200,220	245,265	50	60			190,210			115×48
280		190,220	230,260	45	55	35	40	180,210			115×43
		210,240	255,285	50	65			200,230			125×48
315		190,220	230,260	45	55	35	40	180,210	35	40	115×43
		210,240	255,285	50	65			200,230			125×48
280	250	190,220	230,260	45	55			180,210			115×43
		210,240	255,285	50	65			200,230			125×48
315		215,245	250,280	50	60	40	45	200,230	40	45	125×48
		245,275	290,320	55	70			230,260			140×53
400		215,245	250,280	50	60			200,230			125×48
		245,275	290,320	55	70			230,260			140×53
280	280	215,245	250,280	50	60	40	45	200,230			125×48
		245,275	290,320	55	60			230,260			140×53
315		215,245	250,280	50	60			200,230			125×48
		245,275	290,320	55	70			230,260			140×53
400		215,245	250,280	50	60			200,230			125×48
		245,275	290,320	55	70			230,260			140×53
315	315	215,245	250,280	50	60	45	50	200,230	45	50	125×48
		245,275	290,320	55	70			230,260			140×53
400		245,275	290,315	55	65			230,260			140×53
		275,305	320,350	60	75			260,290			150×58
500		245,275	290,315	55	65			230,260			140×53
		275,305	320,350	60	75			260,290			150×58
400	400	245,275	290,315	55	65	50	55	230,260	50	55	140×53
		275,305	320,350	60	75			260,290			150×58
630		240,270	280,305	55	65			220,250			150×53
		270,300	310,340	65	80			250,280			160×63
500	500	260,290	300,325	55	65	55	60	240,270	55	60	150×53
		290,320	330,360	65	80			270,300			160×63

3. 四导柱模架（表 8-13）

表 8-13 四导柱模架（摘自 GB/T 2851—2008） （单位：mm）

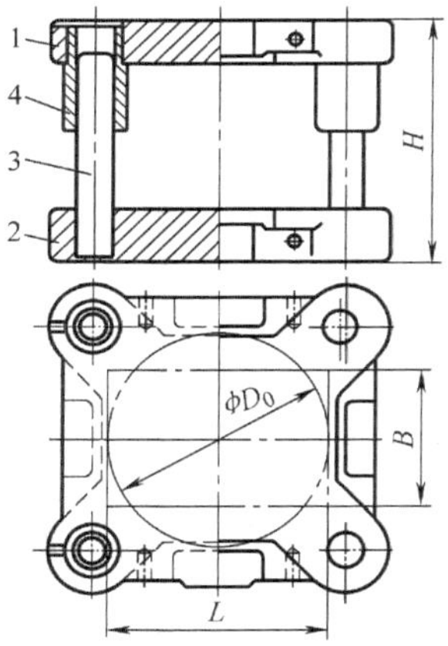

1—上模座 2—下模座 3—导柱 4—导套

技术条件：按 JB/T 8050—2008 规定。

标记示例：

$L=250$mm，$B=200$mm，闭合高度 $H=(200\sim245)$mm，

Ⅰ级精度的四导柱模架：

四导柱模架 250×200×(200～245) Ⅰ GB/T 2851—2008

凹模周界			闭合高度（参考）H		零件件号（数量）、名称、标准编号及规格					
					1(1)	2(1)	3(4)		4(4)	
					上模座	下模座	导柱 GB/T 2861.1		导套 GB/T 2861.6	
L	B	D_0	最小	最大	厚度		直径	长度	内径	长度×(压配)
160	125	160	140,160	170,190	35	40	25	130,150	25	85×33
			170,190	205,225	40	50		160,180		95×38
200	160	200	160,180	200,220	40	45	28	150,170	28	100×38
			190,210	235,255	45	55		180,200		110×43
250		250	170,200	210,240	45	50	32	160,190	32	105×43
			200,220	245,265	50	60		190,210		115×48
250	200		170,200	210,240	45	50		160,190		105×43
			200,220	245,265	50	60		190,210		115×48
315			190,220	230,260	45	55	35	180,210	35	115×43
			210,240	255,285	50	65		200,230		125×48
315	250		215,245	250,280	50	60	40	200,230	40	125×48
			245,275	290,320	55	70		230,260		140×53
400			215,245	250,280	50	60		200,230		125×48
			245,275	290,320	55	70		230,260		140×53
400	315		245,275	290,315	55	65	45	230,260	45	140×53
			275,305	320,350	60	75		260,290		150×58
500			245,275	290,315	55	65		230,260		140×53
			275,305	320,350	60	75		260,290		150×58
630			260,290	300,325	55	65	50	240,270	50	150×53
			290,320	330,360	65	80		270,300		160×63
500	400		260,290	300,325	55	65		240,270		150×53
			290,320	330,360	65	80		270,300		160×63
630			260,290	300,325	55	65		240,270		150×53
			290,320	330,360	65	80		270,300		160×63

注：1. 上、下模座规格为凹模周界×厚度，导柱规格为直径×长度，导套规格为内径×长度×（压配）长度。

2. 后侧两个导柱中心距比前侧两个导柱中心距小 3mm。

3. 同一行参数中标注相同个数的数字，其数值需一一对应。

8.4.2 冲模滑动导向模座

下面是以 GB/T 2855.1—2008《冲模滑动导向模座 第 1 部分：上模座》和 GB/T 2855.2—2008《冲模滑动导向模座 第 2 部分：下模座》中摘录出来的部分铸铁滑动上模座、下模座的结构、尺寸规格和标记，适用于冲模滑动导向用上模座和下模座，同时还给出了材料指南和技术要求。

1. 对角导柱模座（表 8-14）

表 8-14　对角导柱模座　　（单位：mm）

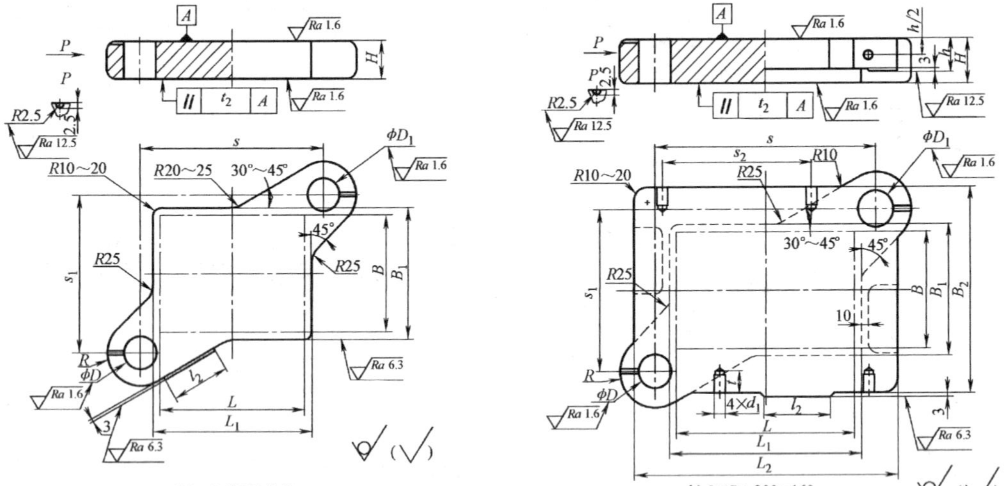

a) $L \times B \leqslant 200 \times 160$　　b) $L \times B > 200 \times 160$

对角导柱上模座(GB/T 2855.1—2008)

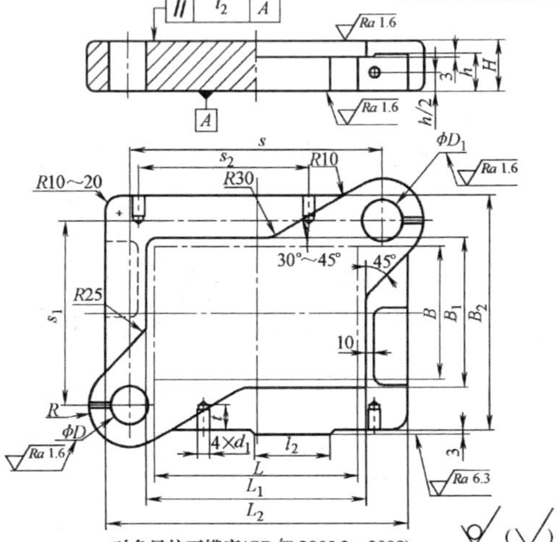

对角导柱下模座(GB/T 2855.2—2008)

材料：HT200。

技术条件：按 JB/T 8070—2008 的规定。

标记示例：

$L = 250\text{mm}, B = 200\text{mm}, H = 50\text{mm}$ 的滑动导向对角导柱上模座：

滑动导向上模座　对角导柱 250 × 200 × 50 GB/T 2855.1—2008

$L = 250\text{mm}, B = 200\text{mm}, H = 60\text{mm}$ 的滑动导向对角导柱下模座：

滑动导向下模座　对角导柱 250 × 200 × 60 GB/T 2855.2—2008

（续）

凹槽周界		H		h		L_1	B_1	L_2		B_2		s	s_1	R	l_2	上模座				下模座				d_1	t	s_2
																D(H7)		D_1(H7)		D(R7)		D_1(R7)				
L	B	上模座	下模座	上模座	下模座			上模座	下模座	上模座	下模座					公称尺寸	极限偏差	公称尺寸	极限偏差	公称尺寸	极限偏差	公称尺寸	极限偏差			
63	50	20,25	25,30	—	20	70	60	—	125	—	100	100	85	28	40	25	+0.021 0	28	+0.021 0	16	−0.016 −0.034	18	−0.016 −0.034	—	—	—
63	63					70			130		110		95													
80		25,30	30,40			90	70		150		120	120	105	32	60	28		32	+0.025 0	18		20	−0.020 −0.041			
100						110			170			140														
80	80					90	90		150		140	125	125	35		32	+0.025 0	35		20	−0.020 −0.041	22				
100			30						170			145														
			40		25	110																				
125			30,40			130			200			170														
100	100					110	110		180		160	145	145													
125		30,35	35,45			130			200			170		38		35		38		22		25				
160		35,40	40,50		30	170			240			210	150	42	80	38		42		25		28				
200						210			280			250														
125	125	30,35	35,45		25	130	130		200		190	170	175	38	60	35		38		22		25				
160		35,40	40,50		30	170			250			210		42	80	38		42		25		28				
200						210			290			250														
250		40,45	45,55		35	260			340			305	180	45	100	42		45		28		32				
160	160					170	170		270		230	215	215		80											
200						210			310			255											−0.025 −0.050			
250		45,50	50,60	30	40	260		360		230		310	220	50	100	45		50		32	−0.025 −0.050	35		M14 -6H	28	210
200	200					210	210	320		270		260	260		80											180
250		50,55	55,65			260		370				310			100											220
315						325		435				380	265	55		50		55	+0.030 0	35		40				280
250	250					360	260	380		330		315	315											M16 -6H	32	210
315		50,55	60,70	35	45	325		445				385	320	60		55	+0.030 0	60		40		45				290
400						410		540				470														350
315	315					325	325	460		400		390	390	65		60		65		45		50	−0.025 −0.050	M20 -6H	40	280
400		55,60	65,75	40		410		550				475														340
500						510		655				575														460
400	400					410	410	560		490		475	475													370
630		55,65	65,80			640		780				710	480	70		65		70		50		55	−0.030 −0.060			580
500	500					510	510	650		590		580	580													460

注：1. 压板台的形状和平面尺寸由制造者决定。

2. 安装 B 型导柱时，下模座的 D（R7）、D_1（R7）改为 D（H7）、D_1（H7）。

2. 后侧导柱模座（表 8-15）

表 8-15　后侧导柱模座　　（单位：mm）

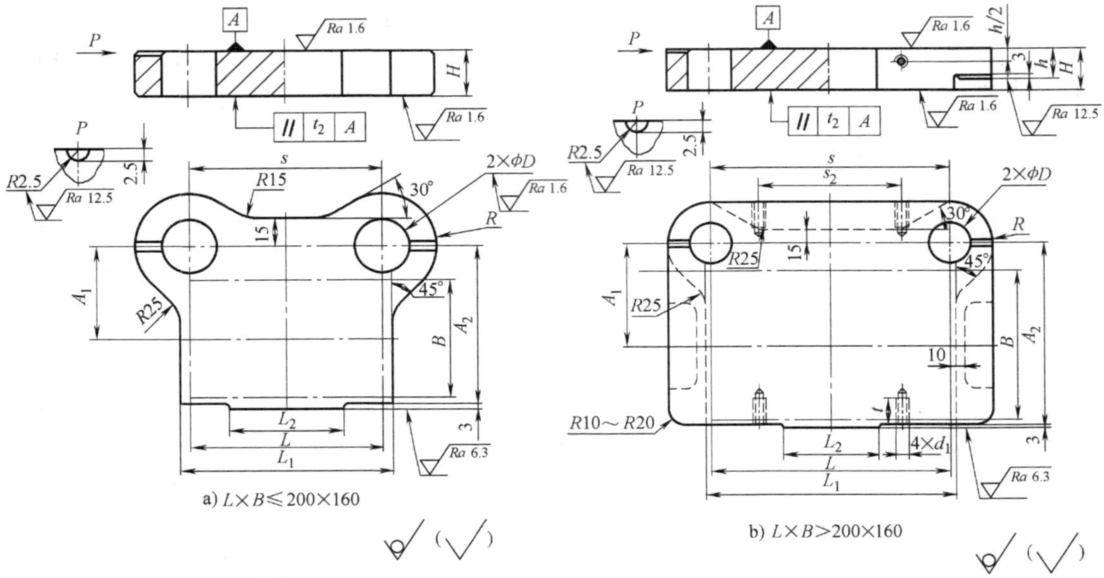

a) $L \times B \leqslant 200 \times 160$

b) $L \times B > 200 \times 160$

后侧导柱上模座(GB/T 2855.1—2008)

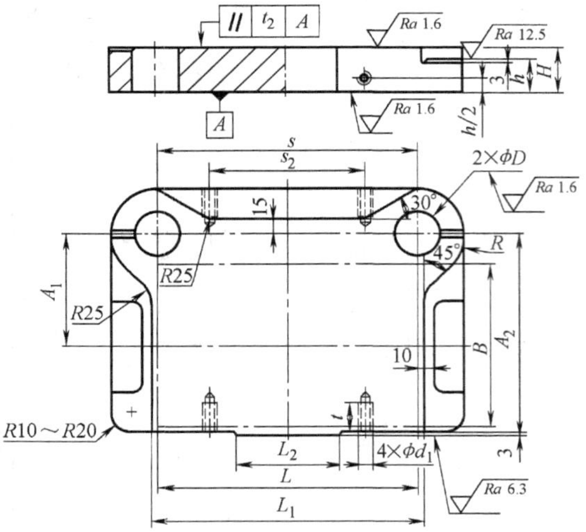

后侧导柱下模座(GB/T 2855.2—2008)

材料：HT200。

技术条件：按 JB/T 8070—2008 的规定。

标记示例：

L = 250mm，B = 200mm，H = 50mm 的滑动导向后侧导柱上模座：

滑动导向上模座　后侧导柱 250 × 200 × 50 GB/T 2855. 1—2008

L = 250mm，B = 200mm，H = 60mm 的滑动导向后侧导柱下模座：

滑动导向下模座　后侧导柱 250 × 200 × 60 GB/T 2855. 2—2008

（续）

凹模周界		H		h		L_1	s	A_1	A_2	R	L_2	上模座		下模座		d_1	t	s_2
												D(H7)		D(R7)				
L	B	上模座	下模座	上模座	下模座							公称尺寸	极限偏差	公称尺寸	极限偏差			
63	50	20,25	25,30	—	20	70	70	45	75	25	40	25	+0.021 0	16	-0.016 -0.034	—	—	—
63	63					70	70	50	85									
80		25,30	30,40			90	94			28	60	28		18				
100						110	116											
80	80					90	94	65	110	32		32	+0.025 0	20	-0.020 -0.041			
100						110	116											
125					25	130	130											
100	100					110	116	75	130									
125		30,35	35,40			130	130			35		35		22				
160		35,40	40,50		30	170	170			38	80	38		25				
200						210	210											
125	125	30,35	35,45		25	130	130	85	150	35	60	35		22				
160		35,40	40,50		30	170	170			38	80	38		25				
200						210	210											
250		40,45	45,55		35	260	250			42	100	42		28				
160	160					170	170	110	195		80					M14-6H	28	
200						210	210											
250		45,50	50,60	30	40	260	250			45	100	45		32	-0.025 -0.050			150
200	200					210	210	130	235		80							120
250						260	250				100							150
315			55,60			325	305			50		50		35				200
250	250					260	250	160	290							M16-6H	32	140
315		50,55	60,70	35	45	325	305			55		55	+0.030 0	40				200
400						410	390											280

注：1. 压板台的形状和平面尺寸由制造者决定。

2. 安装 B 型导柱时，下模座 D（R7）改为 D（H7）。

3. 中间导柱模座（表 8-16 ）

表 8-16　中间导柱模座

（单位：mm）

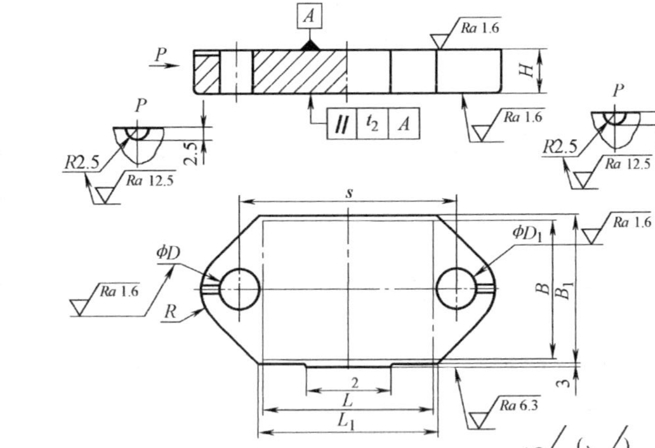

a) $L \times B \leqslant 200 \times 160$

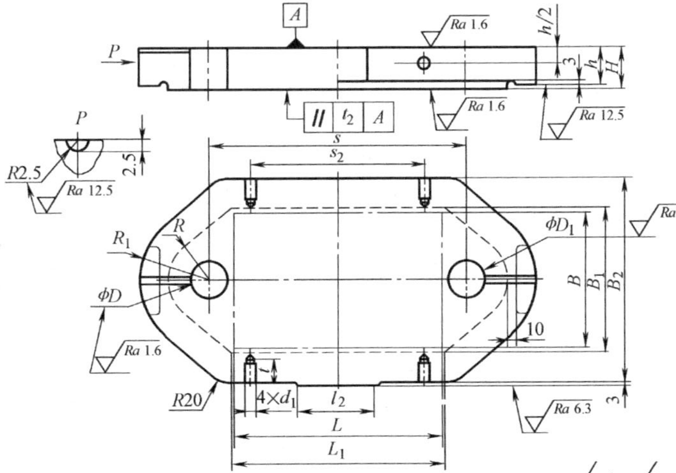

b) $L \times B > 200 \times 160$
中间导柱上模座(GB/T 2855.1—2008)

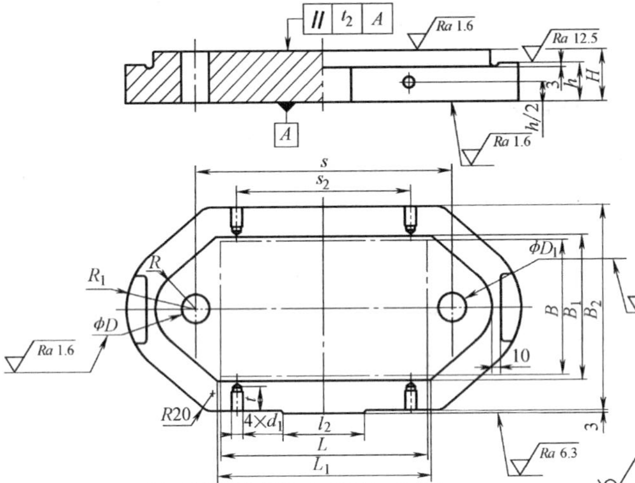

中间导柱下模座(GB/T 2855.2—2008)

材料：HT200。
技术条件：按 JB/T 8070—2008 规定。
标记示例：
$L = 250$mm，$B = 200$mm，$H = 55$mm 的滑动导向中间导柱上模座：滑动导向上模座
中间导柱 250 × 200 × 55 GB/T 2855. 1—2008
$L = 250$mm，$B = 200$mm，$H = 65$mm 的滑动导向中间导柱下模座：滑动导向下模座
中间导柱 250 × 200 × 65 GB/T 2855. 2—2008

（续）

凹槽周界		H		h		L_1	B_1	B_2		s	R	R_1	l_2	上模座				下模座				d_1	t	s_2
														D(H7)		D_1(H7)		D(R7)		D_1(R7)				
L	B	上模座	下模座	上模座	下模座			上模座	下模座					公称尺寸	极限偏差	公称尺寸	极限偏差	公称尺寸	极限偏差	公称尺寸	极限偏差			
63	50	20,25	25,30	—	20	70	60	—	100	100	28	44	40	25	+0.021 0	28	+0.021 0	16	-0.016 -0.034	18	-0.016 -0.034	—	—	—
63	63		30,40			70	70		110															
80		25,30				90			120	120	32	55	60	28		32	+0.025 0	18		20	-0.020 -0.041			
100						110				140														
80	80					90	90		140	125	35	60		32	+0.025 0	35		20	-0.020 -0.041	22				
100						110				145														
125					25	130				170														
100	100					110	110		160	145														
125		30,35	35,45			130				170	38	68		35		38		22		25				
160		35,40	40,50		30	170				210	42	75	80	38		42		25		28				
200						210				250														
125	125	30,35	35,45		25	130	130		190	170	38	68	60	35		38		22		25	-0.025 -0.050			
160		35,40	40,50		30	170				210	42	75	80	38		42		25		28				
200		40,45	40,55			210				250														
250			45,55		35	260				305	45	80	100	42		45		28		32				
160	160					170	170		230	215			80											
200						210				255														
250		45,50	50,60	40	40	260		230		310	50	85	100	45		50		32	-0.025 -0.050	35		M14-6H	28	210
200	200					210	210	270		260			80											170
250						260				310			100											210
315			55,65			325				380	55	95		50		55	+0.030 0	35		40				260
250	250					360	260	330		315												M16-6H	32	210
315		50,55	60,70	45	45	325				385	60	105		55	+0.030 0	60		40		45				260
400						400				470														340
315	315					325	325	400		390	65	115		60		65		45		50		M20-6H	40	220
400		55,60	65,75			410				475														340
500						510				575														440
400	400					410	410	490		475														360
630		55,65	65,80			640				710	70	125		65		70		50		55	-0.030 -0.060			570
500	500					510	510	590		580														440

注：1. 压板台的形状和平面尺寸由制造厂决定；

2. 安装 B 型导柱时，下模座 D（R7）、D_1（R7）改为 D（H7）、D_1（H7）。

4. 中间导柱圆形模座（表 8-17）

表 8-17　中间导柱圆形模座

（单位：mm）

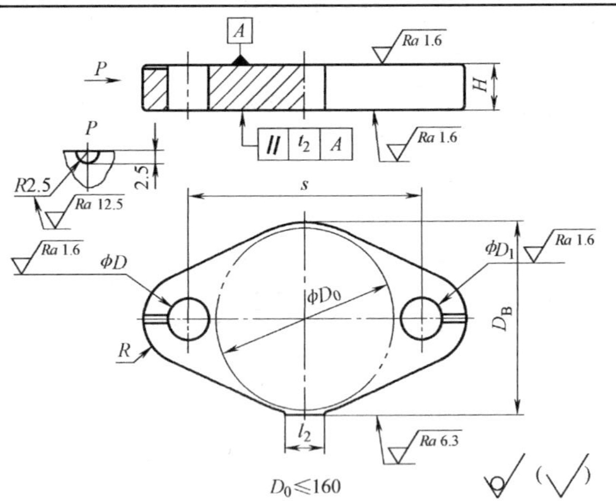

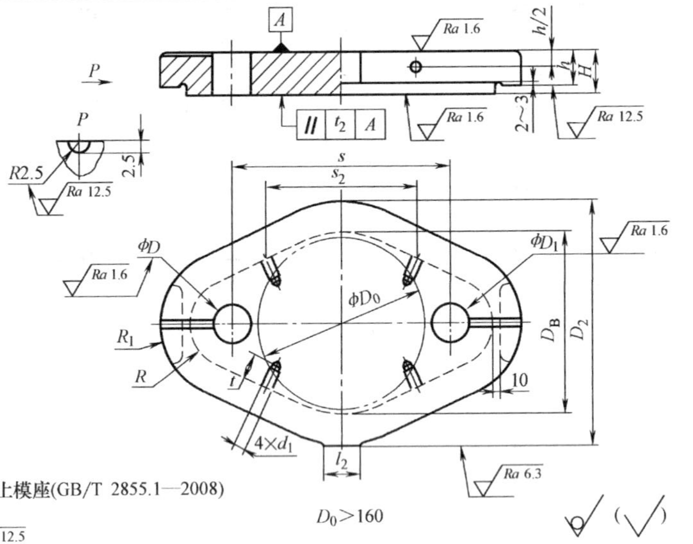

中间导柱圆形上模座(GB/T 2855.1—2008)

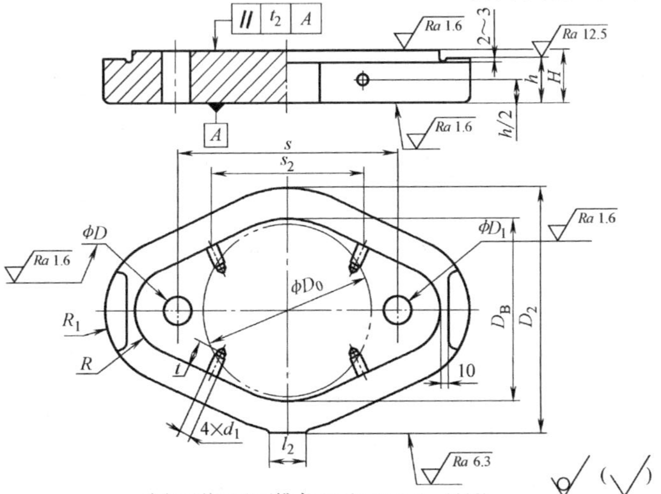

中间导柱圆形下模座(GB/T 2855.2—2008)

材料：HT200。

技术条件：按 JB/T 8070—2008 的规定。

标记示例：

D_0 = 250mm，H = 45mm 的滑动导向中间导柱圆形上模座：

滑动导向上模座　中间导柱圆形 250 ×45　GB/T 2855. 1—2008

D_0 = 250mm，H = 55mm 的滑动导向中间导柱圆形下模座：

滑动导向下模座　中间导柱圆形 250 ×55　GB/T 2855. 2—2008

（续）

凹模周界 D_0	H		h		D_B	D_2		s	R	R_1		l_2	上模座				下模座				d_1	t	s_2
													D(H7)		D_1(H7)		D(R7)		D_1(R7)				
	上模座	下模座	上模座	下模座		上模座	下模座			上模座	下模座		公称尺寸	极限偏差	公称尺寸	极限偏差	公称尺寸	极限偏差	公称尺寸	极限偏差			
63	20,25	25,30	—	20	70	—	102	100	28	—	44	50	25	+0.021 0	28	+0.021 0	16	-0.016 -0.034	18	-0.016 -0.034	—	—	—
80	25,30	30,40			90		136	125	35		58	60	32	+0.025 0	35	+0.025 0	20	-0.020 -0.041	22	-0.020 -0.041			
100					110		160	145			60												
125	30,35	35,45		25	130		190	170	38		68	80	35		38		22		25				
160	40,45	45,55		35	170		240	215	45		80		42		45		28		32	-0.025 -0.050			
200	45,50	50,60	30	40	210	280		260	50	85		100	45		50		32	-0.025 -0.050	35		M14-6H	28	180
250		55,65			260	340		315	55	95			50		55	+0.030 0	35		40		M16-6H	32	220
315	50,55	60,70	35	45	325	425		390	65	115			60	+0.030 0	65		45		50		M20-6H	40	280
400	55,60	65,75			410	510		475															380
500	55,65	65,80	40		510	620		580	70	125			65		70		50		55	-0.030 -0.060			480
630	60,75	70,90			640	758		720	76	135			70		76		55	-0.030 -0.060	76				600

注：1. 压板台的形状和平面尺寸由制造者决定。

2. 安装 B 型导柱时，下模座 D（R7）、D_1（R7）改为 D（H7）、D_1（H7）。

5. 四导柱模座（表 8-18）

表 8-18　四导柱模座　　（单位：mm）

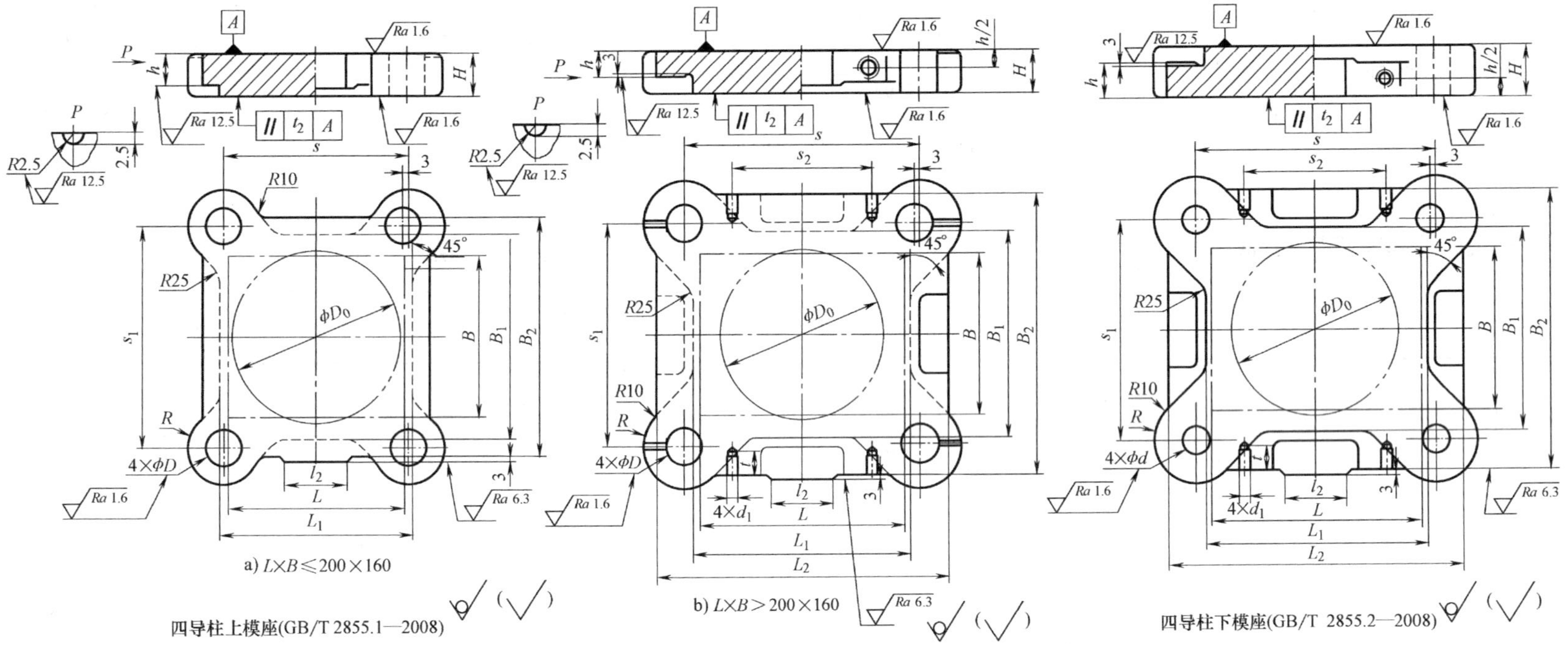

a) $L\times B\leqslant 200\times 160$

b) $L\times B>200\times 160$

四导柱上模座(GB/T 2855.1—2008)

四导柱下模座(GB/T 2855.2—2008)

材料：HT200。

技术条件：按 JB/T 8070—2008 的规定。

标记示例：

$L=250$mm，$B=200$mm，$H=50$mm 的滑动导向四导柱上模座：

滑动导向上模座　四导柱 250×200×50　GB/T 2855. 1—2008

$L=250$mm，$B=200$mm，$H=60$mm 的滑动导向四导柱下模座：

滑动导向下模座　四导柱 250×200×60　GB/T 2855. 2—2008

（续）

凹模周界			H		h		L_1	B_1	L_2	B_2	s	s_1	R	l_2	上模座		下模座		d_1	t	s_2
															D(H7)		D(R7)				
L	B	D_0	上模座	下模座	上模座	下模座									公称尺寸	极限偏差	公称尺寸	极限偏差			
160	125	160	35,40	40,45	20	30	170	160	240	230	175	190	38	80	38	+0.025 0	25	-0.021 -0.041	—	—	—
200	160	200	40,45	45,55	25	35	210	200	290	280	220	215	42		42		28				
250		—	45,50	50,60	30	40	260		340		265		45		45		32	-0.025 -0.050	M14-6H	28	170
250	200	250						250		330		260									
315		—		55,65			325		425		340		50	100	50	+0.030 0	35		M16-6H	32	200
315	250		50,55	60,70	35	45		300		400		315	55		55		40				230
400							410		500		410										290
400	315		55,60	65,75	40		410	375	510	495		390	60		60		45	-0.030 -0.060	M20-6H	40	300
500							510		610		510										380
630			55,65	65,80			640		750		640		65		65		50				500
500	400						510	460	620	590	510	480									380
630							640		750		640										500
800			60,75	70,90		50	810		930		810		70		70		55		M24-6H	46	650
630	500				45		640	580	760	710	640	590									500
800			70,85	80,100			810		940		810		76		76		60				650
1000							1010		1140		1010										800
800	630						810	700	940	840	810	720									650
1000							1010		1140		1010										800

注：1. 压板台的形状和平面尺寸由制造者决定。

2. 安装B型导柱时，下模座 D（R7）改为 D（H7）。

8.5　导柱、导套

模具标准中有多种导柱、导套，以提供给不同使用场合选用。下面只介绍用于铸铁滑动导向模架的 A 型导柱、导套和 B 型导柱、导套的尺寸规格。

8.5.1　导柱

用于铸铁滑动导向模架的 A 型、B 型导柱都为压入式（不可拆卸）导柱。A 型导柱为直通式结构，全长只有一个公称尺寸 d 按基轴制加工，与模座孔的配合为 R7/h6 或 R7/h5。B 型导柱为阶梯式结构，两头的公称尺寸是一样的，但制作公差因两头配合性质不同而不一样，与模座孔固定部分加工成 H7/r6 配合。为便于装配，导柱固定端有 3mm×3°的引入部分。A 型导柱、B 型导柱的结构形式和尺寸规格表 8-19。

表 8-19　导柱（摘自 GB/T 2861.1—2008）　　（单位：mm）

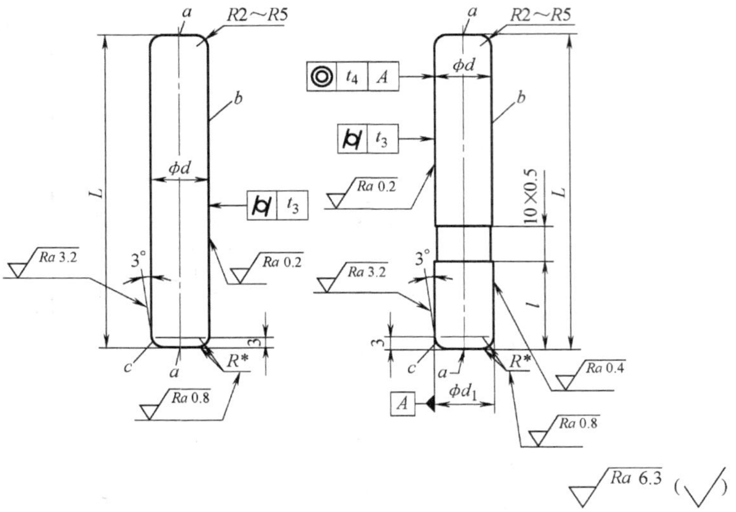

材料：20Cr、GCr15 钢

热处理：20Cr 渗碳深度（0.8～1.2）mm，硬度（58～62）HRC；GCr15 硬度（58～62）HRC。

技术条件：按 JB/T 8070—1995 的规定，图中 R^* 由制造厂决定；t_3、t_4 应符合 JB/T 8071 的规定。其他应符合 JB/T 8070—2008 的规定

标记示例：

（1）d = 20mm，L = 120mm 的滑动导向 A 型导柱：滑动导向导柱 A　20×120　GB/T 2861.1—2008

（2）d = 20mm，L = 120mm，l = 30mm 的滑动导向 B 型导柱：滑动导向导柱 B　20×120×30　GB/T 2861.2—2008

A 型导柱（GB/T 2861.1—2008）　　B 型导柱（GB/T 2861.2—2008）

公称尺寸（d、d_1）	极限偏差			L	l	公称尺寸（d、d_1）	极限偏差			L	l
	d		d_1				d		d_1		
	（h5）	（h6）	（r6）				（h5）	（h6）	（r6）		
16	0 -0.008	0 -0.011	+0.034 +0.023	90，100	25	25	0 -0.009	0 -0.013	+0.041 +0.028	110，130	40
				100，110	30					130，150	45
18				90，100	25					150，160，180	50
				100，110，120	30	28				130，150	40
				110，130	40					150，170	45
20	0 -0.009	0 -0.013	+0.041 +0.028	100，120	30					150，170	50
				120	35					150，160，180	55
22				110，130	40	32	0 -0.011	0 -0.016	+0.050 +0.034	150，170	45
				100，120	30					160，190	50
				110，120，30	35					180，190，210	55
				110，130	40					190，210	60
				130，150	45	35				200，230	65
25					35					180，210	55

（续）

公称尺寸 (d、d_1)	极限偏差			L	l
	d		d_1		
	(h5)	(h6)	(r6)		
35	0 −0.011	0 −0.016	+0.050 +0.034	190,200,210,230	60
				200,230	65
40				230,260	70
				200,230	60
				200,230,260	65
				230,260	70
45				260,290	75
				200,230	60
				220～270（增量 10）	65
45	0 −0.011	0 −0.016	+0.050 +0.034	230,260	70
50				260,290	75
				250,270,280,300	80
55	0 −0.013	0 −0.019	+0.060 +0.041	220,240,250,270	65
				250,280	70
				250,280	75
				250,270,280,300	80
				290,320	90
60				250,280	70
				290,320	90

8.5.2　导套

A 型导套、B 型导套的结构形式和尺寸规格见表 8-20。

表 8-20　导套（摘自 GB/T 2861.3—2008）　（单位：mm）

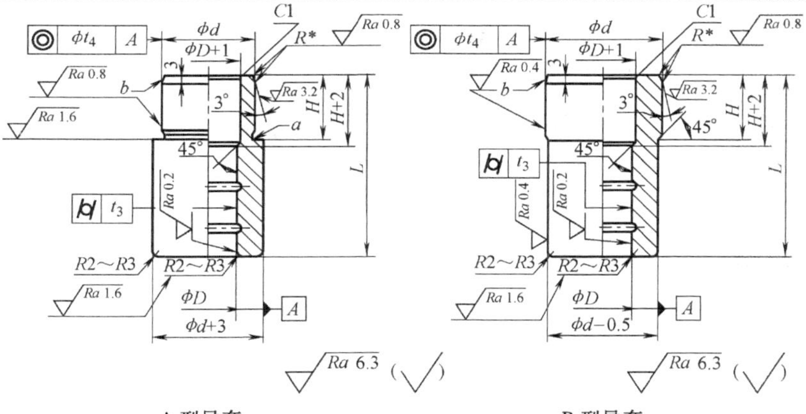

A 型导套　　B 型导套

材料：20Cr、GCr15 钢

热处理：20Cr 渗碳深度（0.8～1.2）mm，硬度（58～62）HRC；GCr15 硬度（58～62）HRC。

技术条件：按 JB/T 8070—2008 的规定，图中 R^*、a 砂轮越程槽由制造厂决定；t_3、t_4 应符合 JB/T 8071 的规定。其他应符合 JB/T 8070—2008 的规定。

标记示例：

$D=20$mm，$L=70$mm，$H=28$mm，滑动导向 A 型导套：

滑动导向导套 A　20×70×28　GB/T 2861.3—2008

D			d(r6)		L		H		a	b
公称尺寸	极限偏差		公称尺寸	极限偏差	A 型	B 型	A 型	B 型		
	H6	H7								
16	+0.011 0	+0.018 0	25	+0.041 +0.028	—	40	—	18	0.5	2
					60,65		18,23			
18			28		—	40,45	—	18,23		
					60,65,70		18,23,28			
20	+0.013 0	+0.021 0	32	+0.050 +0.034	—	45,50	—	23,25	1	3
					65,70		23,28			
22			35		—	50,55	—	25,27		
					65,70		23,28			
					80		28,33	33		
					85		33	38		
25			38		—	55,60	—	27,30		
					80	—	28	—		
					80,85		33			
					90,95		38			

（续）

D 公称尺寸	D 极限偏差 H6	D 极限偏差 H7	d(r6) 公称尺寸	d(r6) 极限偏差	L A型	L B型	H A型	H B型	a	b
28	+0.013 0	+0.021 0	42	+0.050 +0.034	—	60,65	30		1	3
					85		33			
					90,95,100		38			
					110		43			
32	+0.016 0	+0.025 0	45		—	65,70	—	30,33	1	3
					100		38			
					105,110		43			
					115		48			
35			50		—	70	—	33		
					105,115	105	43			
					115,125		48			
40			55	+0.060 +0.041	115,125,140		43,48,53			4
45			60		125,**140**,150		48,**53**,58			
50			65		125,140		48,53			
					150		53,58	58		
					160		63			
55	+0.019 0	+0.030 0	70	+0.062 +0.043	150		53			
					160		58,63	63		
					170		73			
60			76		160,170		58,73			

注：1. 同一行参数中标注相同个数的数字，其数值一一对应。如 $D=45$，$L=140$ 时，$H=53$，如黑体字所示。
2. “—”表示没有这个尺寸规格。
3. 油槽尺寸与数量由制造者确定。

8.6　推杆、顶杆和顶板

8.6.1　推杆

1. 冲模带肩推杆

冲模带肩推杆尺寸规格见表 8-21。

表 8-21　冲模带肩推杆（摘自 JB/T 7650.1—2008）　　（单位：mm）

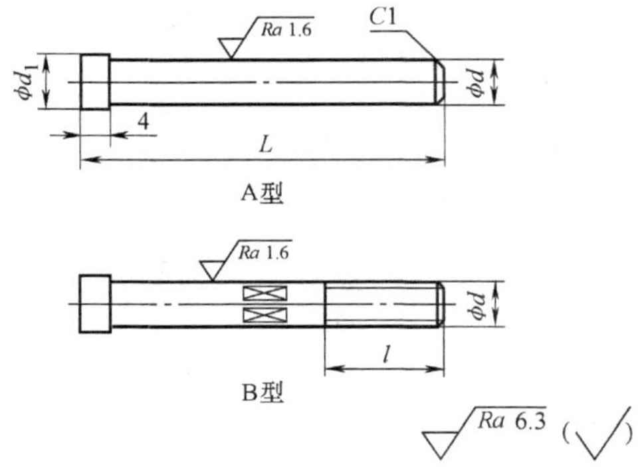

材料：45 钢，热处理硬度（43～48）HRC。
技术条件：按 JB/T 7653—2008 的规定。
标记示例：
$d=8$mm，$L=90$mm 的 A 型带肩推杆：
带肩推杆 A　8×90　JB/T 7650.1—2008

（续）

d A 型	d B 型	L	d_1	l
6	M6	40 ~ 60（增量 5），70	8	—
		80 ~ 130（增量 10）		20
8	M8	50 ~ 70（增量 5），80	10	—
		90 ~ 150（增量 10）		25
10	M10	60 ~ 80（增量 5），90	13	—
		100 ~ 170（增量 10）		30
12	M12	70 ~ 90（增量 5），100，110，120	15	—
		130 ~ 190（增量 10）		35
16	M16	80，90，100，110，120		—
		130 ~ 160（增量 10）180，200，220		40
20	M20	90，100，110，120	24	—
		130，140，150 160 ~ 260（增量 20）		45
25	M25	100，110，120，130		—
		140，150 160 ~ 280（增量 20）		50

2. 冲模带螺纹推杆

冲模带螺纹推杆尺寸规格见表 8-22。

表 8-22　冲模带螺纹推杆（摘自 JB/T 7650.2—2008）　　（单位：mm）

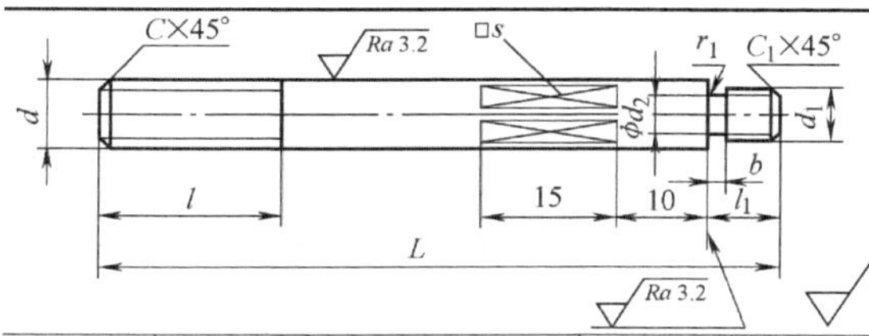

材料：45 钢，热处理硬度（43 ~ 48）HRC。
技术条件：按 JB/T 7653—2008 的规定。
标记示例：d = M10mm，L = 130mm 的带螺纹推杆：
带螺纹推杆 M10 × 130　JB/T 7650.2—2008

d	d_1	L	l	l_1	d_2	b	S	C	C_1	$r_1 \leqslant$
M8	M6	110 ~ 150	30	8	4.5	2.0	6	1.2	1	0.5
M10	M8	130 ~ 180	40	10	6.2		8	1.5	1.2	
M12	M10		50	12	7.8	2.5	10	2	1.5	1
M14	M12	140 ~ 220	60	14	9.5		12			
M16	M14	160 ~ 220	70	16	11.5		14			1.2
M20	M16	180 ~ 260	80	18	13	3	16	2.5	2	

注：L 系列数值有 110，120，130，140，150，160，180，200，220，240，260。

8.6.2　顶杆和顶板

1. 顶杆

顶杆尺寸规格见表 8-23。

表 8-23　顶杆（摘自 JB/T 7650.3—2008）　　（单位：mm）

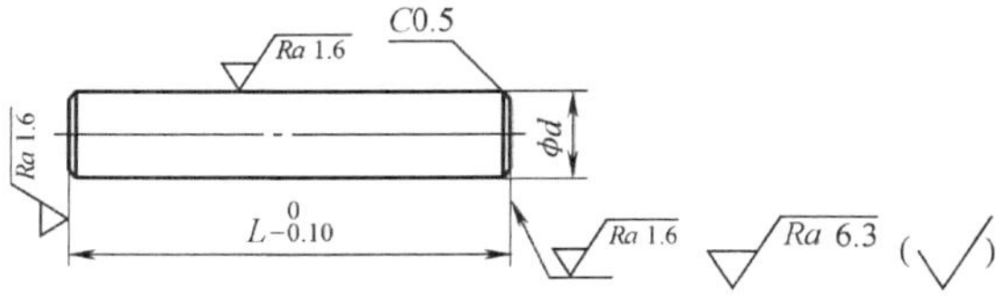

材料：45 钢，热处理硬度（43 ~ 48）HRC。
技术条件：按 JB/T 7653—2008 的规定。
标记示例：d = 8mm，L = 40mm 的顶杆：
顶杆 8 × 40　JB/T 7650.3—2008

d 公称尺寸	d 极限偏差	L（选用尺寸）
4	−0.070	15，20，25，30
6	−0.145	20，25，…，45
8	−0.080	25，30，…，60
10	−0.170	30，35，…，75
12	−0.150	30，40，…，100
16	−0.260	50，55，…，130
20	−0.160 −0.290	60，65，…，130，140，150，160

注：1. $L \leqslant 130$ 时，增量为 5。
2. 当 $d \leqslant 10$ 时，极限偏差为 c11；当 $d > 10$ 时，极限偏差为 b11。
3. 应符合 JB/T 7653—2008 的规定。

2. 顶板

顶板尺寸规格见表 8-24。

表 8-24　顶板（摘自 JB/T 7650.4—2008）　　（单位：mm）

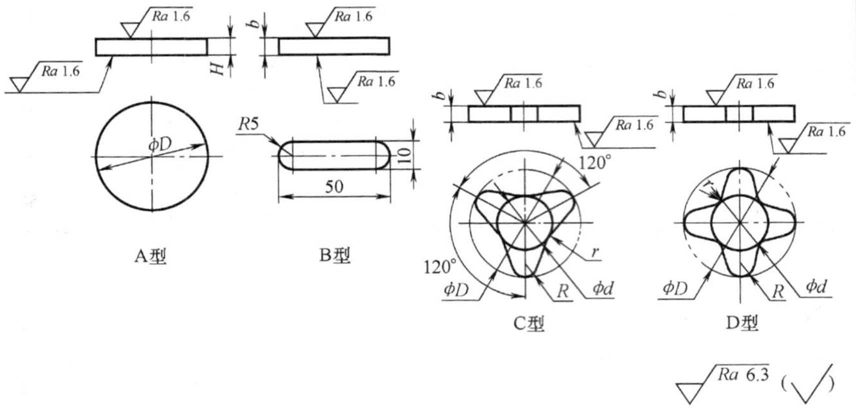

材料:45 钢,热处理硬度(43 ~48)HRC。
技术条件:按 JB/T 7653—2008 的规定。
标记示例:D=40mm 的 A 型顶板:
顶板 A　40　JB/T 7650.4—2008

<table>
<tr><th>D</th><th>d</th><th>R</th><th>r</th><th>H</th><th>b</th></tr>
<tr><td>20</td><td>—</td><td>—</td><td>—</td><td rowspan="2">4</td><td rowspan="4">8</td></tr>
<tr><td>25</td><td>15</td><td rowspan="3">4</td><td rowspan="3">3</td></tr>
<tr><td>32</td><td>16</td><td rowspan="2">5</td></tr>
<tr><td>35</td><td>18</td></tr>
<tr><td>40</td><td>20</td><td rowspan="2">5</td><td rowspan="2">4</td><td rowspan="2">6</td><td rowspan="2">10</td></tr>
<tr><td>50</td><td rowspan="2">25</td></tr>
<tr><td>63</td><td rowspan="3">6</td><td rowspan="3">5</td><td rowspan="2">7</td><td rowspan="3">12</td></tr>
<tr><td>71</td><td rowspan="2">30</td></tr>
<tr><td>80</td><td rowspan="2">9</td></tr>
<tr><td>90</td><td>32</td><td rowspan="2">8</td><td rowspan="2">6</td><td rowspan="2">16</td></tr>
<tr><td>100</td><td>35</td><td rowspan="2">12</td></tr>
<tr><td>125</td><td>42</td><td>9</td><td>7</td><td>18</td></tr>
<tr><td>160</td><td>55</td><td>11</td><td>8</td><td>16</td><td>22</td></tr>
<tr><td>200</td><td>70</td><td>12</td><td>9</td><td>18</td><td>24</td></tr>
</table>

第 9 章　冷冲压模具设计常用技术资料

9.1　冷冲压工艺基础资料

9.1.1　材料的力学性能

1. 黑色金属材料的力学性能

黑色金属材料的力学性能见表 9-1。

表 9-1　黑色金属材料的力学性能

材料名称	牌　　号	材料的状态	力学性能				
			抗剪强度 τ/MPa	抗拉强度 σ_b/MPa	屈服强度 σ_s/MPa	伸长率 δ_{10}(%)	弹性模量 $E/10^3$MPa
电工用工业纯铁 $w_c<0.025$	DT1，DT2，DT3	已退火的	177	225	—	26	
电工硅钢	D11，D12，D21 D31，D32	已退火的	190	225	—	26	
电工硅钢	D310 ~ D340	已退火的	186	225	—	26	
电工硅钢	D370，D41 ~ D48	已退火的			—		
普通碳素钢	Q195	未经退火的	255 ~ 314	314 ~ 392	—	28 ~ 33	
普通碳素钢	Q215	未经退火的	265 ~ 333	333 ~ 412	216	26 ~ 31	
普通碳素钢	Q235	未经退火的	304 ~ 373	432 ~ 461	253	21 ~ 25	
普通碳素钢	Q255	未经退火的	333 ~ 412	481 ~ 511	255	19 ~ 23	
碳素结构钢	08F	已退火的	216 ~ 304	275 ~ 383	177	32	
碳素结构钢	08	已退火的	255 ~ 353	324 ~ 441	196	32	186
碳素结构钢	10F	已退火的	216 ~ 333	275 ~ 412	186	30	
碳素结构钢	10	已退火的	255 ~ 333	294 ~ 432	206	29	194
碳素结构钢	15F	已退火的	245 ~ 363	314 ~ 451		28	
碳素结构钢	15	已退火的	265 ~ 373	333 ~ 471	225	26	198
碳素结构钢	20F	已退火的	275 ~ 383	333 ~ 471	225	26	196
碳素结构钢	20	已退火的	275 ~ 392	353 ~ 500	245	25	206
碳素结构钢	25	已退火的	314 ~ 432	392 ~ 539	275	24	198
碳素结构钢	30	已退火的	353 ~ 471	441 ~ 588	294	22	197
碳素结构钢	35	已退火的	392 ~ 511	490 ~ 637	314	20	197
碳素结构钢	40	已退火的	412 ~ 530	511 ~ 657	333	18	209
碳素结构钢	45	已退火的	432 ~ 549	539 ~ 686	353	16	200
碳素结构钢	50	已退火的	432 ~ 569	539 ~ 716	373	14	216
碳素结构钢	55	已退火的	539	≥657	383	14	
碳素结构钢	60	已退火的	539	≥686	402	13	204
碳素结构钢	65	已退火的	588	≥716	412	12	
碳素结构钢	70	已退火的	588	≥745	422	11	206
碳素工具钢	T7 ~ T12 T7A ~ T12A	已退火的	588	736	—	10	
碳素工具钢	T13，T13A	已退火的	706	883	—	10	
碳素工具钢	T8A，T9A	冷作硬化的	588 ~ 932	736 ~ 1177	—	—	
优质碳素钢	10Mn2	已退火的	314 ~ 451	392 ~ 569	225	22	207

（续）

材料名称	牌　　号	材料的状态	力学性能				
			抗剪强度 τ/MPa	抗拉强度 σ_b/MPa	屈服强度 σ_s/MPa	伸长率 δ_{10}(%)	弹性模量 $E/10^3$MPa
优质碳素钢	65Mn	已退火的	588	736	392	12	207
合金结构钢	25CrMnSiA 25CrMnSi	已低温退火的	392～549	490～686	—	18	
	30CrMnSiA 30CrMnSi		432～588	539～736	—	16	
优质弹簧钢	60Si2Mn 60Si2MnA 65Si2WA	已低温退火的	706	883	—	10	196
		冷作硬化的	628～941	785～1177	—	10	
不锈钢	12Cr13	已退火的	314～373	392～461	412	21	206
	20Cr13		314～392	392～490	441	20	206
	30Cr13		392～471	490～588	471	18	206
	40Cr13		392～471	490～588	490	15	206
	1Cr18Ni9Ti	经热处理的	451～511	569～628	196	35	196

2. 有色金属材料的力学性能

有色金属材料的力学性能见表9-2。

表9-2　有色金属材料的力学性能

材料名称	牌　　号	材料的状态	力学性能				
			抗剪强度 τ/MPa	抗拉强度 σ_b/MPa	屈服强度 σ_s/MPa	伸长率 δ_{10}(%)	弹性模量 E/GPa
铝	1060,1050A 1200	已退火的	78	74～108	49～78	25	71
		冷作硬化	98	118～147	—	4	
铝锰合金	3A21	已退火的	69～98	108～142	49	19	70
		半冷作硬化的	98～137	152～196	127	13	
铝镁合金 铝铜镁合金	5A02	已退火的	127～158	177～225	98	—	69
		半冷作硬化的	158～196	225～275	206	—	
高强度的 铝镁铜合金	7A04	已退火的	167	245	—	—	
		淬硬并经 人工时效	343	490	451	—	69
镁锰合金	M2M	已退火的	118～235	167～186	96	3～5	43
	ME20M	已退火的	167～186	216～225	137	12～14	39
		冷作硬化的	186～196	235～245	157	8～10	
硬铝（杜拉铝）	2A12	已退火的	103～147	147～211	—	12	71
		淬硬并经 自然时效	275～304	392～432	361	15	
		淬硬后 冷作硬化	275～314	392～451	333	10	
纯铜	T1,T2,T3	软的	157	196	69	30	106
		硬的	235	294	—	3	127
黄铜	H62	软的	255	294	—	35	98
		半硬的	294	373	196	20	
		硬的	412	412	—	10	
	H68	软的	235	294	98	40	108
		半硬的	275	343	—	25	
		硬的	392	392	245	15	113
铅黄铜	HPb59-1	软的	294	343	142	25	91

（续）

材料名称	牌　号	材料的状态	力学性能				
			抗剪强度 τ/MPa	抗拉强度 σ_b/MPa	屈服强度 σ_s/MPa	伸长率 δ_{10}(%)	弹性模量 E/GPa
铅黄铜	HPb59-1	硬的	392	441	412	5	103
锰黄铜	HMn58-2	软的	333	383	167	25	98
		半硬的	392	441	—	15	
		硬的	511	588	—	5	
锡磷青铜 锡锌青铜	QSn4-4-2.5 QSn4-3	软的	255	294	137	38	98
		硬的	471	539	—	3~5	
		特硬的	490	637	535	1~2	122
铝青铜	QAl7	退火的	511	588	182	10	
		不退火的	549	637	245	5	113~127
铝锰青铜	QAl9-2	软的	353	441	294	18	90
		硬的	471	588	490	5	
硅锰青铜	QSi3-1	软的	275~294	343~373	234	40~45	118
		硬的	471~511	588~637	530	3~5	
		特硬的	549~588	686~736		1~2	
铍青铜	QBe2	软的	235~471	294~588	245~343	30	115
		硬的	511	647	—	2	129~138
钛合金	TA2	退火的	353~471	441~588	—	25~30	
	TA3		432~588	539~736	—	20~25	
	TA5		628~667	785~834	—	15	102
镁锰合金	M2M	冷态	118~137	167~186	118	3~5	39
	ME20M		147~177	225~235	216	14~15	40
	M2M	预热 300℃	29~49	29~49	—	50~52	39
	ME20M		49~69	49~69	—	58~62	40

3. 非金属材料的抗剪强度

非金属材料的抗剪强度见表 9-3。

表 9-3　非金属材料的抗剪强度 τ　（单位：MPa）

材料名称	凸模刃口形式		材料名称	凸模刃口形式	
	尖刃	平刃		尖刃	平刃
纸胶板、布胶板	90~130	120~200	桦木胶合板	200	
玻璃布胶板	120~140	160~220	松木胶合板	100	
玻璃纤维丝胶板	100~110	140~160	马粪纸	20~34	30~60
石棉纤维塑料	80~90	120~180	硬马粪纸	70	60~100
有机玻璃	70~80	90~100	绝缘纸板	40~70	60~100
石棉橡胶	40		红纸板		140~200
石棉板	40~50		纸	20~50	20~40
硬橡胶	40~80		漆布	30~60	
云母	50~80	60~100			

9.1.2　冷冲压常用材料及工艺参数

冷冲压中常用到金属材料和非金属材料。其中，有的材料被用作加工材料，有的材料被用作模具材料。作为被加工材料，需要了解它的规格和性能；作为模具材料，则要考虑材料的选用原则。

1. 冲压加工用金属材料规格

冲压加工用金属材料规格见表 9-4 ~ 表 9-8。

表 9-4 冷轧钢板和钢带产品形态、边缘状态所对应的尺寸精度的分类（摘自 GB/T 708—2006）

产品形态	分类及代号								
	边缘状态	厚度精度		宽度精度		长度精度		不平度精度	
		普通	较高	普通	较高	普通	较高	普通	较高
钢带	不切边 EM	PT. A	PT. B	PW. A	—	—	—	—	—
	切边 EC	PT. A	PT. B	PW. A	PW. B	—	—	—	—
钢板	不切边 EM	PT. A	PT. B	PW. A	—	PL. A	PL. B	PF. A	PF. B
	切边 EC	PT. A	PT. B	PW. A	PW. B	PL. A	PL. B	PF. A	PF. B
纵切钢带	切边 EC	PT. A	PT. B	PW. A	—	—	—	—	—

表 9-5 轧制薄钢板的尺寸（摘自 GB 708—1988） （单位：mm）

钢板厚度	钢板宽度												
	500	600	710	750	800	850	900	950	1000	1100	1250	1400	1500
	冷轧钢板长度												
0.2,0.25,0.3,0.4	1200	1420	1500	1500									
	1000	1800	1800	1800	1800	1800	1500	1500					
	1500	2000	2000	2000	2000	2000	1800	2000					
0.5,0.55,0.6		1200	1420	1500	1500	1500							
	1000	1800	1800	1800	1800	1500	1500	1500					
	1500	2000	2000	2000	2000	2000	1800	2000					
0.7,0.75		1200	1420	1500	1500	1500							
	1000	1800	1800	1800	1800	1500	1500	1500					
	1500	2000	2000	2000	2000	2000	1800	2000					
0.8,0.9		1200	1420	1500	1500	1500	1500						
	1000	1800	1800	1800	1800	1800	1800	1500	2000	2000			
	1500	2000	2000	2000	2000	2000	2000	2000	2200	2500			
1.0,1.1 1.2,1.4 1.5,1.6 1.8,2.0	1000	1200	1420	1500	1500	1500					2800	2800	
	1500	1800	1800	1800	1800	1800	1800		2000	2000	3000	3000	
	2000	2000	2000	2000	2000	2000	2000	2000	2200	2500	3500	3500	
2.2,2.5,2.8,3.0 3.2,3.5 3.8,4.0	5000	600											
	1000	1200	1420	1500	1500	1500							
	1500	1800	1800	1800	1800	1800	1800	2000					
	2000	2000	2000	2000	2000	2000							
	热轧钢板长度												
0.35,0.4,0.45,0.5 0.55,0.6 0,7,0.75		1200		1000									
	1000	1500	1000	1500	1500		1500	1500					
	1500	1800	1420	1800	1600	1700	1800	1900	1500				
	2000	2000	2000	2000	2000	2000	2000	2000	2000				
0.8,0.9				1500	1500	1500	1500	1500					
	1000	1200	1420	1800	1600	1700	1800	1900	1500				
	1500	1420	2000	2000	2000	2000	2000	2000	2000				
1.0.1.1,1.2,1.25,1.4,1.5,1,6,1.8				1000			1000						
	1000	1200	1000	1500	1500	1500	1500	1500					
	1500	1420	1420	1800	1600	1700	1800	1900	1500				
	2000	2000	2000	2000	2000	2000	2000	2000	2000				
2.0,2.2,2.5,2.8							1000						
	5000	6000	1000	1500	1500	1500	1500	1500	1500	2200	2500	2800	
	1000	1200	1420	1800	1600	1700	1800	1900	2000	3000	3000	3000	3000
	1500	1500	2000	2000	2000	2000	2000	2000	3000	4000	4000	4000	4000

（续）

钢板厚度	热轧钢板长度												
	500	600	710	750	800	850	900	950	1000	1100	1250	1400	1500
	冷轧钢板长度												
3.0,3.2, 3.5,3.8, 4.0				1000			1000					2800	
				1500	1500	1500	1500	1500	2000	2200	2500	3000	3000
	5000	6000	1420	1800	1600	1700	1800	1900	3000	3000	3000	3500	3500
	1000	1200	1200	2000	2000	2000	2000	2000	4000	4000	4000	4000	4000

表 9-6　冷轧钢板和钢带尺寸允许偏差、外形平面度和表面质量等（摘自 GB/T 708—2006）

（1）厚度允许偏差　（单位：mm）

公称厚度	厚度允许偏差①					
	普通精度　PT. A			较高精度　PT. B		
	公称宽度			公称宽度		
	≤1200	>1200～1500	>1500	≤1200	>1200～1500	>1500
≤0.40	±0.04	±0.05	±0.06	±0.025	±0.035	±0.045
>0.40～0.60	±0.05	±0.06	±0.07	±0.035	±0.045	±0.050
>0.60～0.80	±0.06	±0.07	±0.08	±0.040	±0.050	±0.050
>0.80～1.00	±0.07	±0.08	±0.09	±0.045	±0.060	±0.060
>1.00～1.20	±0.08	±0.09	±0.10	±0.055	±0.070	±0.070
>1.20～1.60	±0.10	±0.11	±0.11	±0.070	±0.080	±0.080
>1.60～2.00	±0.12	±0.13	±0.13	±0.080	±0.090	±0.090
>2.00～2.50	±0.14	±0.15	±0.15	±0.100	±0.110	±0.110
>2.50～3.00	±0.16	±0.17	±0.17	±0.110	±0.120	±0.120
>3.00～4.00	±0.17	±0.19	±0.19	±0.140	±0.150	±0.150

① 距钢带焊缝处 15m 内的厚度允许偏差比表中规定值增加 60%；距钢带两端各 15m 内的厚度允许偏差比表中规定值增加 60%。

（2）切边钢板、钢带的宽度允许偏差　（单位：mm）

公称宽度	宽度允许偏差		公称宽度	宽度允许偏差	
	普通精度　PW. A	较高精度　PW. B		普通精度　PW. A	较高精度　PW. B
≤1200	+4 0	+2 0	>1500	+6 0	+3 0
>1200～1500	+5 0	+2 0			

（3）纵切钢带的宽度允许偏差　（单位：mm）

公称厚度	宽度允许偏差				
	公称宽度				
	≤125	>125～250	>250～400	>400～600	>600
≤0.40	+0.3 0	+0.6 0	+1.0 0	+1.5 0	+2.0 0
>0.40～1.0	+0.5 0	+0.8 0	+1.2 0	+1.5 0	+2.0 0
>1.0～1.8	+0.7 0	+1.0 0	+1.5 0	+2.0 0	+2.5 0
>1.8～4.0	+1.0 0	+1.3 0	+1.7 0	+2.0 0	+2.5 0

（4）钢板的长度允许偏差　（单位：mm）

公称长度	长度允许偏差		公称长度	长度允许偏差	
	普通精度　PL. A	较高精度　PL. B		普通精度　PL. A	较高精度　PL. B
≤2000	+6 0	+3 0	>2000	+0.3%×公称长度 0	+0.15%×公称长度 0

（5）钢板的平面度规定值　　（单位：mm）

规定的最小屈服极限/MPa	公称宽度	平面度（≤）					
		普通精度 PF. A			较高精度 PF. B		
		公称厚度					
		<0.70	0.70~<1.20	≥1.20	<0.70	0.70~<1.20	≥1.20
<280	≤1200	12	10	8	5	4	3
	>1200~1500	15	12	10	6	5	4
	>1500	19	17	15	8	7	6
280~<360	≤1200	15	13	10	8	6	5
	>1200~1500	18	15	13	9	8	6
	>1500	22	20	19	12	10	9

（6）金属薄板（<4mm）表面质量分组

级别	表面质量	级别	表面质量
Ⅰ	高级的精整表面	Ⅲ	普通的精整表面
Ⅱ	较高级的精整表面		

（7）金属薄板（<4mm）拉深级别分级

表达符号	拉深级别	表达符号	拉深级别
Z	最深拉深级	P	普通拉深级
S	深拉深级		

表 9-7　电工用热轧硅钢板规格及允许偏差　　（单位：mm）

分类	钢号	厚度	厚度及偏差	宽度×长度及其偏差
低硅钢板	D11	1.0、0.5	1.0±0.10 0.5±0.05 0.35±0.04	600×1200 670×1340 750×1500 860×1720 900×1800 1000×2000 宽度≤750+8 >750+10 长度≤1500+25 >1500+30
	D12	0.5		
	D21	1.0、0.5、0.35		
	D22	0.5		
	D23	0.5		
	D24	0.5		
高硅钢板	D31	0.5、0.35		
	D32	0.5、0.35		
	D41	0.5、0.35		
	D42	0.5、0.35		
	D43	0.5、0.35		
	D44	0.5、0.35		
	DH41	0.35、0.2、0.1	0.2±0.02 0.1±0.02	
	DR41	0.35、0.2、0.1		
	DG41	0.35、0.2、0.1		

表 9-8　电信用冷轧硅钢带的规格　　（单位：mm）

牌号	厚度	厚度偏整		宽度	宽度偏差			
		宽度<200	宽度≥200		宽5~10时	宽12.5~40时	宽50~80时	宽>80时
DG1、DG2 DG3、DG4	0.5	±0.005		5、6.5、8、10、12.5、15、16、20、25、32、40、50、64、80、100	-0.20	-0.25	-0.30	+1%（宽度）
	0.8 1.0	±0.010		5、6.5、8、10、12.5、15、16、20、25、32、40、50、64、80、100、110	-0.20	-0.25	-0.30	
	0.20	±0.015	±0.02	80~300			-0.30	
DQ1、DQ2、DQ3、DQ4、DQ5、DQ6	0.35	±0.020	±0.03	80~600			-0.30	

2. 常用冷冲压模具材料的选取

冷冲压模具零件材料的选取，主要是根据模具零件的工作情况来确定，另外还要考虑冷冲压零件的材料性质、尺寸精度、几何形状的复杂性以及生产批量等因素。

模具零件材料选取的一般原则如下：

1）考虑被加工材料的性质。若冲制硅钢片，则应选用可获得高硬度、高韧性和高耐磨性的材料，如 Cr12 或 Cr12MoV。

2）考虑凸、凹模的尺寸精度及几何形状的复杂性。若尺寸精度高、形状复杂，则应选热处理变形小、尺寸稳定性好的材料，如 9SiCr、CrWMn、Cr12MoV 等。

3）考虑生产批量。

4）考虑模具零件的作用。一般原则是在保证零件的使用条件下，尽量节省贵重钢材。

冷冲压模具零件常用材料选用见表 9-9 和表 9-10。

表 9-9　模具工作零件常用材料及硬度

模具类型	冲件与冲压工艺情况		材　料	硬　度	
				凸模	凹模
冲裁模	Ⅰ	形状简单，精度低，材料厚度小于或等于 3mm，中小批量	T10A、9Mn2V	56～60HRC	58～62HRC
	Ⅱ	材料厚度小于或等于 3mm，形状复杂；材料厚度大于 3mm	9CrSi、CrWMn Cr12、Cr12MoV、W6Mo5Cr4V2	58～62HRC	60～64HRC
	Ⅱ	大批量	Cr12MoV、Cr4W2MoV	58～62HRC	60～64HRC
			YG15、YG20	≥86HRA	≥84HRA
			超细硬质合金	—	—
弯曲模	Ⅰ	形状简单，中小批量	T10A	56～62HRC	
	Ⅱ	形状复杂	CrWMn、Cr12、Cr12MoV	60～64HRC	
	Ⅲ	大批量	YG15、YG20	≥86HRA	≥84HRA
	Ⅳ	加热弯曲	5CrNiMo、5CrNiTi、5CrMnMo	52～56HRC	
			4Cr5MoSiV1	40～45HRC 表面渗碳≥900HV	
拉深模	Ⅰ	一般拉深	T10A	56～60HRC	58～62HRC
	Ⅱ	形状复杂	Cr12、Cr12MoV	58～62HRC	60～64HRC
	Ⅲ	大批量	Cr12MoV、Cr4W2MoV	58～62HRC	60～64HRC
			YG10、YG15	≥86HRA	≥84HRA
			超细硬质合金	—	
	Ⅳ	变薄拉深	Cr12MoV	58～62HRC	—
			W18Cr4V、W6Mo5Cr4V2、Cr12MoV	—	60～64HRC
			YG10、YG15	≥86HRA	≥84HRA
	Ⅴ	加热拉深	5CrNiTi、5CrNiMo	52～56HRC	
			4Cr5MoSiV1	40～45HRC 表面渗碳≥900HV	
大型拉深模	Ⅰ	中小批量	HT250、HT300	170～260HBW	
			QT600-20	197～269HBW	
	Ⅱ	大批量	镍铬铸铁	火焰淬硬 40～45HRC	
			钼铬铸铁、钼钒铸铁	火焰淬硬 50～55HRC	

（续）

模具类型	冲件与冲压工艺情况			材　料	硬　度	
					凸模	凹模
成形模	Ⅰ	一般成形	低速冲压	T10A、9Mn2V、9SiCr	58~62HRC	60~64HRC
			高速冲压	Cr12MoV、Cr6WV	58~62HRC	60~64HRC
	Ⅱ	复杂成形		9SiCr、Cr6WV W6Mo5Cr4V	58~62HRC 58~62HRC	58~62HRC 58~62HRC
	Ⅲ	冷镦成形		Cr12MoV、Cr6WV W18Cr4V W6Mo5Cr4V	>60HRC	

表 9-10　模具一般零件的材料及硬度

类别	零件名称	材料牌号	热处理	硬度 HRC
模架	铸铁上、下模座	HT200		
	铸钢上下模座			
	型钢下上模座	Q235		
	滑动导柱导套	20	渗碳淬火	56~60
	滑动导柱导套	T8	淬火	58~62
	滑动导柱导套	GCr15	淬火	60~64
板类	普通卸料板	Q235		
	高速冲压卸料板	45,GCr15	GCr15 淬火	58~62
	普通固定板	Q235		
	高速冲压固定板	45,T8	淬火	40~45,50~54
	围框	45		
	导料板,侧压板	45,T8	T8 淬火	52~56
	承料板	Q235,45		
	垫板	45,T8	淬火	40~45,50~55
主导辅助件	拉深模压边圈	T10A,GCr15	淬火	58~62
	顶件器	45,T10A	淬火	40~45,56~62
	各种模芯	同凸凹模		
	导正钉	T10A、GCr15、Cr12	淬火	58~62
	浮顶器	45、T10A、GCr15	淬火	40~45,56~60
	侧刃挡块	T8A	淬火	54~58
	废料顶钉	45	淬火	40~45
	条料弹顶器	45	淬火	40~45
	镦实板(块)	45,T10A	淬火	40~45,58~62
一般辅助件	模柄	Q235、45		
	限位柱(块)	45	淬火	40~45
	顶杆、打杆	45	淬火	40~45
	护板、挡板	20、Q235		
紧固件	紧固螺钉、螺栓	45	头部淬火	40~45
	销钉	45	淬火	43~48
	卸料钉	45	头部淬火	40~45
	垫柱	45	淬火	43~48
	螺塞	Q235、45		
	螺母,垫圈	Q225、45		
	键	45		
	弹簧	65Mn	淬火	43~48
	弹簧片	65Mn	淬火	43~48
	碟形弹簧	60SiA、65Mn	淬火,回火	48~52

9.1.3 压力机主要技术参数与规格

冷冲压常用压力机主要技术参数与规格见表9-11 ~ 表9-14。

表9-11　开式双柱可倾压力机技术规格

型　号		J23—3.15	J23—6.3	J23—10	J23—16	J23—16B	J23—25	JC23—35	JH23—40	JG23—40	JB23—63	J23—80	J23—100	JA23—100	J23—100A	J23—125
公称压力/kN		31.5	63	100	160	160	250	350	400	400	630	800	1000	1000	1000	1250
滑块行程/mm		25	35	45	55	70	65	80	80	100	100	130	130	150	16 ~ 140	145
滑块行程次数/(次/min)		200	170	145	120	120	55	50	55	80	40	45	38	38	45	38
最大封闭高度/mm		120	150	180	220	220	270	280	330	300	400	380	480	430	400	480
封闭高度调节量/mm		25	35	35	45	60	55	60	65	80	80	90	100	120	100	110
滑块中心线至床身距离/mm		90	110	130	160	160	200	205	250	220	310	290	380	380	320	380
立柱距离/mm		120	150	180	220	220	270	300	340	300	420	380	530	530	420	530
工作台尺寸/mm	前后	160	200	240	300	300	370	380	460	420	570	540	710	710	600	710
	左右	250	310	370	450	450	560	610	700	630	860	800	1080	1080	900	1080
工作台孔尺寸/mm	前后	90	110	130	160	110	200	200	250	150	310	230	380	405	250	340
	左右	120	160	200	240	210	290	290	360	300	450	360	560	500	420	500
	直径	110	140	170	210	160	260	260	320	200	400	280	500	470	320	450
垫板尺寸/mm	厚度	30	30	35	40	60	50	60	65	80	80	100	100	100	110	100
	直径							150				200		150		250
模柄孔尺寸/mm	直径	25	30	30	40	40	40	50	50	50	50	60	60	76	60	60
	深度	40	55	55	60	60	60	70	70	70	70	80	75	76	80	80
滑块底面尺寸/mm	前后	90				180		190	260	230	360	350	360		350	
	左右	100				200		210	300	300	400	370	430		540	
床身最大可倾角		45°	45°	35°	35°	35°	30°	20°	30°	30°	25°	30°	30°	20°	30°	25°

表9-12　闭式单点压力机技术规格

型　号		JA31—160B	J31—250	J31—315
公称压力/kN		1600	2500	3150
滑块行程/mm		160	315	315
公称压力行程/mm		8.16	10.4	10.5
滑块行程次数/(次/min)		32	20	20
最大封闭高度/mm		375	490	490
封闭高度调节量/mm		120	200	200
工作台尺寸/mm	前后	790	950	1100
	左右	710	1000	1100
导轨距离/mm		590	900	930
滑块底面尺寸(前后)/mm		560	850	960
拉伸垫行程/mm			150	160
拉伸垫压力/kN	压紧		400	500
	顶出		70	76

表 9-13　单柱固定台压力机技术规格

型　　号		J11—3	J11—5	J11—16	J11—50	J11—100
公称压力/kN		30	50	160	500	1000
滑块行程/mm		0 ~ 40	0 ~ 40	6 ~ 70	10 ~ 90	20 ~ 100
滑块行程次数/(次/min)		110	150	120	65	65
最大封闭高度/mm			170	226	270	320
封闭、高度调节量/mm		30	30	45	75	85
滑块中心线至床身距离/mm		95	100	160	235	325
工作台尺寸/mm	前后	165	180	320	440	600
	左右	300	320	450	650	800
垫板厚度/mm		20	30	50	70	100
模柄孔尺寸/mm	直径	25	25	40	50	60
	深度	30	40	55	80	80

表 9-14　开式双柱固定台压力机技术规格

型　　号		JA21—35	JD21—100	JA21—160	J21—400A
公称压力/kN		350	1000	1600	4000
滑块行程/mm		130	可调 10 ~ 120	160	200
滑块行程次数/(次/min)		50	75	40	25
最大封闭高度/mm		280	400	450	550
封闭高度调节量/mm		60	85	130	150
滑块中心线至床身距离/mm		205	325	380	480
立柱距离/mm		428	480	530	896
工作台尺寸/mm	前后	380	600	710	900
	左右	610	1000	1120	1400
工作台孔尺寸/mm	前后	200	300		480
	左右	290	420		750
	直径	260		460	600
垫板尺寸/mm	厚度	60	100	130	170
	直径	22. 5	200		300
模柄孔尺寸/mm	直径	50	60	70	100
	深度	70	80	80	120
滑块底面尺寸/mm	前后	210	380	460	
	左右	270	500	650	

9. 2　常用的公差配合、几何公差与表面粗糙度

9. 2. 1　常用公差与极限偏差

1. 各种标准公差的数值

各种标准公差的数值可查阅表 9-15。

表 9-15　标准公差数值（摘自 GB/T 1800.1—2009）

公称尺寸/mm		标准公差等级																	
		IT1	IT2	IT3	IT4	IT5	IT6	IT7	IT8	IT9	IT10	IT11	IT12	IT13	IT14	IT15	IT16	IT17	IT18
大于	至	μm											mm						
—	3	0.8	1.2	2	3	4	6	10	14	25	40	60	0.1	0.14	0.25	0.4	0.6	1	1.4
3	6	1	1.5	2.5	4	5	8	12	18	30	48	75	0.12	0.18	0.3	0.48	0.75	1.2	1.8
6	10	1	1.5	2.5	4	6	9	15	22	36	58	90	0.15	0.22	0.36	0.58	0.9	1.5	2.2
10	18	1.2	2	3	5	8	11	18	27	43	70	110	0.18	0.27	0.43	0.7	1.1	1.8	2.7
18	30	1.5	2.5	4	6	9	13	21	33	52	84	130	0.21	0.33	0.52	0.84	1.3	2.1	3.3
30	50	1.5	2.5	4	7	11	16	25	39	62	100	160	0.25	0.39	0.62	1	1.5	2.5	3.9
50	80	2	3	5	8	13	19	30	46	74	120	190	0.3	0.46	0.74	1.2	1.9	3	4.6
80	120	2.5	4	6	10	15	22	35	54	87	140	220	0.35	0.54	0.87	1.4	2.2	3.5	5.4
120	180	3.5	5	8	12	18	25	40	63	100	160	250	0.4	0.63	1	1.6	2.5	4	6.3
180	250	4.5	7	10	14	20	29	46	72	115	185	290	0.46	0.72	1.15	1.85	2.9	4.6	7.2
250	315	6	8	12	16	23	32	52	81	130	210	320	0.52	0.81	1.3	2.1	3.2	5.2	8.1
315	400	7	9	13	18	25	36	57	89	140	230	360	0.57	0.89	1.4	2.3	3.6	5.7	8.9
400	500	8	10	15	20	27	40	63	97	155	250	400	0.63	0.97	1.55	2.5	4	6.3	9.7

注：公称尺寸≤1mm 时，无 IT14 ~ IT18。公称尺寸在 500 ~ 3150mm 范围内的标准公差数值本表未列入，需用时可查阅相关标准。

2. 常用的公差配合及其极限偏差

常用的公差配合及其极限偏差见表 9-16 ~ 表 9-18。

表 9-16　优先配合特性及应用

基孔制	基轴制	优先配合特性及应用举例
$\frac{H11}{c11}$	$\frac{C11}{h11}$	间隙非常大，用于很松的、转动很慢的间隙配合，或要求大公差与大间隙的外露组件，或要求装配方便松的配合
$\frac{H9}{d9}$	$\frac{D9}{h9}$	间隙很大的自由转动配合，用于精度非主要要求时，或有大的温度变动、高转速或大的轴颈压力时
$\frac{H8}{f7}$	$\frac{F8}{h7}$	间隙不大的转动配合，用于中等转速与中等轴颈压力的精确转动，也用于装配较易的中等定位配合
$\frac{H7}{g6}$	$\frac{G7}{h6}$	间隙很小的滑动配合，用于不希望自由转动，但可自由移动和滑动并精密定位时，也可用于要求明确的定位配合
$\frac{H7}{h6}$　$\frac{H8}{h7}$ $\frac{H9}{h9}$　$\frac{H11}{h11}$	$\frac{H7}{h6}$　$\frac{H8}{h7}$ $\frac{H9}{h9}$　$\frac{H11}{h11}$	均为间隙定位配合，零件可自由装拆，而工作时一般相对静止不动。在最大实体条件下的间隙为零，在最小实体条件下的间隙由公差等级决定
$\frac{H7}{k6}$	$\frac{K7}{h6}$	过渡配合，用于精密定位
$\frac{H7}{n6}$	$\frac{N7}{h6}$	过渡配合，允许有较大过盈的更精密定位
$\frac{H7^{①}}{p6}$	$\frac{P7}{h6}$	过盈定位配合，即小过盈配合，用于定位精度特别重要时，能以最好的定位精度达到部件的刚性及对中性要求，而对内孔承受压力无特殊要求，不依靠配合的紧固性传递摩擦负载
$\frac{H7}{s6}$	$\frac{S7}{h6}$	中等压入配合，适用于一般钢件，或用于薄壁件的冷缩配合，用于铸铁件可得到最紧的配合
$\frac{H7}{u6}$	$\frac{U7}{h6}$	压入配合，适用于可以承受大压入力的零件或不宜承受大压入力的冷缩配合

① 公称尺寸小于或等于 3mm 时为过渡配合。

表 9-17　优先配合中轴的上、下极限偏差数值（摘自 GB/T 1801—2009 和 GB/T 1800.2—2009）

（单位：μm）

公称尺寸/mm		公差带												
		c	d	f	g	h				k	n	p	s	u
大于	至	11	9	7	6	6	7	9	11	6	6	6	6	6
—	3	-60 -120	-20 -45	-6 -16	-2 -8	0 -6	0 -10	0 -25	0 -60	+6 0	+10 +4	+12 +6	+20 +14	+24 +18
3	6	-70 -145	-30 -60	-10 -22	-4 -12	0 -8	0 -12	0 -30	0 -75	+9 +1	+16 +8	+20 +12	+27 +19	+31 +23
6	10	-80 -170	-40 -76	-13 -28	-5 -14	0 -9	0 -15	0 -36	0 -90	+10 +1	+19 +10	+24 +15	+32 +23	+37 +28
10	14	-95 -205	-50 -93	-16 -34	-6 -17	0 -11	0 -18	0 -43	0 -110	+12 +1	+23 +12	+29 +18	+39 +28	+44 +33
14	18													
18	24	-110 -240	-65 -117	-20 -41	-7 -20	0 -13	0 -21	0 -52	0 -130	+15 +2	+28 +15	+35 +22	+48 +35	+54 +41
24	30													+61 +48
30	40	-120 -280	-80 -142	-25 -50	-9 -25	0 -16	0 -25	0 -62	0 -160	+18 +2	+33 +17	+42 +26	+59 +43	+76 +60
40	50	-130 -290												+86 +87
50	65	-140 -330	-100 -174	-30 -60	-10 -29	0 -19	0 -30	0 -74	0 -190	+21 +2	+39 +20	+51 +32	+72 +53	+106 +70
65	80	-150 -340											+78 +59	+121 +102
80	100	-170 -390	-120 -207	-36 -71	-12 -34	0 -22	0 -35	0 -87	0 -220	+25 +3	+45 +23	+59 +37	+93 +71	+146 +124
100	120	-180 -400											+101 +79	+166 +144
120	140	-200 -450	-145 -245	-43 -83	-14 -39	0 -25	0 -40	0 -100	0 -250	+28 +3	+52 +27	+68 +43	+117 +92	+195 +170
140	160	-210 -460											+125 +100	+215 +190
160	180	-230 -480											+133 +108	+235 +210
180	200	-240 -530	-170 -285	-50 -96	-15 -44	0 -29	0 -46	0 -115	0 -290	+33 +4	+60 +31	+79 +50	+151 +122	+265 +236
200	225	-260 -550											+159 +130	+287 +258
225	250	-280 -570											+169 +140	+313 +284
250	280	-300 -620	-190 -320	-56 -108	-17 -49	0 -32	0 -52	0 -130	0 -320	+36 +4	+66 +34	+88 +56	+190 +158	+347 +315
280	315	-330 -650											+202 +170	+382 +350
315	355	-360 -720	-210 -350	-62 -119	-18 -54	0 -36	0 -57	0 -140	0 -360	+40 +4	+73 +37	+98 +62	+226 +190	+426 +390
355	400	-400 -760											+244 +208	+471 +435
400	450	-440 -840	-230 -385	-68 -131	-20 -60	0 -40	0 -63	0 -155	0 -400	+45 +5	+80 +40	+108 +68	+272 +232	+530 +490
450	500	-480 -880											+292 +252	+580 +540

表 9-18 优先配合中孔的上、下极限偏差数值（摘自 GB/T 1801—2009 和 GB/T 1800. 2—2009）

（单位：μm）

公称尺寸 /mm		公差带												
		C	D	F	G	H				K	N	P	S	U
大于	至	11	9	8	7	7	8	9	11	7	7	7	7	7
—	3	+120 +60	+45 +20	+20 +6	+12 +2	+10 0	+14 0	+25 0	+60 0	0 -10	-4 -14	-6 -16	-14 -24	-18 -28
3	6	+145 +70	+60 +30	+28 +10	+16 +4	+12 0	+18 0	+30 0	+75 0	+3 -9	-4 -16	-8 -20	-15 -27	-19 -31
6	10	+170 +80	+76 +40	+35 +13	+20 +5	+15 0	+22 0	+36 0	+90 0	+5 -10	-4 -19	-9 -24	-17 -32	-22 -37
10	14	+205 +95	+93 +50	+43 +16	+24 +6	+18 0	+27 0	+43 0	+110 0	+6 -12	-5 -23	-11 -29	-21 -39	-26 -44
14	18													
18	24	+240 +110	+117 +65	+53 +20	+28 +7	+21 0	+33 0	+52 0	+130 0	+6 -15	-7 -28	-14 -35	-27 -48	-33 -54
24	30													-40 -61
30	40	+280 +120	+142 +80	+64 +25	+34 +9	+25 0	+39 0	+62 0	+160 0	+7 -18	-8 -33	-17 -42	-34 -59	-51 -76
40	50	+290 +130												-61 -86
50	65	+330 +140	+174 +100	+73 +30	+40 +10	+30 0	+46 0	+74 0	+190 0	+9 -21	-9 -39	-21 -51	-42 -72	-76 -106
65	80	+340 +150											-48 -78	-91 -121
80	100	+390 +170	+207 +120	+90 +36	+47 +12	+35 0	+54 0	+87 0	+220 0	+10 -25	-10 -45	-24 -59	-58 -93	-111 -146
100	120	+400 +180											-66 -101	-131 -166
120	140	+450 +200	+245 +145	+106 +43	+54 +14	+40 0	+63 0	+100 0	+250 0	+12 -28	-12 -52	-28 -68	-77 -117	-155 -195
140	160	+460 +210											-85 -125	-175 -215
160	180	+480 +230											-93 -133	-195 -235
180	200	+530 +240	+285 +170	+122 +50	+61 +15	+46 0	+72 0	+115 0	+290 0	+13 -33	-14 -60	-33 -79	-105 -151	-219 -265
200	225	+550 +260											-113 -159	-241 -287
225	250	+570 +280											-123 -169	-267 -313
250	280	+620 +300	+320 +190	+137 +56	+69 +17	+52 0	+81 0	+130 0	+320 0	+16 -36	-14 -66	-36 -88	-138 -190	-295 -347
280	315	+650 +330											-150 -202	-330 -382
315	355	+720 +360	+350 +210	+151 +62	+75 +18	+57 0	+89 0	+140 0	+360 0	+17 -40	-16 -73	-41 -98	-169 -226	-369 -426
355	400	+760 +400											-187 -244	-414 -471
400	450	+840 +440	+385 +230	+165 +68	+83 +20	+63 0	+97 0	+155 0	+400 0	+18 -45	-17 -80	-45 -108	-209 -272	-467 -530
450	500	+880 +480											-229 -292	-517 -580

9.2.2 冲压件公差等级及极限偏差

1. 模具精度与冲压件精度的关系

精密模具（ZM）加工的冲压件公差等级范围为 IT6 ~ IT1，普通精度模具（PT）加工的冲压件公差等级范围为 IT12 ~ IT17，低精度模具（DZ）加工的冲压件公差等级范围为 IT18 ~ IT13。

2. 冲压件未注尺寸公差的极限偏差

凡产品图样上未注公差的尺寸，在计算凸模和凹模尺寸时，均按公差 IT14 级处理。如表 9-19 为冲裁和拉深件未注公差尺寸的极限偏差。

表 9-19 冲裁和拉深件未注公差尺寸的极限偏差 （单位：mm）

公称尺寸	尺寸类型		
	包容表面	被包容表面	暴露表面及孔中心距
≤3	+0.25	-0.25	±0.15
>3 ~ 6	+0.30	-0.30	
>6 ~ 10	+0.36	-0.36	±0.215
>10 ~ 18	+0.43	-0.43	
>18 ~ 30	+0.52	-0.52	±0.31
>30 ~ 50	+0.62	-0.62	
>50 ~ 80	+0.74	-0.74	±0.435
>80 ~ 120	+0.87	-0.87	
>120 ~ 180	+1.00	-1.00	±0.575
>180 ~ 250	+1.15	-1.15	
>250 ~ 315	+1.30	-1.30	±0.70
>315 ~ 400	+1.40	-1.40	
>400 ~ 500	+1.55	-1.55	±0.875
>500 ~ 630	+1.75	-1.75	
>630 ~ 800	+2.00	-2.00	±1.15
>800 ~ 1000	+2.30	-2.30	
>1000 ~ 1250	+2.60	-2.60	±1.55
>1250 ~ 1600	+3.10	-3.10	
>1600 ~ 2000	+3.70	-3.70	±2.20
>2000 ~ 2500	+4.40	-4.40	

注：包容尺寸—当测量时包容量具的表面尺寸称为包容尺寸。如孔径或槽宽。
被包容尺寸—当测量时被量具包容的表面尺寸称被包容尺寸。如圆柱体直径和板厚等。
暴露表面尺寸—不属于包容尺寸和被包容尺寸的表面尺寸称为暴露尺寸。如凸台高度、不通孔的深度等。

9.2.3 冲压模具常用的几何公差

冲压模具常用的几何公差有直线度、平面度、圆度、圆柱度、平行度、垂直度、倾斜度、同轴度、对称度、圆跳动和全跳动，其公差值见表 9-20 ~ 表 9-23。

表 9-20 直线度和平面度公差值

主参数 L/mm	公差等级											
	1	2	3	4	5	6	7	8	9	10	11	12
	公差值/μm											
≤10	0.2	0.4	0.8	1.2	2	3	5	8	12	20	30	60
>10 ~ 16	0.25	0.5	1	1.5	2.5	4	6	10	15	25	40	80
>16 ~ 25	0.3	0.6	1.2	2	3	5	8	12	20	30	50	100
>25 ~ 40	0.4	0.8	1.5	2.5	4	6	10	15	25	40	60	120
>40 ~ 63	0.5	1	2	3	5	8	12	20	30	50	80	150
>63 ~ 100	0.6	1.2	2.5	4	6	10	15	25	40	60	100	200
>100 ~ 160	0.8	1.5	3	5	8	12	20	30	50	80	120	250

（续）

主参数 L/mm	公差等级											
	1	2	3	4	5	6	7	8	9	10	11	12
	公差值/μm											
>160～250	1	2	4	6	10	15	25	40	60	100	150	300
>250～400	1.2	2.5	5	8	12	20	30	50	80	120	200	400
>400～630	1.5	3	6	10	15	25	40	60	100	150	250	500
>630～1000	2	4	8	12	20	30	50	80	120	200	300	600
>1000～1600	2.5	5	10	15	25	40	60	100	150	250	400	800

表 9-21　圆度和圆柱度公差值

主参数 $d(D)$/mm	公差等级											
	1	2	3	4	5	6	7	8	9	10	11	12
	公差值/μm											
≤3	0.2	0.3	0.5	0.8	1.2	2	3	4	6	10	14	25
>3～6	0.2	0.4	0.6	1	1.5	2.5	4	5	8	12	18	30
>6～10	0.25	0.4	0.6	1	1.5	2.5	4	6	9	15	22	36
>10～18	0.25	0.5	1.8	1.2	2	3	5	8	11	18	27	43
>18～30	0.3	0.6	1	1.5	2.5	4	6	9	13	21	33	52
>30～50	0.4	0.6	1	1.5	2.5	4	7	11	16	25	39	62
>50～80	0.5	0.8	1.2	2	3	5	8	13	19	30	46	74
>80～120	0.6	1	1.5	2.5	4	6	10	15	22	35	54	87
>120～180	1	1.2	2	3.5	5	8	12	18	25	40	63	100
>180～250	1.2	2	3	4.5	7	10	14	20	29	46	72	115

表 9-22　平行度、垂直度和倾斜度公差值

主参数 $L,d(D)$/mm	公差等级											
	1	2	3	4	5	6	7	8	9	10	11	12
	公差值/μm											
≤10	0.4	0.8	1.5	3	5	8	12	20	30	50	80	120
>10～16	0.5	1	2	4	6	10	15	25	40	60	100	150
>16～25	0.6	1.2	2.5	5	8	12	20	30	50	80	120	200
>25～40	0.8	1.5	3	6	10	15	25	40	60	100	150	250
>40～63	1	2	4	8	12	20	30	50	80	120	200	300
>63～100	1.2	2.5	5	10	15	25	40	60	100	150	250	400
>100～160	1.5	3	6	12	20	30	50	80	120	200	300	500
>160～250	2	4	8	15	25	40	60	100	150	250	400	600
>250～400	2.5	5	10	20	30	50	80	120	200	300	500	800
>400～630	3	6	12	25	40	60	100	150	250	400	600	1000
>630～1000	4	8	15	30	50	80	120	200	300	500	800	1200
>1000～1600	5	10	20	40	60	100	150	250	400	600	1000	1500

表 9-23　同轴度、对称度、圆跳动和全跳动公差值

主参数 $d(D),B,L$/mm	公差等级											
	1	2	3	4	5	6	7	8	9	10	11	12
	公差值/μm											
≤1	0.4	0.6	1	1.5	2.5	4	6	10	15	25	40	60
>1～3	0.4	0.6	1	1.5	2.5	4	6	10	20	40	60	120
>3～6	0.5	0.8	1.2	2	3	5	8	12	25	50	80	150
>6～10	0.6	1	1.5	2.5	4	6	10	15	30	60	100	200
>10～18	0.8	1.2	2	3	5	8	12	20	40	80	120	250

（续）

主参数 $d(D)$, B, L/mm	公差等级											
	1	2	3	4	5	6	7	8	9	10	11	12
	公差值/μm											
>18 ~ 30	1	1.5	2.5	4	6	10	15	25	50	100	150	300
>30 ~ 50	1.2	2	3	5	8	12	20	30	60	120	200	400
>50 ~ 120	1.5	2.5	4	6	10	15	25	40	80	150	250	500
>120 ~ 250	2	3	5	8	12	20	30	50	100	200	300	600
>250 ~ 500	2.5	4	6	10	15	25	40	60	120	250	400	800
>500 ~ 800	3	5	8	12	20	30	50	80	150	300	500	1000
>800 ~ 1250	4	6	10	15	25	40	60	100	200	400	600	1200

9.2.4　模具零件的表面粗糙度

冲压模具零件常用的表面粗糙度值见表 9-24。

表 9-24　冲压模具零件常用的表面粗糙度值

表面粗糙度 *Ra* 值/μm	应用范围
0.1	抛光的转动体表面，如导柱与导套的配合面
0.2	抛光的成形面和平面
0.4	①压弯、拉深、成形的凹模工作面 ②要求高的圆柱面、平面的刃口表面 ③滑动和精确导向的表面
0.8	①线切割或成形磨削后要求研磨的刃口表面 ②拉深球形、抛物面形件等的凸模工作面 ③冲裁刃口表面；凸、凹模拼块的接合面 ④过盈配合、过渡配合的表面（热处理件）
1.6	①支承定位面、紧固表面（热处理件） ②磨削加工基准面、精确的工艺基准面 ③用于配合的内孔表面（非热处理件）
3.2	①模座平面，半精加工表面 ②模柄工作表面
6.3	①拉深圆筒形件等的凸模工作面 ②不需磨削的支承、紧固表面（非热处理件）
12.5	①无法磨削的定位平面、不形成配合的接触平面 ②非配合的粗加工表面 ③不与冲压工件和冲模零件接触的表面
25	粗糙的不重要表面
	不需要机械加工的表面

9.2.5　常用加工方法的加工精度

采用常用加工方法加工金属零件得到的加工精度见表 9-25，采用常用加工方法加工金属零件得到的表面粗糙度值见表 9-26。

表 9-25　常用加工方法的加工精度

加工方法	加工精度	加工方法	加工精度
车削	IT11 ~ IT7	外圆磨	IT8 ~ IT5
刨削、插削	IT11 ~ IT10	内圆磨	IT8 ~ IT6
铣削	IT11 ~ IT8	坐标磨	0.005 ~ 0.01mm
钻孔	IT13 ~ IT11	电火花加工	0.05 ~ 0.1mm
扩孔	IT11 ~ IT7	线切割（快走丝）	0.02 ~ 0.05mm
铰孔	IT13 ~ IT10	线切割（慢走丝）	0.005 ~ 0.002mm
坐标镗孔	IT10 ~ IT7	研磨	0.002 ~ 0.01mm
平面磨	IT9 ~ IT6		

表 9-26　常用加工方法的表面粗糙度

加工方法	表面粗糙度 $Ra/\mu m$	加工方法	表面粗糙度 $Ra/\mu m$
车削	6.3 ~ 0.8	平面磨	1.6 ~ 0.4
刨削	12.5 ~ 1.6	外圆磨	0.8 ~ 0.2
铣削	6.3 ~ 1.6	内圆磨	0.8 ~ 0.4
钻孔	6.3 ~ 3.2	坐标磨	0.8 ~ 0.4
铰孔	3.2 ~ 1.6	研磨	0.4 ~ 0.1
坐标镗孔	1.6 ~ 0.8	电火花加工	3.2 ~ 1.6
仿形铣	12.5 ~ 3.2	线切割(快走丝)	1.6 ~ 0.8
NC 加工	3.2 ~ 0.8	线切割(慢走丝)	6.3 ~ 0.8

9.3　冷冲模紧固零件的选用

9.3.1　螺栓和螺柱

螺栓、螺柱的规格见表 9-27 ~ 表 9-28。

表 9-27　六角头螺栓 1　　(单位：mm)

六角头螺栓C级(GB/T 5780—2000)　　六角头螺栓全螺纹C级(GB/T 5781—2000)

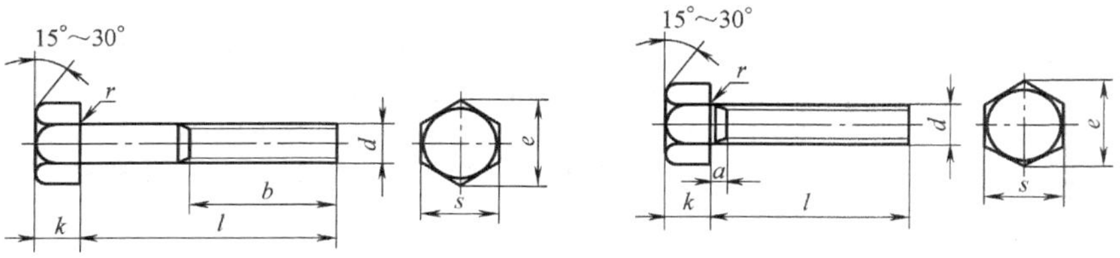

标记示例：

螺纹规格 d = M12、公称长度 l = 80mm、性能等级为 4.8 级、不经表面处理、C 级的六角头螺栓：螺栓 GB/T 5780 M12 × 80

螺纹规格 d		M5	M6	M8	M10	M12	(M14)	M16	(M18)	M20	(M22)	M24	(M27)	M30	M36
s(公称)		8	10	13	16	18	21	24	27	30	34	36	41	46	55
k(公称)		3.5	4	5.3	6.4	7.5	8.8	10	11.5	12.5	14	15	17	18.7	22.5
r_{min}		0.2	0.25	0.4		0.6				0.8			1		
e_{min}		8.6	10.9	14.2	17.6	19.9	22.8	26.2	29.6	33	37.3	39.6	45.2	50.9	60.8
a_{max}		2.4	3	4	4.5	5.3	6		7.5				9	10.5	12
b(参考)	$l \leqslant 125$	16	18	22	26	30	34	38	42	46	50	54	60	66	78
	$120 < l \leqslant 200$	22	24	28	32	36	40	44	48	52	56	60	66	72	84
	$l > 200$	35	37	41	45	49	53	57	61	65	69	73	79	85	97
l(公称) GB/T 5780—2000		25 ~ 50	30 ~ 60	40 ~ 80	45 ~ 100	55 ~ 120	60 ~ 140	65 ~ 160	80 ~ 180	80 ~ 200	90 ~ 220	100 ~ 240	110 ~ 260	120 ~ 300	140 ~ 360
全螺纹长度 l GB/T 5780—2000		10 ~ 50	12 ~ 60	16 ~ 80	20 ~ 100	25 ~ 120	30 ~ 140	35 ~ 160	35 ~ 180	40 ~ 200	45 ~ 220	50 ~ 240	55 ~ 280	60 ~ 300	70 ~ 360
100mm 长的质量/kg		0.013	0.020	0.037	0.063	0.090	0.127	0.172	0.223	0.282	0.359	0.424	0.566	0.721	1.100
l 系列(公称)		10,12,16,20,25,30,35,40,45,50,55,60,65,70,80,90,100,110,120,130,140,150,160,180,200,220,240,260,280,300,320,340,360,380,400,420,440,460,480,500													

技术条件					
技术条件	GB/T 5780 螺纹公差:8g	材料:钢	性能等级:$d \leqslant 39$mm 时,取 3.6、4.6、4.8;$d > 39$mm 时,按协议	表面处理:不经处理,电镀,非电解锌粉覆盖	产品等级:C
	GB/T 5781 螺纹公差:8g				

注：1. M5 ~ M36 为商品规格，为销售储备的产品最通用的规格。

2. M42 ~ M64 为通用规格，较商品规格低一档，有时买不到要现制造。

3. 带括号的为非优选的螺纹规格（其他各表均相同），非优选螺纹规格除表列外还有 M33、M39、M45、M52 和 M60。

4. 末端按 GB/T 5780—2000 规格。

5. 标记示例“螺栓 GB/T 5780 M12 × 80”为简化标记，它代表了标记示例的各项内容，此标准件为常用及大量供应的，与标记示例内容不同的不能用简化标记，应按 GB/T 1237—2000 规定标记。

6. 表面处理：电镀技术要求按 GB/T 5267；非电镀锌粉覆盖技术要求按 ISO 10683；如需其他表面镀层或表面处理，应由双方协议。

7. GB/T 5780—2000 增加了短规格，推荐采用 GB/T 5781—2000 全螺纹螺栓。

表 9-28　六角头螺栓 2　　　　（单位：mm）

六角头螺栓(GB/T　5782—2000)

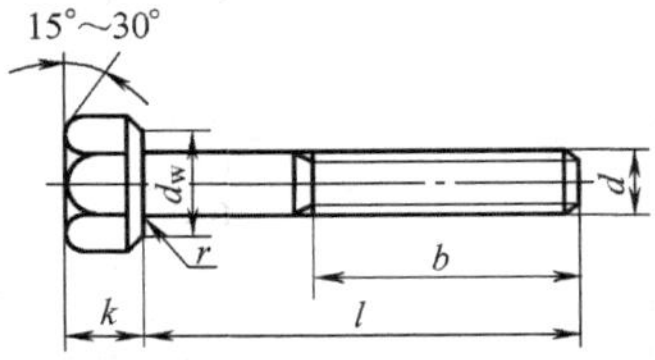

六角头螺栓全螺纹(GB/T　5783—2000)

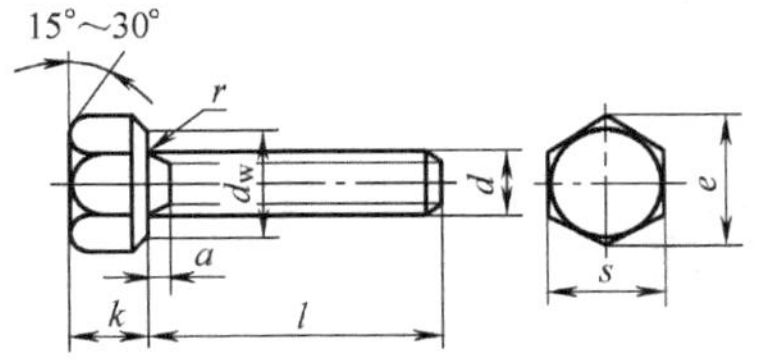

六角头头部带孔螺栓A和B级(GB/T 32.1—1988)

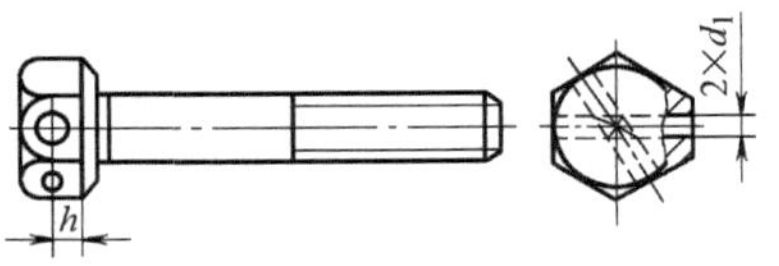

其余的形式与尺寸按 GB/T 5782 规定

六角头头部带槽螺栓A级和B级(GB/T 29.1—2013)

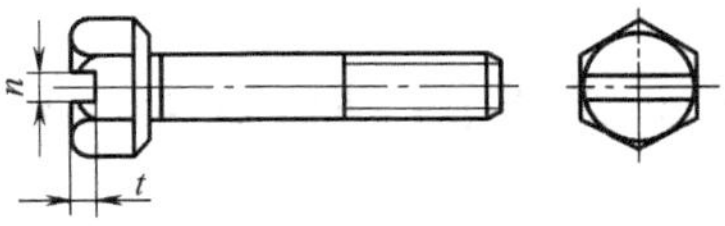

其余的形式与尺寸按 GB/T 5783 规定

标记示例:螺纹规格 d = M12、公称长度 l = 80mm、性能等级为 8.8 级、表面氧化、A 级的六角头螺栓;螺栓 GB/T 5782 M12 × 80

螺纹规格 d		M1.6	M2	M2.5	M3	M4	M5	M6	M8	M10	M12	(M14)	M16	(M18)	M20	(M22)	M24	(M27)	M30	M36
s(公称)		3.2	4	5	5.5	7	8	10	13	16	18	21	24	27	30	34	36	41	46	55
k(公称)		1.1	1.4	1.7	2	2.8	3.5	4	5.3	6.4	7.5	8.8	10	11.5	12.5	14	15	17	18.7	22.5
r_{min}		0.1				0.2		0.25	0.4		0.6				0.8			1		
e_{min}	A	3.41	4.32	5.45	6.01	7.66	8.79	11.05	14.38	17.77	20.03	23.36	26.75	30.14	33.53	37.72	39.98	—	—	—
	B	3.28	4.18	5.31	5.88	7.50	8.63	10.89	14.20	17.59	19.85	22.78	26.17	29.56	32.95	37.29	39.55	45.2	50.85	60.79
d_{wmin}	A	2.27	3.07	4.07	4.57	5.88	6.88	8.88	11.63	14.63	16.63	19.64	22.49	25.34	28.19	31.71	33.61	—	—	—
	B	2.3	2.95	3.95	4.45	5.74	6.74	8.74	11.47	14.47	16.47	19.15	22	24.85	27.7	31.35	33.25	38	42.75	51.11
b（参考）	l≤125	9	10	11	12	14	16	18	22	26	30	34	38	42	46	50	54	60	66	—
	125 < l ≤200	15	16	17	18	20	22	24	28	32	36	40	44	48	52	56	60	66	72	84
	l > 200	28	29	30	31	33	35	37	41	45	49	53	57	61	65	69	73	79	85	97
a		—	—	—	1.5	2.1	2.4	3	3.75	4.5	5.25	6		7.5			9		10.5	12
h		—	—	—	0.8	1.2		1.6	2	2.5	3	—	—	—	—	—	—	—	—	—
n		—	—	—	0.8	1.2		1.6	2	2.5	—	—	—	—	—	—	—	—	—	—
t		—	—	—	0.7	1	1.2	1.4	1.9	2.4	—	—	—	—	—	—	—	—	—	—

9.3.2　螺钉

螺钉的规格及连接见表 9-29 ~ 表 9-32。

表 9-29　开槽螺钉　　　　（单位：mm）

开槽圆柱头螺钉(GB/T 65—2000)

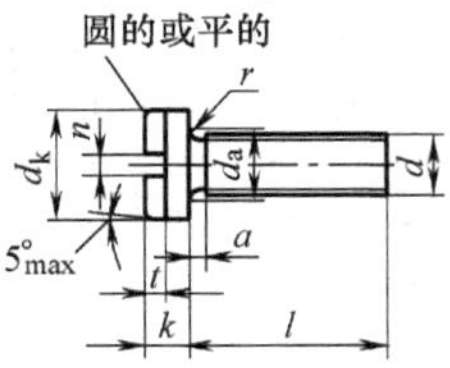

开槽盘头螺钉(GB/T 67—2008)

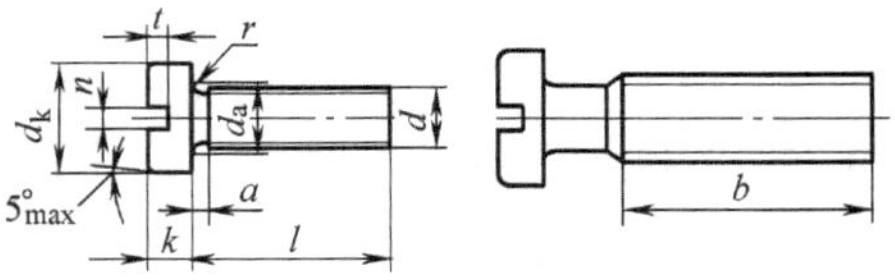

开槽沉头螺钉(GB/T 68—2000)

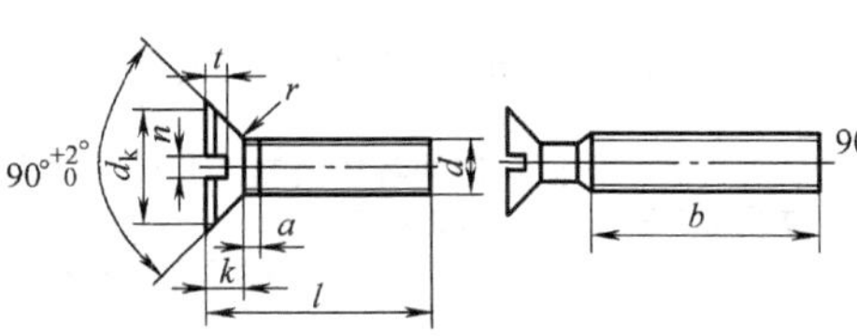

开槽半沉头螺钉(GB/T 69—2000)

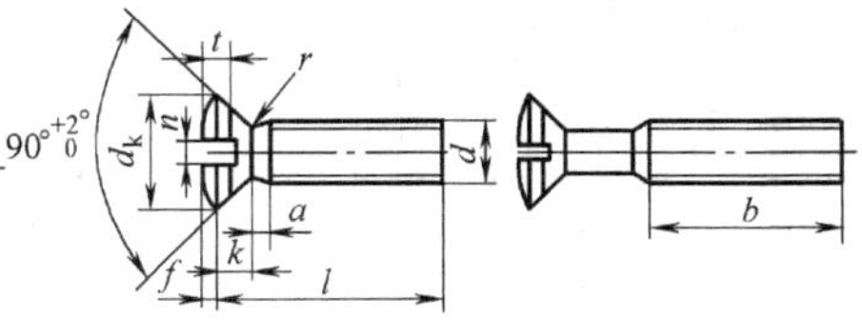

标记示例:螺纹规格 d = M5、公称长度 l = 20mm、性能等级为 4.8 级,不经表面处理的开槽圆柱头螺钉:螺钉 GB/T 65 M5 × 20

（续）

螺纹规格 d		M3	(M3.5)	M4	M5	M6	M8	M10
a_{max}		1	1.2	1.4	1.6	2	2.5	3
b_{min}		25	38					
n(公称)		0.8	1	1.2		1.6	2	2.5
GB/T 65	d_{kmax}	5.5	6	7	8.5	10	13	16
	k_{max}	2	2.4	2.6	3.3	3.9	5	6
	t_{min}	0.85	1	1.1	1.3	1.6	2	2.4
	d_{amax}	3.6	4.1	4.7	5.7	6.8	9.2	11.2
	r_{min}	0.1		0.2		0.25	0.4	
	商品规格长度 l	4~30	5~35	5~40	6~50	8~60	10~80	12~80
	全螺纹长度 l	4~30	5~40	5~40	6~40	8~40	10~40	12~40
GB/T 67	d_{kmax}	5.6	7	8	9.5	12	16	20
	k_{max}	1.8	2.1	2.4	3	3.6	4.8	6
	t_{min}	0.7	0.8	1	1.2	1.4	1.9	2.4
	d_{amax}	3.6	4.1	4.7	5.7	6.8	9.2	11.2
	r_{min}	0.1		0.2		0.25	0.4	
	商品规格长度 l	4~30	5~35	5~40	6~50	8~60	10~80	12~80
	全螺纹长度 l	4~30	5~40	5~40	6~40	8~40	10~40	12~40
GB/T 68 GB/T 69	d_{kmax}	5.5	7.3	8.4	9.3	11.3	15.8	18.3
	k_{max}	1.65	2.35	2.7		3.3	4.65	5
	r_{max}	0.8	0.9	1	1.3	1.5	2	2.5
	t_{min} GB/T 68	0.6	0.9	1	1.1	1.2	1.8	2
	t_{min} GB/T 69	1.2	1.45	1.6	2	2.4	3.2	3.8
	f	0.7	0.8	1	1.2	1.4	2	2.3
	商品规格长度 l	5~30	6~35	6~40	8~50	8~60	10~80	12~80
	全螺纹长度 l	50~30	6~45	6~45	8~45	8~45	10~45	12~45

表 9-30　内六角圆柱头螺钉的基本规格（摘自 GB/T 70.1—2008）　（单位：mm）

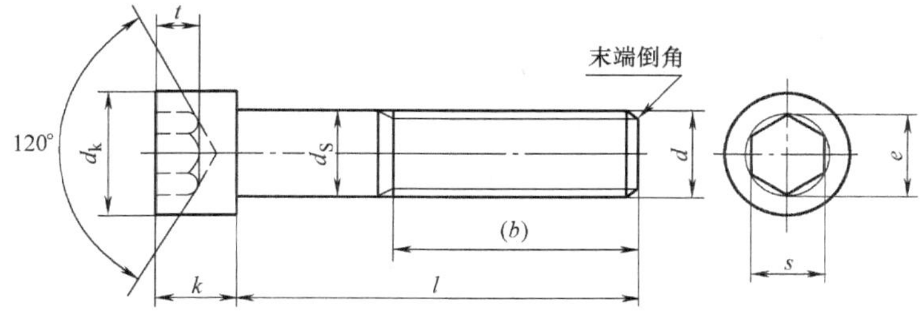

标记示例：螺纹规格 d = M5、公称长度 l = 20mm、性能等级为 8.8 级、表面氧化的内六角圆柱头螺钉：

螺钉　GB/T 70.1　M5 × 20

螺纹规格 d	M3	M4	M5	M6	M8	M10	M12	M14	M16	M20	M24
P 螺距	0.5	0.7	0.8	1	1.25	1.5	1.75	2	2	2.5	3
b 参考	18	20	22	24	28	32	36	40	44	52	60
d_{kmax}	5.5	7	8.5	10	13	16	18	21	24	30	36
k_{max}	3	4	5	6	8	10	12	14	16	20	24
t_{min}	1.3	2	2.5	3	4	5	6	7	8	10	12
s 公称	2.5	3	4	5	6	8	10	12	14	17	19
e_{min}	2.87	3.44	4.58	5.72	6.68	9.15	11.43	13.72	16.00	19.44	21.73
d_{smax}	$d_s = d$										
l 范围	5~30	6~40	8~50	10~60	12~80	16~100	20~120	25~140	25~160	30~200	40~200
l≤表中数值时，制出全螺纹	20	25	25	30	35	40	45	55	55	65	80
l 系列	5、6、8、10、12、(14)、(16)、20、25、30、35、40、45、50、(55)、60、(65)、70、80、90、100、110、120、130、140、150、160、180、200										

注：括号内规格尽可能不采用。

表 9-31　开槽锥端、平端、长圆柱端紧定螺钉的基本规格（摘自 GB/T 71、73、75—1985）

（单位：mm）

开槽锥端紧定螺钉(GB/T 71—1985)

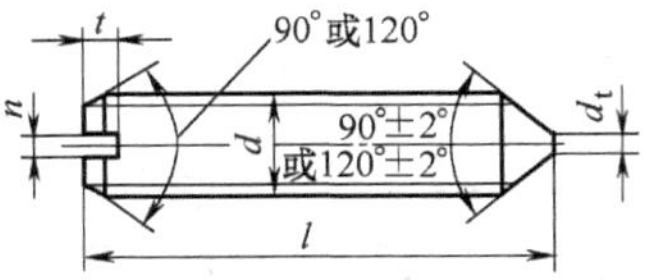

开槽平端紧定螺钉(GB/T 73—1985)

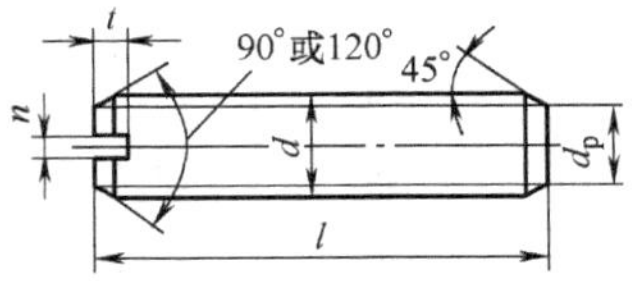

开槽长圆柱端紧定螺钉(GB/T 75—1985)

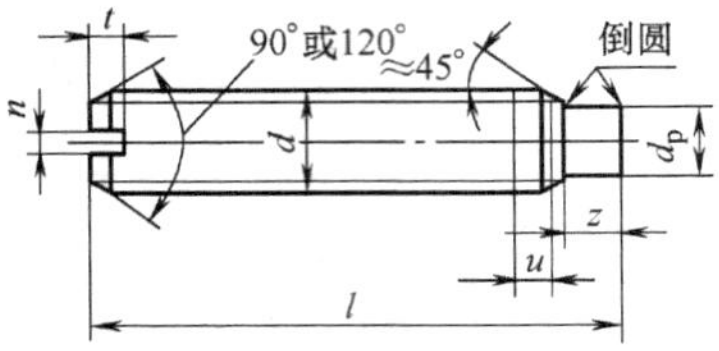

标记示例：螺纹规格 d = M5、公称长度 l = 12mm、性能等级为 14H、表面氧化的开槽锥端紧定螺钉标记为：螺钉　GB 71—85　M5 × 12-14H

d			M3	M4	M5	M6	M8	M10	M12
P	GB/T 71—1985 GB/T 73—1985 GB/T 75—1985		0.5	0.7	0.8	1	1.25	1.5	1.75
d_1	GB 75—85		0.3	0.4	0.5	1.5	2	2.5	3
d_{pmax}	GB/T 73—1985 GB/T 75—1985		2	2.5	3.5	4	5.5	7	8.5
n(公称)	GB/T 71—1985 GB/T 73—1985 GB/T 75—1985		0.4	0.6	0.8	1	1.2	1.6	2
t_{min}	GB/T 71—1985 GB/T 73—1985 GB/T 75—1985		0.8	1.12	1.28	1.6	2	2.4	2.8
z_{min}	GB/T 75—1985		1.5	2	2.5	3	4	5	6
倒角和锥顶角	GB/T 71—1985	120°	l≤3	l≤4	l≤5	l≤6	l≤8	l≤10	l≤12
		90°	l≥4	l≥5	l≥6	l≥8	l≥10	l≥12	l≥14
	GB/T 73—1985	120°	l≤3	l≤4	l≤5	l≤6		l≤8	l≤10
		90°	l≥4	l≥5	l≥6	l≥8		l≥10	l≥12
	GB/T 75—1985	120°	l≤5	l≤6	l≤8	l≤10	l≤14	l≤16	l≤20
		90°	l≥6	l≥8	l≥10	l≥12	l≥16	l≥20	l≥25
l公称	商品规格范围	GB/T 71—1985	4 ~ 16	6 ~ 20	8 ~ 25	8 ~ 30	10 ~ 40	12 ~ 50	14 ~ 60
		GB/T 73—1985	3 ~ 16	4 ~ 20	5 ~ 25	6 ~ 30	8 ~ 40	10 ~ 50	12 ~ 60
		GB/T 75—1985	5 ~ 16	6 ~ 20	8 ~ 25	8 ~ 30	10 ~ 40	12 ~ 50	14 ~ 60
	系列值	2,2.5,3,4,5,6,8,10,12,(14),16,20,25,30,35,40,45,50,(55),60							

注：1. l 系列值中，尽可能不采用括号内的规格。

2. 规格不大于 M5 的 GB/T 71—1985 的螺钉，不要求锥端有平面部分（d_t）。

3. P 为螺距。

4. u（不完整螺纹的长度）≤2P。

表 9-32　螺钉连接孔尺寸　　（单位：mm）

简图	螺纹直径	旋进长度 l				螺纹孔外加深度 l_1	光孔外加深度 l_2	螺钉增加螺纹长度 l_3
		最小值		应用值				
		铸铁	钢	铸铁	钢			
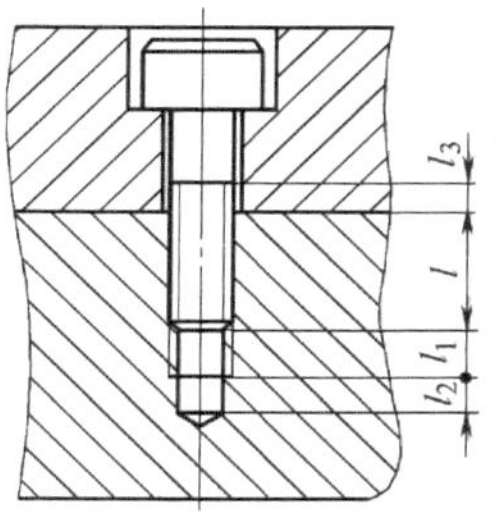	M3	3.5	2	6	4.5	1.5	1.5	2
	M4	4.5	2.5	8	6	2	2	1.5
	M5	5	3	10	7.5	2.5	2.5	2.5
	M6	6	3.5	12	9	3	3	3.5
	M8	8	4.5	16	12	4	4	4
	M10	10	5.5	20	15	5	5	4.5
	M12	12	7	24	18	6	6	5.5
	M14	14	9	28	21	8	8	6
	M16	16	10	32	24	8	8	6
	M20	20	13	40	30	10	10	7
	M24	24	15	48	36	12	12	8

注：一般情况下不采用最小旋进长度，冲模冲击振动大，螺钉容易松脱，冲模螺钉旋入深度建议采用 1.5 ~ 2 倍的螺纹直径

9.3.3　螺母

螺母的规格见表 9-33。

表 9-33　六角螺母　　（单位：mm）

六角螺母　C 级（GB/T 41—2000）

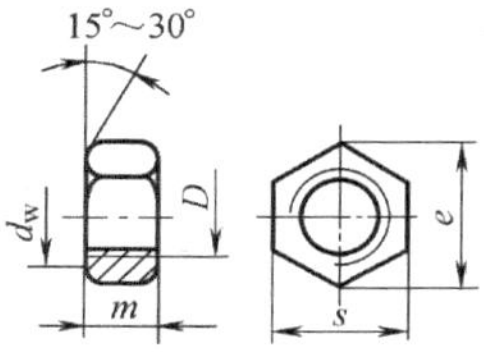

标记示例：

螺纹规格 D = M12、性能等级为 5 级、不经表面处理、产品等级为 C 级的六角螺母标记为

螺母　GB/T 41　M12

六角薄螺母　无倒角　（CB/T 6174—2000）

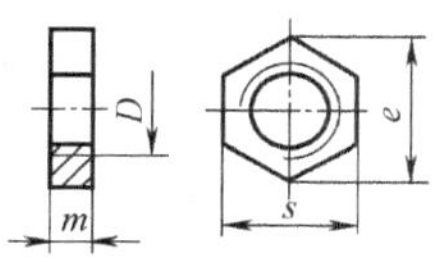

标记示例：

螺纹规格 D = M6、力学性能为 110HV、不经表面处理、B 级的六角薄螺母：

螺母　GB/T 6174　M6

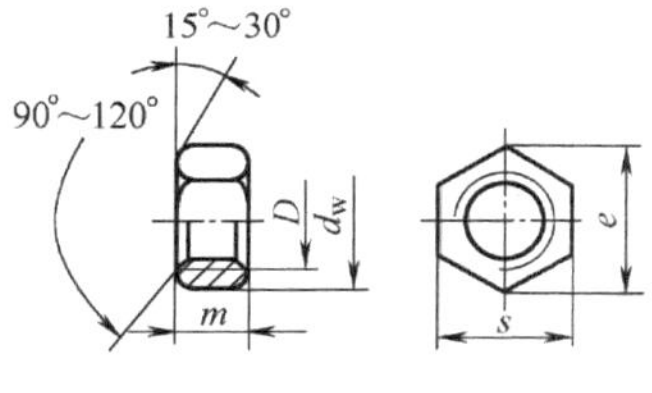

1 型六角螺母（GB/T 6170—2000）

六角薄螺母（GB/T 6172.1—2000）

标记示例：

螺纹规格 D = M12、性能等级为 10 级、不经表面处理、A 级的 1 型六角螺母；

螺母　GB/T 6170　M12

螺纹规格　D = M12、性能等级为 04 级、不经表面处理、A 级的六角薄螺母；

螺母　GB/T 6172.1　M12

螺纹规格 D		M3	(M3.5)	M4	M5	M6	M8	M10	M12	(M14)	M16	(M18)	M20	(M22)	M24	(M27)	M30	M36
e_{min}	1①	5.9	6.4	7.5	8.6	10.9	14.2	17.6	19.9	22.8	26.2	29.6	33	37.3	39.6	45.2	50.9	60.8
	2②	6	6.6	7.7	8.8	11	14.4	17.8	20	23.4	26.8	29.6	33	37.3	39.6	45.2	50.9	60.8
s（公称）		5.5	6	7	8	10	13	16	18	21	24	27	30	34	36	41	46	55
d_{wmin}	1①	—	—	—	6.7	8.7	11.5	14.5	16.5	19.2	22	24.9	27.7	31.4	33.3	38	42.8	51.1
	2②	4.6	5.1	5.9	6.9	8.9	11.6	14.6	16.6	19.6	22.5	24.9	27.7	31.4	33.3	38	42.8	51.1
m_{max}	GB/T 6170—2000	2.4	2.8	3.2	4.7	5.2	6.8	8.4	10.8	12.8	14.8	15.8	18	19.4	21.5	23.8	25.6	31
	GB/T 6172.1—2000 GB/T 6174—2000	1.8	2	2.2	2.7	3.2	4	5	6	7	8	9	10	11	12	13.5	15	18
	GB/T 41—2000	—	—	—	5.6	6.1	7.9	9.5	12.2	13.9	15.9	16.9	19	20.2	22.3	24.7	26.4	31.9

注：1. A 级用于 $D \geqslant 16$mm，B 级用于 $D > 16$mm 的螺母，C 级用于 $D \geqslant 5$mm 的螺母。
2. 尽量不采用括号中的尺寸，除表中所列外，还有 M33、M39、M45、M52 和 M60。
3. GB/T 41—2000 的螺纹规格为 M5 ~ M60；GB/T 6174—2000 的螺纹规格为 M1.6 ~ M10。
4. 螺纹公差：A，B 级为 6H；C 级为 7H。力学性能等级：A，B 级为 6，8，10 级；C 级为 4，5 级。

① 为 GB/T 41—2000 及 GB/T 6174—2000 的尺寸。
② GB/T 6170—2000 及 GB/T 6172.1—2000 的尺寸。

9.3.4 垫圈

垫圈的规格见表 9-34 和表 9-35。

表 9-34　平垫圈　（单位：mm）

小垫圈　A 级（GB/T 848—2002）、平垫圈　A 级（GB/T 97.1—2002）

平垫圈　倒角型　A 级（GB/T 97.2—2002）、大垫圈　A 级（GB/T 96.1—2002）

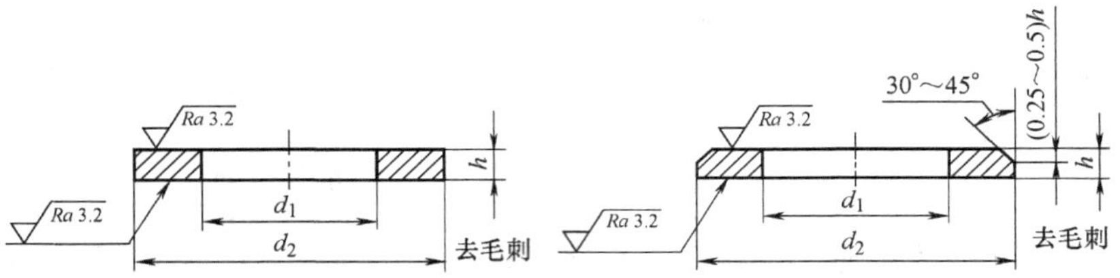

标记示例：

标准系列、公称规格 $d=8$mm、硬度等级为 200HV 级、不经表面处理的 A 级平垫圈：

垫圈　GB/T 97.1—2002　8

<table>
<tr><td colspan="3">公称尺寸(螺纹规格 d)</td><td>1.6</td><td>2</td><td>2.5</td><td>3</td><td>4</td><td>5</td><td>6</td><td>8</td><td>10</td><td>12</td><td>14</td><td>16</td><td>20</td><td>24</td><td>30</td><td>36</td></tr>
<tr><td rowspan="8">内径 d_1</td><td rowspan="4">max</td><td>GB/T 848—2002</td><td rowspan="2">1.84</td><td rowspan="2">2.34</td><td rowspan="2">2.84</td><td rowspan="2">3.38</td><td rowspan="2">4.48</td><td rowspan="4">5.48</td><td rowspan="4">6.62</td><td rowspan="4">8.62</td><td rowspan="4">10.77</td><td rowspan="4">13.27</td><td rowspan="4">15.27</td><td rowspan="4">17.27</td><td rowspan="3">21.33</td><td rowspan="3">25.33</td><td>31.33</td><td rowspan="3">37.62</td></tr>
<tr><td>GB/T 97.1—2002</td><td rowspan="2">31.39</td></tr>
<tr><td>GB/T 97.2—2002</td><td>—</td><td>—</td><td>—</td><td>—</td><td>—</td></tr>
<tr><td>GB/T 96.1—2002</td><td>—</td><td>—</td><td>—</td><td>3.38</td><td>4.48</td><td>22.52</td><td>26.84</td><td>34</td><td>40</td></tr>
<tr><td rowspan="4">公称(min)</td><td>GB/T 848—2002</td><td rowspan="2">1.7</td><td rowspan="2">2.2</td><td rowspan="2">2.7</td><td rowspan="2">3.2</td><td rowspan="2">4.3</td><td rowspan="4">5.3</td><td rowspan="4">6.4</td><td rowspan="4">8.4</td><td rowspan="4">10.5</td><td rowspan="4">13</td><td rowspan="4">15</td><td rowspan="4">17</td><td rowspan="3">21</td><td rowspan="3">25</td><td rowspan="3">31</td><td rowspan="3">37</td></tr>
<tr><td>GB/T 97.1—2002</td></tr>
<tr><td>GB/T 97.2—2002</td><td>—</td><td>—</td><td>—</td><td>—</td><td>—</td></tr>
<tr><td>GB/T 96.1—2002</td><td>—</td><td>—</td><td>—</td><td>3.2</td><td>4.3</td><td>22</td><td>26</td><td>33</td><td>39</td></tr>
<tr><td rowspan="8">内径 d_2</td><td rowspan="4">公称(min)</td><td>GB/T 848—2002</td><td>3.5</td><td>4.5</td><td>5</td><td>6</td><td>8</td><td>9</td><td>11</td><td>15</td><td>18</td><td>20</td><td>24</td><td>28</td><td>34</td><td>39</td><td>50</td><td>60</td></tr>
<tr><td>GB/T 97.1—2002</td><td>4</td><td>5</td><td>6</td><td>7</td><td>9</td><td rowspan="2">10</td><td rowspan="2">12</td><td rowspan="2">16</td><td rowspan="2">20</td><td rowspan="2">24</td><td rowspan="2">28</td><td rowspan="2">30</td><td rowspan="2">37</td><td rowspan="2">44</td><td rowspan="2">56</td><td rowspan="2">66</td></tr>
<tr><td>GB/T 97.2—2002</td><td>—</td><td>—</td><td>—</td><td>—</td><td>—</td></tr>
<tr><td>GB/T 96.1—2002</td><td>—</td><td>—</td><td>—</td><td>9</td><td>12</td><td>15</td><td>18</td><td>24</td><td>30</td><td>37</td><td>44</td><td>50</td><td>60</td><td>72</td><td>92</td><td>110</td></tr>
<tr><td rowspan="4">min</td><td>GB/T 848—2002</td><td>3.2</td><td>4.2</td><td>4.7</td><td>5.7</td><td>7.64</td><td>8.64</td><td>10.57</td><td>14.57</td><td>17.57</td><td>19.48</td><td>23.48</td><td>27.48</td><td>33.38</td><td>38.38</td><td>49.38</td><td>58.8</td></tr>
<tr><td>GB/T 97.1—2002</td><td>3.7</td><td>4.7</td><td>5.7</td><td>6.64</td><td>8.64</td><td rowspan="2">9.64</td><td rowspan="2">11.57</td><td rowspan="2">15.57</td><td rowspan="2">19.48</td><td rowspan="2">23.48</td><td rowspan="2">27.48</td><td rowspan="2">29.48</td><td rowspan="2">36.38</td><td rowspan="2">43.38</td><td rowspan="2">55.26</td><td rowspan="2">64.8</td></tr>
<tr><td>GB/T 97.2—2002</td><td>—</td><td>—</td><td>—</td><td>—</td><td>—</td></tr>
<tr><td>GB/T 96.1—2002</td><td>—</td><td>—</td><td>—</td><td>8.64</td><td>11.57</td><td>14.57</td><td>17.57</td><td>23.48</td><td>29.48</td><td>36.68</td><td>43.38</td><td>49.38</td><td>58.1</td><td>70.1</td><td>89.8</td><td>107.8</td></tr>
<tr><td rowspan="12">厚度 h</td><td rowspan="4">公称</td><td>GB/T 848—2002</td><td rowspan="2">0.3</td><td rowspan="2">0.3</td><td rowspan="2">0.5</td><td rowspan="2">0.5</td><td>0.5</td><td rowspan="3">1</td><td rowspan="3">1.6</td><td rowspan="3">1.6</td><td>1.6</td><td>2</td><td rowspan="3">2.5</td><td>2.5</td><td rowspan="3">3</td><td rowspan="3">4</td><td rowspan="3">4</td><td rowspan="3">5</td></tr>
<tr><td>GB/T 97.1—2002</td><td>0.8</td><td rowspan="2">2</td><td rowspan="2">2.5</td><td rowspan="2">3</td></tr>
<tr><td>GB/T 97.2—2002</td><td>—</td><td>—</td><td>—</td><td>—</td><td>—</td></tr>
<tr><td>GB/T 96.1—2002</td><td>—</td><td>—</td><td>—</td><td>0.8</td><td>1</td><td>1.2</td><td>1.6</td><td>2</td><td>2.5</td><td>3</td><td>3</td><td>3</td><td>4</td><td>5</td><td>6</td><td>8</td></tr>
<tr><td rowspan="4">max</td><td>GB/T 848—2002</td><td rowspan="2">0.35</td><td rowspan="2">0.35</td><td rowspan="2">0.55</td><td rowspan="2">0.55</td><td>0.55</td><td rowspan="3">1.1</td><td rowspan="3">1.8</td><td rowspan="3">1.8</td><td>1.8</td><td>2.2</td><td rowspan="3">2.7</td><td>2.7</td><td rowspan="3">3.3</td><td rowspan="3">4.3</td><td rowspan="3">4.3</td><td rowspan="3">5.6</td></tr>
<tr><td>GB/T 97.1—2002</td><td>0.9</td><td rowspan="2">2.2</td><td rowspan="2">2.7</td><td rowspan="2">3.3</td></tr>
<tr><td>GB/T 97.2—2002</td><td>—</td><td>—</td><td>—</td><td>—</td><td>—</td></tr>
<tr><td>GB/T 96.1—2002</td><td>—</td><td>—</td><td>—</td><td>0.9</td><td>1.1</td><td>1.4</td><td>1.8</td><td>2.2</td><td>2.7</td><td>3.3</td><td>3.3</td><td>3.3</td><td>4.6</td><td>6</td><td>7</td><td>9.2</td></tr>
<tr><td rowspan="4">min</td><td>GB/T 848—2002</td><td rowspan="2">0.25</td><td rowspan="2">0.25</td><td rowspan="2">0.45</td><td rowspan="2">0.45</td><td>0.45</td><td rowspan="3">0.9</td><td rowspan="3">1.4</td><td rowspan="3">1.4</td><td>1.4</td><td>1.8</td><td rowspan="3">2.3</td><td>2.3</td><td rowspan="3">2.7</td><td rowspan="3">3.7</td><td rowspan="3">3.7</td><td rowspan="3">4.4</td></tr>
<tr><td>GB/T 97.1—2002</td><td>0.7</td><td rowspan="2">1.8</td><td rowspan="2">2.3</td><td rowspan="2">2.7</td></tr>
<tr><td>GB/T 97.2—2002</td><td>—</td><td>—</td><td>—</td><td>—</td><td>—</td></tr>
<tr><td>GB/T 96.1—2002</td><td>—</td><td>—</td><td>—</td><td>0.7</td><td>0.9</td><td>1.0</td><td>1.4</td><td>1.8</td><td>2.3</td><td>2.7</td><td>2.7</td><td>2.7</td><td>3.4</td><td>4</td><td>5</td><td>6.8</td></tr>
</table>

表 9-35　标准型弹簧垫圈（GB/T 93—1987 和轻型弹簧垫圈 GB/T 859—1987）　（单位：mm）

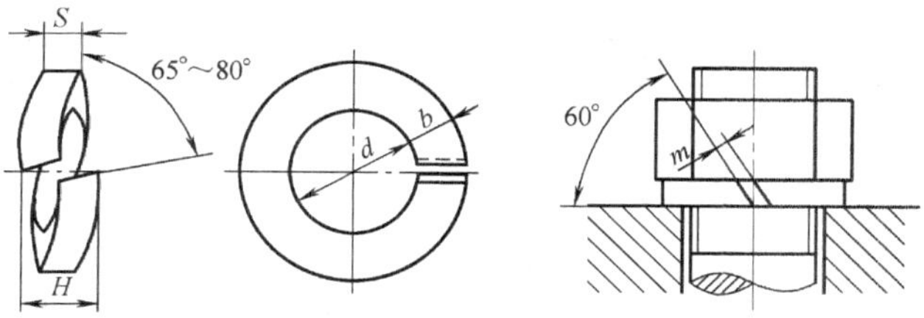

标记示例：
规格 16mm、材料为 65Mn、表面氧化处理的标准型弹簧垫圈的标记为：
垫圈 GB/T 93　16

规格(螺纹大径)			6	8	10	12	16	20	24	30	36
GB/T 93—1987	d(min)		6.1	8.1	10.2	12.2	16.2	20.2	24.5	30.5	36.5
	$S(b)$		1.6	2.1	2.6	3.1	4.1	5	6	7.5	9
	H	min	3.2	4.2	5.2	6.2	8.2	10	12	15	18
		max	4	5.25	6.5	7.75	10.25	12.5	15	18.75	22.5
	$m \leqslant$		0.8	1.05	1.3	1.55	2.05	2.5	3	3.75	4.5
GB/T 859—1987	d(min)		6.1	8.1	10.2	12.2	16.2	20.2	24.5	30.5	—
	S		1.3	1.6	2	2.5	3.2	4	5	6	—
	b		2	2.5	3	3.5	4.5	5.5	7	9	—
	H	min	2.6	3.2	4	5	6.4	8	10	12	—
		max	3.25	4	5	6.25	8	10	12.5	15	—
	$m \leqslant$		0.65	0.8	1	1.25	1.6	2	2.5	3	—

注：1. 材料为 65Mn。
　　2. m 应大于零。

9.3.5　销钉

1. 圆锥销

圆锥销的规格见表 9-36。

表 9-36　圆锥销（摘自 GB/T 117—2000）　（单位：mm）

A 型（磨削）：锥面表面粗糙度 $R_a = 0.8\mu m$
B 型（切削或冷镦）：锥面表面粗糙度 $R_a = 3.2\mu m$

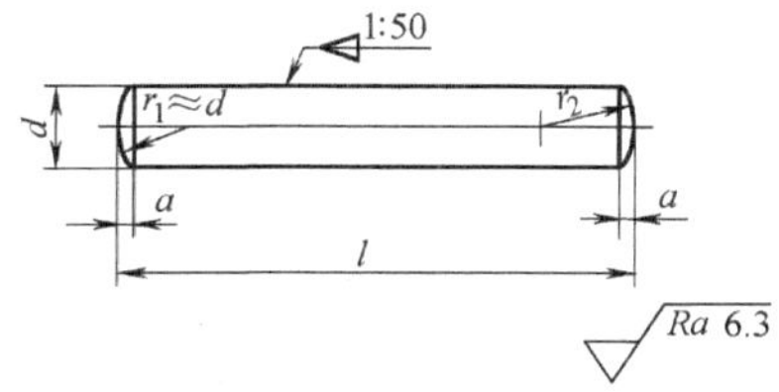

$$r_2 \approx \frac{a}{2} + d + \frac{(0.02l)^2}{8a}$$

标记示例
公称直径 $d = 10mm$、公称长度 $l = 30mm$、材料为 35 钢、热处理硬度 28 ~ 38HRC、
表面氧化处理 A 型圆锥销的标记：销 GB/T 117　A10 × 30

d(h10)	0.6	0.8	1	1.2	1.5	2	2.5	3	4	5	6	8	10	12	16	20	25	30	40	50
a	0.08	0.1	0.12	0.16	0.2	0.25	0.3	0.4	0.5	0.63	0.8	1	1.2	1.6	2	2.5	3	4	5	6.3
公称长度 L	4 ~ 8	5 ~ 12	6 ~ 16	6 ~ 20	8 ~ 24	10 ~ 35	10 ~ 35	12 ~ 45	14 ~ 55	18 ~ 60	22 ~ 90	22 ~ 120	26 ~ 160	32 ~ 180	40 ~ 200	45 ~ 200	50 ~ 200	55 ~ 200	60 ~ 200	65 ~ 200
l 系列	2,3,4,5,6,8,10,12,14,16,18,20,22,24,26,28,30,32,35,40,45,50,55,60,65,70,75,80,85,90,95,100,120,140,160,180,200																			
技术条件 材料	易切钢：Y12、Y15；碳素钢：35、45；合金钢：30CrMnSiA；不锈钢：12Cr13、20Cr13、Cr17Ni2																			
技术条件 表面处理	①钢：不经处理；氧化；磷化；镀锌钝化。②不锈钢：简单处理。③其他表面镀层或表面处理，由供需双方协议。④所有公差仅适用于涂、镀前的公差																			

2. 圆柱销

圆柱销的规格见表 9-37。

表 9-37　圆柱销（摘自 GB/T 119.1—2000 和 GB/T 119.2—2000）　（单位：mm）

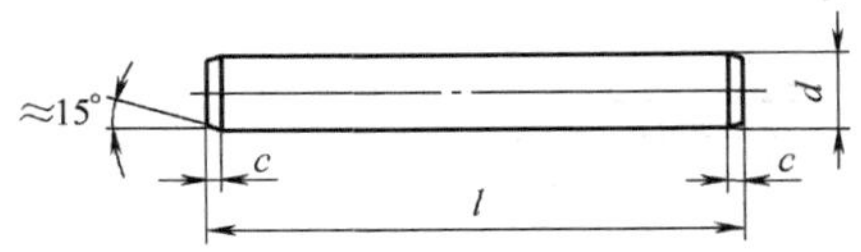

不淬硬钢和奥氏体不锈钢圆柱销(GB/T 119.1—2000)
淬硬钢和马氏体不锈钢圆柱销(GB/T 119.2—2000)

标记示例:公称直径 d = 6mm,公差 m6,公称长度 l = 30mm,材料为钢(常用 35 钢),不经淬火,不经表面处理(或材料为钢、经普通淬火(A 型)表面氧化处理)的圆柱销。

销 GB/T 119.1　6m6 × 30(或销 GB/T 119.2 6 × 30-A)

d		2	2.5	3	4	5	6	8	10	12	16
$c \approx$		0.35	0.4	0.5	0.63	0.8	1.2	1.6	2	2.5	3
公称长度 l	GB/T 119.1—2000	6 ~ 20	6 ~ 24	8 ~ 30	8 ~ 40	10 ~ 50	12 ~ 60	14 ~ 80	18 ~ 95	22 ~ 140	26 ~ 180
	GB/T 119.2—2000	5 ~ 20			10 ~ 40	12 ~ 50	14 ~ 60	18 ~ 80	22 ~ 100	26 ~ 100	40 ~ 100
公称长度系列	2,3,4,5,6 ~ 32(增量为 2),35 ~ 100(增量为 5),120 ~ 200(增量为 20)										

注：1. GB/T 119.1—2000 规定圆柱销的公称直径 d = 0.6 ~ 50mm，公称长度 l = 2 ~ 200mm，公差有 m6 和 h8。
2. GB/T 119.2—2000 规定圆柱销的公称直径 d = 1 ~ 20mm，公称长度 l = 3 ~ 100mm，公称仅有 m6。
3. 圆柱销常用 35 钢。当圆柱销公差为 h8 时，其表面粗糙度值 $Ra \leqslant 1.6\mu m$，为 m6 时，$Ra \leqslant 0.8\mu m$。

3. 圆柱销钉孔的形式及其装配尺寸

圆柱销钉孔的形式及其装配尺寸见表 9-38。

表 9-38　圆柱销钉孔的形式及其装配尺寸　（单位：mm）

装配形式	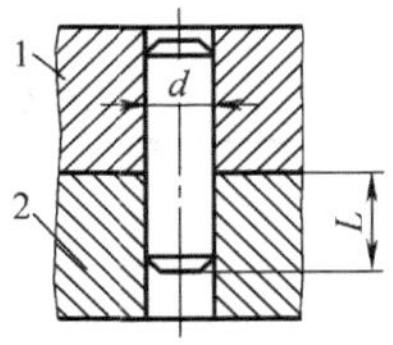	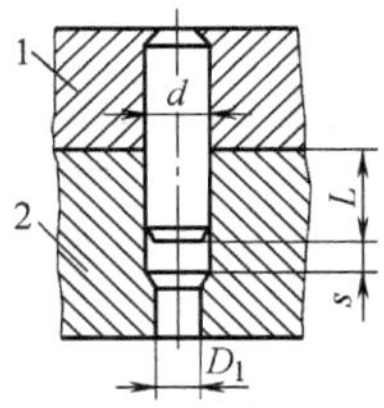	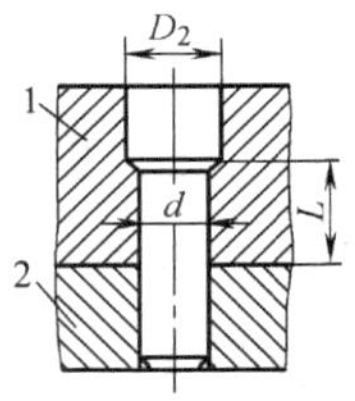	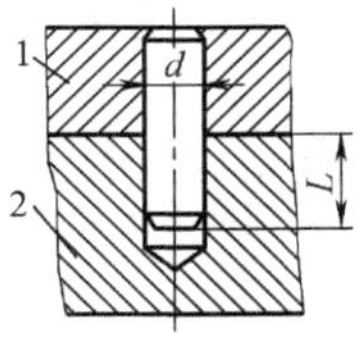
说明	两板厚均不超过 50mm 时,采用直通销孔,销钉在板 1 中可全长配合,在板 2 中的长度 $L = (1.5 \sim 2)d$	板 2 厚超过 50mm 时,采用半通销孔,取 $D_1 = 0.5d + (0.5 \sim 1)$ mm; $L = (1.5 \sim 2)d$; s = 3 ~ 5mm	板 1 厚超过 50mm 时,采用阶梯销孔,取 $D_2 = d + (0.5 \sim 1)$ mm; $L \geqslant (1.5 \sim 2)d$	当板 2 较厚或其下表面不允许有通孔时,采用不通孔形式,此时最好采用带螺纹的销钉, $L = (1.5 \sim 2)d$

9.4　弹性元件的选用

9.4.1　普通圆柱螺旋压缩弹簧

普通圆柱螺旋压缩弹簧的规格和性能见表 9-39 和表 9-40。

表 9-39　圆柱螺旋压缩弹簧　（单位：mm）

普通圆柱螺旋压缩弹簧尺寸及参数(两端并紧磨平或制扁)(GB/T 2089—2009)

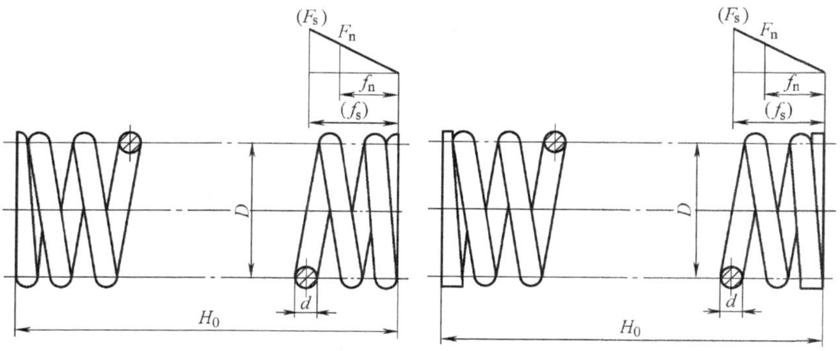

YA 型(冷卷,两端圈并紧磨平型)　　YB 型(热卷,两端圈并紧制平型)

标记示例

YA 型弹簧,材料直径为 1.2mm,弹簧中径为 8mm,自由高度 40mm,精度等级为 2 级,左旋的两端圈并紧磨平的冷卷压缩弹簧:

YA　1.2×8×40　左　GB/T 2089

YB 型弹簧,材料直径为 20mm,弹簧中径为 140mm,自由高度 260mm,精度等级为 3 级,右旋的两端圈并紧制扁的热卷压缩弹簧:

YB　20×140×260-3　GB/T 2089

材料直径 d/mm	弹簧中径 D/mm	自由高度 H_0/mm	有效圈数 n/圈	最大工作载荷 F_n/N	最大工作变形量 f_n/mm
1.2	8	28	8.5	65	14
		40	12.5		20
	12	40	6.5	43	24
		48	8.5		31
4	28	50	4.5	545	21
		70	6.5		30
	30	55	4.5	509	24
		75	6.5		36
6	38	65	4.5	1267	24
		90	6.5		35
	45	105	6.5	1070	49
		140	8.5		63
10	45	140	8.5	4605	36
		170	10.5		45
	50	190	10.5	4145	55
		220	12.5		66
20	140	260	4.5	13278	104
		360	6.5		149
	160	300	4.5	11618	135
		420	6.5		197
30	160	310	4.5	39211	90
		420	6.5		131
	200	250	2.5	31369	78
		520	6.5		204

注：1. 支承圈数 $n_z=2$ 圈，F_n 取 $0.8F_s$（F_s 为试验载荷的代号），f_n 取 $0.8f_s$（f_s 为试验载荷下变形量的代号）。

2. GB/T 2089—2009 中的这个表格列出了很多个弹簧，对各个弹簧还列出了更多的参数，本表仅摘录了其中的 24 个弹簧和部分参数，不够应用时，可查阅该标准。

3. 弹簧的材料：采用冷卷工艺时，选用材料性能不低于 GB/T 4357—2009 中 C 级碳素弹簧钢丝；采用热卷工艺时，选用材料性能不低于 GB/T 1222—2007 中 60Si2MnA。

表 9-40　弹簧的主要尺寸及参数（摘自 GB/T 2089—2009）

材料直径 d/mm	弹簧中径 D/mm	最大工作载荷 F_n/N	最大芯轴直径 D_{Xmax}/mm	最小套筒直径 D_{Tmin}/mm	有效圈数 $n=2.5$ 圈				有效圈数 $n=4.5$ 圈				有效圈数 $n=6.5$ 圈			
					自由高度 H_0/mm	最大工作变形量 f_n/mm	弹簧刚度 F'/(N/mm)	弹簧单件质量 m/10^{-3}kg	自由高度 H_0/mm	最大工作变形量 f_n/mm	弹簧刚度 F'/(N/mm)	弹簧单件质量 m/10^{-3}kg	自由高度 H_0/mm	最大工作变形量 f_n/mm	弹簧刚度 F'/(N/mm)	弹簧单件质量 m/10^{-3}kg
1.8	9	179	6.2	12	13	3.1	57	2.52	18	5.6	32	3.64	25	8.1	22	4.77
	10	161	7.2	13	15	3.9	41	2.80	20	7.0	23	4.05	28	10	16	5.29
	12	134	8.2	16	16	5.6	24	3.36	24	10	13	4.86	32	15	9.2	6.35
	14	115	10	18	18	7.7	15	3.92	28	14	8.4	5.67	38	20	5.8	7.41
	16	101	12	20	20	10	10	4.49	32	18	5.6	6.48	45	26	3.9	8.47
	18	90	14	22	22	13	7	5.05	38	23	4.0	7.29	52	33	2.7	9.53
2	10	215	7	13	13	3.4	63	3.46	20	6.1	35	5.00	28	9.0	24	6.54
	12	179	8	16	15	4.8	37	4.15	24	9.0	20	6.00	32	13	14	7.84
	14	153	10	18	17	6.7	23	4.85	26	12	13	7.00	38	17	8.9	9.15
	16	134	12	20	19	8.9	15	5.54	30	16	8.6	8.00	42	23	5.9	10.46
	18	119	14	22	22	11	11	6.23	35	20	6.0	9.00	48	28	4.2	11.77
	20	107	15	25	24	14	7.9	6.92	40	24	4.4	10.00	55	36	3.0	13.07
2.5	12	339	7.5	17	16	3.8	89	6.49	24	6.8	50	9.37	32	10	34	12.26
	14	291	9.5	19	17	5.2	56	7.57	28	9.4	31	10.93	38	13	22	14.30
	16	255	12	21	19	6.7	38	8.65	30	12	21	12.50	40	18	14	16.34
	18	226	14	23	20	8.7	26	9.73	30	15	15	14.06	48	23	10	18.39
	20	204	15	26	24	11	19	10.81	38	19	11	15.62	52	28	7.4	20.43
	22	185	17	28	26	13	14	11.90	42	23	8.1	17.18	58	33	5.6	22.47
	25	163	20	31	30	16	10	13.52	48	30	5.5	19.53	70	43	3.8	25.53
3	14	475	9	19	18	4.1	117	10.90	28	7.3	65	15.75	38	11	45	20.59
	16	416	11	21	20	5.3	78	12.46	30	9.7	43	18.00	40	14	30	23.53
	18	370	13	23	22	6.7	55	14.02	35	12	30	20.25	45	18	21	26.47
	20	333	14	26	24	8.3	40	15.57	38	15	22	22.49	50	22	15	29.42
	22	303	16	28	24	10	30	17.13	40	18	17	24.74	58	25	12	32.36
	25	266	19	31	28	13	20	19.47	45	23	11	28.12	65	34	7.9	36.77
	28	238	22	34	32	16	15	21.80	52	29	8.1	31.49	70	43	5.6	41.18
	30	222	24	36	35	19	12	23.36	58	34	6.6	33.74	80	48	4.6	44.12
3.5	16	661	11	22	22	4.6	145	16.96	32	8.3	80	24.49	45	12	56	32.03
	18	587	13	24	22	5.8	102	19.08	35	10	56	27.56	48	15	39	36.03
	20	528	14	27	24	7.1	74	21.20	38	13	41	30.62	50	19	28	40.04
	22	480	16	29	26	8.6	56	23.32	40	15	31	33.68	55	23	21	44.04
	25	423	19	32	28	11	38	26.50	45	20	21	38.27	65	28	15	50.05
	28	377	22	35	32	14	27	29.68	50	25	15	42.86	70	38	10	56.05
	30	352	24	37	35	16	22	31.80	55	29	12	45.93	75	42	8.4	60.06
	32	330	25	40	38	18	18	33.92	60	33	10	48.99	80	47	7.0	64.06
	35	302	28	43	40	22	14	37.09	65	39	7.7	53.58	90	57	5.3	70.07

（续）

材料直径 d/mm	弹簧中径 D/mm	最大工作载荷 F_n/N	最大芯轴直径 D_{Xmax}/mm	最小套筒直径 D_{Tmin}/mm	有效圈数 $n=8.5$ 圈				有效圈数 $n=10.5$ 圈				有效圈数 $n=12.5$ 圈			
					自由高度 H_0/mm	最大工作变形量 f_n/mm	弹簧刚度 F'/(N/mm)	弹簧单件质量 m/10^{-3}kg	自由高度 H_0/mm	最大工作变形量 f_n/mm	弹簧刚度 F'/(N/mm)	弹簧单件质量 m/10^{-3}kg	自由高度 H_0/mm	最大工作变形量 f_n/mm	弹簧刚度 F'/(N/mm)	弹簧单件质量 m/10^{-3}kg
1.8	9	179	6.2	12	32	11	17	5.89	38	13	14	7.01	42	16	11	8.13
	10	161	7.2	13	35	13	12	6.54	40	16	9.9	7.79	48	19	8.3	9.03
	12	134	8.2	16	40	19	7.1	7.85	50	24	5.7	9.34	58	28	4.8	10.84
	14	115	10	18	48	26	4.4	9.16	58	32	3.6	10.90	70	38	3.0	12.65
	16	101	12	20	60	34	3.0	10.47	70	42	2.4	12.46	80	51	2.0	14.45
	18	90	14	22	65	43	2.1	11.77	80	53	1.7	14.02	95	64	1.4	16.26
2	10	215	7	13	35	11	19	8.08	40	14	15	9.61	48	17	13	11.15
	12	179	8	16	40	16	11	9.69	48	21	8.7	11.54	58	25	7.3	13.38
	14	153	10	18	50	23	6.8	11.31	55	28	5.5	13.46	65	33	4.6	15.61
	16	134	12	20	55	30	4.5	12.92	65	37	3.7	15.38	75	43	3.1	17.84
	18	119	14	22	65	37	3.2	14.54	75	46	2.6	17.30	90	54	2.2	20.07
	20	107	15	25	75	47	2.3	16.15	90	56	1.9	19.23	105	67	1.6	22.30
2.5	12	339	7.5	17	40	13	26	15.14	50	16	21	18.02	58	19	18	20.91
	14	291	9.5	19	45	17	17	17.66	55	22	13	21.03	65	26	11	24.39
	16	255	12	21	52	23	11	20.19	65	28	9.0	24.03	75	34	7.5	27.88
	18	226	14	23	58	29	7.8	22.71	70	36	6.3	27.04	85	43	5.3	31.36
	20	204	15	26	65	36	5.7	25.23	80	44	4.6	30.04	95	52	3.9	34.85
	22	185	17	28	75	43	4.3	27.76	90	53	3.5	33.05	105	64	2.9	38.33
	25	163	20	31	90	56	2.9	31.54	105	68	2.4	37.55	120	82	2.0	43.56
3	14	475	9	19	48	14	34	25.44	58	17	28	30.28	65	21	23	35.13
	16	416	11	21	52	18	23	29.07	65	22	19	34.61	75	26	16	40.14
	18	370	13	23	58	23	16	32.70	70	28	13	38.93	80	34	11	45.16
	20	333	14	26	65	28	12	36.34	75	35	9.5	43.26	90	42	8.0	50.18
	22	303	16	28	70	34	8.8	39.97	85	42	7.2	47.58	100	51	6.0	55.20
	25	266	19	31	80	44	6.0	45.42	100	54	4.9	54.07	115	65	4.1	62.73
	28	238	22	34	95	55	4.3	50.87	115	68	3.5	60.56	140	82	2.9	70.25
	30	222	24	36	100	63	3.5	54.51	120	79	2.8	64.89	150	93	2.4	75.27
3.5	16	661	11	22	55	15	43	39.57	65	19	34	47.10	75	23	29	54.64
	18	587	13	24	58	20	30	44.51	70	24	24	52.99	80	29	20	61.47
	20	528	14	27	65	24	22	49.46	75	29	18	58.88	90	35	15	68.30
	22	480	16	29	70	30	16	54.41	85	37	13	64.77	100	44	11	75.13
	25	423	19	32	80	38	11	61.82	95	47	9.0	73.60	110	56	7.6	85.38
	28	377	22	35	90	48	7.9	69.24	110	59	6.4	82.43	130	70	5.4	95.62
	30	352	24	37	95	54	6.5	74.19	115	68	5.2	88.32	140	80	4.4	102.5
	32	330	25	40	105	62	5.3	79.14	130	77	4.3	94.21	150	92	3.6	109.3
	35	302	28	43	115	74	4.1	86.55	140	92	3.3	103.0	170	108	2.8	119.5

（续）

材料直径 d/mm	弹簧中径 D/mm	最大工作载荷 F_n/N	最大芯轴直径 D_{Xmax} /mm	最小套筒直径 D_{Tmin} /mm	有效圈数 n=2.5 圈				有效圈数 n=4.5 圈				有效圈数 n=6.5 圈			
					自由高度 H_0 /mm	最大工作变形量 f_n /mm	弹簧刚度 F'/(N/mm)	弹簧单件质量 m/ 10^{-3}kg	自由高度 H_0 /mm	最大工作变形量 f_n /mm	弹簧刚度 F'/(N/mm)	弹簧单件质量 m/ 10^{-3}kg	自由高度 H_0 /mm	最大工作变形量 f_n /mm	弹簧刚度 F'/(N/mm)	弹簧单件质量 m/ 10^{-3}kg
	20	764	13	27	26	6.1	126	27.69	38	11	70	39.99	52	16	49	52.30
	22	694	15	29	28	7.3	95	30.45	40	13	53	43.99	55	19	37	57.52
	25	611	18	32	30	9.4	65	34.61	45	17	36	49.99	60	24	25	65.37
	28	545	21	35	34	12	46	38.76	50	21	26	55.99	70	30	18	73.21
4	30	509	23	37	36	14	37	41.53	55	24	21	59.99	75	36	14	78.44
	32	477	24	40	37	15	31	44.30	58	28	17	63.98	80	40	12	83.67
	35	436	27	43	41	18	24	48.45	65	34	13	69.98	90	48	9.1	91.52
	38	402	30	46	46	22	18	52.60	70	40	10	75.98	100	57	7.1	99.36
	40	382	32	48	48	24	16	55.37	75	43	8.8	79.98	105	63	6.1	104.6
	22	988	15	30	28	6.5	152	38.54	42	12	85	55.67	58	17	59	72.80
	25	870	18	33	30	8.4	104	43.80	48	15	58	63.27	60	22	40	82.73
	28	777	21	36	32	11	74	49.06	50	19	41	70.86	70	28	28	92.66
	30	725	23	38	36	12	60	52.56	52	22	33	75.92	75	32	23	99.28
4.5	32	680	24	41	37	14	49	56.06	58	25	27	80.98	75	36	19	105.9
	35	621	27	44	40	16	38	61.32	60	30	21	88.57	85	41	15	115.8
	38	572	30	47	44	19	30	66.58	65	36	16	95.16	90	52	11	125.8
	40	544	42	49	48	22	25	70.08	70	39	14	101.2	100	56	9.7	132.4
	45	483	37	54	54	27	18	78.84	85	48	10	113.9	120	71	6.8	148.9
	25	1 154	17	33	30	7	158	54.07	48	13	88	78.11	65	19	61	102.1
	28	1 030	20	36	32	9	112	60.56	52	17	62	87.48	70	24	43	114.4
	30	962	22	38	35	11	91	64.89	55	19	51	93.73	75	27	35	122.6
5	32	902	23	41	38	12	75	69.21	58	21	42	99.98	80	31	29	130.7
	35	824	26	44	40	14	58	75.70	60	26	32	109.3	85	37	22	143.0
	38	759	29	47	42	17	45	82.19	65	30	25	118.7	90	44	17	155.3
	40	721	31	49	45	18	39	86.52	70	34	21	125.0	100	48	15	163.4
	45	641	36	54	50	24	27	97.33	80	43	15	140.6	115	64	10	183.9
	50	577	41	59	55	29	20	108.1	95	52	11	156.2	130	76	7.6	204.3
	30	1 605	21	39	38	8	190	93.44	55	15	105	135.0	75	22	73	176.5
	32	1 505	22	42	38	10	156	99.67	58	17	87	144.0	80	25	60	188.3
	35	1 376	25	45	40	17.	119	109.0	60	21	66	157.5	85	30	46	205.9
6	38	1 267	28	48	42	14	93	118.4	65	24	52	171.0	90	35	36	223.6
	40	1 204	30	50	45	15	80	124.6	70	27	44	180.0	95	39	31	235.3
	45	1 070	35	55	48	19	56	140.2	75	35	31	202.5	105	49	22	264.7
	50	963	40	60	52	23	41	155.7	85	42	23	224.9	120	60	16	294.2
	55	876	44	66	58	28	31	171.3	95	52	17	247.4	130	73	12	323.6
	60	803	49	71	65	33	24	186.9	105	52	13	269.9	150	88	9.1	353.0

（续）

材料直径 d/mm	弹簧中径 D/mm	最大工作载荷 F_n/N	最大芯轴直径 D_{Xmax}/mm	最小套筒直径 D_{Tmin}/mm	有效圈数 n = 8.5 圈				有效圈数 n = 10.5 圈				有效圈数 n = 12.5 圈			
					自由高度 H_0/mm	最大工作变形量 f_n/mm	弹簧刚度 F′/(N/mm)	弹簧单件质量 m/10^{-3}kg	自由高度 H_0/mm	最大工作变形量 f_n/mm	弹簧刚度 F′/(N/mm)	弹簧单件质量 m/10^{-3}kg	自由高度 H_0/mm	最大工作变形量 f_n/mm	弹簧刚度 F′/(N/mm)	弹簧单件质量 m/10^{-3}kg
	20	764	13	27	65	21	37	64.60	80	25	30	76.90	90	30	25	89.21
	22	694	15	29	70	25	28	71.06	85	30	23	84.60	100	37	19	98.13
	25	611	18	32	80	32	19	80.75	95	41	15	96.13	110	47	13	111.5
	28	545	21	35	90	39	14	90.44	105	50	11	107.7	130	59	9.2	124.9
4	30	509	23	37	95	46	11	96.90	115	57	8.9	115.4	140	68	7.5	133.8
	32	477	24	40	100	52	9.1	103.4	120	65	7.3	123.0	150	77	6.2	142.7
	35	436	27	43	115	63	6.9	113.1	140	78	5.6	134.6	160	93	4.7	156.1
	38	402	30	46	130	74	5.4	122.7	150	91	4.4	146.1	180	109	3.7	169.5
	40	382	32	48	142	83	4.6	129.2	160	101	3.8	153.8	190	119	3.2	178.4
	22	988	15	30	70	22	45	89.9	85	27	36	107.1	100	33	30	124.2
	25	870	18	33	80	29	30	102.2	95	35	25	121.7	110	41	21	141.1
	28	777	21	36	85	35	22	114.5	105	43	18	136.3	120	52	15	158.1
	30	725	23	38	90	40	18	122.36	110	52	14	146.0	130	60	12	169.4
4.5	32	680	24	41	100	45	15	130.8	120	57	12	155.7	140	69	9.9	180.6
	35	621	27	44	105	56	11	143.1	130	69	9.0	170.3	150	82	7.6	197.6
	38	572	30	47	110	66	8.7	155.3	145	82	7.0	184.9	160	97	5.9	214.5
	40	544	42	49	130	74	7.4	163.5	160	91	6.0	194.7	190	107	5.1	225.8
	45	483	37	54	150	93	5.2	184.0	180	115	4.2	219.0	220	134	3.6	254.0
	25	1154	17	33	80	25	46	126.2	100	30	38	150.2	115	36	32	174.2
	28	1030	20	36	90	31	33	141.3	105	38	27	168.2	120	47	22	195.1
	30	962	22	38	95	36	27	151.4	115	44	22	180.2	130	53	18	209.1
5	32	902	23	41	100	41	22	161.5	120	50	18	192.3	140	160	15	223.0
	35	824	26	44	110	48	17	176.6	130	59	14	210.3	150	69	12	243.9
	38	759	29	47	120	58	13	191.8	140	69	11	228.3	170	84	9.0	264.8
	40	721	31	49	130	66	11	201.9	150	78	9.2	240.3	180	93	7.7	278.8
	45	641	36	54	140	80	8.0	227.1	180	99	6.5	270.4	200	118	5.4	313.6
	50	577	41	59	170	99	5.8	252.3	200	123	4.7	300.4	240	144	4.0	348.5
	30	1605	21	39	95	29	56	218.0	115	36	45	259.6	130	42	38	301.1
	32	1505	22	42	100	33	46	232.6	120	41	37	276.9	140	49	31	321.2
	35	1376	25	45	105	39	35	254.4	130	49	28	302.8	150	57	24	351.3
6	38	1267	28	48	115	47	27	276.2	140	58	22	328.8	160	67	19	381.4
	40	1204	30	50	120	50	24	290.7	140	63	19	346.1	170	75	16	401.4
	45	1070	35	55	140	63	17	327.0	160	82	13	389.3	190	97	11	451.6
	50	963	40	60	150	80	12	363.4	190	98	9.8	432.6	220	117	8.2	501.8
	55	876	44	66	170	97	9.0	399.7	200	120	7.3	475.8	240	141	6.2	552.0
	60	803	49	71	190	115	7.0	436.1	240	143	5.6	519.1	280	171	4.7	602.2

9.4.2 碟形弹簧

碟形弹簧的规格见表9-41。

表9-41　碟形弹簧（摘自 GB/T 1972—2005）　　（单位：mm）

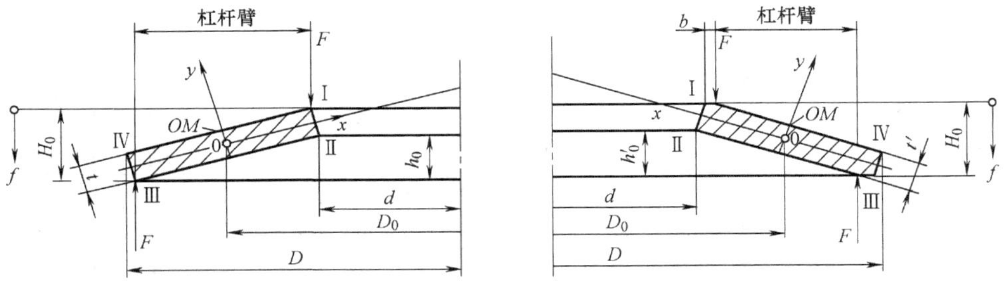

a) 无支承面　　b) 有支承面

类别	型式	工艺方法	碟簧厚度 t/mm
1	无支承面	冷冲成形，边缘倒圆角	<1.25
2		Ⅰ切削内外圆或平面，边缘倒圆角；冷成形或热成形	1.25～6
		Ⅱ精冲，边缘倒圆角，冷成形或热成形	
3	有支承面	冷成形或热成形，加工所有表面，边缘倒圆角	>6.0～16

标记示例

$D \times d \times t \times H_0$—技术要求

外径为ϕ500mm、内径为ϕ253mm，厚度为18mm，减薄厚度为16.6mm，自由高度为31.5mm的一级精度碟簧标记为：

$\phi500 \times \phi253 \times 18 \times 31.5$-C1

外径为ϕ500mm，内径为ϕ253mm，厚度为18mm，减薄厚度为16.6mm，自由高度为31.5mm的二级精度碟簧标记为：

$\phi500 \times \phi253 \times 18 \times 31.5$-C2

附表　常用碟簧尺寸系列（摘自 GB/T 1972—2005 系列 A 的主要尺寸及参数的数值）

系列 A　$D/t \approx 18$；$h_0/t \approx 0.4$；$E = 206000\text{N/mm}^2$；$\mu = 0.3$

类别	D /mm	d /mm	$t(t')$[a] /mm	h_0 /mm	H_0 /mm	$f \approx 0.75h_0$					Q/(kg/1000 片)
						f/mm	(H_0-f) /mm	F /N	σ_{OM}[b] /(N/mm²)	σ_{II}、σ_{III}[c] /(N/mm²)	
1	8	4.2	0.4	0.2	0.6	0.15	0.45	210	−1200	1220*	0.114
	10	5.2	0.5	0.25	0.75	0.19	0.56	329	−1210	1240*	0.225
	12.5	6.2	0.7	0.3	1	0.23	0.77	673	−1280	1420*	0.508
	14	7.2	0.8	0.3	1.1	0.23	0.87	813	−1190	1340*	0.711
	16	8.2	0.9	0.35	1.25	0.26	0.99	1000	−1160	1290*	1.050
	18	9.2	1	0.4	1.4	0.3	1.1	1250	−1170	1300*	1.480
	20	10.2	1.1	0.45	1.55	0.34	1.21	1530	−1180	1300*	2.010

（续）

类别	D /mm	d /mm	$t(t')$[a] /mm	h_0 /mm	H_0 /mm	$f \approx 0.75h_0$					Q/ (kg/1000 片)
						f/mm	(H_0-f) /mm	F /N	σ_{OM}[b] /(N/mm²)	σ_{II}、σ_{III}[c] /(N/mm²)	
2	22.5	11.2	1.25	0.5	1.75	0.38	1.37	1950	−1170	1320 *	2.940
	25	12.2	1.5	0.55	2.05	0.41	1.64	2910	−1210	1410 *	4.400
	28	14.2	1.5	0.65	2.15	0.49	1.66	2850	−1180	1280 *	5.390
	31.5	16.3	1.75	0.7	2.45	0.53	1.92	3900	−1190	1320 *	7.840
	35.5	18.3	2	0.8	2.8	0.6	2.2	5190	−1210	1330 *	11.40
	40	20.4	2.25	0.9	3.15	0.68	2.47	6540	−1210	1340	16.40
	45	22.4	2.5	1	3.5	0.75	2.75	7720	−1150	1300 *	23.50
	50	25.4	3	1.1	4.1	0.83	3.27	12000	−1250	1430 *	34.30
	56	28.5	3	1.3	4.3	0.98	3.32	11400	−1180	1280 *	43.00
	63	31	3.5	1.4	4.9	1.05	3.85	15000	−1140	1300 *	64.90
	71	36	4	1.6	5.6	1.2	4.4	20500	−1200	1330 *	91.80
	80	41	5	1.7	6.7	1.28	5.42	33700	−1260	1460 *	145.0
	90	46	5	2	7	1.5	5.5	31400	−1170	1300 *	184.5
	100	51	6	2.2	8.2	1.65	6.55	48000	−1250	1420 *	273.7
	112	57	6	2.5	8.5	1.88	6.62	43800	−1130	1240 *	343.8
3	125	64	8(7.5)	2.6	10.6	1.95	8.65	85900	−1280	1330 *	533.0
	140	72	8(7.5)	3.2	11.2	2.4	8.8	85300	−1260	1280 *	666.6
	160	82	10(9.4)	3.5	13.5	2.63	10.87	139000	−1320	1340 *	1094
	180	92	10(9.4)	4	14	3	11	125000	−1180	1200	1387
	200	102	12(11.25)	4.2	16.2	3.15	13.05	183000	−1210	1230 *	2100
	225	112	12(11.25)	5	17	3.75	13.25	171000	−1120	1140	2640
	250	127	14(13.1)	5.6	19.6	4.2	15.4	249000	−1200	1220	3750

注：a—表中给出的 t 是碟簧厚度的公称数值，t'是第 3 类碟簧的实际厚度。

b—σ_{OM}是碟簧上表面 OM 点的计算应力。

c—有“＊”号的数值是在位置Ⅱ处的最大计算拉应力，无“＊”号的数值是在位置Ⅲ处的最大计算拉应力。

9.4.3 橡胶垫

橡胶垫形状尺寸及计算公式、压缩量和单位压力分别见表 9-42 和表 9-43。

表 9-42　橡胶垫形状尺寸及计算公式　（单位：mm）

橡皮垫形式	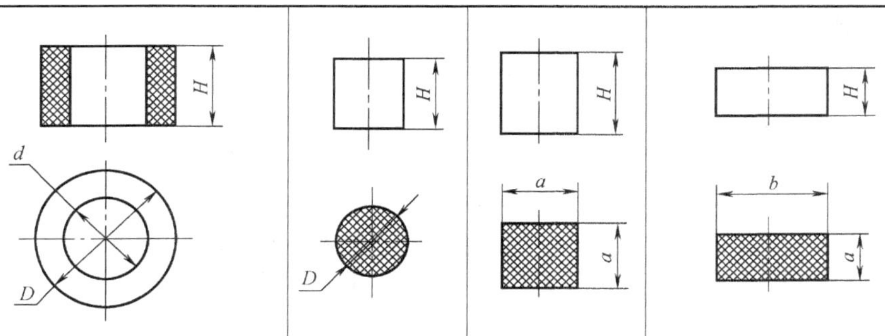					
计算项目	d	D	D	a	a	b
计算公式	按结构选用	$\sqrt{d^2+1.27\frac{F_{xy}}{p}}$	$\sqrt{1.27\frac{F_{xy}}{p}}$	$\sqrt{\frac{F_{xy}}{p}}$	$\frac{F_{xy}}{bp}$	$\frac{F_{xy}}{ap}$

注：1. 图中 H 为橡胶垫自由高度，其余形状尺寸见图中位置所示。

2. F_{xy}为橡胶工作时的弹力，其值取大于或等于卸料力。

3. p 是与橡胶压缩量有关的单位压力（MPa），一般预压时橡胶压缩量为 10% ~15%，多可达 35%。

表 9-43　橡胶垫压缩量和单位压力

橡胶垫压缩量(%)	单位压力 p/MPa	橡胶垫压缩量(%)	单位压力 p/MPa
10	0.26	25	1.06
15	0.50	30	1.52
20	0.70	35	2.10

9.4.4　聚氨酯弹性体

聚氨酯弹性体尺寸规格、性能等参数见表 9-44 ~ 表 9-48。

表 9-44　聚氨酯弹性体（摘自 JB/T 7650.9—1995）　（单位：mm）

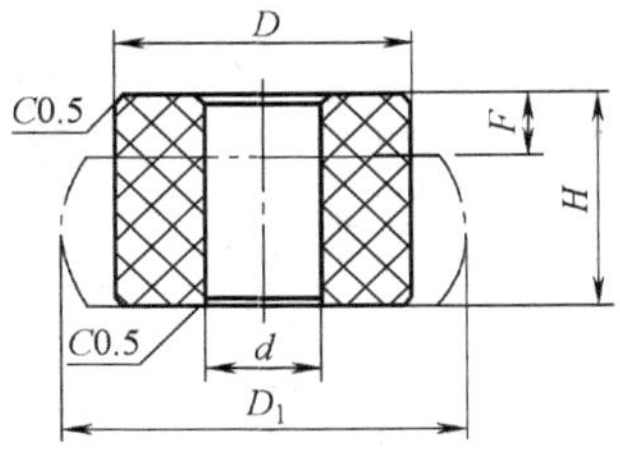

标记示例：
直径 D = 25mm，d = 8.5mm，H = 20mm 的聚氨酯弹性体；
聚氨酯弹性体 25 × 8.5 × 20 JB/T 650.9—1995
材料：浇注型聚氨酯橡胶
硬度：(邵氏 A) 80 ± 5

D	d	H	D_1	D	d	H	D_1
16	6.5	12	21	32	10.5	16,20,25	42
20	8.5	12	26	45	12.5	20,25,32,40	58
25	8.5	12,16,20	33	60	16.5	20,25,32,40,50	78

注：1. D_1 为参考尺寸（F = 0.3H 时的直径）。
2. 聚氨酯弹性体的内孔配用卸料螺钉，卸料螺钉（光杆）直径比内孔内径小 0.5mm（如弹性体 d = 10.5mm 的内孔配用光杆直径为 10mm 的卸料螺钉）即可——编者注。
3. H 的尺寸可作为参考尺寸，生产者可根据空心或实心棒料加工成各种所需高度尺寸——编者注。

表 9-45　国产聚氨酯橡胶的力学性能

性能	牌号				
	8295	8290	8280	8270	8260
硬度(邵氏 A)	95 ± 3	90 ± 3	83 ± 5	73 ± 5	63 ± 5
伸长率(%)	400	450	450	500	550
断裂强度/(N/cm^2)	4500	4500	4500	4000	3000
断裂永久变形(%)	18	15	12	8	8
冲击回弹性(%)	15 ~ 30	15 ~ 30	15 ~ 30	15 ~ 30	15 ~ 30
抗撕力/(N/cm^2)	1000	900	800	700	500
脆性温度/℃	−40	−40	−50	−50	−50
老化系数(100℃ × 72h)	≥0.9	≥0.9	≥0.9	≥0.9	≥0.9
耐煤油、室温、72h 的增重率(%)	≤3	≤3	≤4	≤4	≤4

表 9-46　聚氨酯橡胶压缩量与工作负载参照表

工作负载/kN	160	200	250			320			450				600				
压缩量	直径 D/mm																
0.1H	17	30	51	45	47	84	74	70	182	172	163	168	363	298	288	372	270
0.2H	40	62	112	102	106	182	130	172	388	372	358	358	773	726	652	652	605
0.3H	69	108	197	184	179	322	304	294	695	652	620	600	1438	1271	1173	1117	1080
0.4H	88	139	253	236	229	412	390	380	390	836	793	768	1843	1629	1504	1434	1383

注：H 为聚氨酯橡胶的自由高度。

表 9-47　聚氨酯橡胶工作负载修正系数

硬度(邵氏 A)	修正系数	硬度(邵氏 A)	修正系数
75	0.843	81	1.035
76	0.873	82	1.074
77	0.903	83	1.116
78	0.934	84	1.212
79	0.966	85	1.270
80	1.000		

表 9-48　聚氨酯橡胶体内孔尺寸及配用卸料螺钉尺寸对照表　（单位：mm）

聚氨酯橡胶体内孔 d	配用卸料螺钉 d		备　注
	JB/T 7650.5—2008	JB/T 7650.6—2008	
6.5	6	—	配用卸料螺钉长度尺寸 L 需视模具结构要求而定
8.5	8	8	
10.5	10	10	
12.5	12	12	
16.5	16	16	

参 考 文 献

[1] 中国模具设计大典编委会. 中国模具设计大典：第3卷冲压模具设计［M］. 南昌：江西科学技术出版社，2003.

[2] 模具实用技术丛书编委会. 冲模设计应用实例［M］. 北京：机械工业出版社，2000.

[3] 丁松聚. 冷冲模设计［M］. 北京：机械工业出版社，2002.

[4] 杨占尧. 冲压成形工艺与模具设计［M］. 北京：航空工业出版社，2012.

[5] 汤酥则. 冷冲压工艺与模具设计［M］. 长沙：湖南大学出版社，2007.

[6] 翁其金. 冲压工艺与冲模设计［M］. 2版. 北京：机械工业出版社，2012.

[7] 徐政坤. 冲压模具设计与制造［M］. 北京：化学工业出版社，2003.

[8] 汤酥则. 冷冲模课程设计与毕业设计指导［M］. 长沙：湖南大学出版社，2008.

[9] 汤酥则. 材料成形技术基础［M］. 北京：清华大学出版社，2007.

[10] 曾霞文. 冲压工艺及模具设计［M］. 北京：北京理工大学出版社，2011.

[11] 王芳. 冷冲压模具设计指导［M］. 北京：机械工业出版社，2009.

[12] 陈剑鹤. 模具设计基础［M］. 北京：机械工业出版社，2003.

[13] 伍先明，刘原才，蒋海波. 冲压模具设计指导［M］. 北京：国防工业出版社，2011.

[14] 张荣清，等. 模具设计与制造［M］. 北京：高等教育出版社，2003.

[15] 模具设计与制造技术教育丛书编委会. 模具结构设计［M］. 北京：机械工业出版社，2004.

[16] 邓明. 实用模具设计简明手册［M］. 北京：机械工业出版社，2006.